“十三五”普通高等教育本科系列教材

工程流体力学

主　编　刘宏丽　张晓艳
参　编　杨　阳　郝丽芬
主　审　贾月梅

中国电力出版社
CHINA ELECTRIC POWER PRESS

内容提要

本书主要内容包括流体静力学、一元流体动力学基础、流动阻力和能量损失、孔口管嘴管路流动、可压缩气体的一元流动、气体射流、不可压缩黏性流体的动力学基础、绕流运动，以及相似理论与量纲分析等内容；每章均有章节重点、难点提示、小结和习题；在第2章、第3章和第4章中加入了相似理论知识的实验内容，能够帮助读者比较连贯地从实验中掌握基础理论知识。

本书可作为高等学校建筑环境与能源应用工程专业、能源与动力工程专业、新能源科学与工程专业及其他相关专业的教材，也可以作为职工大学和高等院校成人教育、函授教育相关专业的教材，并可供相关专业技术人员参考。

图书在版编目（CIP）数据

工程流体力学／刘宏丽，张晓艳主编．—北京：中国电力出版社，2019.3（2021.8重印）
“十三五”普通高等教育本科规划教材
ISBN 978-7-5198-2172-2

Ⅰ．①工…　Ⅱ．①刘…②张…　Ⅲ．①工程力学－流体力学－高等学校－教材　Ⅳ．①TB126

中国版本图书馆CIP数据核字（2019）第001256号

出版发行：中国电力出版社
地　　址：北京市东城区北京站西街19号（邮政编码100005）
网　　址：http://www.cepp.sgcc.com.cn
责任编辑：李　莉（010-63412538）
责任校对：黄　蓓　太兴华
装帧设计：赵姗姗
责任印制：钱兴根

印　　刷：三河市百盛印装有限公司
版　　次：2019年3月第一版
印　　次：2021年8月北京第二次印刷
开　　本：787毫米×1092毫米　16开本
印　　张：16.5
字　　数：412千字
定　　价：48.00元

前 言

本书根据专业的需要，介绍了工程流体力学的基本概念、基本原理和基本方法。书中内容编排采用从一元流动到三元流动体系，由浅入深，循序渐进。编者注重运用理论基础知识，逐步推进，尽量用浅显易懂的推导完成流体力学规律的总结；同时理论联系实际，运用大量的工程实例，加强读者对理论知识的认知。在编写过程中，力求体系完整，思路清晰，通俗易懂，物理概念明确，物理意义透彻，工程实例完整。

本书由山西大学组织编写，其中第1章、第2章和第10章由杨阳编写，第3章3.1～3.8、3.11、3.12、第4章和第8章由张晓艳编写，第6章由郝丽芬编写，第3章3.9、3.10、第5章、第7章和第9章由刘宏丽编写。全书由刘宏丽、张晓艳担任主编。

太原理工大学贾月梅教授担任本书主审，并提出了许多宝贵的意见和建议，使编者受益匪浅，在此深表感谢！

由于编者水平有限，书中或有疏漏之处，恳请读者批评指正！

编　者

2019年2月

目　录

第1章 概　　述

流体力学是一门基础性很强、应用性很广的学科，是力学的一个重要分支，是在人类同自然界做斗争和生产实践中逐步发展起来的。我国的大禹治水、古埃及人对尼罗河泛滥的治理、秦朝李冰父子修建的都江堰水利工程及古罗马建造的城市供水管道系统等，都代表了人类研究流体运动取得的成就。

对流体力学学科的形成做出第一个贡献的是古希腊的阿基米德（Archimedes），他建立了包括物理浮力定律和浮体稳定性在内的液体平衡理论，奠定了流体静力学的基础。此后千余年间，流体力学没有重大发展。

15世纪时，意大利的达·芬奇（Da Vinci）在著作里谈到了水波、管流、水力机械、鸟的飞翔原理等问题。

17世纪时，帕斯卡（B. Pascal）阐明了静止流体中压力的概念；力学奠基人牛顿（I. Newton）研究了在流体中运动的物体受到的阻力，得到了阻力与流体密度、物体迎流截面积以及运动速度的平方成正比的关系。他针对黏性流体运动时的内摩擦力提出了牛顿黏性定律。但是，牛顿未建立起流体动力学的理论基础，他提出的许多力学模型和结论同实际情形还有较大的差别。

欧拉方程和伯努利方程的建立，是流体动力学作为一个分支学科建立的标志，从此开始了用微分方程和实验测量进行流体运动的定量研究。

从18世纪起，位势流理论有了很大进展，在水波、潮汐、涡旋运动、声学等方面都阐明了很多规律。

19世纪，工程师们为了解决工程问题，尤其是黏性影响的问题，他们部分地运用流体力学基本理论，部分地采用归纳实验结果的半经验公式进行研究，形成了水力学，至今它仍与流体力学并行发展。

现代意义上的流体力学形成于20世纪初，以普朗特（L. Prandtl）的边界层理论为标志，还有冯·卡门（V. Karman）和泰勒（C. Taylor）等一批流体力学家在空气动力学、湍流和涡旋理论等方面的卓越成就奠定了现代流体力学基础。以周培源、钱学森为代表的中国科学家在湍流理论、空气动力学等许多重要领域做出了基础性、开创性的贡献。

1.1　工程流体力学的任务和研究方法

1.1.1　流体的定义和特性

1. 定义

从力学角度讲，流体是受任何微小剪切力作用都会发生连续变形的物体。简单说，流体即流动的物体。

流体包括液体和气体。

物质存在固、液、气三种形态。其中固体分子间距很小，分子间作用力较大，不易发生变形；气体分子间距较大，分子间作用力较小，没有固定的形状及体积，极易发生变形与流动；液体介于两者之间，虽然没有一定的形状，但一般情况下具有一定的体积。

2. 特性

流体的主要特性为：①黏性；②压缩性和膨胀性；③易流动性（即受剪切力作用可产生变形）。

1.1.2 工程流体力学的任务和应用

流体力学是研究流体宏观运动规律的学科。工程流体力学的主要任务是研究流体处于平衡状态和流动状态时的运动规律，并应用它们去解决生产、科研和生活中与流体运动有关的各种问题。

流体力学的应用非常广泛，在流体力学发展过程中的一些重大发现和研究成果被推广应用到如气象、水利研究、船舶、飞行器、叶轮机械、核电站的设计及运行、可燃气体或炸药的爆炸、汽车制造以及天体物理等学科领域中。

1.1.3 流体力学的研究方法

流体力学的研究方法主要有理论分析方法、实验方法以及数值方法。

1. 理论分析方法

理论分析是根据流体运动的普遍规律如质量守恒、动量守恒、能量守恒等，利用数学分析的手段，研究流体的运动，解释已知的现象，预测可能发生的结果。正确的理论分析结果可揭示流体运动的本质特性和规律，具有普适性。

理论分析的过程一般包括：建立力学模型；运用物理学的基本定律结合流动特点推导相应的数学方程；用数学分析方法结合初始条件求解方程；检验和解释求解结果。

在建立力学模型的过程中，通常需要对实际流动问题进行合理的简化。但到目前为止，能完全用理论分析方法解决的实际流动问题是有限的。

2. 实验方法

实验方法在流体力学中占有重要地位，其过程一般是：在相似理论的指导下，在实验室内建立模型实验装置；用流体测量技术测量模型实验中的流动参数；处理和分析实验数据并将它归纳为经验公式。实验结果能反映工程中实际的流动规律，发现新的现象，验证理论结果等。

实验方法的缺点是从实验中得到的经验公式的普适性较差。

3. 数值方法

数学的发展，计算机的不断进步，以及流体力学各种计算方法的发明，使许多原来无法用理论分析求解的复杂流体力学问题有了求得数值解的可能性，数值方法已成为流体力学现代分析手段中发展最快的方法之一。数值研究的一般过程是：对流体力学数学方程作简化和数值离散化，编制程序做数值计算，将计算结果与实验或理论解析结果比较。

数值方法的优点是能计算理论分析方法无法求解的流动问题，能模拟多种工况的流动问题。但由于数值方法是一种近似求解方法，因此其适用范围受到数学模型的正确性、计算精度和计算机性能的限制。

解决流体力学问题时，理论分析、实验模拟和数值计算是相辅相成的，只有将它们结合起来才能适应现代流体力学研究和工程应用的需要。

1.2　流体的连续介质假设

1.2.1　流体的微观特性

流体由大量分子组成，分子间的频繁碰撞导致分子的物理量随时间做随机变化。流体的微观特性指流体分子运动时物理量的随机性和不连续性。从微观角度来说，分子间存在间隙，因此分子的物理量在空间上不是连续分布的。

流体分子的微观特性由分子的热运动决定。

1.2.2　流体的宏观特性

1. 流体质点

流体质点指微观上充分大（包含大量分子），宏观上充分小（与所研究问题的几何尺寸相比）的分子团。由于分子间的间隙极其微小，与工程中被研究流体所占空间的尺寸相比远小得多（例如，在标准状态下，$1mm^3$ 空气含有 2.7×10^{16} 个分子，$1mm^3$ 液体中含有 3×10^{19} 个分子），分子间的间隙极其微小，因此，可近似地将这个分子团看作是几何上的一个点，即流体质点。

2. 流体的宏观特性

流体质点的性质是其包含的所有分子的统计平均特性，可以认为流体质点的物理量在时间上是确定的，在空间上是连续的，称为流体的宏观特性。

1.2.3　连续介质假设

连续介质假设由瑞士学者欧拉（L. Euler）在1753年提出，该假设将微观问题转化为宏观问题来处理。

连续介质假设是指在研究宏观的流体流动时，不考虑流体分子之间的间隙，而将流体看作是由无数流体质点连续地、无空隙地充满的介质。

连续介质假设是流体力学中第一个带有根本性的假定。正是有了连续介质假设，才可以将微观问题转化为宏观问题来处理，从而利用数学分析中连续函数这个工具来研究流体的运动和平衡规律。在该假设的前提下，流体的各个物理量可以看作是空间与时间的连续函数，故有

$$p = f_1(x,y,z,t)$$
$$\rho = f_2(x,y,z,t)$$
$$u = f_3(x,y,z,t)$$

其中 f_1、f_2、f_3 均为连续函数，t 为时间。

大多数的工程流体问题都可以用连续介质假设处理。但需注意，当分子距离与所研究问题的物理尺寸相当时（例如稀薄气体中飞行的火箭等），连续介质假设不再适用。

1.3　流体的密度

1.3.1　密度

单位体积的流体所具有的质量称为流体的密度，它表征了流体在空间某点质量的密集程度。

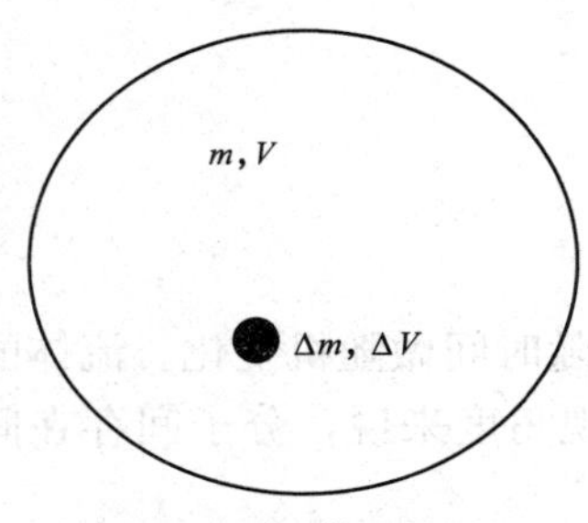

图 1-1 流体的密度

如图 1-1 所示，任取一块流体，体积为 V，质量为 m。当流体为均质流体时，该流体的密度为

$$\rho = \frac{m}{V} = C \tag{1-1}$$

式中：ρ 为流体的平均密度，kg/m^3；m 为流体的质量，kg；V 为流体的体积，m^3。

当流体为非均质流体时，在这块流体中取一流体微团，质量为 Δm，体积为 ΔV，则流体质点的密度为

$$\rho = \lim_{\Delta V \to 0} \frac{\Delta m}{\Delta V} \tag{1-2}$$

式中：$\Delta V \to 0$ 代表一个无穷小的体积，但仍然包含足够多的流体分子。也就是说，流体作为连续介质假设的基础仍然成立。

表 1-1 列出了在标准大气压下几种常见流体的密度。

表 1-1　　几种常见流体的密度

名称	温度,℃	密度，kg/m^3	名称	温度,℃	密度，kg/m^3
纯水	4	1000	氧气	0	1.429
海水	15	1020～2030	氮气	0	1.251
普通汽油	15	700～750	氢气	0	0.0899
石油	15	880～890	一氧化碳	0	1.25
酒精	15	790～800	二氧化碳	0	1.976
水银	0	13600	二氧化硫	0	2.927
空气	0	1.293	水蒸气	0	0.804

1.3.2 相对密度

相对密度也称比重，指流体密度与标准大气压下 4℃水的密度的比值，通常用 ρ_d 表示

$$\rho_d = \frac{\rho}{\rho_w} \tag{1-3}$$

式中：ρ_w 为标准大气压下（1atm＝760mmHg＝101325N/m^2）4℃的水的密度。

相对密度的概念在工程上应用较多，水银和酒精的密度分别为 $13.6\times10^3 kg/m^3$ 和 $800kg/m^3$，相对密度分别为 13.6 和 0.8。

1.3.3 混合气体的密度

混合气体的密度可根据各组分气体所占的体积百分数按下式计算：

$$\rho = \rho_1\alpha_1 + \rho_2\alpha_2 + \cdots + \rho_n\alpha_n = \sum_{i=1}^{n}\rho_i\alpha_i \tag{1-4}$$

式中：ρ_i 为各组分气体的密度；α_i 为混合气体中各组分气体所占的体积百分数。

1.4 流体的压缩性和膨胀性

1.4.1 流体的压缩性

在等温条件下，流体受外力作用体积变化的特性称为流体的压缩性，通常用体积压缩系

数 α_p 表示。

$$\alpha_p = -\frac{\mathrm{d}V/V}{\mathrm{d}p} \tag{1-5}$$

式中：α_p 为体积压缩系数，1/Pa。表示压强每增加一个单位，流体体积的相对变化量。由于压强与体积的变化方向相反，为使 α_p 为正，等号右边带一负号。

由于流体被压缩时质量不变，即 $m=\rho V=C$，微分可得

$$\rho \mathrm{d}V + V\mathrm{d}\rho = 0$$

因此 α_p 又可写为

$$\alpha_p = \frac{1}{\rho}\frac{\mathrm{d}\rho}{\mathrm{d}p} \tag{1-5a}$$

对于流体，当 $\mathrm{d}p$ 确定时，α_p 大说明易压缩；α_p 小则不易压缩；$\alpha_p=0$，表示完全不可压。

实验证明，液体的体积压缩系数很小。以水为例，当压强在 $(1\sim490)\times10^7$ Pa，温度在 0～20℃的范围内时，水的体积压缩系数仅约为二万分之一，即每增加 10^5 Pa，水的体积相对缩小约二万分之一。表1-2列出了0℃水在不同压强下的体积压缩系数 α_p。

表1-2　0℃水在不同压强下的体积压缩系数 α_p

压强，$\times10^5$ Pa	4.9	9.8	19.6	39.2	78.4
α_p，$\times10^{-9}$ m²/N	0.539	0.537	0.531	0.523	0.515

流体体积压缩系数的倒数称为体积弹性模量，用 E 表示

$$E = \frac{1}{\alpha_p} = -\frac{V\mathrm{d}p}{\mathrm{d}V} = \rho\frac{\mathrm{d}p}{\mathrm{d}\rho} \tag{1-6}$$

1.4.2　流体的膨胀性

在等压条件下，流体的体积受温度影响而变化的特性称为流体的膨胀性，通常用体积膨胀系数 α_T 表示

$$\alpha_T = \frac{\mathrm{d}V/V}{\mathrm{d}T} \tag{1-7}$$

式中：α_T 为体积膨胀系数，1/K 或 1/℃。表示温度升高1℃或1K时，流体体积的相对变化量。

实验证明，液体的体积膨胀系数很小。以水为例，在 9.8×10^4 Pa下，温度在1～10℃范围内，水的体积膨胀系数 $\alpha_T=150\times10^{-6}$ ℃$^{-1}$。在常温下，温度每升高1℃，水的体积相对增量仅为万分之一点五；温度较高时，如90～100℃，也只增加万分之七。

在一定压强作用下，水的体积膨胀系数与温度之间的关系见表1-3。

表1-3　水的体积膨胀系数与温度之间的关系

压强，$\times10^5$ Pa	温度，℃			
	1～10	10～20	40～50	60～70
0.98	14×10^{-6}	150×10^{-6}	422×10^{-6}	556×10^{-6}
98	43×10^{-6}	165×10^{-6}	422×10^{-6}	548×10^{-6}
196	72×10^{-6}	183×10^{-6}	426×10^{-6}	539×10^{-6}
490	149×10^{-6}	236×10^{-6}	429×10^{-6}	523×10^{-6}
882	229×10^{-6}	289×10^{-6}	437×10^{-6}	514×10^{-6}

1.4.3 可压缩流体和不可压缩流体

压缩性是流体的基本属性。任何流体都是可以压缩的，但不同流体的压缩程度不同。液体的压缩性都很小，其密度随压强和温度的变化很微小。在大多数情况下，可以忽略液体压缩性的影响，即 $d\rho/dt=0$，满足该式的流体称为不可压缩流体。在工程实际中，液体一般作为不可压缩流体来对待，但在高压锅炉以及水击现象中，必须要考虑液体的压缩性。

不同于液体，气体的压缩性很大。由热力学完全气体状态方程可知：温度不变时，完全气体的体积与压强成反比，即压强增加一倍，体积减小为原来的一半；压强不变时，温度升高 1℃体积比 0℃时的体积膨胀 1/273。因此，通常把气体作为可压缩流体来处理。但在流速不高的情况下，也可作为不可压缩流体来处理。例如，空气在标准大气压下，以 $v=68\text{m/s}$ 速度运动，不考虑压缩性时，相对误差为 1%。一般情况下，这样的误差在工程上是允许的。当气体做高速运动时，密度变化较大，就必须考虑气体的压缩性。

1.5 流体的黏性

1.5.1 流体的黏性

流体受到剪切力作用时抵抗变形的特性称为黏性。黏性是流体的重要属性，是流体运动中产生阻力和能量损失的原因。

1.5.2 牛顿内摩擦定律

流体内摩擦的概念最早由牛顿（I. Newton）在 1687 年提出，他认为流体“两部分之间的阻力与流体两部分彼此分开的速度成正比”。

现通过一个实验来说明牛顿内摩擦定律。如图 1-2 所示，设两块平板平行且间隙为 h，两板间充满均匀的真实流体，平板面积 A 足够大，忽略平板四周边界的影响。下板固定不动，上板在切向力 F' 的作用下，以速度 u_0 做匀速直线运动。

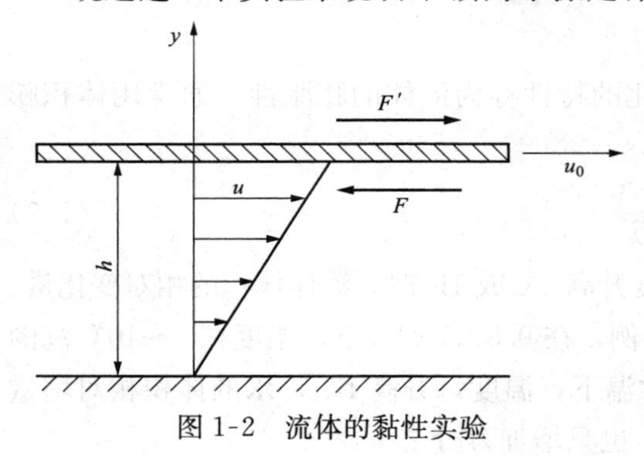

图 1-2 流体的黏性实验

实验发现，流动具有下述特点：

（1）与上板接触的流体黏在上板上，并以速度 u_0 随上板运动，与下板接触的流体黏在下板上，速度为零，两板间的流体速度呈线性分布，即 u 是 y 的一次函数：

$$u=\frac{u_0}{h}y \tag{1-8}$$

（2）比值 $\frac{F}{A}$ 与比值 $\frac{u}{h}$ 成正比，即

$$\frac{F}{A}=\mu\frac{u-0}{h} \tag{1-9}$$

或

$$F=A\mu\frac{u-0}{h} \tag{1-9a}$$

式中：比例系数 μ 通常称为动力黏度或黏度，Pa·s。F 为流体对平板的摩擦阻力，与 F' 互

为作用力与反作用力。

单位面积上的摩擦阻力称为摩擦应力，也叫作切向应力，用 τ 表示，单位为 N/m^2。

$$\tau = \frac{F}{A} = \mu \frac{u}{h} \tag{1-10}$$

一般情况下，黏性流体的速度分布并非线性分布（如管内流动时管道截面上的速度分布），而是曲线分布。现取一微元流体层进行研究，如图 1-3 所示。坐标 y 处的流动速度为 u，坐标 $y+\mathrm{d}y$ 处的流速为 $u+\mathrm{d}u$，则 y 方向的速度梯度为$\frac{\mathrm{d}u}{\mathrm{d}y}$。根据式（1-10）得到此时的切应力为

$$\tau = \mu \frac{\mathrm{d}u}{\mathrm{d}y} \tag{1-11}$$

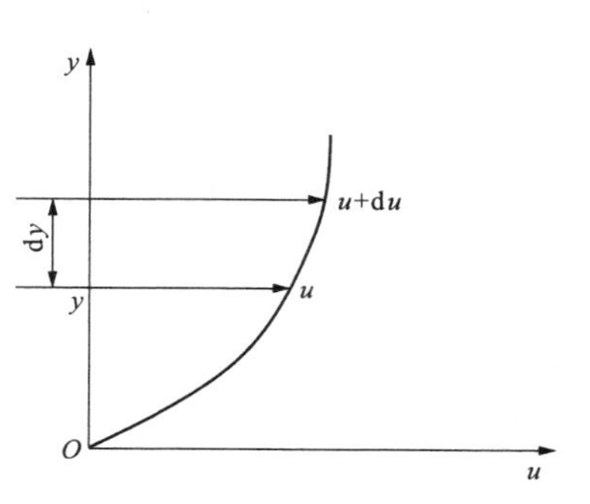

图 1-3　黏性流体的速度分布

式（1-11）即为牛顿切应力公式或牛顿内摩擦定律。该式说明作用在流体层间的切向应力或单位面积上的摩擦力，大小与速度梯度成正比，比例系数为流体的动力黏度 μ。对同一流体，速度梯度大时，切向应力大；速度梯度小时，切向应力小。流体处于静止或匀速运动状态时，切向应力为零，事实上是因为流体的黏性作用没有显现出来。

1.5.3　动力黏度与运动黏度

1. 动力黏度

牛顿内摩擦定律中的比例系数 μ 为流体的动力黏度，又称绝对黏度，单位为 Pa·s。μ 为物性参数，与流体的种类、压强、温度有关。

由牛顿内摩擦定律可得

$$\mu = \frac{\tau}{\mathrm{d}u/\mathrm{d}y} \tag{1-12}$$

它反映了流体运动时，单位速度梯度所产生的单位面积上的内摩擦力（切应力）。

2. 运动黏度

动力黏度 μ 与流体密度 ρ 的比值称为运动黏度，用 ν 表示，单位为 m^2/s。

$$\nu = \frac{\mu}{\rho} \tag{1-13}$$

表 1-4 和表 1-5 分别列出了水和空气的动力黏度及运动黏度与温度的关系。

表 1-4　　水的动力黏度及运动黏度与温度的关系

温度,℃	$\mu\times10^3$，Pa·s	$\nu\times10^6$，m^2/s	温度,℃	$\mu\times10^3$，Pa·s	$\nu\times10^6$，m^2/s
0	1.792	1.792	40	0.656	0.661
5	1.519	1.519	45	0.599	0.605
10	1.308	1.308	50	0.549	0.556
15	1.140	1.141	60	0.469	0.477
20	1.005	1.007	70	0.406	0.415
25	0.894	0.897	80	0.357	0.367
30	0.801	0.804	90	0.317	0.328
35	0.723	0.727	100	0.284	0.296

表 1-5 空气的动力黏度及运动黏度与温度的关系

温度,℃	$\mu\times10^6$，Pa·s	$\nu\times10^6$，m^2/s	温度,℃	$\mu\times10^6$，Pa·s	$\nu\times10^6$，m^2/s
0	17.09	13.00	160	24.25	29.80
20	18.08	15.00	180	25.05	32.20
40	19.04	16.90	200	25.82	34.60
60	19.97	18.80	220	26.58	37.10
80	20.88	20.90	240	27.33	39.70
100	21.75	23.00	260	28.06	42.40
120	22.60	25.20	280	28.77	45.10
140	23.44	27.40	300	29.46	48.10

【例 1】 两平板水平放置，一平板距另一固定平板 $h=0.8mm$，其间充满流体，上板在切应力 $\tau=3N/m^2$ 的作用下，以速度 $u=0.3m/s$ 的速度运动，求该流体的动力黏度。

【解】 由于两平板之间的间隙很小，速度分布可认为是线性的，由式（1-11）

$$\tau=\mu\frac{du}{dy}$$

得 $$\mu=\tau\frac{dy}{du}=\tau\frac{h}{u-0}=3\times\frac{0.8\times10^{-3}}{0.3}=0.008\ (Pa\cdot s)$$

1.5.4 影响流体黏性的因素

普通压强对流体的黏性几乎没有影响，一般可忽略不计，只考虑温度对黏性的影响。

温度对流体黏性的影响很大，对确定的流体，$\mu=f(T)$。温度对流体黏性的影响由流体黏性的形成机理决定。

1. 液体

液体产生黏性的原因主要是分子间的吸引力，温度升高；分子间距加大，分子间吸引力减小，黏性减小。

液体的黏度和温度的关系可近似用下述经验公式计算：

$$\mu=\frac{\mu_0}{1+0.0337t+0.000221t^2} \tag{1-14}$$

式中：μ_0 为 0℃时水的动力黏度。

2. 气体

气体分子之间的距离比较大，分子之间的吸引力很小，产生黏性的原因主要是气体分子作混乱运动时不同流层间的动量交换。温度越高，气体分子运动越剧烈，动量交换更加频繁，黏性也就越大。

气体的黏度与温度的关系可近似用苏士兰（Sutherland）公式计算：

$$\mu=\mu_0\frac{273+S}{T+S}\left(\frac{T}{273}\right)^{3/2} \tag{1-15}$$

式中：μ_0 为 0℃时气体的动力黏度；T 为气体的热力学温度；S 为苏士兰常数，与气体的种类有关，对空气 $S=110K$。

式（1-15）只适用于压强不太高（$p\leqslant10at$）的场合，此时可视气体的黏度与压强无关。在高压作用下，气体和液体的黏度均随压强的增大而增大。

1.5.5　理想流体和黏性流体

实际流体均具有黏性，因此，实际流体又称为黏性流体。$\mu=0$ 的流体称为理想流体，理想流体是人们为解决实际问题假想出来的，客观世界中并不存在。

对处于静止状态及匀速运动的流体来说，黏性的作用表现不出来，此时可将实际流体当作理想流体。另外，在黏性不起主要作用的场合，即黏性力远小于其他力时，可以先不计黏性的影响，按理想流体进行简化处理，随后再根据实验结果，引进黏性修正系数进行修正。

1.5.6　液体的表面张力

表面张力是液体表面层由于分子引力不均衡而产生的沿表面作用于任一分界线上的力。例如空气中的肥皂泡、水中的小气泡均成球形等都是典型表面张力效应的例子。

表面张力是液体分子力在液体表面层中的一种客观表现。液面上的分子受液体内部分子吸引力的作用，吸引力的方向与液面垂直并指向内部。

表面张力的大小与液体的性质、纯度、温度及与其接触的介质有关，用表面张力系数 σ 表示，单位为 N/m。几种常用液体与空气接触时的表面张力系数列于表 1-6 中。

表 1-6　　几种常用液体与空气接触时的表面张力系数

名称	温度,℃	表面张力系数，N/m	名称	温度,℃	表面张力系数，N/m
水	20	0.07275	四氯化碳	20	0.0257
水银	20	0.465	丙酮	16.8	0.02344
酒精	20	0.0223	甘油	20	0.065

液面为曲面时，弯曲液面靠内部附加压强增量与表面张力平衡。图 1-4 所示为一球形液滴一半的示意，球半径为 R，球内外压强差为 Δp，由力的平衡可得

$$\pi R^2 \Delta p = 2\pi R\sigma$$

$$\Delta p = \frac{2\sigma}{R} \tag{1-16}$$

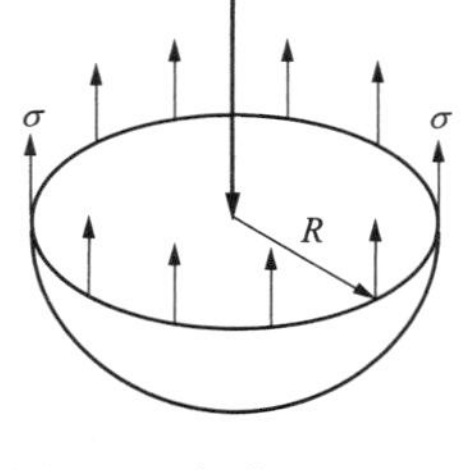

图 1-4　弯曲液面上的表面张力和压强

对非球形曲面，设曲率半径分别为 R_1 和 R_2，压强增量的表达式为

$$\Delta p = \sigma\left(\frac{1}{R_1} + \frac{1}{R_2}\right) \tag{1-17}$$

上式称为拉普拉斯公式。

在大多数工程实际问题中，同其他一些作用力（如重力、压力、黏性力等）相比，表面张力可忽略不计。但在某些液柱式测压计等小尺寸的仪器中，表面张力的作用必须考虑，否则将产生较大的测量误差。另外，在传热学中，研究大容器沸腾中气泡的形成，也要考虑表面张力。

1.5.7　毛细现象

液体分子间的相互吸引力称为内聚力。液体与固体接触时，液体分子与固体分子之间的吸引力称为附着力。在液固气交界处作液面的切面，此切面与固体表面的夹角（沿液体内部）称为接触角 θ。

液体与固体壁面接触时，若液体分子间的吸引力小于液体分子与固体分子间的吸引力，即内聚力小于附着力，就产生液体润湿固体的现象，接触角为锐角，如图 1-5（a）所示；若内聚力大于附着力，就产生液体不能润湿固体的现象，接触角为钝角，如图 1-5（b）所示。

另外，水对洁净的水平玻璃面的接触角 $\theta=0°$，称为完全润湿；而水银对洁净玻璃面的接触角 $\theta=140°$，基本上不能润湿，因此水银在玻璃面上呈珠状。

毛细力是在细管或多孔介质内产生的一种作用在液体上的力，是内聚力和附着力共同作用的结果。

将一细玻璃管插入液体中，若液体与管壁间的附着力大于内聚力，则液体能润湿管壁，管内液面升高且呈凹形，如图 1-6（a）所示；若液体与管壁间的附着力小于内聚力，则液体不能润湿管壁，管内液面降低且呈凸形，如图 1-6（b）所示，这种现象称为毛细现象。在自然现象中，植物根茎内的导管就是植物体内的毛细管，它能把土壤里的水分吸至几米甚至更高的高度。

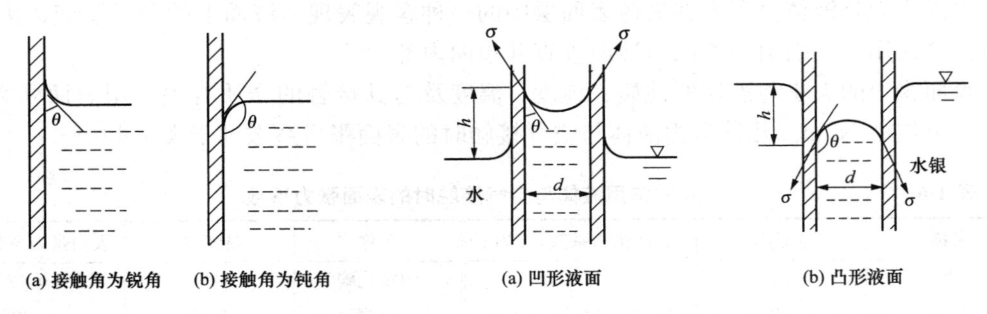

图 1-5　液体与固体接触时的润湿现象　　　图 1-6　毛细管中液面的上升或下降

现以液面高度上升为例进行受力分析，受力特点为表面张力合力的垂直分力等于升高液柱的重力，即

$$\pi d\sigma\cos\theta=\rho g\frac{\pi}{4}d^2h$$

整理得

$$h=\frac{4\sigma}{\rho gd}\cos\theta \tag{1-18}$$

毛细现象除了与液体性质、固壁材料、液面上气体的性质有关外，主要与管径大小有关，管径越小，毛细现象越明显；管径很大时毛细现象几乎不起作用。

表 1-7 列出了几种液体在圆形截面玻璃毛细管和平行玻璃板间上升或下降的高度。

表 1-7　几种液体在圆形截面玻璃毛细管和平行玻璃板间上升或下降的高度

流体种类	圆形截面玻璃毛细管直径 d，mm	平行玻璃板间距 b，mm
水	$30/d$	$15/b$
酒精	$10/d$	$5/b$
甲苯	$13/d$	$6.5/b$
水银	$-10/d$	$-5/b$

1.6 作用在流体上的力

作用在流体上的力会使流体的运动状态发生变化，根据作用方式不同，作用在流体上的力可以分为质量力和表面力。

1.6.1　质量力

质量力又称体积力，指作用在流体内部所有流体质点上并与流体质量成正比的力。如由地球引力作用在流体全部质点上产生的重力（$G=mg$）、惯性力（$F=ma$）、电磁力等，质量力是一种非接触力。

如图1-7所示，在运动流体中任取一块流体，其体积为V，表面积为A，在这块流体内围绕点b取一微元体积δV，作用在δV上的质量力为$\delta \boldsymbol{F}_b$，则b点单位质量的质量力为

$$\boldsymbol{f}=\lim_{b\to 0}\frac{\delta \boldsymbol{F}_b}{\rho\delta V} \tag{1-19}$$

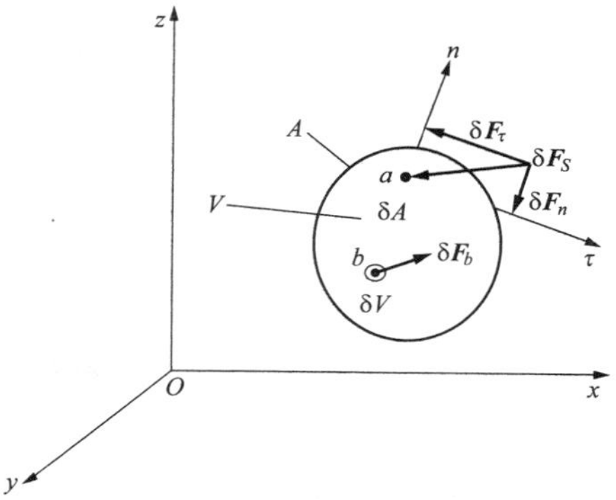

图1-7　作用在流体上的力

通常，单位质量流体的质量力用$\boldsymbol{f}$表示，单位为$\mathrm{m/s^2}$。在笛卡尔直角坐标系中

$$\boldsymbol{f}=f_x\boldsymbol{i}+f_y\boldsymbol{j}+f_z\boldsymbol{k} \tag{1-20}$$

式中：f_x、f_y、f_z分别为$\boldsymbol{f}$在直角坐标系x轴、y轴、z轴上的投影。当质量力仅有重力时，$f_x=f_y=0$，$f_z=-g$，$f=-g$。

1.6.2　表面力

表面力指外界（固体或液体）作用在流体微团表面上的力，即该流体微团周围的流体（既可是同一种类的流体，也可是不同种类的流体）或固体通过接触面作用在其上的力。如压力、摩擦力等，表面力是一种接触力。

单位面积上的表面力称为表面应力。在图1-7所示流体中围绕任一点a取微元面积δA，外界作用在δA上的表面力为$\delta \boldsymbol{F}_S$，$\delta \boldsymbol{F}_S$又可分解为法向力δF_n和切向力δF_τ。

$\dfrac{\delta F_n}{\delta A}$表示作用在微元面积$\delta A$上的平均法向应力，即平均压强；当$\delta A$无限收缩趋于$a$点时，称为$a$点的压强，用$p$表示，单位为$\mathrm{N/m^2(Pa)}$，即

$$p=\lim_{a\to 0}\frac{\delta F_n}{\delta A} \tag{1-21}$$

$\dfrac{\delta F_\tau}{\delta A}$表示作用在微元面积$\delta A$上的平均切向应力；当$\delta A$无限收缩趋于$a$点时，称为$a$点的切向应力，用$\tau$表示，单位为$\mathrm{N/m^2(Pa)}$，即

$$\tau=\lim_{a\to 0}\frac{\delta F_\tau}{\delta A} \tag{1-22}$$

本章介绍了流体力学的发展、任务及应用，主要阐述了连续介质假设，流体的主要性质，牛顿内摩擦定律，理想流体、不可压缩流体的概念以及作用在流体上的力。

（1）受任何微小剪切力作用都会发生连续变形的物体称为流体。

（2）连续介质假设将流体看作由无数流体质点连续地、无空隙地充满的介质。在该假设的前提下，流体的各个物理量均可看作是空间与时间的连续函数。

（3）黏性是流体运动中产生阻力和能量损失的原因。牛顿内摩擦定律揭示了切应力与速

度梯度之间的内在关系。

（4）$\mu=0$ 的流体称为理想流体；$\mathrm{d}\rho/\mathrm{d}t=0$ 的流体称为不可压缩流体，对不可压缩均质流体有 $\rho=C$。

（5）作用在流体上的力分为质量力和表面力，前者分布于所有流体质点上，后者分布于表面上。

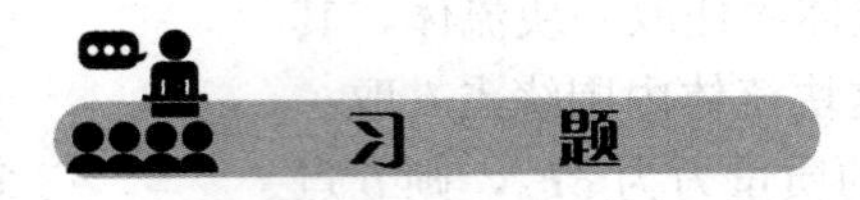

1-1 一量杯中盛有 $400\mathrm{cm}^3$ 的某种液体，质量为 0.5kg，试求该液体的密度及相对密度。

1-2 某种流体的相对密度为 0.716，动力黏度为 $4\times10^{-4}\mathrm{Pa\cdot s}$，求该流体的运动黏度。

1-3 动力黏度为 μ 的流体作平行于 x 轴的剪切流动，速度分布为 $u=2y^2$，试求 $y=1$ 截面上的切向应力，并画出其方向。

1-4 长度 $L=2\mathrm{m}$，直径 $D_1=100\mathrm{mm}$ 水平放置的圆柱体，置于内径 $D_2=102\mathrm{mm}$ 的圆管中以一定的速度运动，已知圆柱体与圆管间隙中润滑油的相对密度为 0.92，运动黏度为 $5.6\times10^{-4}\mathrm{m^2/s}$，求速度 $u=1$、1.5、2m/s 时所需拉力 F 分别为多少?

1-5 相距 30mm 的两无限大平行平板间充满某种液体，两板之间有一 300mm×250mm 的薄板，在相距一壁 10mm 处以 0.2m/s 的速度平行于壁面运动，所需拉力为 1.78N，间隙中液体的速度可认为是线性分布，试求该液体的动力黏度。

1-6 如图 1-8 所示为一个活塞机构，活塞直径 $d=150.4\mathrm{mm}$，活塞缸直径 $D=150.6\mathrm{mm}$，活塞长 $L=35\mathrm{cm}$，活塞与缸间的缝隙充满润滑剂，其运动黏度 $\nu=0.9144\times10^{-4}\mathrm{m^2/s}$，相对密度 $\rho_\mathrm{d}=0.92$，如果活塞以 $u=4\mathrm{m/s}$ 的平均速度运动，求克服摩擦力所需要的功率为多少?

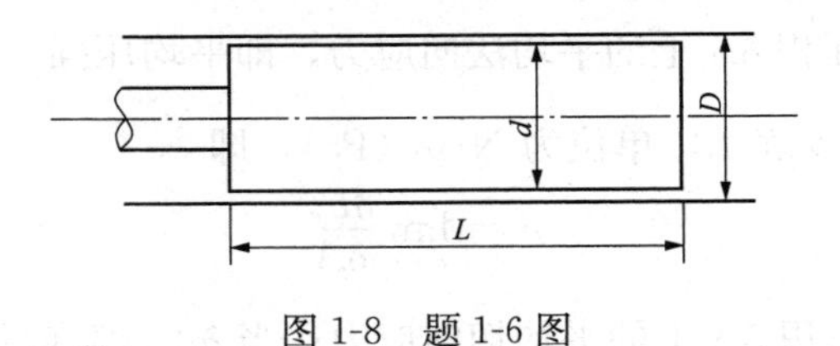

图 1-8 题 1-6 图

1-7 已知水与玻璃的接触角 $\theta=10$℃，内径为 10mm 的开口玻璃管插入温度为 20℃的水中，求水在玻璃管中上升的高度。

1-8 20℃的空气中有一直径为 2mm 的小水滴，试用拉普拉斯公式计算水滴内外的压强差 Δp。

第2章　流 体 静 力 学

流体静力学是研究流体在外力作用下处于平衡（绝对平衡和相对平衡）状态时的力学规律及其应用。将地球作为惯性参考坐标系，当流体质点间没有相对运动，且流体整体相对于惯性坐标系也没有相对运动时，称为绝对平衡；当流体质点间没有相对运动，但流体整体相对于惯性坐标系有相对运动时，称为相对平衡。

无论是绝对平衡还是相对平衡，流体之间均没有相对运动，因此切应力为零，可以不考虑流体的黏性。故本章所得结论对理想流体和黏性流体均适用。

2.1　流体静压强及其特性

2.1.1　流体静压强的定义

流体处于平衡状态时，由于切向力为零，只有与作用面垂直的法向力。

在图 2-1 所示的平衡流体中，围绕任意一点取一微元面积 δA，设作用在该微元面积上的法向力为 $\delta \boldsymbol{F}$。当微元面积 $\delta A \to 0$ 时，空间某点的静压强为

$$p = \lim_{\delta A \to 0} \frac{\delta \boldsymbol{F}}{\delta A} \tag{2-1}$$

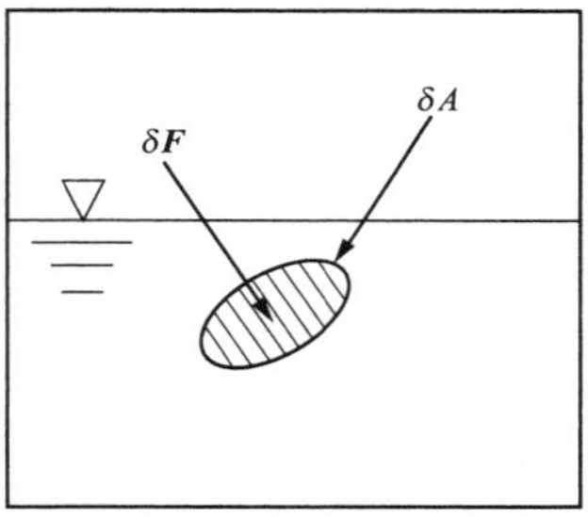

图 2-1　平衡流体内任一点的静压强与静压力

流体静压力和流体静压强都是压力的一种量度。区别仅在于：前者指作用在某一面积上的压力；而后者是作用在单位面积上的力。

2.1.2　流体静压强特性

流体静压强的两个重要特性：

（1）流体静压强沿作用面的内法线方向。由第 1 章内容可知，流体中任意一点受到的力均可分为切向应力和法向应力。当流体平衡时，流体层之间没有相对运动，切向应力 $\tau=0$，因此，只存在法向应力，即只存在垂直于作用面的力；又由于流体不能承受拉力，故只存在压应力。所以静压强沿作用面的内法线方向。

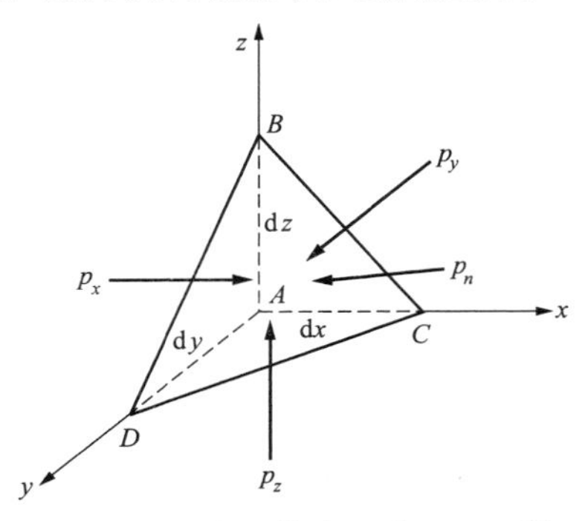

图 2-2　平衡流体中的微元四面体

（2）平衡流体中任意点静压强的大小仅与位置有关，是该点坐标的函数，即 $p=f(x, y, z)$，与其作用面的方向无关，又称静压强各向同性。

为证明这一点，在平衡流体中任取一点 A，以 A 为直角坐标系原点，取边长分别为 $\mathrm{d}x$、$\mathrm{d}y$、$\mathrm{d}z$ 的微元四面体 $ABCD$ 进行分析，如图 2-2 所示。

设作用在四个微元面 ABD、ABC、ACD 和 BCD 上的平均流体静压强分别为 p_x、p_y、p_z 及 p_n，其静压力的方向分别为对应作用面的内法线方向，则作用在各面上的静压力应等于各微元面积与相应静压强的乘积，即

$$dF_x = p_x \frac{1}{2}dydz$$

$$dF_y = p_y \frac{1}{2}dxdz$$

$$dF_z = p_z \frac{1}{2}dxdy$$

$$dF_n = p_n dA_n (dA_n \text{ 为 } \Delta BCD \text{ 的面积})$$

设微元四面体的平均密度为 ρ，用 f_x、f_y、f_z 表示单位质量流体的质量力分力，其方向与坐标轴正向一致。已知四面体的体积为$\frac{1}{6}dxdydz$，则微元四面体的质量力沿坐标轴的分力分别为 $f_x\rho\frac{1}{6}dxdydz$、$f_y\rho\frac{1}{6}dxdydz$、$f_z\rho\frac{1}{6}dxdydz$。微元四面体在上述表面力和质量力的作用下处于平衡状态，在三个坐标轴方向分力的代数和应为零。以 x 轴方向微元四面体的受力平衡为例：

$$p_x \frac{1}{2}dydz - p_n dA_n \cos(\dot{n},x) + f_x\rho\frac{1}{6}dxdydz = 0$$

式中：$dA_n\cos(\dot{n},\ x)$ 是 ΔBCD 在垂直面 yoz 平面上的投影，其值等于$\frac{1}{2}dydz$，故上式可简化为

$$p_x - p_n + f_x\rho\frac{1}{3}dx = 0$$

当 $dxdydz$ 趋于零，即微元四面体向 A 点收缩而趋于一点时，由上式可得

$$p_x = p_n$$

同理可得，$p_y = p_n$，$p_z = p_n$

即

$$p_x = p_y = p_z = p_n \tag{2-2}$$

由于微元面 BCD 的法线 n 是任选的，这就证明了在平衡流体中任意一点静压强的大小与其作用面的空间方位无关，即任意一点上各个方向的流体静压强相同。

由于平衡流体中任意一点的静压强只有一个值，而流体又是连续介质，故流体静压强是空间坐标的连续函数，即

$$p = f(x,y,z) \tag{2-3}$$

2.2 流体平衡微分方程

2.2.1 流体平衡微分方程

通过建立平衡状态下流体质量力和表面力的平衡方程，可得到流体的平衡微分方程。

如图 2-3 所示，在平衡流体中任取一边长为 dx、dy、dz 的微元平行六面体。其中心点为 A（x，y，z），对应静压强为 p。由于流体静压强为坐标的连续函数，则其余六个面上的

压强可按泰勒级数展开得到。

将微元体左、右两微元面中心 B、C 两点处的压强视为平均压强，按泰勒级数展开，并略去二阶及以上无穷小量后，得到距 A 点距离为 $\frac{1}{2}\mathrm{d}x$ 的 B、C 两点处的静压强分别为 $p-\frac{\partial p}{\partial x}\frac{\mathrm{d}x}{2}$ 和 $p+\frac{\partial p}{\partial x}\frac{\mathrm{d}x}{2}$。用 ρ 表示微元六面体的平均密度，f_x、f_y、f_z 表示单位质量流体所受质量力的三个分力。则处于平衡状态的微元体在 x 方向的平衡方程为

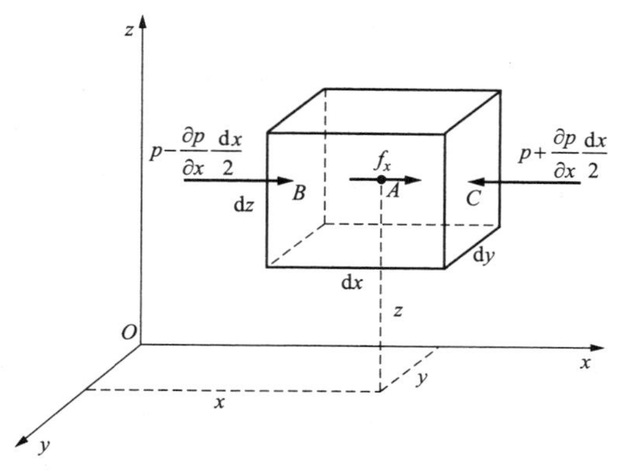

图 2-3　微元平行六面体

$$\left(p-\frac{\partial p}{\partial x}\frac{\mathrm{d}x}{2}\right)\mathrm{d}y\mathrm{d}z-\left(p+\frac{\partial p}{\partial x}\frac{\mathrm{d}x}{2}\right)\mathrm{d}y\mathrm{d}z+f_x\rho\mathrm{d}x\mathrm{d}y\mathrm{d}z=0$$

化简后为

$$f_x\rho\mathrm{d}x\mathrm{d}y\mathrm{d}z-\frac{\partial p}{\partial x}\mathrm{d}x\mathrm{d}y\mathrm{d}z=0 \tag{2-4}$$

同理，可以写出 y 方向和 z 方向的平衡微分方程，并以质量 $\rho\mathrm{d}x\mathrm{d}y\mathrm{d}z$ 同除以后得到

$$\left.\begin{aligned} f_x-\frac{1}{\rho}\frac{\partial p}{\partial x}=0 \\ f_y-\frac{1}{\rho}\frac{\partial p}{\partial y}=0 \\ f_z-\frac{1}{\rho}\frac{\partial p}{\partial z}=0 \end{aligned}\right\} \tag{2-4a}$$

这就是流体平衡微分方程式，又叫欧拉平衡微分方程式，是欧拉（L. Euler）在 1775 年提出的。该方程建立了作用在平衡流体上的表面力和质量力互相平衡的关系式。在推导过程中对作用在流体上的质量力和流体密度未加限制，所以该方程对不可压缩流体和可压缩流体均适用。

将欧拉方程三式相加，写成矢量形式为

$$\boldsymbol{f}-\frac{1}{\rho}\mathrm{grad}p=0 \tag{2-4b}$$

式中：$\mathrm{grad}p=\nabla p=\frac{\partial p}{\partial x}\boldsymbol{i}+\frac{\partial p}{\partial y}\boldsymbol{j}+\frac{\partial p}{\partial z}\boldsymbol{k}$，为压力梯度。

$\nabla=\frac{\partial}{\partial x}\boldsymbol{i}+\frac{\partial}{\partial y}\boldsymbol{j}+\frac{\partial}{\partial z}\boldsymbol{k}$，为哈密尔顿算子

2.2.2　等压面

流体静压强是空间坐标的连续函数，即 $p=p(x,y,z)$，它的全微分为

$$\mathrm{d}p=\frac{\partial p}{\partial x}\mathrm{d}x+\frac{\partial p}{\partial y}\mathrm{d}y+\frac{\partial p}{\partial z}\mathrm{d}z$$

由式（2-4a）得

$$\frac{\partial p}{\partial x}=\rho f_x,\frac{\partial p}{\partial y}=\rho f_y,\frac{\partial p}{\partial z}=\rho f_z$$

代入上式得

$$dp = \rho(f_x dx + f_y dy + f_z dz) \tag{2-5}$$

式（2-5）称为压强差的全微分公式。该式说明：当流体处于平衡状态时，由于点的坐标变化量 dx、dy、dz 引起的压强增量 dp 取决于质量力。

流场中压强相等的点组成的面称为等压面。在等压面上，$dp=0$。由式（2-5）可得

$$f_x dx + f_y dy + f_z dz = 0 \tag{2-6}$$

写成矢量形式为

$$\boldsymbol{F} \cdot d\boldsymbol{s} = 0 \tag{2-6a}$$

式中

$$d\boldsymbol{s} = dx\boldsymbol{i} + dy\boldsymbol{j} + dz\boldsymbol{k}$$

式（2-6）称为等压面微分方程。

可以看出，作用于平衡流体中任一点的质量力必垂直于通过该点的等压面。

2.3 重力作用下平衡流体的静压强

2.3.1 流体静力学基本方程

在自然界和工程中经常遇到的是作用在流体上的质量力只有重力的情况，此时

$$f_x = 0, \quad f_y = 0, \quad f_z = -g$$

因此

$$dp = \rho(f_x dx + f_y dy + f_z dz) = -\rho g dz \tag{2-7}$$

或

$$\frac{dp}{\rho g} + dz = 0 \tag{2-7a}$$

当流体是均质不可压缩流体时（即 $\rho=C$）积分上式得

$$z + \frac{p}{\rho g} = C \tag{2-8}$$

在平衡流体中任取 1、2 两点，如图 2-4 所示，则式（2-8）也可写成

$$z_1 + \frac{p_1}{\rho g} = z_2 + \frac{p_2}{\rho g} \tag{2-8a}$$

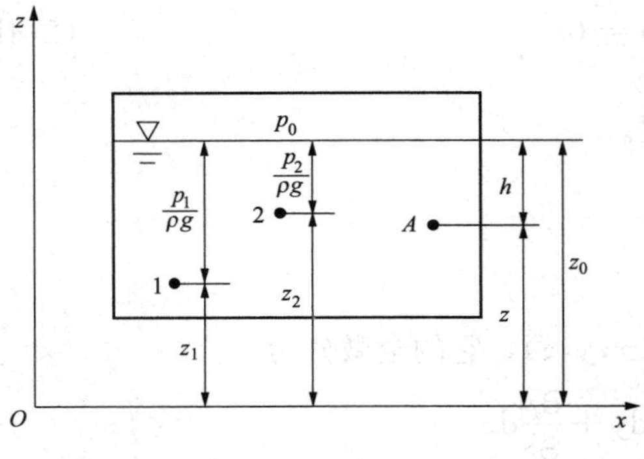

图 2-4 流体静力学基本方程的意义

式（2-8a）为重力作用下的流体平衡方程，通常称为流体静力学基本方程。它适用于只有重力作用下处于平衡状态的不可压缩均质流体。因为在推导过程中只考虑了 $f=-g$，且 ρg 为常量，故静力学基本方程对非均质流体是不适用的。

1. 静力学基本方程的物理意义

式（2-8）中第一项 z 代表单位重力流体的位置势能。若流体处在 z 的高度，其重力为 $G=mg$，则它的位势能为 Gz，令 $G=1$，则可得出单位重力流体的位势能为 z。

第二项 $\frac{p}{\rho g}$ 代表单位重力流体的压强势能。

如图 2-5 所示，容器中 A 点的压强为 p。若在 A 点处开孔，且与已抽真空的闭口测压管

相连接。此时，容器内的液体将在压强 p 的作用下，沿测压管上升一定的高度 h_p。假设上升液柱的体积为 ΔV，则其势能增加了 $\rho g \Delta V h_p$，则单位重力流体增加的势能为$\frac{\rho g \Delta V h_p}{\rho g \Delta V}=h_p$。

将式（2-8a）应用于图 2-5 中的 A、B 两点，有

$$z+\frac{p}{\rho g}=z+h_p$$

整理得

$$\frac{p}{\rho g}=h_p$$

因此，$\frac{p}{\rho g}$即为单位重力流体的压强势能。

流体的位置势能与压强势能之和称为总势能。式（2-8a）的物理意义是：在重力作用下，不可压缩均质流体处于平衡状态时，各点单位重力流体的总势能保持不变。

2. 静力学基本方程的几何意义

式（2-8）中，z 也称为位置水头，单位为 m。

由于$\frac{p}{\rho g}$对应的值为液柱高度，该项也称为压强水头，单位为 m。

如图 2-6 所示，在一密闭容器两侧分别开孔（注意两孔高度不一样），并与开口测压管相连接。A、B 两点处的压强分别为 p_A、p_B，则有

$$z_A+\frac{p_A}{\rho g}=z_B+\frac{p_B}{\rho g}=H=C$$

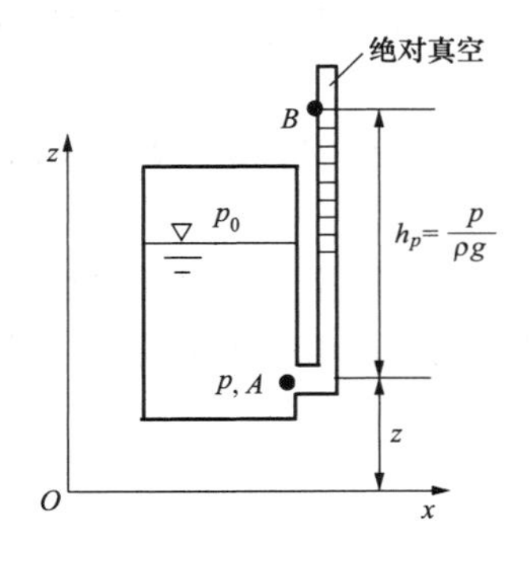

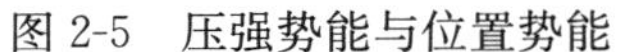

图 2-5　压强势能与位置势能

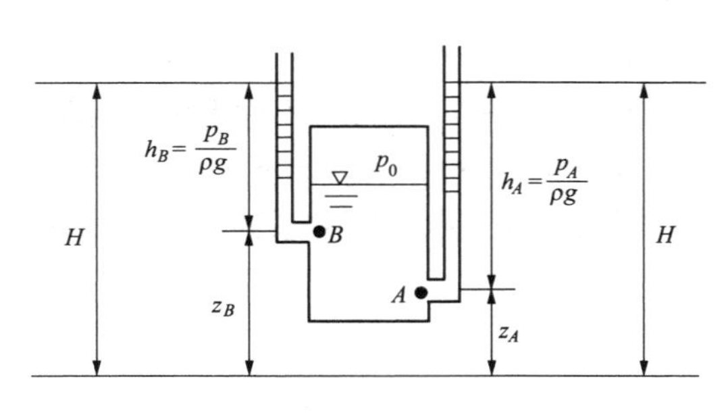

图 2-6　位置水头与相对压强水头

流体静力学基本方程的几何意义为：重力场中均质不可压缩平衡流体中各点的位置水头和压强水头之和为常数。一般称位置水头与压强水头之和为测压管水头，各点测压管水头的连线称为测压管水头线。测量测压管水头一般用开口测压管，测得的压强水头为相对于大气压的值，称为相对压强水头。

2.3.2　帕斯卡原理

图 2-4 中，设 A 点的淹深为 h，压强为 p，对 A 点和自由液面上任意点，根据静力学基本方程式有

$$z+\frac{p}{\rho g}=(z+h)+\frac{p_0}{\rho g}$$

整理得

$$p = p_0 + \rho gh \tag{2-9}$$

式（2-9）为静力学基本方程式的另一种形式，该式说明：

（1）在平衡流体中任一点的压强由两部分组成：一部分是自由液面上的压强 p_0；另一部分是淹深为 h、底为单位面积的流柱受重力作用产生的压强 ρgh，这也称为帕斯卡（Pascal）原理。在水中，取 ρg=9810N/m^3，则淹深每增加 10m 时，压强将增加 98100Pa。

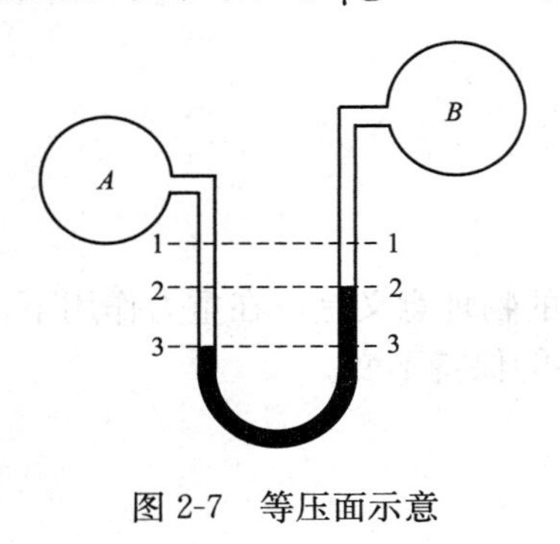

图 2-7 等压面示意

（2）自由表面压强 p_0 的任何变化，均会引起液体内部压强 p 的变化。

2.3.3 平衡流体中的等压面

由式（2-9）可知，在重力场均质不可压缩平衡流体中，深度相同的点对应的压强均相等。不可压缩平衡流体中的任一水平面都是等压面，自由液面也是等压面。

在求重力场中平衡流体不同位置间的压强关系时，经常用到等压面特性，使用条件必须是连通、静止的同种流体。

如图 2-7 所示，其中只有 3—3 为等压面。

2.4 压强的计算基准和量度单位

2.4.1 压强的计算基准

流体压强按计算基准的不同分为绝对压强和相对压强。以完全真空时的绝对零压强（$p=0$）为基准来计算的压强称为绝对压强，用 p'表示。以当地大气压强为基准来计算的压强称为相对压强，又称表压强，用 p 表示。

由式（2-9）可知，当自由表面上的压强为大气压，即 $p_0=p_a$ 时，$p'=p_a+\rho gh$，此时的 p' 定义为绝对压强。而 $p'-p_a=\rho gh=p$ 称为相对压强。

当 $p'<p_a$ 时，$p_a-p'=-(p'-p_a)=p_v$ 称为真空压强，真空压强为负的相对压强。绝对压强、相对压强、真空压强的关系如图 2-8 所示，图中 p'_A、p'_B分别代表 A、B 处的绝对压强。

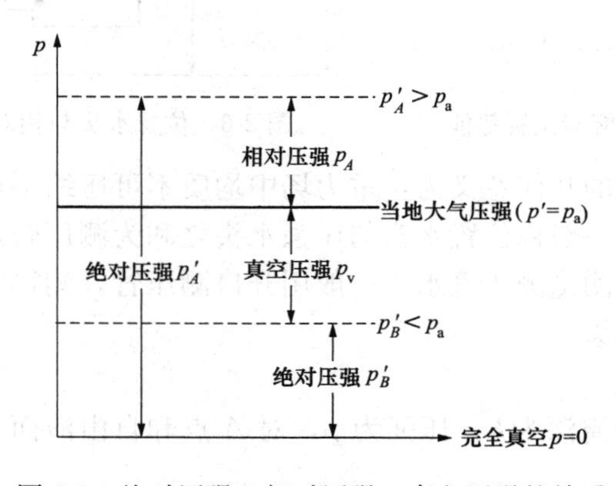

图 2-8 绝对压强、相对压强、真空压强的关系

关于压强的计算基准有以下几点需要注意：

（1）相对压强是以当地大气压作为基准的；

（2）p_v（真空压强）为负的相对压强；

（3）绝对压强永远为正值，最小为零（完全真空）。流体的绝对压强为零只是理论上的值，实际很难达到。尤其是当容器中装有液体时，只要液体的压强低于该液体的饱和压强，液体就开始汽化，压强不会再继续下降。

另外，物理学以及气体动力学一般多用绝对压强，工程技术中液体多用相对压强。这是因为在工程技术中，测量压强的仪表大都与大气相通，实际测得的是绝对压强和大气压强之差，即相对压强。

2.4.2　压强的量度单位

压强的基本定义为单位面积上的力，即力/面积，国际单位为 N/m^2，用符号 Pa 表示，这是压强的一种量度单位。

第二种量度单位采用大气压的倍数表示。国际上对标准大气压采用符号 atm 表示，指的是温度为 0℃时海平面上的压强，为 101.325kPa，即 1atm=101.325kPa。例如，某点的绝对压强为 405.3kPa，称绝对压强为四个标准大气压，或相对压强为三个标准大气压。而在工程单位中规定大气压用符号 at 表示，相当于海拔 200m 处的正常大气压，即 1at=98kPa，称为工程大气压。

由 $p=\rho gh$ 得 $h=\frac{p}{\rho g}$，因此可采用液柱高度来表示压强，这就是压强的第三种量度单位。一般采用水柱或汞柱高度，单位为 mH_2O、mmH_2O 或 mmHg。

三种压强量度单位的换算关系见表 2-1。

表 2-1　三种压强量度单位的换算关系

压强单位	Pa	atm	at	mmH_2O	mmHg
换算关系	9.8	9.67×10^{-5}	10^{-4}	1	0.736
	98000	0.967	1	10^4	736
	101325	1	1.033	10330	760
	133.33	13.16×10^{-3}	1.36×10^{-3}	13.6	1

2.4.3　液体的静压强分布图

液体的静压强分布图是根据基本方程 $p=p_0+\rho gh$，直接在受压面上绘制出来的，用来表示各点静压强的大小及方向。

如图 2-9 所示，开口容器中盛有深 H 的液体，自由液面上的压强为当地大气压 p_a，现以容器壁面 AB 上各点的绝对压强为例，绘制静压强分布图。图中横坐标为静压强 p，纵坐标为淹深 h。

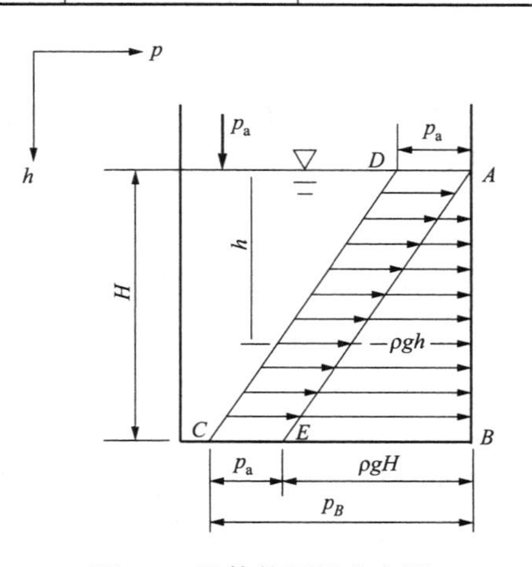

图 2-9　流体静压强分布图

壁面 AB 上端 A 点处的绝对静压强为 $p_A'=p_a$，下端 B 点处的绝对静压强为 $p_B'=p_a+\rho gh$，分别取线段 $AD=p_A'$、$BC=p_B'$，将端点 C、D 连接起来。梯形 $ABCD$ 就是壁面 AB 上的流体静压强分布图。根据静压强与水深成线性变化的规律，即可将 AB 面上任一点的静压强用相同的方法表示出来。

由图 2-9 可以看出，流体的静压强分布图由平行四边形 $AECD$ 以及三角形 ABE 两部分组成，其中平行四边形 $AECD$ 代表自由液面上的当地大气压 p_a，而三角形 ABE 代表由液体深度 h 引起的压强 ρgh。实际上，由于壁面 AB 右侧也同样受到大气压强 p_a 的作用，与左侧受到的大气压强相互抵消。因此，在实际工程计算中，只考虑相对压强的作用，即只考虑静压强分布图中的三角形 ABE。

图 2-10 所示分别为斜面、折面、曲面的流体静压强分布图。

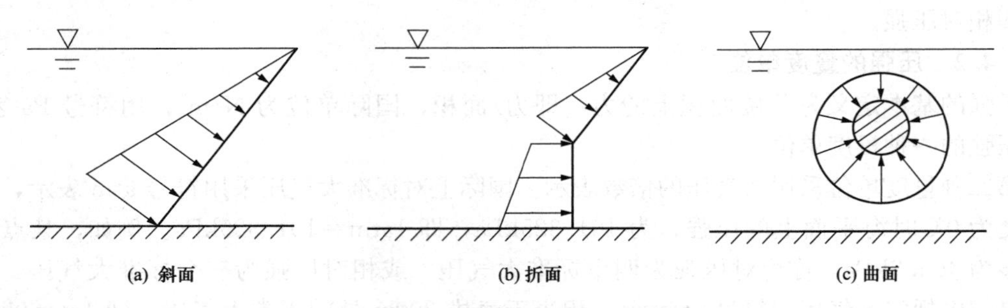

图 2-10　斜面、折面、曲面的流体静压强分布图

2.5　液柱式测压计

测量压强的常用仪器有液柱式测压计、金属压强计和电测式测压计等。液柱式测压计直观、方便、经济，在工程上得到广泛的应用，其工作液体一般为水、酒精、四氯化碳和水银等。

2.5.1　测压管

测压管是一种结构简单的液柱式测压计，外形为一根直径均匀的玻璃管，一端连接在需要测定的器壁孔口上；另一端开口，与大气相通，图 2-11 所示为测压管。由于压强的作用，液体在测压管中具有一定的高度 h，由此可直接计算出相对压强 p。

图 2-11（a）中，测压管液面高于 A 点，p 为正值，即

$$p = \rho gh \tag{2-10}$$

测量负压气体的压强时，可将测压管倒置插入液体中，如图 2-11（b）所示。测压管液面低于 A 点，p 为负值，即

$$p = -\rho gh \text{ 或 } p_v = \rho gh$$

这种测压管的优点是结构简单、测量直接而准确，缺点是只能测量较小的压强，一般不超过 9800Pa，相当于 $1mH_2O$。为了减轻毛细现象的影响，玻璃管直径一般应大于 10mm。

2.5.2　U 形测压计

U 形测压计如图 2-12 所示，其构造也十分简单，由装在刻度板上的 U 形玻璃管组成。管子一端与待测压强点相接，另一端开口，与大气相通。待测流体密度为 ρ_1，U 形管内液体密度为 ρ_2，要求 $\rho_2 > \rho_1$。

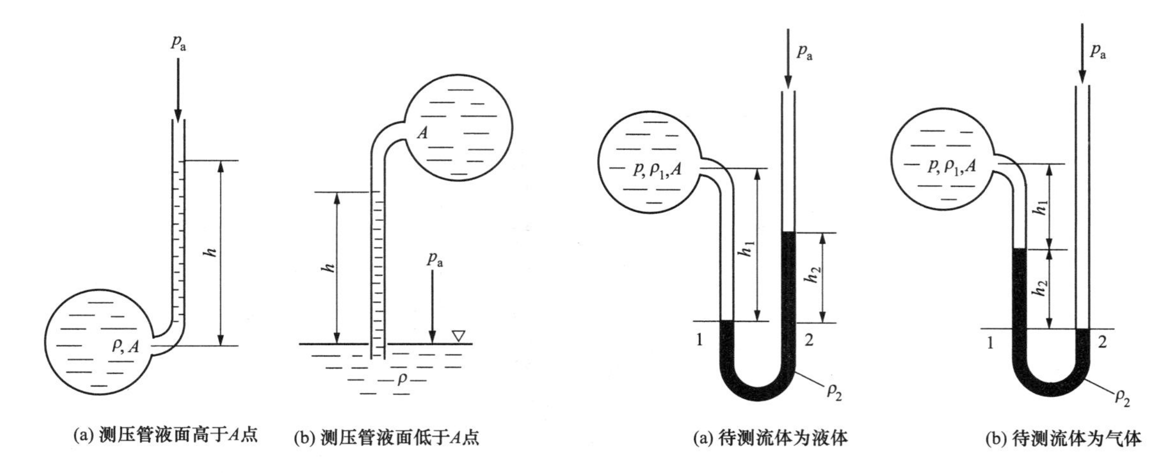

(a) 测压管液面高于A点　(b) 测压管液面低于A点

图 2-11　测压管

(a) 待测流体为液体　(b) 待测流体为气体

图 2-12　U 形测压计

如图 2-12（a）所示，定义待测流体与 U 形管中液体的交界面为 1 面，沿 1 面水平延伸与 U 形管的另一支管交于 2 面。1、2 面符合等压面的定义，因此 $p_1=p_2$。根据流体静压强计算公式（2-9），有

$$p_1 = p' + \rho_1 g h_1$$

$$p_2 = p_a + \rho_2 g h_2$$

两式相等，则待测点的绝对压强为

$$p' = p_a + \rho_2 g h_2 - \rho_1 g h_1 \tag{2-11}$$

相对压强为

$$p = \rho_2 g h_2 - \rho_1 g h_1 \tag{2-12}$$

如图 2-12（b）所示，U 形管还可以测低于大气压强的情况。当待测流体是气体时，由于气体密度很小，$\rho_1 g h_1$ 这一项可忽略不计。

另外，将 U 形管两端分别接到两个待测压强 p_1、p_2，将构成差压计，可测量两压强的差值 $\Delta p=p_1-p_2$。

【例 2-1】 如图 2-13 所示，用 U 形管测压计测量 A 点和 B 点的压强差。已知 $p_A=2.744\times10^5\,\text{Pa}$，$p_B=1.372\times10^5\,\text{Pa}$，$h_1=550\text{cm}$，$h_2=300\text{cm}$，试确定 U 形管测压计的读数 Δh 值。

【解】 作等压面 1 及等压面 2，设其距基准面的距离分别为 h_3、h_4。

对等压面 1 列方程

$$p_A + \rho_w g(h_1 - h_3) = p_B - \rho_w g[(h_4 - h_2)] + \rho_m g h$$

式中：$h_4=h_3+\Delta h$

整理得

$$\begin{aligned}\Delta h &= \frac{p_A - p_B}{(\rho_m - \rho_w)g} + \frac{\rho_w(5.5-3)}{\rho_m - \rho_w} \\ &= \frac{2.744\times10^5 - 1.372\times10^5}{(13600-1000)\times9.8} + \frac{1000\times2.5}{13600-1000} \\ &= 1.31(\text{m})\end{aligned}$$

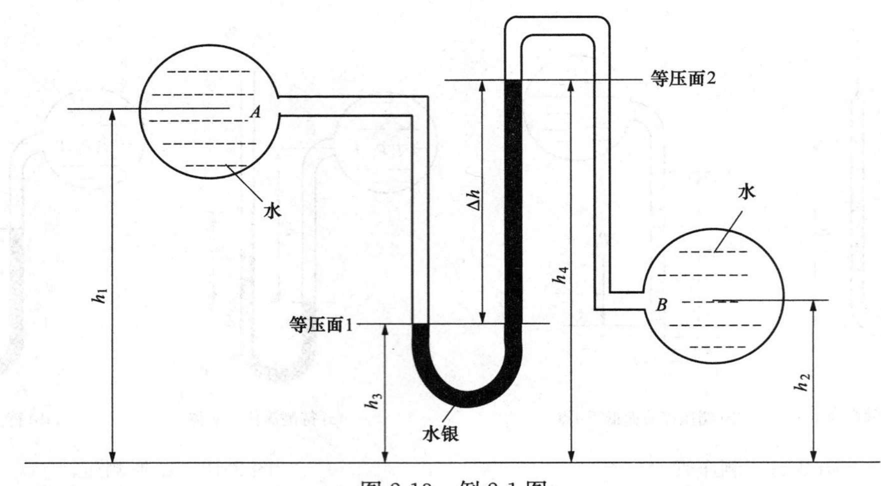

图 2-13　例 2-1 图

2.5.3　微压计

当待测压强很微小时，为提高测量精度应采用微压计。微压计一般有如下两种型式。

1. 倾斜式微压计

由一个液体容器和一个与其连通的倾角可调的玻璃管组成。容器内的液体密度为 ρ（通常为密度 $\rho=810\text{kg/m}^3$ 的酒精），液体容器截面积为 A_2，玻璃管截面积为 A_1（$A_2>A_1$），玻璃管的倾角为 α，图 2-14 所示为倾斜式微压计。

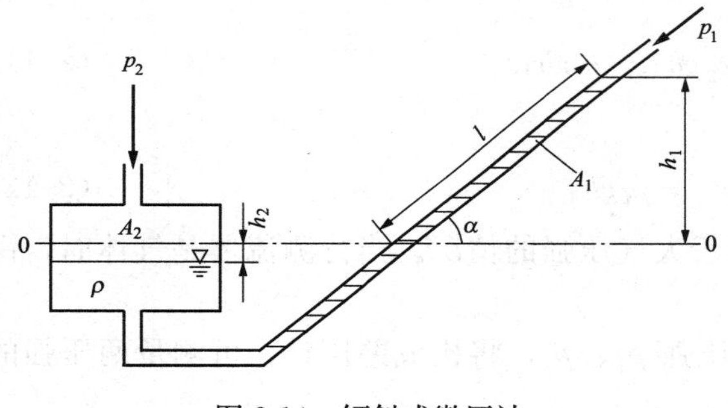

图 2-14　倾斜式微压计

$p_1=p_2$ 时，微压计未感受到压差，容器与玻璃管内的液面在同一水平面 0—0 上。若 $p_2>p_1$，玻璃管中的液面将上升 l 长度，液面高度增加 $h_1=l\sin\alpha$，而容器内液面下降 h_2。由于容器中液体下降的体积与倾斜管中液体上升的体积相等，故 $h_2=lA_1/A_2$，因此容器与玻璃管中两液面的实际高度差为

$$h=h_1+h_2=l\left(\sin\alpha+\frac{A_1}{A_2}\right)$$

被测压强差为

$$\Delta p=p_2-p_1=\rho gh=\rho g\left(\sin\alpha+\frac{A_1}{A_2}\right)\cdot L \qquad (2\text{-}13)$$

式中：$\rho g\left(\sin\alpha+\dfrac{A_1}{A_2}\right)=K$，称为微压计系数，不同倾角 α 对应不同的 K 值，在实际倾斜式微压计上，K 值标注在仪器上。

2. 补偿式微压计

补偿式微压计是一种较精确的微差测压计，测量精度可达 0.01mmH_2O，常用来校准其他测压计，主要缺点是读数过程较慢，不适宜测量不稳定的压强。

补偿式微压计如图 2-15 所示，安装在螺杆 1 上的水闸 2 通过软管与固定的观测筒 3 连通。测压前调节螺杆使水闸调到最低，即图中虚线位置，观测筒内液面恰好与水准头 4 的尖

顶接触，水闸内液面与观察筒内液面位于同一水平线上。测压时将被测压强 p 通入观察筒内，由于观察筒与水闸间的压差作用，观察筒内液面将下降，调节螺杆使水闸上升，则观察筒内液面也随之升高，当观察筒内液面升至与水准头尖端刚好接触时，说明观察筒和水闸间的压差恰好被水闸升高的水柱所补偿。若水柱高度为 Δh，则被测压强 $p=\rho g\Delta h$。

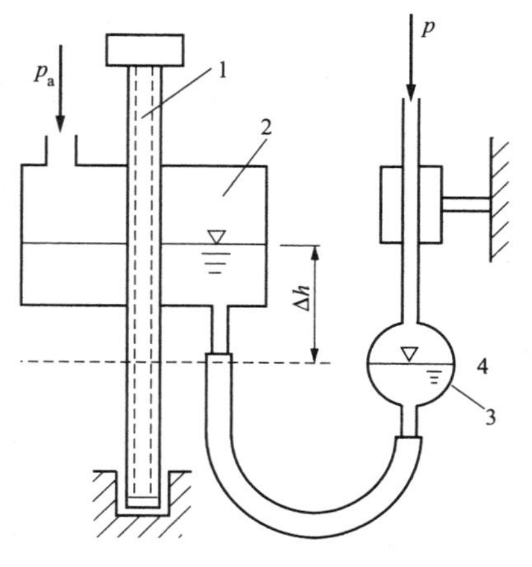

图 2-15　补偿式微压计

1—螺杆；2—水闸；3—观测筒；4—水准头

若观察筒与水闸分别通入压强 p_1、p_2，则可测其压差

$$\Delta p = p_2 - p_1 = \rho g \Delta h \tag{2-14}$$

上述几种测压计是利用流体静力学原理设计的测压计，称为液柱式测压计，是最简单也是最精确的测量流体静压强的方法，但不适宜测量动态压强。

2.5.4　静力学实验分析

1. 实验目的要求

（1）通过测量平衡水中任意点的压强，掌握用测压管测量流体静水压强的技能。

（2）通过实验进一步理解位置水头、压强水头及测压管水头的基本概念，验证不可压缩流体静力学基本方程。

（3）能够利用实验数据求解静力学基本方程中的相关参数。

2. 实验装置

液体静力学实验装置如图 2-16 所示。

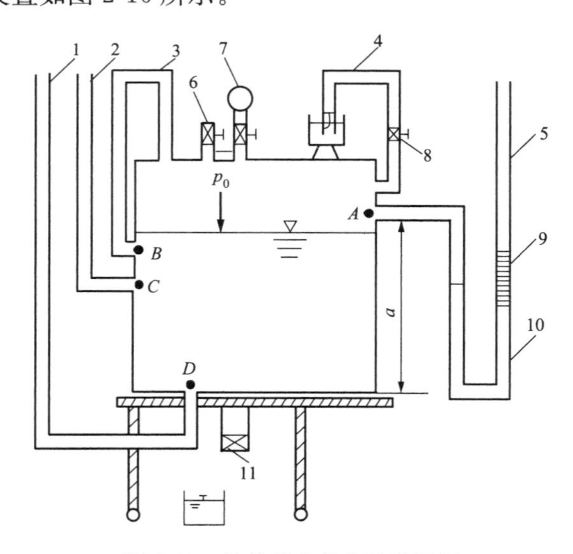

图 2-16　液体静力学实验装置图

1—测压管；2—带标尺测压管；3—连通管；4—真空测压管；5—U 形测压管；6—通气阀；7—加压打气球；8—截止阀；9—油柱；10—水柱；11—减压放水阀

说明：

（1）所有测管液面标高均以标尺（测压管 2）零读数为基准。

（2）仪器铭牌所注∇_B、∇_C、∇_D系测点 B、C、D 标高；若同时取标尺零点作为静力学基本方程的基准，则∇_B、∇_C、∇_D亦为z_B、z_C、z_D。

(3) 本仪器中所有阀门旋柄顺管轴线为开。

3. 实验原理

(1) 在重力作用下不可压缩液体静力学基本方程为

$$z+\frac{p}{\rho g}=C$$

或

$$p=p_0+\rho g h$$

(2) 对装有水和油的U形测管（见图2-17及图2-18），应用等压面原理，可以测量计算出油的相对密度$\rho_d\left(\rho_d=\frac{\rho_o}{\rho_w}\right)$，从而求得油的密度。

当U形管中水面和油水界面齐平，如图2-17所示，有

$$p_{01}=\rho_w g h_1=\rho_o g H \tag{2-15}$$

当U形管中水面和油面齐平，如图2-18所示，有

$$p_{02}+\rho_w g H=\rho_o g H \tag{2-16}$$

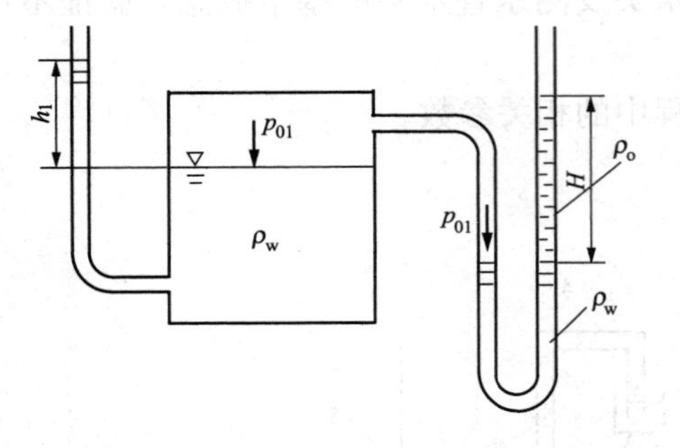

图2-17 水面和油水界面齐平

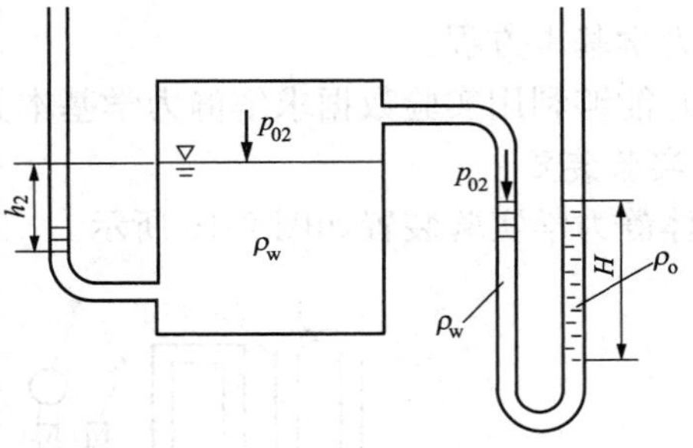

图2-18 水面和油面齐平

由左侧测压管可得$p_{02}=-\rho_w g h_2$，所以

$$\rho_o g H=\rho_w g H-\rho_w g h_2 \tag{2-17}$$

联立式（2-15）、式（2-17）得：

$$H=h_1+h_2 \tag{2-18}$$

将式（2-18）代入式（2-15）得：

$$\rho_d=\frac{\rho_o g}{\rho_w g}=\frac{h_1}{h_1+h_2} \tag{2-19}$$

4. 实验方法与步骤

(1) 熟悉仪器的组成及使用方法，包括各阀门的开关、加压方法（关闭所有阀门，然后用打气球充气）、减压方法（开启减压放水阀放水）；检查仪器是否密封（加压后检查测管1、2、5液面高程是否恒定。若下降，表明漏气，应查明原因并加以处理）。

(2) 打开通气阀（此时$p_0=0$），记录水箱液面标高∇_0和测管2液面标高∇_H（此时$\nabla_0=\nabla_H$）。

(3) 关闭通气阀及截止阀，加压使之形成$p_0>0$，测量并记录∇_0及∇_H。

(4) 打开减压放水阀，使之形成 $p_0<0\left(要求其中一次\dfrac{p_B}{\rho g}<0，即\nabla_H<\nabla_B\right)$，测量并记录 ∇_0 及 ∇_H。

(5) 测出测压管 4 插入小水杯中的深度 h_4。

(6) 开启通气阀，测量并记录 ∇_0。

(7) 关闭通气阀，打气加压（$p_0>0$），微调放气螺母使 U 形管中水面与油水交界面齐平（见图 2-17），测量并记录 ∇_0 及 ∇_H。

(8) 打开通气阀，待液面稳定后，关闭所有阀门；然后开启减压放水阀降压（$p_0<0$），使 U 形管中的水面与油面齐平（见图 2-18），测量并记录及 ∇_0 及 ∇_H。

5. 注意事项

(1) 实验步骤的 (3)、(4)、(7)、(8) 重复进行 3 次，将测量数据填入对应记录表。

(2) 使用加压打气球用力要柔和、均匀，切忌动作过猛过突然加压。

(3) 读取测压管读数时，一定要等液面稳定后再读，并注意使视线与液面最低处处于同一水平面上。

(4) 实验完毕后，打开通气阀，使容器内气体压强与外部大气压一致，然后再关闭通气阀。

(5) 阀门要定期加黄油，以保证气密性良好。定期用洗洁精清洗 U 形管。

(6) 容器内正常液面高度应该在 B 点之上 A 点之下。

2.6　静止液体作用在平面和曲面上的总压力

在工程实际中，不仅需要知道流体内的压强分布规律，还需要知道流体对不同形状、不同位置固体壁面的总压力。如水对大坝的作用力，压力容器中流体对器壁和阀门的总压力，液压机械中液体对活塞的总压力等。力的三要素包括大小、方向和作用点，本节将从这几方面进行研究。

2.6.1　静止液体作用在平面上的总压力

重力场中静止液体作用在平面上的总压力分为三种情况：静止液体作用在水平面、斜面、垂直面上。下面首先介绍静止液体作用在斜面上的总压力如何计算。

1. 解析法

设一任意形状的平面 A 与水平面成 θ 角位于静止液体中，液面上的压强为当地大气压 p_a，图 2-19 所示为静止液体中倾斜平面上的总压力。

(1) 总压力的大小与方向。在平面 A 上任取一微元面 $\mathrm{d}A$，作用在 $\mathrm{d}A$ 中心的压强为

$$p=p_a+\rho gh=p_a+\rho gy\sin\theta$$

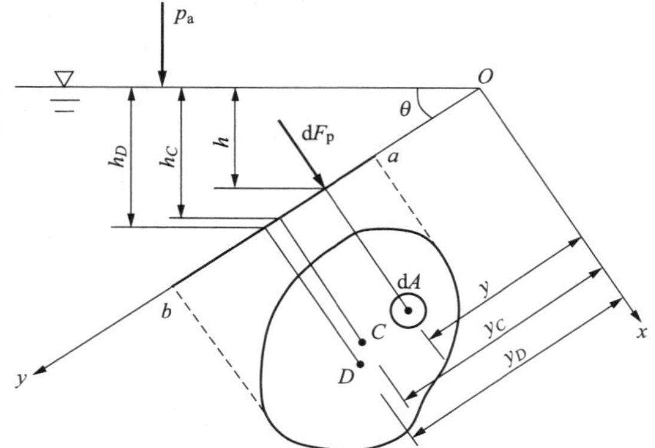

图 2-19　静止液体中倾斜平面上的总压力

作用在 $\mathrm{d}A$ 面积上的压力为

$$\mathrm{d}F_p=p\mathrm{d}A=(p_a+\rho gh)\mathrm{d}A=p_a\mathrm{d}A+\rho gy\sin\theta\mathrm{d}A$$

静止液体作用在整个平面 A 上的总压力属于平行力系求和的问题，因此平面 A 上的总压力为

$$F_{\mathrm{p}}=\int_{A}p\,\mathrm{d}A=\int_{A}(p_{\mathrm{a}}+\rho g y\sin\theta)\,\mathrm{d}A$$

或

$$F_{\mathrm{p}}=p_{\mathrm{a}}A+\rho g\sin\theta\int_{A}y\,\mathrm{d}A$$

根据材料力学中的知识得：静矩 $\int_{A}y\mathrm{d}A=y_{C}A$。其中角标 C 指平面 A 的形心，y_{C} 为平面 A 的形心 C 到 x 轴的距离。由于 $y_{C}\sin\theta=h_{C}$，h_{C} 为形心 C 的淹深，则总压力为

$$F_{\mathrm{p}}=p_{\mathrm{a}}A+\rho gAh_{C}=(p_{\mathrm{a}}+\rho gh_{C})A \tag{2-20}$$

由此可见，在静止液体中，作用在平面上的总压力等于作用在该平面形心处的静压强与该平面面积的乘积。若作用在自由液面上的压强是当地大气压，而平面外侧也受大气压强作用，则仅由液体产生的作用在平面上的总压力（即相对压力）为

$$F_{\mathrm{p}}=\rho gh_{C}A \tag{2-20a}$$

由式（2-20a）可知，如果保持平面形心的淹深不变，改变平面的倾斜角度，则静止液体作用在该平面上的总压力不变，即静止液体作用于淹没平面上的总压力与平面的倾斜角度无关。作用在静止液体中任一淹没平面上液体的总压力也相当于以平面面积为底，平面形心淹深为高的液柱的重力。

（2）总压力的作用点。静止液体对平面总压力的作用点，即总压力作用线与平面的交点，又称为压力中心。由理论力学中的合力矩定理可知，总压力对 x 轴之矩等于各微元面积 $\mathrm{d}A$ 上的总压力对 x 轴之矩的代数和。

设 D 点为总压力与平面的交点，y_{D} 为总压力作用点到 x 轴的距离。按合力矩定理有

$$F_{\mathrm{p}}y_{D}=\int_{A}(\rho g y\sin\theta)y\,\mathrm{d}A=\rho g\sin\theta\int_{A}y^{2}\mathrm{d}A$$

令 $I_{x}=\int_{A}y^{2}\mathrm{d}A$，$I_{x}$ 为面积 A 对 x 轴的惯性矩，因此上式可写为

$$y_{D}F_{\mathrm{p}}=\rho g\sin\theta I_{x}$$

将式（2-20a）代入上式可得

$$y_{D}=\frac{\rho g\sin\theta I_{x}}{F_{\mathrm{p}}}=\frac{\rho g\sin\theta I_{x}}{\rho g y_{C}\sin\theta A}=\frac{I_{x}}{y_{C}A} \tag{2-21}$$

根据惯性矩的平行移轴公式

$$I_{x}=I_{Cx}+y_{C}^{2}A$$

式中：I_{Cx} 为平面 A 对于通过形心 C 且平行于 x 轴的轴线的惯性矩。

因此式（2-21）可写为

$$y_{D}=y_{C}+\frac{I_{Cx}}{y_{C}A} \tag{2-22}$$

由此可见，压力中心永远在平面形心 C 的下方。

同理可求得

$$x_{D}=\frac{I_{xy}}{y_{C}}=x_{C}+\frac{I_{Cxy}}{y_{C}A} \tag{2-23}$$

式中：x_C 为平面 A 形心 C 的 x 坐标；I_{xy} 为平面 A 对 x 和 y 轴的惯性积；I_{Cxy} 是通过形心 C 而平行于 x 轴和 y 轴两轴的惯性积。若平面是对称的，则压力中心的位置是在平面对称的中心线上，此时无需求 x_D，只需求 y_D 即可。

2. 图解法

除了采用解析法对静止液体作用在平面上的总压力进行求解外，根据平面上的流体静压强分布图，也可对其进行求解。

受压面 $AA'B'B$ 为铅直平面，高为 h，宽为 b，顶边与水平面齐平。只考虑相对压强作用，则作用于 $AA'B'B$ 面的静压强分布如图 2-20（a）所示。

由解析法可知，$AA'B'B$ 面上承受的静水总压力的大小为

$$F_p = p_C A = \rho g h_C A = \rho g \frac{h}{2} bh = \frac{1}{2}\rho g h^2 b$$

式中：$\frac{1}{2}\rho g h^2$ 恰好为流体静压强分布图中△ABE 的面积，用 S 表示，则上式可写成

$$F_p = Sb = V \tag{2-24}$$

式（2-24）说明，作用于平面的水静压力等于流体静压强分布图形的体积。这个体积以压强分布图形的面积为底面积，以矩形的宽度 b 为高。

总压力的作用点如图 2-20（b）所示，通过△ABE 的形心并位于 $AA'B'B$ 面的对称轴上。

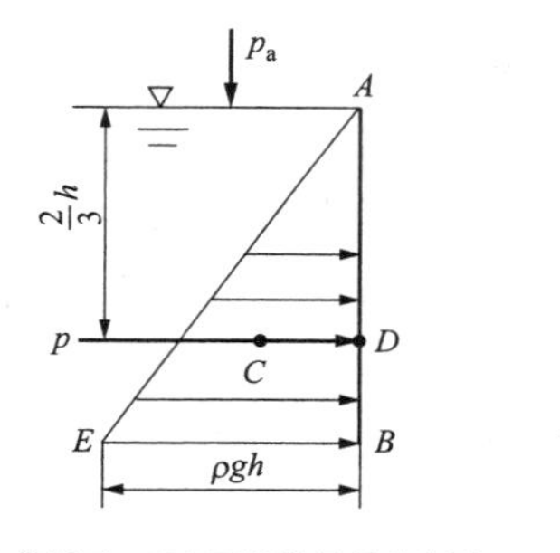

(a) 作用于$AA'B'B$面的静压强分布图

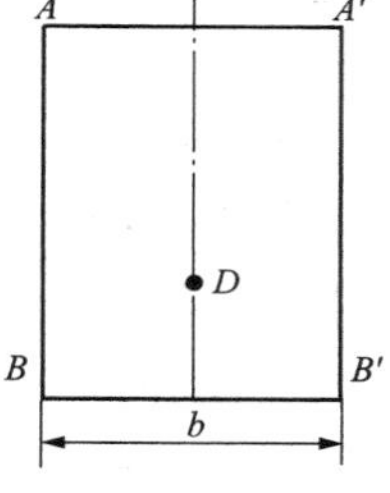

(b) 总压力的作用点

图 2-20　作用于铅直平面上的静水总压力

【例 2-2】 如图 2-21 所示，一块 3m×2m（$a\times b$）的矩形平板浸没在水中，自由液面上为大气压，θ=45°，求水对该平板的压力及压力中心的位置。

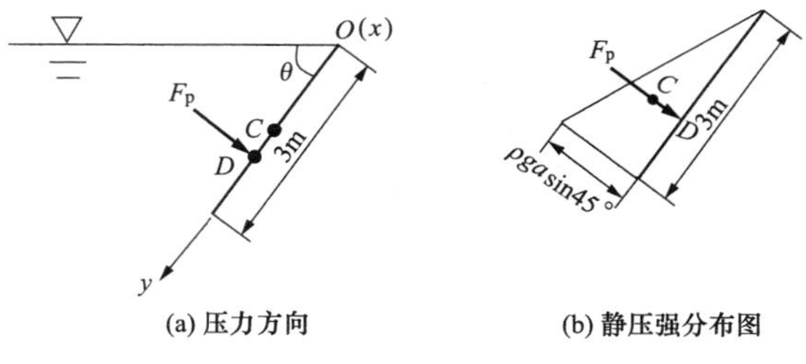

(a) 压力方向　(b) 静压强分布图

图 2-21　例 2-2 图

【解法一】 解析法

先求出平板形心 C 点的淹深为

$$h_C = \frac{1}{2} \times 3 \times \sin 45^\circ = 1.06(\text{m})$$

则静止液体作用在平板上的总压力为

$$F_p = \rho g h_C A = 1000 \times 9.8 \times 1.06 \times 3 \times 2 = 62.33(\text{kN})$$

由式（2-22）确定压力中心的位置，其中 $y_C = \frac{a}{2} = \frac{3}{2} = 1.5\text{m}$，$I_{Cx} = \frac{1}{12}ba^3 = \frac{1}{12} \times 2 \times 3^3 = 4.5\text{m}^4$，$A = ab = 2 \times 3 = 6\text{m}^2$，则

$$y_D = y_C + \frac{I_{Cx}}{y_C A} = 1.5 + \frac{4.5}{1.5 \times 6} = 2(\text{m})$$

由于受压面对称于 y 轴，因此压力中心 D 点在平面的对称轴上 $y_D = 2\text{m}$ 处，压力方向如图 2-21（a）所示。

【解法二】 图解法

先绘制静压强分布图如图 2-21（b）所示。

则静止液体作用在平板上的总压力为

$$F_p = Sb = \frac{1}{2}a \cdot \rho g a \sin 45° \cdot b = 62.33(\text{kN})$$

压力中心 D 点通过压强分布图的形心 C'，且位于受压面的对称轴上，则

$$y_D = y_{C'} = \frac{2}{3}a = 2(\text{m})$$

压力方向如图 2-21（b）所示。

2.6.2 静止液体作用在曲面上的总压力

1. 总压力的大小和方向

静止液体作用在曲面上的总压力属于空间力系求和问题。由于曲面不同点受到的作用力方向不同，故曲面总压力的求解无法像平面那样直接在面积上积分得到，而是需要先将各点的作用力分解，即先将作用力转化为两组平行力系求和，然后再求合力。

图 2-22 所示为静止液体作用在曲面上的总压力，图中为垂直于纸面的柱面，其长度为 l，受压曲面为 AB，其左侧承受水静压力。

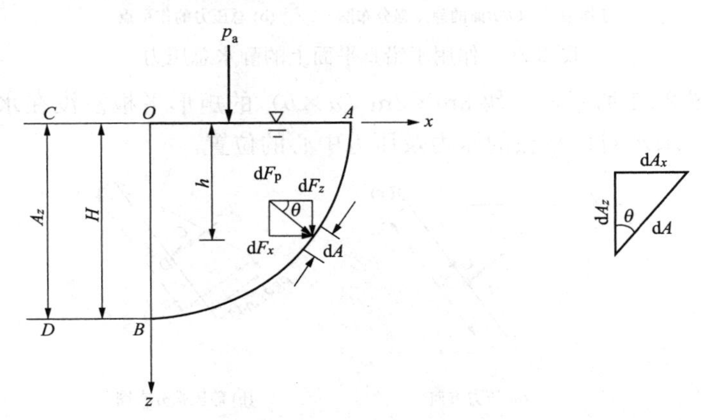

图 2-22 静止液体作用在曲面上的总压力

在曲面上任取微元面积 dA，设自由液面上的压强为当地大气压 p_a，则作用在微元面积 dA 上的压力为 $dF_p = p dA = \rho g h dA$。将 dF_p 分解为 dF_{px} 和 dF_{pz}，则

$$dF_{px} = dF_p \cos\theta = \rho g h \cos\theta dA = \rho g h dA_z$$

$$dF_{pz} = dF_p \sin\theta = \rho g h \sin\theta dA = \rho g h dA_x$$

对微元面 dA 上压力的水平分力 dF_{px} 积分可得曲面 AB 上总压力的水平分力 F_{px} 为

$$F_{px} = \rho g h_C A_z \tag{2-25}$$

式中：A_z 为曲面 AB 的垂直投影面；h_C 为 A_z 面的形心至液面的垂直距离。水平分力的作用线通过 A_z 的压力中心。

由式（2-25）可知，静止液体作用在曲面上的总压力的水平分力等于曲面的垂直投影面积与垂直投影面形心处压强的乘积。

下面求曲面 AB 上总压力的垂直分力 F_{pz}

$$F_{pz} = \rho g \int_A h \mathrm{d}A_x = \rho g V_p \tag{2-26}$$

式中：积分 $\int_A h\mathrm{d}A_x$ 是一个体积的概念，通常称为压力体，以 V_p 表示。

式（2-26）说明总压力的垂直分力等于压力体的重力，其作用线通过压力体的重心。需要指出，压力体是由积分 $\int_A h\mathrm{d}A_x$ 得到的一个体积，是一个纯数学的概念，与该体积内是否充满液体无关。

总压力的大小即为水平分力 F_{px} 与垂直分力 F_{pz} 的合力，即

$$F_p = \sqrt{F_{px}^2 + F_{pz}^2} \tag{2-27}$$

总压力 F_p 的方向可由 F_p 与自由液面的夹角 α 确定

$$\alpha = \arctan \frac{F_{pz}}{F_{px}} \tag{2-28}$$

2. 总压力的作用点

需要注意的是，任意三维曲面的静压强空间力系一般不共点，可合成为一个总压力和一个总力偶。但工程上曲面多为二维曲面，如圆柱面和抛物线柱面等，均质液体作用在二维曲面上的静压强可合成为一个总压力，且总压力的水平分力作用线与垂直分力作用线交于一点，总压力的作用线通过该点。总压力的作用线与曲面的交点即为总压力在曲面上的作用点。

【例 2-3】 如图 2-23 所示，半径为 1.5m 的圆柱体左侧为水，且水面与圆柱体最高部分齐平，求流体施加到该圆柱体单位长度上的水平分力和垂直分力。

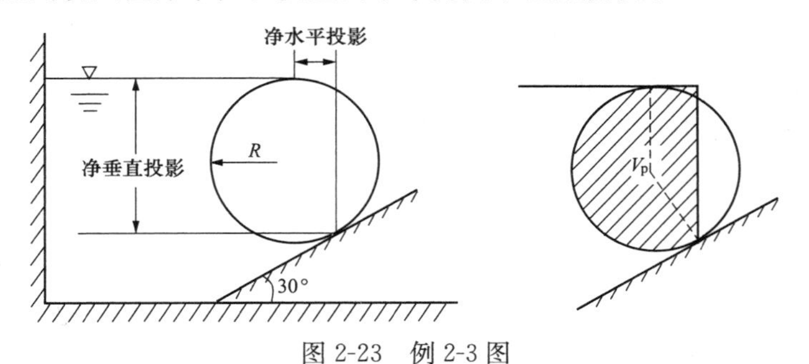

图 2-23　例 2-3 图

【解】 由图 2-23 可得，圆柱体表面所研究部分的净垂直投影面的面积为

$$A_z = [3 - (1.5 - 1.5\cos 30°)] \times 1 = 2.80(\mathrm{m}^2)$$

净垂直投影面的形心淹深为

$$h_C = 0.5 \times [3 - (1.5 - 1.5\cos 30°)] = 1.40(\mathrm{m})$$

则单位长度圆柱体上的水平分力为

$$F_{px} = \rho g h_C A = 9.8 \times 1000 \times 1.40 \times 2.80 = 38.42(\text{kN})$$

圆柱体表面所研究部分的净水平投影面的面积为

$$A_x = 1.5\sin 30^\circ \times 1 = 0.75(\text{m}^2)$$

单位长度圆柱体上的垂直分力为

$$F_{pz} = \rho g V_p = 9.8 \times 1000 \times \left[(1.5 + 1.5 + 1.5\cos 30^\circ) \times \frac{1.5 \times \sin 30^\circ}{2} + \pi 1.5^2 \times \frac{210}{360} \right] = 56.19(\text{kN})$$

2.7 液体的相对平衡

当液体在重力场中以不变的线加速度作整体性直线运动，或以不变的向心加速度作整体性定轴旋转运动时，虽然液体相对于地球是运动的，但液体以及液体与器壁之间没有任何相对运动，流体内黏性切应力处处为零，这种在非惯性系中的流体平衡称为相对平衡或相对静止。

2.7.1 等加速水平直线运动容器中液体的相对平衡

现以等加速度水平直线运动的液罐车进行分析，将坐标系选在运动的车辆上，自由液面上压强为 p_0，图 2-24 所示为等加速水平直线运动中液体的平衡。当车辆以等加速度 $\boldsymbol{a}$ 沿水平方向做直线运动时，罐车内的液体对于罐车处于相对平衡状态，容器内液体所受质量力除重力外还有惯性力，任取一流体质点 M，作用在其上单位质量的质量力为

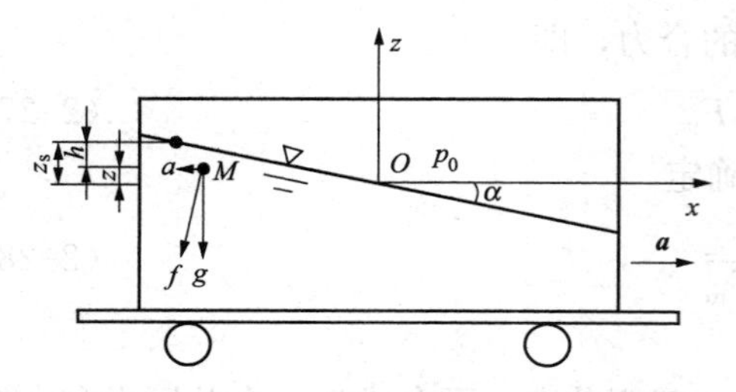

图 2-24 等加速水平直线运动中液体的平衡

$$f_x = -a, \quad f_y = 0, \quad f_z = -g$$

代入式（2-5）得

$$\mathrm{d}p = \rho(-a\mathrm{d}x - g\mathrm{d}z)$$

积分可得

$$p = -\rho(ax + gz) + C$$

应用边界条件：$x=0$，$z=0$ 时，$p=p_0$，得到 $C=p_0$，则

$$p = p_0 - \rho(ax + gz) \tag{2-29}$$

上式即为等加速水平运动容器中液体的静压强分布规律，该式说明：匀加速水平直线运动容器中液体压强 p 随 x 及 z 同时发生变化。

令 $\mathrm{d}p = -\rho(a\mathrm{d}x + g\mathrm{d}z) = 0$，得到等压面微分方程

$$a\mathrm{d}x + g\mathrm{d}z = 0$$

积分可得

$$ax + gz = C \tag{2-30}$$

上式即为等压面方程，不同的常数 C 代表不同的等压面，说明等压面是一簇平行的斜面，且等压面与质量力合力矢量相垂直。等压面与 x 方向的夹角为

$$\alpha = \arctan\frac{a}{g} \tag{2-31}$$

对自由液面有

$x=0$，$z=0$ 时，积分常数 $C=0$；若令液面上任意一点的垂直坐标为 z_s，则自由液面方程为

$$ax + gz_s = 0 \tag{2-32}$$

将式（2-32）代入公式（2-29），得

$$p = p_0 + \rho g(z_s - z) = p_0 + \rho g h \tag{2-33}$$

由此可见：等加速水平直线运动容器中液体的静压强公式与平衡流体中的静压强公式形式完全相同。即液体中任一点的压力等于自由表面上的压力 p_0 与该点处淹深为 h 的单位面积上的液柱受重力作用所产生的压强 ρgh 之和。

2.7.2　等角速度旋转运动容器中液体的相对平衡

等角速度旋转容器中液体的平衡如图 2-25 所示，盛有均质液体的圆筒形储液罐以等角速度 ω 绕中心轴 z 轴旋转，容器内液体受离心力的作用向外甩，使容器中心处液面下降，周围沿筒壁上升。达到稳定后，自由液体面成为一个旋转抛物面。

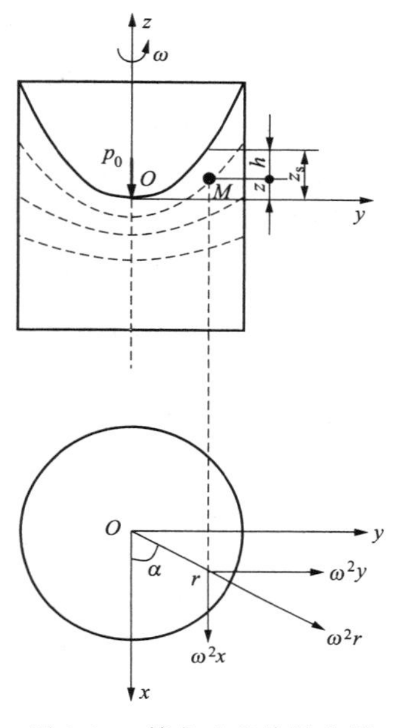

图 2-25　等角速度旋转容器中液体的平衡

任取一流体质点 M，作用在质点 M 上的力除重力外，还有离心惯性力，单位质量所受惯性力的大小为 $\omega^2 r$，其方向与向心加速度相反。则作用在流体中任一点单位质量流体上的质量力为

$$f_x = \omega^2 x,\quad f_y = \omega^2 y,\quad f_z = -g$$

代入式（2-5）中，得

$$\mathrm{d}p = \rho(\omega^2 x\mathrm{d}x + \omega^2 y\mathrm{d}y - g\mathrm{d}z)$$

积分得

$$p = \rho\left(\frac{\omega^2}{2}x^2 + \frac{\omega^2}{2}y^2 - gz\right) + C = \rho\left(\frac{\omega^2}{2}r^2 - gz\right) + C$$

式中：r 为液体中任意一点到旋转轴的距离。

应用边界条件：$x=0$，$y=0$，$z=0$ 时，$p=p_0$，求出积分常数 $C=p_0$，由此得到容器内部任意点压强分布公式为

$$p = p_0 + \rho\left(\frac{\omega^2}{2}r^2 - gz\right) \tag{2-34}$$

上式即为等角速旋转容器中液体的静压强分布公式。高度 z 不变时，p 正比于 r^2。由此可见，对离心风机或离心水泵，流体从叶轮中心流向叶轮外边缘时，压力逐渐增加。

令 $\mathrm{d}p=\rho(\omega^2 x\mathrm{d}x+\omega^2 y\mathrm{d}y-g\mathrm{d}z)=0$，得

$$\omega^2 x\mathrm{d}x + \omega^2 y\mathrm{d}y - g\mathrm{d}z = 0$$

积分得

$$\frac{\omega^2 x^2}{2} + \frac{\omega^2 y^2}{2} - gz = C$$

或

$$\frac{\omega^2}{2}r^2 - gz = C \tag{2-35}$$

式（2-35）说明等压面是一簇绕 z 轴的旋转抛物面。根据等压面方程，在自由液面上，$r=0$，$z=0$ 时，积分常数 $C=0$。

令液面上任意一点的垂直坐标为 z_s，可得到自由液面方程为

$$\frac{\omega^2}{2}r^2 - gz_s = 0 \tag{2-36}$$

将式（2-36）代入式（2-33），得

$$p = p_0 + \rho g(z_s - z) = p_0 + \rho g h \tag{2-37}$$

式（2-37）是等角速旋转容器中液体的静压强分布公式，表明液体内任一点的压强 p，等于作用于该点处淹深为 h 的单位面积上的液柱受重力作用所产生的压强 ρgh 与自由液面上的压强 p_0 之和，即离自由液面相同深度的面为等压面。

小　结

本章研究流体在平衡状态下的力学规律及其在工程中的应用。

（1）无论是绝对平衡还是相对平衡，流体层之间切应力为零，可不考虑流体黏性的作用。

（2）流体静压强的特点：流体静压强的方向沿作用面的内法线方向；流体中任意一点静压强的大小仅与位置有关，是该点坐标的函数，即 $p=f(x,y,z)$，与其作用面的方向无关。

（3）等压面微分方程为 $f_x\mathrm{d}x+f_y\mathrm{d}y+f_z\mathrm{d}z=0$。

（4）重力场中均质不可压缩流体静力学基本方程为 $p=p_0+\rho gh$ 或 $z+\dfrac{p}{\rho g}=C$，后式说明其内部各点的位置水头和压强水头之和为常数。

（5）流体压强按计量基准的不同可分为绝对压强和相对压强：$p'>p_a$ 时，$p'-p_a=\rho gh=p$ 称为相对压强；$p'<p_a$ 时，$p_a-p'=-(p'-p_a)=p_v$ 称为真空压强。

（6）作用在平面上的静水总压力等于以平面面积为底，平面形心淹深为高的液柱的重力。

（7）作用在曲面上的静水总压力，需先求出水平分力和垂直分力，再求合力。

（8）流体随容器一起做等加速直线运动与等角速度旋转运动时，离自由液面相同深度的面为等压面。

习　题

2-1　用 U 形管测压计测量图 2-26 中 A 点的压强。已知 $h_1=650\text{mm}$，$h_2=700\text{mm}$，大气压为 $p_a=101325\text{Pa}$，求 A 点的相对压强及绝对压强。

2-2　一差压测压管如图 2-27 所示，已知 h_1、h_2、h_3 以及测压管内两种液体密度分别为 ρ 和 ρ'，求截面 1-1 与 2-2 之间的压强差。

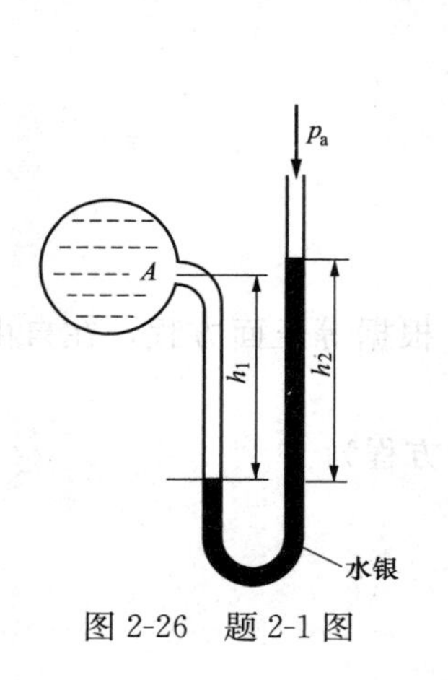

图 2-26　题 2-1 图

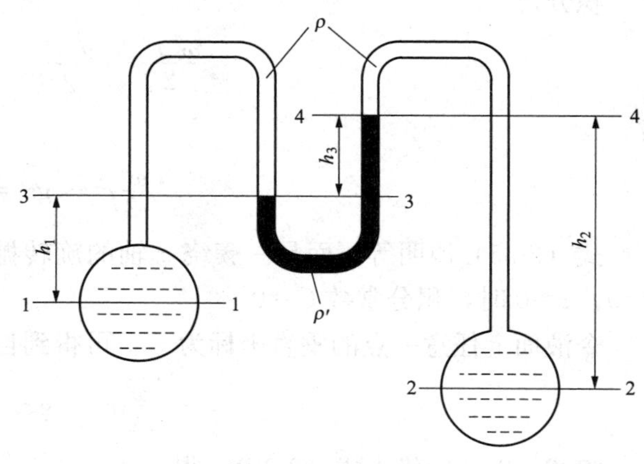

图 2-27　题 2-2 图

2-3　试定性画出如图 2-28 所示三种受压面 AB 的静压强分布图，自由液面上均为当地大气压。

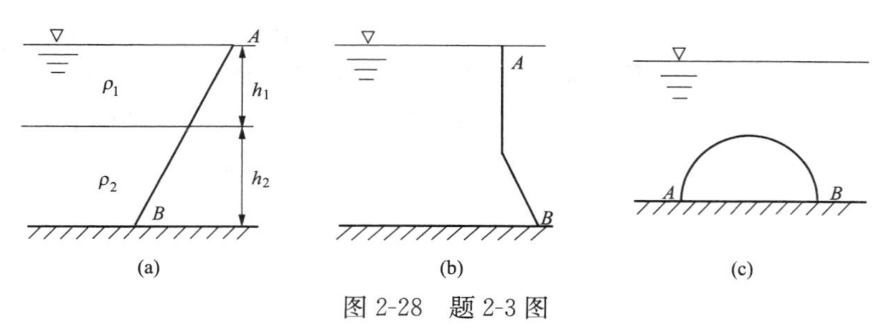

图 2-28　题 2-3 图

2-4　如图 2-29 所示，若 $\rho_{d1}=0.68$，$\rho_{d2}=13.6$，$\rho_{d3}=0.81$，$h_1=18\text{cm}$，$h_2=8\text{cm}$，$h_3=13\text{cm}$，当地大气压为 101325Pa。若已知 B 点的绝对压强为 110kPa，求 A 点的相对压强。

2-5　用双 U 形管测压计测量容器中水面上蒸汽的压强，如图 2-30 所示。已知 $h_1=1.5\text{m}$、$h_2=2.3\text{m}$、$h_3=1.0\text{m}$、$h_4=2\text{m}$，容器中水位 $H=3\text{m}$，试计算水面上蒸汽的相对压强。

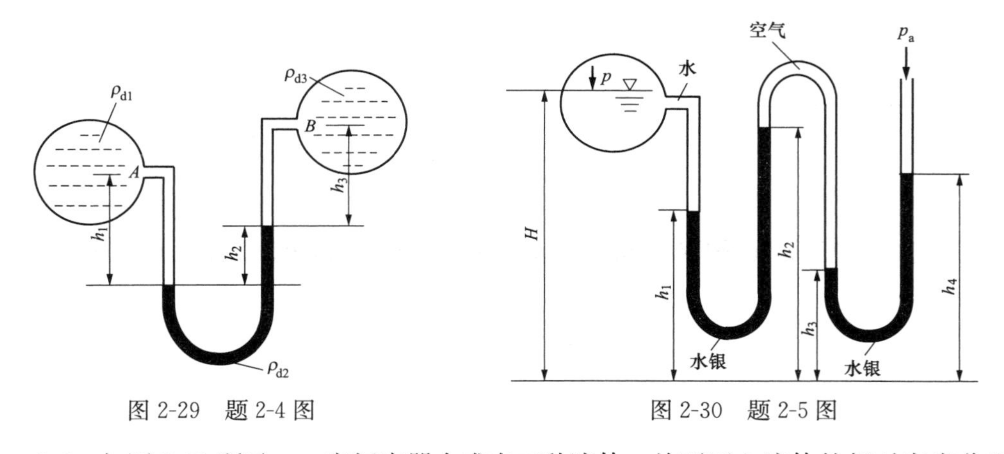

图 2-29　题 2-4 图　　图 2-30　题 2-5 图

2-6　如图 2-31 所示，一密闭容器中盛有三种液体，从下至上液体的相对密度分别为 $\rho_{d1}=13.6$，$\rho_{d2}=1.59$，$\rho_{d3}=0.81$，与其对应的液体深度分别为 $h_1=0.5\text{m}$，$h_2=1\text{m}$，$h_3=2\text{m}$，容器最上方为空气。若容器底部压强表读数为 246kPa，问容器顶部的压强表读数为多少？

2-7　如图 2-32 所示，油罐车以 $u=36\text{km/h}$ 的速度做水平直线运动，其内介质密度为

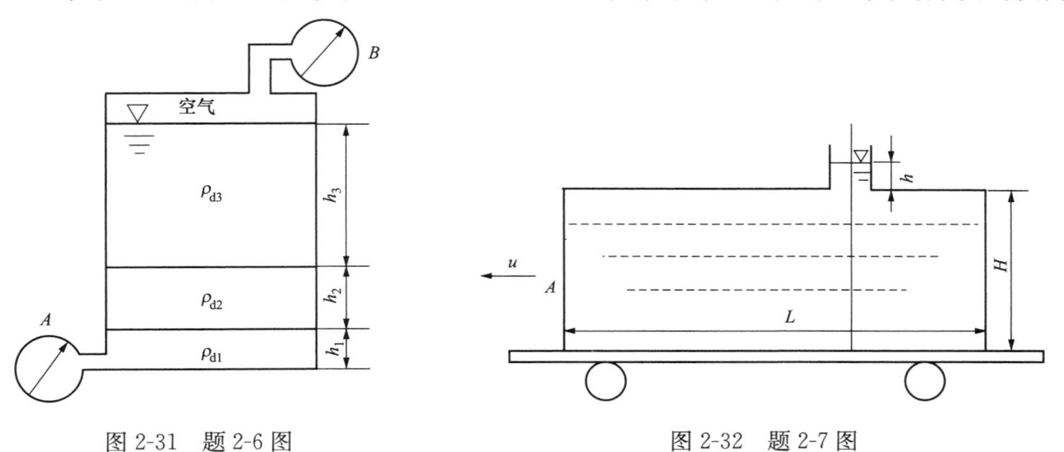

图 2-31　题 2-6 图　　图 2-32　题 2-7 图

$\rho=980\mathrm{kg/m^3}$，已知 $H=2.5\mathrm{m}$，$L=5\mathrm{m}$，$h=0.5\mathrm{m}$。油罐车从某一时刻开始减速，经 100m 距离后完全停下，若为均匀制动，求作用在 A 面上的力有多大？

2-8 如图 2-33 所示，一封闭圆筒高 $H=2.5\mathrm{m}$，半径 $R=0.9\mathrm{m}$，筒内水的深度为 $h=1.8\mathrm{m}$，上方为空气且压强为 980Pa。某一时刻圆筒开始旋转并逐渐加速，求水面刚接触圆筒顶部时的旋转角速度 ω、底部中心压强 p_1 及底部边缘压强 p_2（设旋转过程中空气体积不变）。

2-9 一块 50cm×50cm 的正方形平板浸没在水中，如图 2-34 所示，求水作用在平板上的作用力。

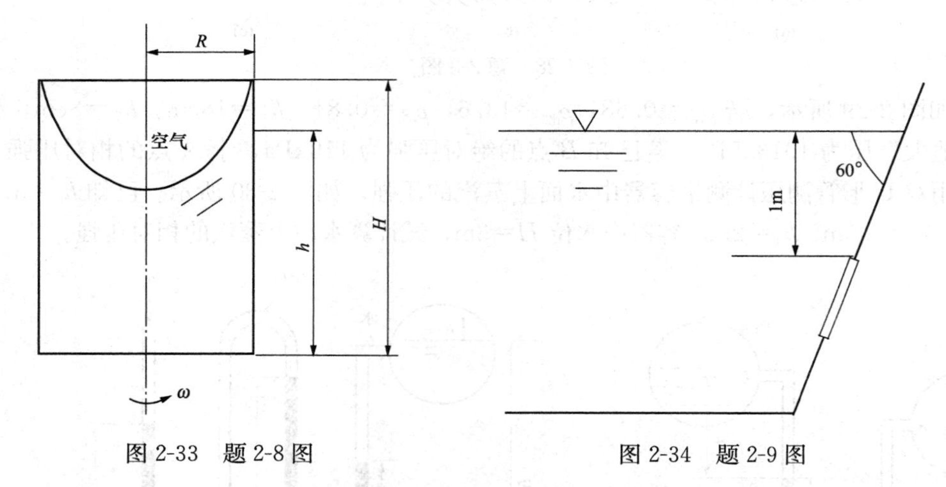

图 2-33 题 2-8 图　　图 2-34 题 2-9 图

2-10 如图 2-35 所示，已知 $R=2\mathrm{m}$，求水作用在曲面 AB 每单位长度面积上的力。

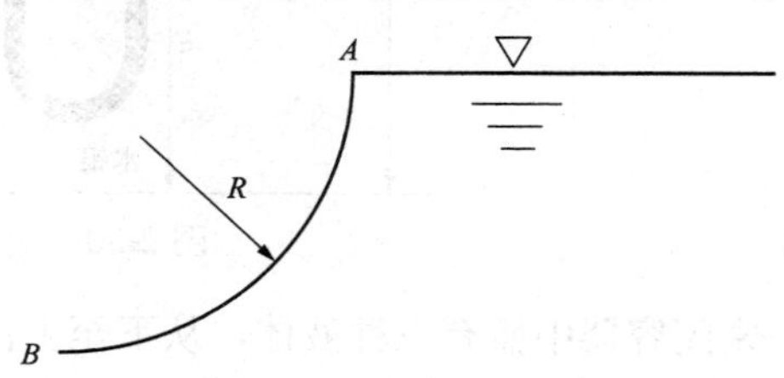

图 2-35 题 2-10 图

第3章　一元流体动力学基础

自然界中流体最普遍的特征就是其流动性（运动性），而静止只是运动的特例，所以对流体运动的研究将具有更加现实的意义。流体的静力学特征在前面的章节已做了介绍，本章将讨论流体的运动学和动力学规律。

研究流体运动规律，就是要定性和定量地分析流体处于运动状态时，流体的运动要素（包括：速度、压强和密度等）随空间和时间的变化规律及其相互之间的关系。基于物理学和理论力学中四大守恒定律（质量守恒、能量守恒、动量守恒和动量矩守恒），建立了流体力学的四大方程（连续性方程、能量方程、动量方程及动量矩方程）。

实际流体黏性的存在，给问题的解决带来了巨大的不便，为了使问题的分析变得简单易于理解，在流体力学的研究中忽略流体的黏性，引入了理想流体为研究对象，然后以此为基础进一步研究实际流体。本章首先介绍流体运动的描述方法，与流体运动相关的基本概念以及流体流动的分类，依据质量守恒定律推导连续性方程，依据能量守恒定律推导理想流体能量方程，进一步考虑流体的黏性推出实际流体的能量方程，从牛顿第二定律出发推导动量方程。这三个基本方程是流体力学的核心，也是解决恒定流动工程问题的理论依据。

3.1　描述流体运动的两种方法

流体力学中描述运动的观点和方法共有两种，即拉格朗日（J. L. Lagrange）法和欧拉（L. Euler）法。拉格朗日法着眼于流体的质点系，通过对流体中每个流体质点运动规律的跟踪研究归纳出整个流体的运动规律；欧拉法是以空间区域为着眼点，研究流体质点系流经该空间区域时的运动规律。

3.1.1　拉格朗日法

拉格朗日法以研究个别质点的运动为基础，通过跟踪流体中每个质点的运动，分析质点的运动参数随时间变化规律，然后综合所有流体质点的运动，得到整个流体的运动规律。这种方法与固体力学中质点运动的研究方法相类似。流体中任何一个质点的位置坐标均随时间变化，是时间 t 的函数，表示为：$X_i(t)=\{x_i(t),y_i(t),z_i(t)\}$，其中 $i=1,2,\cdots,\infty$ 表示任意质点。在 Δt 时段内，一个质点的坐标变化就是其运动轨迹，由此不难得到质点的速度和加速度分别为时间的一阶导数和二阶导数：

$$U_i(t)=\frac{\mathrm{d}X_i(t)}{\mathrm{d}t},\quad a_i(t)=\frac{\mathrm{d}^2X_i(t)}{\mathrm{d}t^2}$$

在流动的流体中有着无穷多的质点，采用以上离散的表示方法相当不便。于是选用起始时刻 t_0 的位置坐标来标志不同的流体质点，设 t_0 时刻某质点的初始位置坐标为(a,b,c)，在任意时刻 t，任何质点在空间的位置坐标(x,y,z)都可以表示为(a,b,c)和 t 的函数，即

$$\left.\begin{aligned} x &= x(a,b,c,t) \\ y &= y(a,b,c,t) \\ z &= z(a,b,c,t) \end{aligned}\right\} \tag{3-1}$$

式中 a，b，c，t 称为拉格朗日变量（其中 a，b，c 与 t 无关）。上式中如果设 a，b，c 为常量，对某一质点进行研究，而 t 为变量，研究不同时间的位置，就可得到某一质点任意时刻的位置情况；如果设 t 为常量，a，b，c 为变量（选择不同流体质点），就可得到某一时刻不同质点在空间的分布情况。

式（3-1）对 t 求偏导，得到任一流体质点在任意时刻的速度分量，仍然是（a，b，c）和 t 的函数。

$$\left.\begin{aligned} u_x &= \frac{\partial x}{\partial t} = \frac{\partial x(a,b,c,t)}{\partial t} \\ u_y &= \frac{\partial y}{\partial t} = \frac{\partial y(a,b,c,t)}{\partial t} \\ u_z &= \frac{\partial z}{\partial t} = \frac{\partial z(a,b,c,t)}{\partial t} \end{aligned}\right\} \tag{3-2}$$

同理对上式求时间的偏导数，可得质点的加速度分量

$$\left.\begin{aligned} a_x &= \frac{\partial u_x}{\partial t} = \frac{\partial^2 x(a,b,c,t)}{\partial t^2} \\ a_y &= \frac{\partial u_y}{\partial t} = \frac{\partial^2 y(a,b,c,t)}{\partial t^2} \\ a_z &= \frac{\partial u_z}{\partial t} = \frac{\partial^2 z(a,b,c,t)}{\partial t^2} \end{aligned}\right\} \tag{3-3}$$

拉格朗日法是对流体各质点随时间变化过程的直接描述，具有物理概念清晰、直观性较强的优点。由于此方法涉及的数学运算太过烦琐，同时也由于实际工程中更加关注运动要素的空间特征，而不是每个质点运动的细节问题，所以以下介绍的欧拉法更为常用。

3.1.2 欧拉法

欧拉法着眼于研究流体占据空间点上的运动特征，通过考察流体质点流过固定空间点时的运动情况进而了解整个流动空间内的流动情况，主要研究各运动要素的分布场，这里的流动空间也称为流场，所以欧拉法又称为流场法。此法采用速度矢量来描述固定点不同时刻流体运动的变化情况，空间任意点不同时刻对应不同质点的速度分量为

$$\left.\begin{aligned} u_x &= u_x(x,y,z,t) \\ u_y &= u_y(x,y,z,t) \\ u_z &= u_z(x,y,z,t) \end{aligned}\right\} \tag{3-4}$$

空间任意点的压强、密度和温度表示为：$p=p(x,y,z,t)$、$\rho=\rho(x,y,z,t)$ 和 $T=T(x,y,z,t)$。上式中 x，y，z，t 称为欧拉变量，x，y，z 与 t 相关。当 x，y，z 不变，t 变化时，式（3-4）表示空间某一定点上不同质点的速度随时间变化的规律；当 t 不变，x，y，z 发生变化时，它代表了某一时刻不同质点的运动速度在空间的分布规律。

将式（3-4）对时间求导数，可得质点通过流场空间任意点时的加速度在各个坐标轴上的投影

$$\left.\begin{aligned}a_x&=\frac{\mathrm{d}u_x}{\mathrm{d}t}=\frac{\mathrm{d}u_x(x,y,z,t)}{\mathrm{d}t}=\frac{\partial u_x}{\partial t}+u_x\frac{\partial u_x}{\partial x}+u_y\frac{\partial u_x}{\partial y}+u_z\frac{\partial u_x}{\partial z}\\a_y&=\frac{\mathrm{d}u_y}{\mathrm{d}t}=\frac{\mathrm{d}u_y(x,y,z,t)}{\mathrm{d}t}=\frac{\partial u_y}{\partial t}+u_x\frac{\partial u_y}{\partial x}+u_y\frac{\partial u_y}{\partial y}+u_z\frac{\partial u_y}{\partial z}\\a_z&=\frac{\mathrm{d}u_z}{\mathrm{d}t}=\frac{\mathrm{d}u_z(x,y,z,t)}{\mathrm{d}t}=\frac{\partial u_z}{\partial t}+u_x\frac{\partial u_z}{\partial x}+u_y\frac{\partial u_z}{\partial y}+u_z\frac{\partial u_z}{\partial z}\end{aligned}\right\}\tag{3-5}$$

对于一维流动，如果沿流程选取坐标系，则流速和压强都是位置 s 和时间 t 的函数，可以用下式表示：

$$\left.\begin{aligned}u&=u(s,t)\\p&=p(s,t)\end{aligned}\right\}\tag{3-6}$$

拉格朗日法与欧拉法对流动的描述仅是着眼点不同而其本质是等价的。例如，起始时刻 t_0 位置为 (a,b,c) 的质点，经过 Δt 时段的运动，在 $t=t_0+\Delta t$ 时刻刚好到达坐标为 (x,y,z) 的空间点 A，某对应物理量 N 有如下关系式成立：

$$N(x,y,z,t)=N\{x(a,b,c,t),y(a,b,c,t),z(a,b,c,t)\}=N(a,b,c,t)\tag{3-7}$$

由此可见，两种方法描述的是同一种流动。

3.2　流体运动中的基本概念

本书主要采用欧拉法研究流体的运动，作为流动规律研究的基础，首先需要介绍流体运动涉及的几个基本概念。

3.2.1　迹线和流线

流体运动的几何表示通常采用迹线和流线。

用拉格朗日法描述流体的运动是研究单个质点在连续时间段内所占据的空间位置，如果把某一质点在某个时段所占据的空间点连成线，就得到了迹线的概念，迹线就是表示流体质点的运动轨迹线，它给出同一流体质点在不同时刻的运动方向。例如喷气式飞机飞过后尾部会出现一条白线，轮船航行后尾部会划出一道水痕线。迹线的绘制方法如下。

迹线绘制示意如图 3-1 所示，设 $t=t_1$ 时刻有一流体质点 $M1$ 位于 A 点，其速度为 $\boldsymbol{u}$，经过 Δt 时段后 $t=t_1+\Delta t=t_2$，流体质点 $M1$ 沿速度 u 方向运动一段距离 ΔS 后到达 A_1 点，A_1 点上的速度为 $\boldsymbol{u}_1$，又经过 Δt 时段后 $t=t_2+\Delta t=t_3$，流体质点 $M1$ 沿速度 $\boldsymbol{u}_1$ 方向运动一段距离 ΔS_1 后到达 A_2 点，A_2 点上的速度为 $\boldsymbol{u}_2$，又经过 Δt 时段后 $t=t_3+\Delta t=t_4$，流体质点 $M1$ 沿速度 $\boldsymbol{u}_2$ 方向运动一段距离 ΔS_2 后到达 A_3 点，如此继续下去，

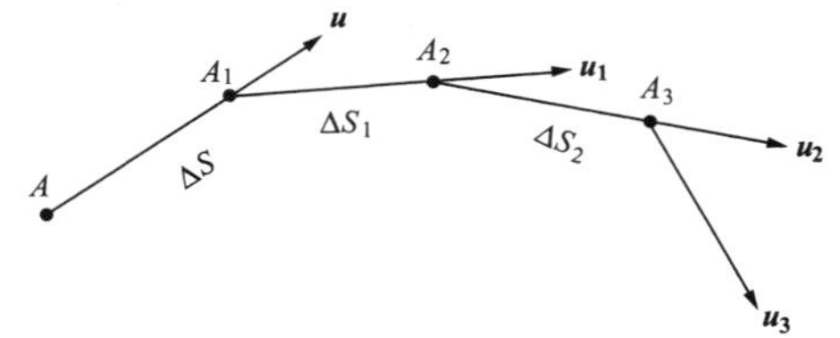

图 3-1　迹线绘制示意

得到折线 $AA_1A_2A_3\cdots$，令 Δt 趋于 0，则 ΔS_i 也趋于 0，得到的轨迹曲线 $AA_1A_2A_3\cdots$就是迹线。

设由欧拉法定义某速度场为 $u_x(x,y,z,t),u_y(x,y,z,t),u_z(x,y,z,t)$，迹线微元 $\mathrm{d}S=(\mathrm{d}x,\mathrm{d}y,\mathrm{d}z)$，依据迹线的定义有方程

$$\left.\begin{aligned}\frac{\mathrm{d}x}{\mathrm{d}t}&=u_x(x,y,z,t)\\\frac{\mathrm{d}y}{\mathrm{d}t}&=u_y(x,y,z,t)\\\frac{\mathrm{d}z}{\mathrm{d}t}&=u_z(x,y,z,t)\end{aligned}\right\}\tag{3-8}$$

将上式变换为

$$\left.\begin{aligned}\frac{\mathrm{d}x}{u_x(x,y,z,t)}&=\mathrm{d}t\\\frac{\mathrm{d}y}{u_y(x,y,z,t)}&=\mathrm{d}t\\\frac{\mathrm{d}z}{u_z(x,y,z,t)}&=\mathrm{d}t\end{aligned}\right\}\tag{3-9}$$

由此可得迹线微分方程

$$\frac{\mathrm{d}x}{u_x(x,y,z,t)}=\frac{\mathrm{d}y}{u_y(x,y,z,t)}=\frac{\mathrm{d}z}{u_z(x,y,z,t)}=\mathrm{d}t\tag{3-10}$$

在迹线微分方程（3-10）中，t 是自变量，x，y，z 是时间变量 t 的函数。将上式积分所得表达式中的时间 t 消去即可求得迹线方程。

用欧拉法描述流体运动时引入了流线的概念。某一时刻过一定点在流场中画出一条空间曲线，这条曲线具有这样的性质，该时刻占有该曲线流体质点的速度矢量全都与这条曲线相切，这条空间曲线称为该时刻过该点的流线。流线表示同一时刻不同质点的运动方向的曲线，这条曲线过某一定点。流线的绘制方法如下。

过空间某一点 A，绘出该点在某一瞬时 t_1 的占有该点的流体质点的流速矢量 $\boldsymbol{u}$，如图 3-2 所示，在该矢量上取一与 A 点相邻的点 1，绘出点 1 在同一瞬时 t_1 的流体质点 1 的速度矢量 $\boldsymbol{u}_1$，继续在这一流速矢量上取与点 1 相邻的点 2，再绘出点 2 同一瞬时 t_1 的流体质点 2 的速度矢量 $\boldsymbol{u}_2$，继续取点 3，再绘出速度矢量……，依此类推，得到一条折线，令各点之间的距离趋于无穷小，则折线 $A123\cdots$ 就近视为一条光滑曲线，这条光滑曲线就是 t_1 时刻过 A 点的流体质点的流线，如果绘制出整个流场同一瞬时的所有流线，就可以清楚地描述某一瞬时的流动图景。如图 3-3 所示为某一流场的流线图。流线的形状与固体边界有关，流线的疏密程度反映了流场中各点的速度大小，流线密的地方流速大，流线稀的地方流速小。

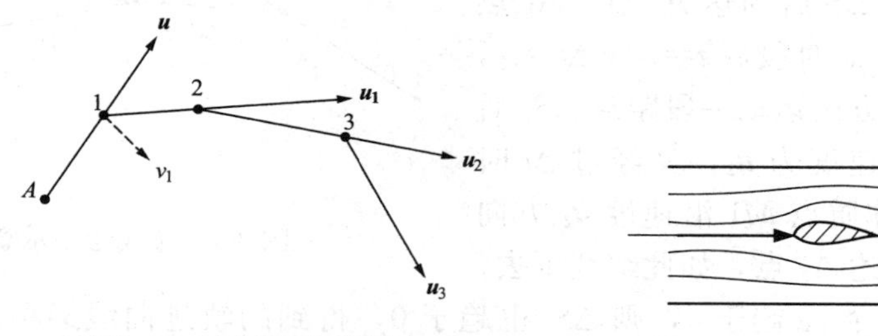

图 3-2 绘制流线示意图

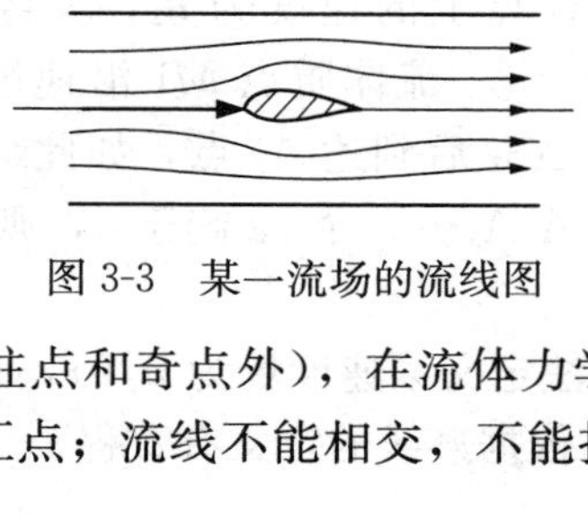

图 3-3 某一流场的流线图

由定义可知，过空间一点只能有一条流线（除驻点和奇点外），在流体力学中驻点指速度为零的点，奇点指速度为无穷大的点，如源点和汇点；流线不能相交，不能折转只能是光滑曲线。如果流线可以相交，交点处的质点具有两个方向的流动，很明显同一质点在同一时刻是不能同时向不同的方向流动的，流动方向是确定的。流线的光滑性是根据连续介质假说得到的结论。

根据流线的定义可得流线的微分方程：流线微长度应与该点的速度矢量重合，根据数学公式重合的两个矢量的叉积等于零。设 $\mathbf{ds}$ 表示流线上过 A 点的微段，$\boldsymbol{u}$ 代表该点的流体质点的速度矢量，由流线的定义可知

$$\mathbf{ds} \times \boldsymbol{u} = 0 \tag{3-11}$$

直角坐标表示为

$$\begin{vmatrix} \boldsymbol{i} & \boldsymbol{j} & \boldsymbol{k} \\ \mathrm{d}x & \mathrm{d}y & \mathrm{d}z \\ u_x & u_y & u_z \end{vmatrix} = 0 \tag{3-12}$$

式中：$\boldsymbol{i}$，$\boldsymbol{j}$，$\boldsymbol{k}$ 是 x，y，z 方向的单位矢量；u_x，u_y，u_z 是速度矢量的分量。上式也可以写成如下形式：

$$\frac{\mathrm{d}x}{u_x(x,y,z,t)} = \frac{\mathrm{d}y}{u_y(x,y,z,t)} = \frac{\mathrm{d}z}{u_z(x,y,z,t)} = \frac{\mathbf{ds}}{\boldsymbol{u}(x,y,z,t)} \tag{3-13}$$

u_x，u_y，u_z 都是位置坐标 x，y，z 和时间坐标 t 的函数，由定义可知流线是某一时刻流体运动速度方向的曲线。所以，求解流线方程时，时间变量 t 是参数，即把时间 t 当作常数代入上式，然后进行积分。

对于过某一点的某一条流线。由于恒定流时运动要素 u_x，u_y，u_z 不随时间改变，所以流线也不变；非恒定流时运动要素 u_x，u_y，u_z 随时间而改变，不同瞬时有不同流线。

为了加深理解，下面有必要再重申一下流线和迹线的区别和联系。迹线和流线的内容是不同的：迹线是与拉格朗日法相联系的，是同一质点在不同时间段内运动形成的曲线；流线是与欧拉法联系的，是同一瞬时位于不同空间点上的不同质点运动组成的曲线。但是从形式上来说：恒定流时流线与占据该流线上的质点的迹线相重合，非恒定流时两者一般不重合。对这一观点从几何直观上加以证明。

假设在 $t=t_1$ 时刻在流场中做出了过任意一点 A 的流线 $A123\cdots$（见图 3-2）。现用作图法求通过 A 点的迹线，$t=t_1$ 时刻 A 点的速度矢量为 $\boldsymbol{u}$，经过 Δt 时段后，$t=t_1+\Delta t=t_2$ 时，t_1 时刻位于 A 点的流体质点到达位置 1，如果为非恒定流，此时位置 1 上的速度矢量等于 $\boldsymbol{v}_1$（大小和方向不等于 $\boldsymbol{u}_1$），再经过 Δt 时段后 $t=t_2+\Delta t=t_3$ 时，质点将运动到 $2'$ 点（离开位置 2），如此继续下去质点的轨迹将是 $A12'3'\cdots$，显然曲线 $A12'3'\cdots$ 不同于曲线 $A123\cdots$；如果为恒定流，t_2 时刻位置 1 上的质点速度等于 t_1 时刻的速度 $\boldsymbol{u}_1$，那么 t_3 时刻，质点将运动到 2 点，以此类推，质点的运动轨迹为 $A123\cdots$ 与流线相同。

3.2.2　流管、流束、总流和过流断面

在流场中任取一微小封闭曲线（流线除外），该曲线周长为 l 面积为 $\mathrm{d}A$，过周长 l 上所有的点可以引出无数条流线，所有这些流线围成的管状曲面就称为流管，流管示意如图 3-4 所示。因为流线不能相交，流管的边界是流线，所以流体质点只能在流管内或边界流动而不能穿越流管。

以流管为边界包围的一束流体称为流束，微元流管包围的流体为微元流束（或微小流束），恒定流时流管和流束的形状和位置不随时间改变。

由无穷多的微小流束（元流）组成，以流体所在的固体边界为周界的整股流体称为总流。总流是有一定形状和大小尺寸的实际流体。

与微小流束或总流的流线正交的断面称为过流断面，过流断面的面积称为过流断面积，其单位为 m^2，微小流束的断面面积用 dA 表示，总流的过流断面面积用 A 表示，图 3-5 给出了一些过流断面的形状，流线平行时过流断面为平面，流线不平行时过流断面为曲面。

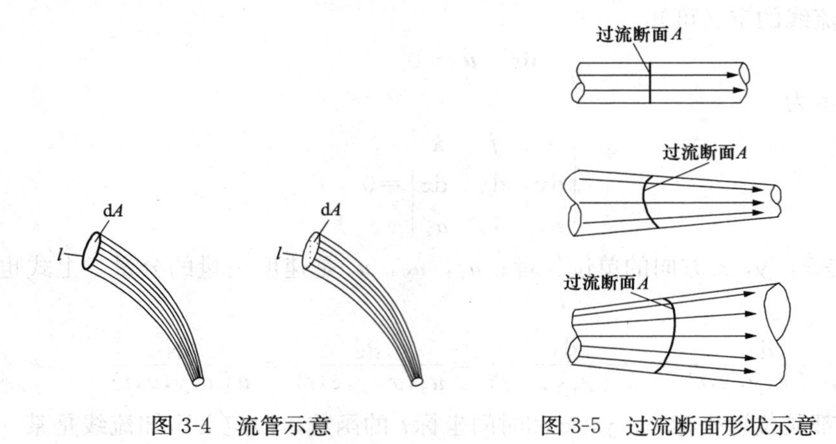

图 3-4 流管示意　　图 3-5 过流断面形状示意

3.2.3 流量和断面平均流速

单位时间内通过某一过流断面流体的体积，称为该过流断面的体积流量，简称流量 Q_V，单位为 m^3/s；单位时间内通过某一过流断面流体的质量称为质量流量，用符号 Q_m 表示，单位为 kg/s。

由于微小流束的过流断面积 dA 很小，可以认为过流断面的流速为一常数 u，且方向与过流断面垂直，则 dt 时段内通过 dA 面的流体体积为 $u\mathrm{d}t\mathrm{d}A$，也就等于 dt 时段内通过该断面总的体积流量，设该微断面流量为 dQ_V，则有等式成立 $\mathrm{d}Q_V\mathrm{d}t=u\mathrm{d}t\mathrm{d}A$，也就是

$$\mathrm{d}Q_V = u\mathrm{d}A \tag{3-14}$$

式（3-14）就是微小流束的流量计算式，对于总流其过流断面各点的流速是不相等的，通过总流过流断面的流量是该过流断面所有微小流束流量的总和，即

$$Q_V = \int_Q \mathrm{d}Q_V = \iint_A u\mathrm{d}A \tag{3-15}$$

如果总流过流断面流速分布已知，可通过式（3-15）求得该断面的流量。

由于总流过流断面的流速分布很难确定，为了使问题的研究简化，根据积分中值定理引入一个假想的物理量称为断面平均流速 v，v 满足等式

$$\iint_A u\mathrm{d}A = vA = Q_V \tag{3-16}$$

可以这样理解，假定过流断面上各点的流速都等于 v 时，通过该断面的流量与实际上流速分布不均匀时通过的流量相等。几何解释是：以过流断面积 A 为底，高为 V 的柱体的体积等于同一过流断面积与其流速分布曲线所围成的体积 $\iint_A u\mathrm{d}A$。断面平均流速定义如图 3-6 所示。

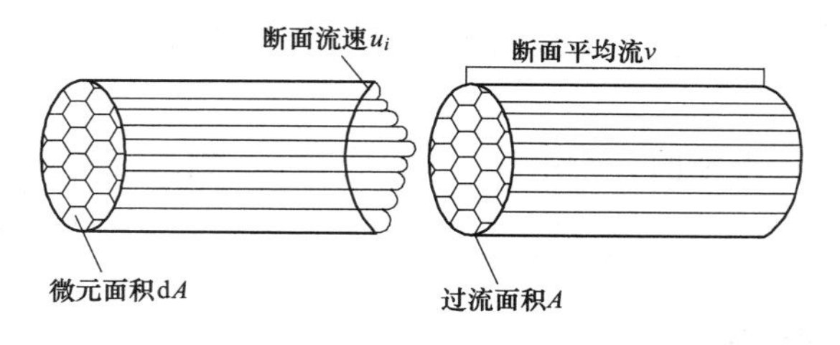

图 3-6　断面平均流速定义图

3.2.4　湿周、水力半径和水力直径

流体边界横向轮廓几何形状和尺寸的大小对水流的影响可用过流断面的水力三要素来表征，即过流断面面积 A、湿周χ和水力半径 R，其中湿周χ表示为在过流断面上和流体固体边界接触的周界线，湿周示意如图 3-7 所示，水力半径 R 是过流断面面积 A 与湿周χ的比值。

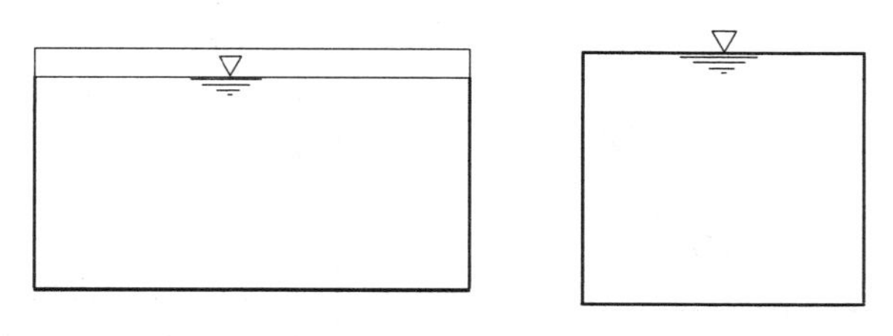

图 3-7　湿周示意

水力要素是如何影响过流能力的呢？例如两个过流面积相等的不同形状的断面，其一为矩形，其二为圆形，虽然其过流断面面积相等，而且其他过流条件也相同，但因矩形断面湿周大（液流与固体边界接触的周界），因此液流所受到的阻力要大一些，能量损失相应也大一些。若两个不同形状的断面其湿周相等，则过流断面面积一般是不相等的，虽然通过同样大小的流量，其液流阻力和能量损失也不相等，因为面积较小的过流断面通过同样大小流量的流速较大；而流速大，则液流阻力和能量损失也大。

通过以上分析可以知道，以过流断面面积 A 或湿周χ中任何一个水力要素来表征过流断面的液流特征都是不够全面的，只有把两者互相结合起来才较为全面。因此水力半径 R 可理解为单位湿周长度所占的过流断面面积，其数学表达式为

$$R=\frac{A}{\chi} \tag{3-17}$$

从式（3-17）中可以看出，水力半径 R 更能鲜明地反映出过流能力的强弱，即 R 大过流能力就大。因此水力半径 R 是过流断面的一个重要的水力要素，几乎许多重要的流体力学公式中都包含有这个要素。水力半径的量纲是长度［L］，单位常用 m 或 cm 表示。

对于直径为 d 的圆管，当充满液流时，过流断面积 $A=\frac{1}{4}\pi d^2$，湿周$\chi=\pi d$，则水力半径 R 为

$$R=\frac{A}{\chi}=\frac{\frac{1}{4}\pi d^2}{\pi d}=\frac{1}{4}d \tag{3-18}$$

对于非圆管道，据式（3-18）定义水力直径 d_e（当量直径）为

$$d_e = 4R \tag{3-19}$$

对于图 3-8 中的梯形渠道断面，设水深 h，渠底宽 b，侧边坡度 m。据几何关系求得其面积 $A=(b+mh)h$，湿周 $\chi=b+2h\sqrt{1+m^2}$ 和水力半径 $R=\dfrac{A}{\chi}=\dfrac{(b+mh)h}{b+2h\sqrt{1+m^2}}$。

3.2.5 恒定流和非恒定流

从流体的运动要素是否随欧拉变量中时间变量而变化的观点来考察流动时，可将流体运动分为恒定流动和非恒定流动。若流场中所有空间点上的一切运动要素（速度、压强、密度等）不随时间而改变，这种流动称为恒定流动。图 3-9 所示为恒定流动示意，图中如使水塔中的水位保持不变，供水管中的水流流动为恒定流。如给水工程中的水塔水位不变，给水管中的水流流动是恒定流，再如水库水位不变时，供水发电洞中的水流流动也是恒定流。

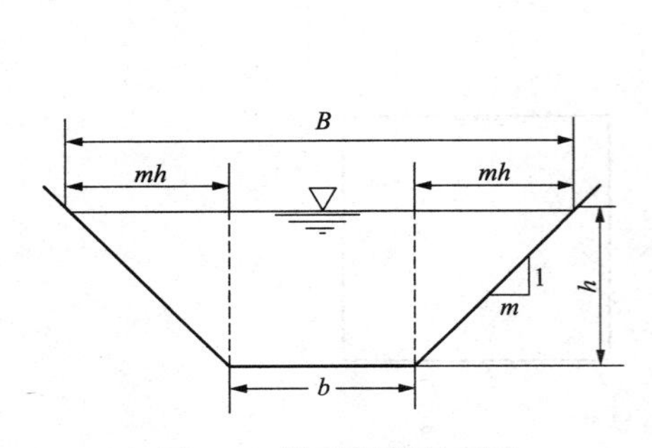

图 3-8 梯形渠道断面图

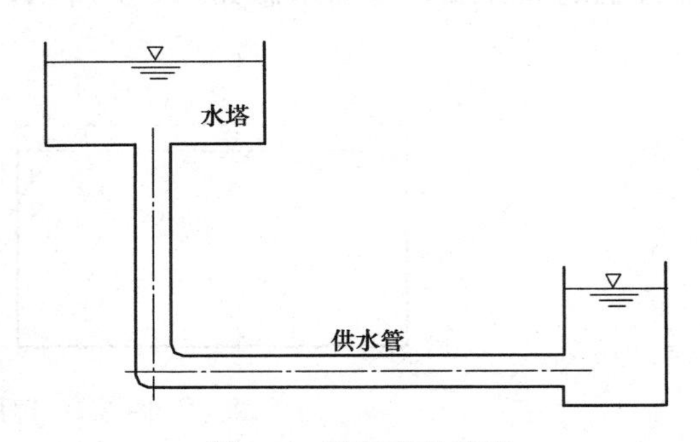

图 3-9 恒定流动示意

恒定流动时所有运动要素只是坐标的函数而与时间无关，对时间的导数应等于零，即

$$\frac{\partial \boldsymbol{u}}{\partial t}=\frac{\partial \rho}{\partial t}=\frac{\partial p}{\partial t}=\frac{\partial T}{\partial t}=0 \tag{3-20}$$

流场中任一空间点上只要有任何一个运动要素随时间发生变化，就称这个流动为非恒定流动，如图 3-9 中如水箱中的水位随时间不断变化，管道中流体的流动就是非恒定流动。

在研究任何一个实际的流动问题时，首先要确定水流是恒定流动还是非恒定流动，相比非恒定流动，恒定流动问题的函数式中不包含时间变量，水流运动的分析较为简单；而非恒定流动中同时包含了位置变量和时间变量，问题的分析相当复杂，在本书中主要研究恒定流动问题。在实际工程中大多数流动是恒定流。如大坝泄洪洞中水流的流动，设计工况下运行的排烟管道中的流动，正常工作条件下电厂循环管路中的流动，水量水压不变的给水管中的流动。受到某种扰动的水流，在较短时间段内会发生非恒定流动。如管道内高速流动的水流在突然关闭阀门时发生的水流现象，飞机起降期间周围气流的流动。严格来讲，自然界中的所有流动都会受到周围环境或多或少的影响，应属于非恒定流的范畴，但为方便起见，运动要素变化缓慢的非恒定流在一定时间段也可以视为恒定流而使问题简化。

3.2.6 均匀流与非均匀流·渐变流与急变流

从流体的运动要素（主要指速度）是否随欧拉变量中位置变量而变化的观点来考察流动时，可将流体运动分为均匀流和非均匀流。在给定的某一时刻，流场中各点的速度都不随位置而变化的流动称为均匀流。据定义可知均匀流各点的迁移加速度等于零，流体作平行的均匀直线运动；反之，当流场中各点的速度随位置不同而变化时，称为非均匀流。上述严格的

定义适用于理论分析，但在实际流体运动中，常常难以遇到符合上述严格定义的均匀流。于是在实际应用时，不考虑流场中各个空间点，而是依据沿流程不同过流断面上位于同一流线上的各点的速度大小、方向是否相等，将流体运动分为均匀流和非均匀流。

同一条流线上不同点的运动速度相等的流体运动称为均匀流。均匀流的流线是平行直线，各过流断面的流速分布沿程相同，断面平均流速相等。同一条流线上不同点的运动速度不相等的流体运动称为非均匀流，非均匀流流线不是平行直线，各过流断面的流速分布沿程不相同，断面平均流速一般也不相等。

根据流线的不平行程度又可将非均匀流分为渐变流和急变流，渐变流是指流线间夹角较小（也即流线曲率半径较大），急变流是流线急剧变化的水流。可以用流线的不平行情况和弯曲程度形象地表示。

当流体的流线接近于平行直线，且直线间的夹角很小；或者流体的流线不是平行直线（平行曲线），但曲率半径很大时称为渐变流，渐变流的极限是均匀流。在实际工程中，为了解决问题方便，常把渐变流进行简化认为过流断面的动压强服从静压强分布规律，即在同一过流断面上测压管水头为一常数$\left(z+\frac{p}{\rho g}=C\right)$。但渐变流的判定没有定量标准，主要依据问题要求的精度进行简化，问题近似处理后不影响结论为准，另外一条判断方法就是看流体的边界条件，当边界近于平行直线时，流体为渐变流，在管道的转弯处，断面突然扩大和突然缩小处、明渠中有挡水建筑物的存在都会有急变流发生。如图 3-10 所示，当流体的流线之间夹角很大或曲率半径较小时称为急变流。急变流时过流断面的动压强分布规律，可以由图 3-11 定性分析一下其分布规律。上部图中为一簇流线上凸的急变流，对其过流断面上的微分柱体进行受力分析可知，由于流线方向发生变化产生了离心惯性力，其方向与重力沿柱体法线方向的分力相反，与静压分布相比可以认为惯性力的存在减弱了由于流体重力的存在而产生的静压强，因此，急变流的动压强小于相同水深的静压强；同理当流线上凹时，惯性力的方向与重力分力方向一致，从而加强了重力的作用，此时的动压强比相同水深静压强要大。综上所述，急变流时动压强分布规律不符合静压分布规律。

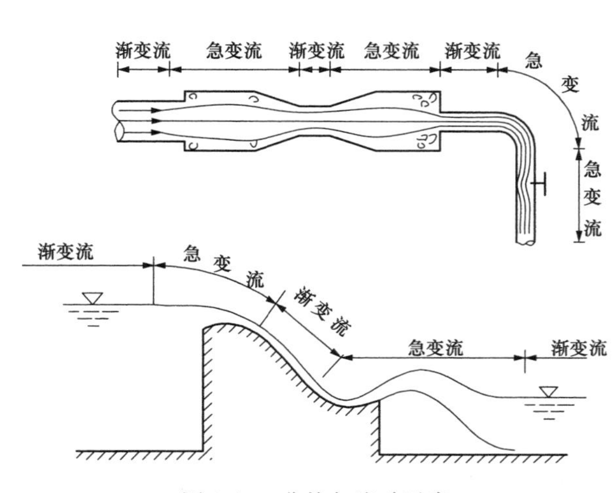

图 3-10　非均匀流动示意

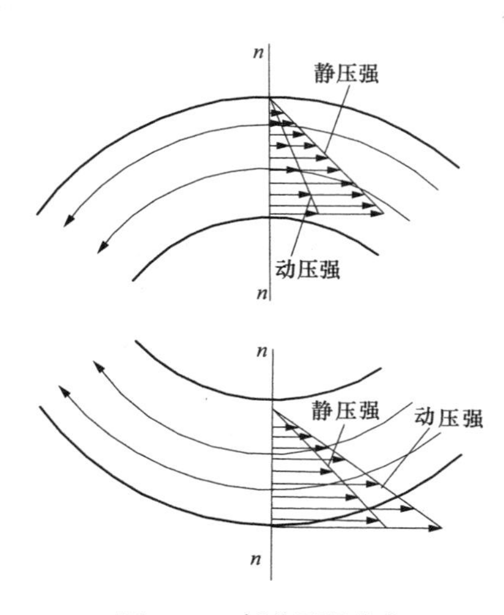

图 3-11　弯道压强分布

3.2.7 一维流（一元流）、二维流（二元流）、三维流（三元流）

从决定流体的运动要素所需欧拉变量中的空间坐标变量的维数（或个数），将流体运动分为一元流、二元流和三元流。凡流体中任意点的所有运动要素只与一个空间坐标（流程 s）有关时，称为一元流，微小流束就是一元流的例子，当仅从流道（管道或渠道）中的断面平均流速来考查流动时，运动要素也只是流程 s 的函数，也是一元流的例子。流体中的运动要素不仅与流程 s 有关而且还同另一个坐标变量有关，这种流动称为二元流，二元流其实是一种平面流，工程中平面流动的例子不在少数，如矩形明渠的某一纵断面上的各运动要素与流程和水深两个方向的坐标有关。

流体的运动要素同三个坐标变量都有关的流动称为三元流。严格来讲，自然界和工程实际中的流动都属于三元流，但是为了分析和解决问题方便，对实际问题进行简化为一元流和二元流。

在工程实际中，在保证一定精度的条件下，尽可能将问题进行简化寻求问题的近似解，在流体力学中常用到一元流（流束理论）分析法，方便解决管道流与渠道流。

3.2.8 系统与控制体

在流体力学中采用理论分析方法研究流动问题时，首先需要选择研究对象。拉格朗日法一般选取流体的系统作为研究对象，欧拉法则选取流场中的控制体为研究对象。

在连续介质假设下，流体的系统是指由连续分布的流体质点组成的、某一确定的流体团。它可以是微元体内的流体微团（如微小流束），也可以是有限体积内的流体团（如总流的某一流段）。流体的系统有两个主要特点：其一，系统随流体运动，其占据的体积和边界形状也随流体而变化，但系统内流体质点的数量不变；其二，系统与外界无流体质量交换，但可以有力地相互作用，也可以有能量（热和功）的交换。

控制体是指在流场中任意选定的、相对于某参考坐标系固定不动的空间体积。其形状可以是规则的（如平行六面体）也可以是任意的（如流管），其体积可大也可以小，控制体的封闭表面称为控制面（如过流断面和自由液面）。流场中的控制体也有两个特点：其一，控制体一旦选定，相对于坐标系固定，其体积形状不随流体运动而变化；其二，流体可穿越控制体，因此控制体内流体与外界有质量交换、力的相互作用和能量的交换。

3.3 连续性方程

无数生产实践和科学实验都证明，质量是不生不灭的，也就是质量守恒定律，下面应用质量守恒原理来推导欧拉意义下流体运动连续性微分方程的一般式。

在流场中以 A 点为中心任取一微元平行六面体（见图 3-12）为控制体，设 t 时刻通过 A 点流体的密度为 ρ，流速 $\boldsymbol{u}$ 沿 x、y、z 方向的分量为 u_x、u_y、u_z，速度变化率为 $\frac{\partial u_x}{\partial x}$、$\frac{\partial u_y}{\partial y}$、$\frac{\partial u_z}{\partial z}$，则通过 A 点左、右表面中心点 M 和 N 的速度分量分别为 $u_x-\frac{1}{2}\frac{\partial u_x}{\partial x}\mathrm{d}x$ 和 $u_x+\frac{1}{2}\frac{\partial u_x}{\partial x}\mathrm{d}x$，密度分别为 $\rho-\frac{1}{2}\frac{\partial \rho}{\partial x}\mathrm{d}x$ 和 $\rho+\frac{1}{2}\frac{\partial \rho}{\partial x}\mathrm{d}x$，因为是微元体可认为同一表面上的流速相等，所以可求得单

位时间内从左表面进入的流体质量为$\left[\left(\rho-\frac{1}{2}\frac{\partial\rho}{\partial x}\mathrm{d}x\right)\cdot\left(u_x-\frac{1}{2}\frac{\partial u_x}{\partial x}\mathrm{d}x\right)\right]\mathrm{d}y\mathrm{d}z$，从右表面流出的质量为$\left[\left(\rho+\frac{1}{2}\frac{\partial\rho}{\partial x}\mathrm{d}x\right)\cdot\left(u_x+\frac{1}{2}\frac{\partial u_x}{\partial x}\mathrm{d}x\right)\right]\mathrm{d}y\mathrm{d}z$，单位时间内 x 方向流体的质量改变等于从左表面进入的质量减掉从右表面流出的质量

$$\left[\left(\rho-\frac{1}{2}\frac{\partial\rho}{\partial x}\mathrm{d}x\right)\cdot\left(u_x-\frac{1}{2}\frac{\partial u_x}{\partial x}\mathrm{d}x\right)\right]\mathrm{d}y\mathrm{d}z-\left[\left(\rho+\frac{1}{2}\frac{\partial\rho}{\partial x}\mathrm{d}x\right)\cdot\left(u_x+\frac{1}{2}\frac{\partial u_x}{\partial x}\mathrm{d}x\right)\right]\mathrm{d}y\mathrm{d}z$$

$$=-\frac{\partial(\rho u_x)}{\partial x}\mathrm{d}x\mathrm{d}y\mathrm{d}z$$

同理可得单位时间内在 y 方向和 z 方向的流体质量的改变分别为$-\frac{\partial(\rho u_y)}{\partial y}\mathrm{d}x\mathrm{d}y\mathrm{d}z$ 和$-\frac{\partial(\rho u_z)}{\partial z}\mathrm{d}x\mathrm{d}y\mathrm{d}z$，则单位时间内从六面体流出和流入的质量之差为$-\left[\frac{\partial(\rho u_x)}{\partial x}+\frac{\partial(\rho u_y)}{\partial y}+\frac{\partial(\rho u_z)}{\partial z}\right]\mathrm{d}x\mathrm{d}y\mathrm{d}z$。

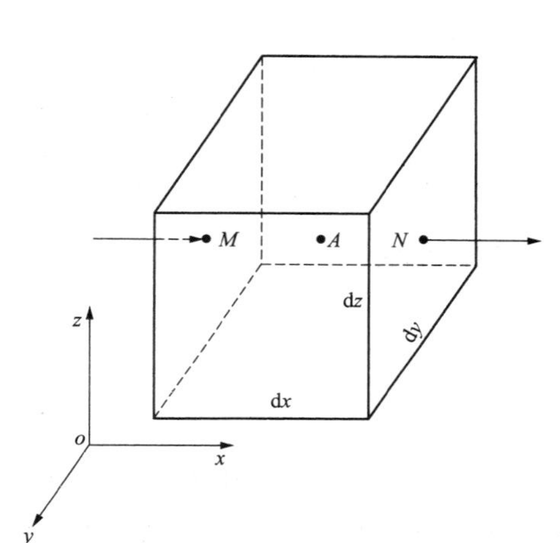

图 3-12　微元平行六面体

另一方面单位时间六面体内因密度变化而引起的质量改变等于$\frac{\partial\rho}{\partial t}\mathrm{d}x\mathrm{d}y\mathrm{d}z$，由连续介质假设和质量守恒原理知，单位时间六面体内密度变化引起的质量改变应与流进与流出六面体的质量之差相等，即

$$\frac{\partial\rho}{\partial t}\mathrm{d}x\mathrm{d}y\mathrm{d}z=-\left[\frac{\partial(\rho u_x)}{\partial x}+\frac{\partial(\rho u_y)}{\partial y}+\frac{\partial(\rho u_z)}{\partial z}\right]\mathrm{d}x\mathrm{d}y\mathrm{d}z$$

将上式整理得

$$\frac{\partial\rho}{\partial t}+\frac{\partial(\rho u_x)}{\partial x}+\frac{\partial(\rho u_y)}{\partial y}+\frac{\partial(\rho u_z)}{\partial z}=0 \tag{3-21}$$

式（3-21）是连续性微分方程式的一般形式。

对恒定流，$\frac{\partial\rho}{\partial t}=0$，上式简化为

$$\frac{\partial(\rho u_x)}{\partial x}+\frac{\partial(\rho u_y)}{\partial y}+\frac{\partial(\rho u_z)}{\partial z}=0 \tag{3-22}$$

对于均质不可压缩流体，$\rho=C$，式（3-21）又可简化为

$$\frac{\partial u_x}{\partial x}+\frac{\partial u_y}{\partial y}+\frac{\partial u_z}{\partial z}=0 \tag{3-23}$$

式（3-23）是均质不可压缩流体运动时的连续性微分方程，该式表明对于均质不可压缩流体，单位时间单位体积空间内流体进出的体积差等于零，即流体体积流量守恒。

均质不可压缩流体的连续性微分方程（3-23），对于恒定流与非恒定流，对于理想流体和实际流体同样适应。

3.3.1　一元总流连续性方程的推导

对于恒定一元流的连续性微分方程式，可在流场中取微小流束，一元流动如图 3-13

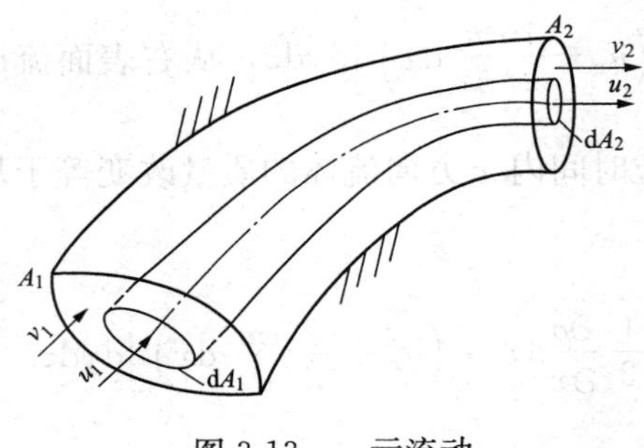

图 3-13 一元流动

所示，设其体积为 dV，对式（3-23）进行体积积分 $\int_V \left(\frac{\partial u_x}{\partial x}+\frac{\partial u_y}{\partial y}+\frac{\partial u_z}{\partial z}\right)dV=0$，据高斯公式有

$$\int_V \left(\frac{\partial u_x}{\partial x}+\frac{\partial u_y}{\partial y}+\frac{\partial u_z}{\partial z}\right)dV=\int_S u_n dA$$

式中 u_n 为微小流束表面的法向速度，S 为流管的总表面积，因为恒定流时流管不随时间而改变，流体沿流管的侧面没有流速，只在过流断面 1—1 和 2—2 有流速分量，设点流速为 u_1 和 u_2，断面平均流速为 v_1 和 v_2，所以

$$\int_S u_n dA=\int_{A_2} u_2 dA_2-\int_{A_1} u_1 dA_1=v_2A_2-v_1A_1=0$$

上式等价于 $\int_{A_2} u_2 dA_2=\int_{A_1} u_1 dA_1=v_2A_2=v_1A_1$

由体积流量的定义可得

$$Q_V=\int_{Q_V} dQ_V=\int_{A_2} u_2 dA_2=\int_{A_1} u_1 dA_1=v_2A_2=v_1A_1$$

即

$$Q_V=v_2A_2=v_1A_1 \tag{3-24}$$

式（3-24）是均质不可压缩流体恒定一元流总流连续性方程式，它是各种流动必须遵守的最基本的定律，它的形式虽极其简单，但却非常重要。

3.3.2 连续性方程的分析

将（3-24）式移项后，可得另一种形式

$$\frac{v_2}{v_1}=\frac{A_1}{A_2} \tag{3-25}$$

上式是沿程流量没有发生变化的连续性方程，它说明在有固定边界的恒定总流中，沿程的断面平均流速与其过流断面面积成反比，断面积大的断面平均流速小，断面积小的平均流速大。

对于如图 3-14（a）和（b）所示沿程有流量流入或流出的分叉管路汇合管道，连续性方程的形式为

$$Q_{V1}=Q_{V2}+Q_{V3} \tag{3-26}$$

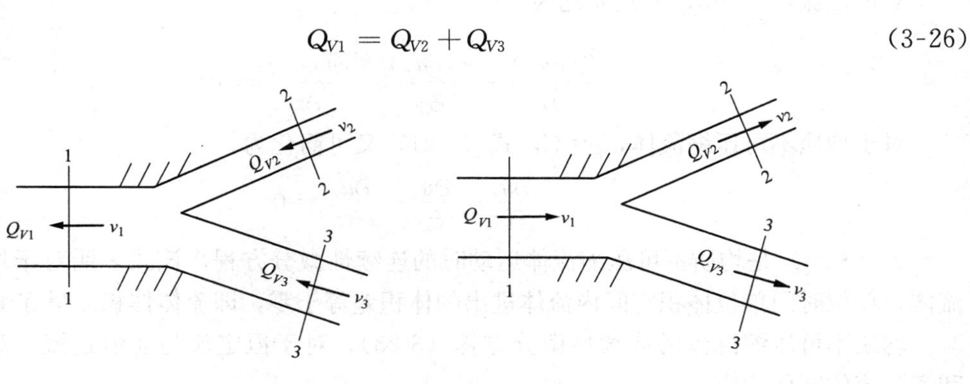

图 3-14 分叉管路示意

【例 3-1】 通过管道中的流体质量为 $Q_m=500\text{kg/s}$，密度 ρ 为 850kg/m^3 管道断面尺寸如图 3-15 所示，求各断面的平均流速。

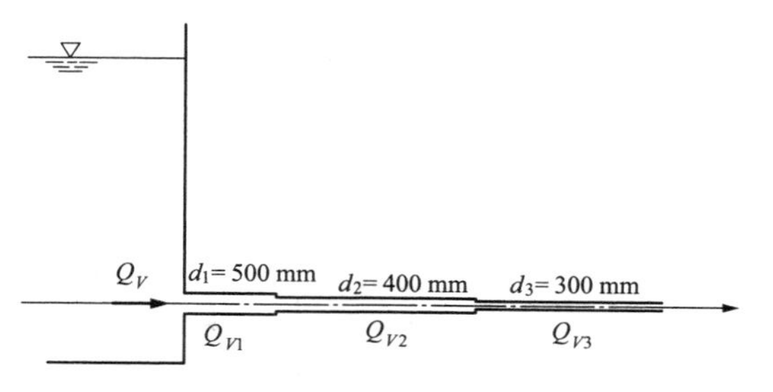

图 3-15　管道断面尺寸

【解】 据管道的质量流量求管道的体积流量为

$$Q_V=\frac{Q_m}{\rho}=\frac{500}{850}=0.59(\text{m}^3/\text{s})$$

计算各断面面积如下

$$A_1=\frac{\pi d_1^2}{4}=\frac{0.5^2\pi}{4}=0.20(\text{m}^2),\ A_2=\frac{\pi d_2^2}{4}=\frac{0.4^2\pi}{4}=0.13(\text{m}^2),\ A_3=\frac{\pi d_3^2}{4}=\frac{0.3^2\pi}{4}=0.07(\text{m}^2)$$

根据连续性方程 $Q_V=vA$ 可得

$$v_1=\frac{Q_{V1}}{A_1}=\frac{0.59}{0.20}=2.95(\text{m/s}),\ v_2=\frac{Q_{V2}}{A_2}=\frac{0.59}{0.13}=4.54(\text{m/s}),\ v_3=\frac{Q_{V3}}{A_3}=\frac{0.59}{0.07}=8.43(\text{m/s})$$

【例 3-2】 如图 3-14（b）所示一分叉管，各管中的流量分别为 Q_{V1}、Q_{V2}、Q_{V3}，流速为 v_1、v_2、v_3，相应管道的直径为 D_1、D_2、D_3。已知 $v_1=3\text{m/s}$，$v_2=v_3$，$D_1/D_2=2$，$D_2/D_3=1$，试求各管中的流量比。

【解】 据叉管的连续性方程

$$Q_{V1}=Q_{V2}+Q_{V3} \tag{1}$$

又有单管连续性方程

$$Q_{V1}=v_1A_1=v_1\times\frac{\pi D_1^2}{4},\quad Q_{V2}=v_2A_2=v_2\times\frac{\pi D_2^2}{4},\quad Q_{V3}=v_3A_3=v_3\times\frac{\pi D_3^2}{4} \tag{2}$$

联立式（1）和（2）可得

$$v_1D_1^2=v_2D_2^2+v_3D_3^2 \tag{3}$$

又有 $v_2=v_3$ 代入式（3）得

$$v_2=v_3=2v_1=6(\text{m/s})$$

于是得 $Q_{V1}:Q_{V2}=\left(v_1\times\frac{\pi D_1^2}{4}\right):\left(v_2\times\frac{\pi D_2^2}{4}\right)=(v_1\times D_1^2):\left(2v_1\times\frac{D_1^2}{4}\right)=2:1$

因此

$$Q_{V1}:Q_{V2}:Q_{V3}=2:1:1$$

3.4 欧拉运动微分方程

如上节所述，从质量守恒定律推出了流体运动的连续性方程，而依据牛顿第二定律可导出流体动力学的基本方程。瑞士数学家、力学家欧拉于 1775 年导出了理想无黏性流体运动微分方程式，即欧拉运动微分方程。在此基础上，纳维、柯西、泊松、圣维南和斯托克斯等人考虑了流体的黏性，在 19 世纪 20 年代后期到 40 年代中期将近 20 年的研究工作中，得以建立起黏性流体运动微分方程式，也称为纳维-斯托克斯方程，简称 N-S 方程。本节将采用与导出连续性方程相同的控制体方法，依据牛顿第二定律导出欧拉运动微分方程。

理想流体中微元平行六面体受力如图 3-16 所示，在理想流体的流场中以 A（x，y，z）点

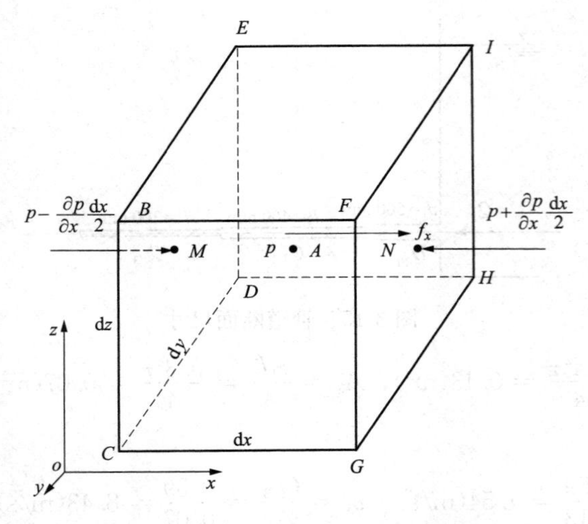

图 3-16 理想流体中微元平行六面体受力图

为中心取出一微元平行六面体 $BCDEFGHI$，六面体的边长分别为 $\mathrm{d}x$，$\mathrm{d}y$ 和 $\mathrm{d}z$，作用于六面体的两类力包括表面力和质量力，由于理想流体没有黏性，微分六面体各个面上的表面力仅为压力，设 A 点的压强为 $p(x,y,z)$，则与 A 点对应左、右侧表面中心 M 和 N 点的压强分别为 $p-\frac{\partial p}{\partial x}\frac{\mathrm{d}x}{2}$ 和 $p+\frac{\partial p}{\partial x}\frac{\mathrm{d}x}{2}$；单位质量力沿 x 方向的分量为 f_x。由于微元体较小，一般认为每个面上的压强均匀分布，所以 $BCDE$ 面上作用的总压力为 $\left(p-\frac{\partial p}{\partial x}\frac{\mathrm{d}x}{2}\right)\mathrm{d}y\mathrm{d}z$，$FGHI$ 面上总压力 $\left(p+\frac{\partial p}{\partial x}\frac{\mathrm{d}x}{2}\right)\mathrm{d}y\mathrm{d}z$，沿 x 方向的总质量力为 $\rho f_x\mathrm{d}x\mathrm{d}y\mathrm{d}z$。据牛顿第二定律

$$\sum \boldsymbol{F}=m\boldsymbol{a}=m\frac{\mathrm{d}\boldsymbol{u}}{\mathrm{d}t} \tag{3-27}$$

对微元体沿 x 方向列方程

$$\left(p-\frac{\partial p}{\partial x}\frac{\mathrm{d}x}{2}\right)\mathrm{d}y\mathrm{d}z-\left(p+\frac{\partial p}{\partial x}\frac{\mathrm{d}x}{2}\right)\mathrm{d}y\mathrm{d}z+f_x\rho\mathrm{d}x\mathrm{d}y\mathrm{d}z=\rho\mathrm{d}x\mathrm{d}y\mathrm{d}z a_x=\rho\mathrm{d}x\mathrm{d}y\mathrm{d}z\frac{\mathrm{d}u_x}{\mathrm{d}t} \tag{3-28}$$

在式（3-28）两边同时除以 $\rho\mathrm{d}x\mathrm{d}y\mathrm{d}z$ 有

$$f_x-\frac{1}{\rho}\frac{\partial p}{\partial x}=\frac{\mathrm{d}u_x}{\mathrm{d}t} \tag{3-29}$$

同理可得 y 和 z 轴方向的方程 $f_y-\frac{1}{\rho}\frac{\partial p}{\partial y}=\frac{\mathrm{d}u_y}{\mathrm{d}t}$ 和 $f_z-\frac{1}{\rho}\frac{\partial p}{\partial z}=\frac{\mathrm{d}u_z}{\mathrm{d}t}$，整理后

$$\left.\begin{aligned}f_x-\frac{1}{\rho}\frac{\partial p}{\partial x}&=\frac{\mathrm{d}u_x}{\mathrm{d}t}\\ f_y-\frac{1}{\rho}\frac{\partial p}{\partial y}&=\frac{\mathrm{d}u_y}{\mathrm{d}t}\\ f_z-\frac{1}{\rho}\frac{\partial p}{\partial z}&=\frac{\mathrm{d}u_z}{\mathrm{d}t}\end{aligned}\right\} \tag{3-30}$$

以上各式中 u_x、u_y 和 u_z 分别表示流速沿 x、y、z 三个方向的速度分量。

方程式（3-30）是理想流体运动微分方程，是欧拉于 1775 年首先导出的，所以又称为欧拉运动微分方程。表示了流体质点的运动与流体上所受到的力之间的相互关系，适用于可压缩和不可压缩流体的恒定与非恒定流动、有涡（定义见第 8 章）和无涡流动。当 $u_x=u_y=u_z=0$ 时，式（3-30）即与流体平衡微分方程式［欧拉平衡微分方程式（2-4a）］相同。

将式（3-30）式中各方程的等号两边分别与 $\mathrm{d}x$、$\mathrm{d}y$、$\mathrm{d}z$ 相乘，并将各式相加得

$$f_x\mathrm{d}x+f_y\mathrm{d}y+f_z\mathrm{d}z-\frac{1}{\rho}\left(\frac{\partial p}{\partial x}\mathrm{d}x+\frac{\partial p}{\partial y}\mathrm{d}y+\frac{\partial p}{\partial z}\mathrm{d}z\right)=\frac{\mathrm{d}u_x}{\mathrm{d}t}\mathrm{d}x+\frac{\mathrm{d}u_y}{\mathrm{d}t}\mathrm{d}y+\frac{\mathrm{d}u_z}{\mathrm{d}t}\mathrm{d}z \tag{3-31}$$

上式变形为

$$f_x\mathrm{d}x+f_y\mathrm{d}y+f_z\mathrm{d}z-\frac{1}{\rho}\left(\frac{\partial p}{\partial x}\mathrm{d}x+\frac{\partial p}{\partial y}\mathrm{d}y+\frac{\partial p}{\partial z}\mathrm{d}z\right)=u_x\mathrm{d}u_x+u_y\mathrm{d}u_y+u_z\mathrm{d}u_z \tag{3-32}$$

设 $u^2=u_x^2+u_y^2+u_z^2$，则有 $\mathrm{d}\left(\frac{u^2}{2}\right)=u_x\mathrm{d}u_x+u_y\mathrm{d}u_y+u_z\mathrm{d}u_z$，代入上式得

$$f_x\mathrm{d}x+f_y\mathrm{d}y+f_z\mathrm{d}z-\frac{1}{\rho}\left(\frac{\partial p}{\partial x}\mathrm{d}x+\frac{\partial p}{\partial y}\mathrm{d}y+\frac{\partial p}{\partial z}\mathrm{d}z\right)=\mathrm{d}\left(\frac{u^2}{2}\right) \tag{3-33}$$

设质量力有势（如重力），必然存在一势函数 W 使得 $\mathrm{d}W=f_x\mathrm{d}x+f_y\mathrm{d}y+f_z\mathrm{d}z$ 且有 $\frac{\partial W}{\partial x}=f_x$，$\frac{\partial W}{\partial y}=f_y$，$\frac{\partial W}{\partial z}=f_z$。式（3-33）进一步简化为

$$\mathrm{d}W-\frac{1}{\rho}\mathrm{d}p-\mathrm{d}\left(\frac{u^2}{2}\right)=0 \tag{3-34}$$

上式即为一维欧拉方程，它实质上是一种能量方程。在应用上式时需要注意适用条件：①质量力有势；②理想流体无黏性；③恒定流。

3.5　伯努利方程

对一维欧拉方程式（3-34）沿流线积分可求得伯努利方程。

3.5.1　重力场中均质不可压缩理想流体沿流线的伯努利方程

均质不可压缩流体密度 ρ 为常数。设流体受到的质量力只有重力，则力势函数 $W=-gz$，其中 z 表示流体质点的位置高度，将 $W=-gz$ 代入式（3-34）中并作不定积分，且用 g 除以等式两边可得

$$z+\frac{p}{\rho g}+\frac{u^2}{2g}=\text{常数} \tag{3-35}$$

上式表明：在同一条流线上各个点3项之和相等，对于同一流线上的任意两点1和2应用上式得

$$z_1+\frac{p_1}{\rho g}+\frac{u_1^2}{2g}=z_2+\frac{p_2}{\rho g}+\frac{u_2^2}{2g} \tag{3-36}$$

上式即为重力场中均质不可压缩理想流体沿流线的伯努利方程，或称为微元流束的能量方程。式中各量的物理意义和几何意义如下。

（1）物理意义：是指能量方程中的三项分别代表三种不同的能量形式。

z：单位重力作用下流体的位能（又称为重力势能）。重量为 $G=\rho gV$ 的流体的势能为 $G=\rho gVz$，单位重力作用下流体的势能为 $\frac{\rho gVz}{mg}=\frac{mgz}{mg}=z$。

$\frac{u^2}{2g}$：指单位重力作用下流体的动能。质量为 $m=\rho V$ 的流体动能为 $\frac{u^2}{2}\rho V$，单位重力作用下流体的动能为 $\frac{\frac{u^2}{2}\rho V}{\rho Vg}=\frac{u^2}{2g}$。

$\frac{p}{\rho g}$：单位重力作用下流体具有的压能（压强势能）。压强是指单位面积上的受力，$pA\cdot h$

指压力沿 h 方向做功（A 指受力面积）也称为压能，单位重力作用下流体具有的压能为 $pA \cdot h/\rho gV = p/\rho g$。

$z+\dfrac{p}{\rho g}$：单位重力作用下流体的总势能，重力势能和压强势能之和。

$z+\dfrac{p}{\rho g}+\dfrac{u^2}{2g}$：单位重力作用下流体总的机械能。

方程式（3-36）的物理意义：重力场中均质不可压缩理想流体作恒定流动时同一条流线上任意两点单位重力作用下流体具有的总机械能相等。

（2）几何意义：是指能量方程中的每一项都有长度的单位 m 和长度量纲 L，对于液体而言习惯称各个量为水头。

z：元流过流断面上任一点相对于选取的基准面的位置高度，称为位置水头。

$\dfrac{p}{\rho g}$：测压管中的液柱高，称为压强水头。

$\dfrac{u^2}{2g}$：流速水头。

$z+\dfrac{p}{\rho g}$：测压管水头，为了方便起见用 H_{p} 表示。

$z+\dfrac{p}{\rho g}+\dfrac{u^2}{2g}$：总水头，用 H 表示。

方程式（3-36）的几何意义：重力场中均质不可压缩理想流体作恒定流动时同一条流线上任意两点总水头相等。重力场中均质不可压缩理想流体的总水头线是一条平行于基准面的水平线。

3.5.2 重力场中不可压缩黏性流体恒定元流的伯努利方程

由于理想流体没有黏性，所以流体与固壁之间以及流体内部没有阻力，因此流体在流动过程中不需要克服外力做功，没有能量损耗，不同断面的总机械能相等。而工程中更多的还是不能忽略黏性的实际流体，流体在运动过程中有一定的能量损耗，这种损耗主要是由于克服摩擦阻力做功，把一部分机械能转化为热能而消失在流体中。设单位重力作用下的流体从上游断面流到下游断面损失的能量为 h'_{w}，单位为 m，根据能量守恒原理，上游断面单位重力作用下流体总机械能应等于下游断面总机械能加上从上游到下游断面损失的能量，用公式表示：

$$z_1+\frac{p_1}{\rho g}+\frac{u_1^2}{2g}=z_2+\frac{p_2}{\rho g}+\frac{u_2^2}{2g}+h'_{\mathrm{w}} \tag{3-37}$$

式（3-37）为重力场中黏性不可压缩流体恒定流元流伯努利方程。

由于实际流体元流的伯努利方程中的各项都具有长度的单位，所以可以用几何曲线画图来表示。重力场中不可压缩黏性流体恒定元流水头线示意如图 3-17 所示。

任取一水平面 0—0 为基准面，过元流流程上任意一点作垂直于基准面的垂线，以与基准面的交点为起点，在垂线上按一定的比例顺次截取分别为 z_i、$\dfrac{p_i}{\rho g}$、$\dfrac{u_i^2}{2g}$长度的线段，把所有的高度为 $z_i+\dfrac{p_i}{\rho g}$的点连接成的曲线称为测压管水头线，把所有的高度为 $z_i+\dfrac{p_i}{\rho g}+\dfrac{u_i^2}{2g}$的点连

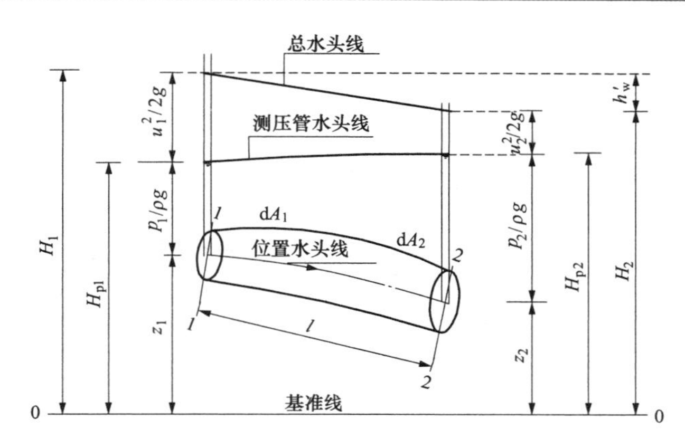

图 3-17　重力场中不可压缩黏性流体恒定元流水头线示意

成的曲线称为总水头线，显然总水头线与测压管水头线的差等于流速水头$\frac{u_i^2}{2g}$。在图 3-17 中标出了 $i=1$、2 两断面的位置水头、压强水头、测压管水头和总水头。

由于黏性流体在流动中机械能沿程减小，所以重力场中不可压缩黏性流体的总水头线是沿程降低的，而测压管水头线却并不一定是下降的，它有可能下降，也有可能是上升的曲线，这取决于能量的转化关系。对于均匀流和渐变流，测压管水头线与总水头线是平行直线，而非均匀急变流测压管水头线是曲线且与总水头线不平行。

为了度量总水头线沿程下降的快慢程度，引入了总水头线的坡度（称为水力坡度），用 J 表示，它的数量等于单位重力作用下的流体沿流程单位长度上的能量损失，用公式表示为

$$J=-\frac{\mathrm{d}H}{\mathrm{d}L}=\frac{\mathrm{d}h'_{\mathrm{w}}}{\mathrm{d}L} \tag{3-38}$$

式中的负号是为了保证水力坡度为正值而增加的。如果总水头线为直线，式（3-38）变为

$$J=\frac{H_1-H_2}{L} \tag{3-39}$$

测压管水头线沿程的变化率可用测压管坡度 J_p 表示，它是单位重力作用下流体沿元流单位长度的总势能减少量，用公式表示为

$$J_p=-\frac{\mathrm{d}H_p}{\mathrm{d}L}=-\frac{\mathrm{d}\left(z+\frac{p}{\rho g}\right)}{\mathrm{d}L} \tag{3-40}$$

式中 $\mathrm{d}H_p$ 为元流微元段长度上单位重力作用下流体总势能增量。测压管坡度不全是正值，当测压管水头线下降时 J_p 为正值，反之为负。

3.5.3　重力场黏性不可压缩恒定总流的伯努利方程

在前面已经导出了黏性恒定元流的伯努利方程，但是工程中更多的是总流，所以需要求出总流的能量方程。

重力场中不可压缩黏性流体恒定总流能量方程式推导图示如图 3-18 所示，在恒定总流流段上任取一微元流段，设通过该流段体积流量为 $\mathrm{d}Q_V$，则其重量为 $\rho g\mathrm{d}Q_V$，用它同时乘以元流能量方程式（3-37）的两端，得到单位时间内通过元流两过流断面全部流体的能量关系式为

$$\rho g\,\mathrm{d}Q_V\left(z_1+\frac{p_1}{\rho g}+\frac{u_1^2}{2g}\right)=\rho g\,\mathrm{d}Q_V\left(z_2+\frac{p_2}{\rho g}+\frac{u_2^2}{2g}\right)+\rho g\,\mathrm{d}Q_V h'_{\mathrm{w}} \tag{3-41}$$

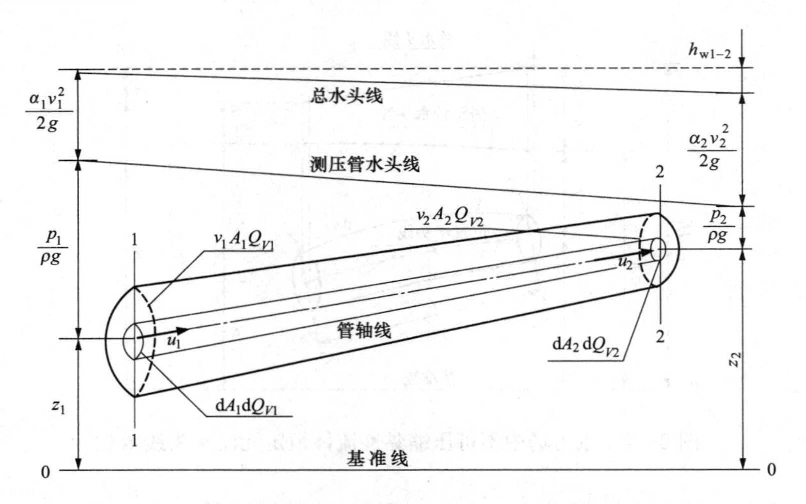

图 3-18 重力场中不可压缩黏性流体恒定总流能量方程式推导图示

将连续性方程式 $dQ_V=u_1dA_1=u_2dA_2$ 代入上式并在过流断面上积分，得到总流过流断面上总能量之间的关系式为

$$\int_{A_1}\rho g\left(z_1+\frac{p_1}{\rho g}+\frac{u_1^2}{2g}\right)u_1dA_1=\int_{A_2}\rho g\left(z_2+\frac{p_2}{\rho g}+\frac{u_2^2}{2g}\right)u_2dA_2+\int_Q\rho gh'_w dQ_V \tag{3-42}$$

将上式整理

$$\rho g\int_{A_1}\left(z_1+\frac{p_1}{\rho g}\right)u_1dA_1+\rho g\int_{A_1}\left(\frac{u_1^2}{2g}\right)u_1dA_1=\rho g\int_{A_2}\left(z_2+\frac{p_2}{\rho g}\right)u_2dA_2$$
$$+\rho g\int_{A_2}\left(\frac{u_2^2}{2g}\right)u_2dA_2+\int_Q\rho gh'_w dQ_V \tag{3-43}$$

上式包括三种类型的积分，现分别确定如下。

第一类 $\rho g\int_A\left(z+\frac{p}{\rho g}\right)u\,dA$ 是单位时间内总流过流断面的流体势能的总和。当流体作均匀流动或渐变流动时，同一过流断面上的动水压强按静水压强的规律分布，也就是说，恒定的均匀流或渐变流同一过流断面上各点的压强 $z+\frac{p}{\rho g}=C$，不同的过流断面这个常数一般不等，所以常数可提出积分号外面：

$$\rho g\int_A\left(z+\frac{p}{\rho g}\right)u\,dA=\rho g\left(z+\frac{p}{\rho g}\right)\int_A u\,dA=\rho gQ_V\left(z+\frac{p}{\rho g}\right) \tag{3-44}$$

第二类 $\rho g\int_A\left(\frac{u^2}{2g}\right)u\,dA$ 是单位时间内通过总流过流断面的流体动能总和，由于断面流速分布函数是一个非常难以确定的关系，所以对这一积分的求法是用积分中值定理来计算，并设 $\int_A u^3dA=\alpha v^3A$，得到

$$\rho g\int_A\left(\frac{u^2}{2g}\right)u\,dA=\rho g\alpha\frac{v^3}{2g}A=\alpha\frac{v^2}{2g}\rho gQ_V \tag{3-45}$$

式中：v 是断面平均流速；α 是一修正系数，它是表征断面流速分布均匀程度的一个系数，称为动能修正系数，当断面流速分布均匀时，实际的动能同按断面平均流速计算的动能值相

近，实测的 α 值总是大于1的，一般取 $\alpha=1.05\sim1.10$，流速分布不均匀时 α 值较大，可达到2或更大。在工程中为了计算简便常对渐变流取 $\alpha=1$ 来计算。

第三类积分 $\int_Q \rho g h'_w \mathrm{d}Q_V$ 是总流上下游过流断面间流体的机械能损失，可用单位重力作用下流体断面间的平均能量损失 h'_w 来计算，则

$$\int_Q \rho g h'_w \mathrm{d}Q_V = \rho g h_w Q_V \tag{3-46}$$

把积分结果式（3-44）～式（3-46）代入总流能量关系式（3-43）中可得下式：

$$\rho g\left(z_1+\frac{p_1}{\rho g}+\alpha_1\frac{v_1^2}{2g}\right)Q_{V1}=\rho g\left(z_2+\frac{p_2}{\rho g}+\alpha_2\frac{v_2^2}{2g}\right)Q_{V2}+\rho g h_w Q_{V2}$$

将连续性方程 $Q_{V1}=Q_{V2}=Q_V$ 代入上式，并将等式两边同时除以 $\rho g Q_V$ 得到重力场不可压缩黏性流体恒定总流的伯努利方程（即总流能量方程）：

$$z_1+\frac{p_1}{\rho g}+\alpha_1\frac{v_1^2}{2g}=z_2+\frac{p_2}{\rho g}+\alpha_2\frac{v_2^2}{2g}+h_w \tag{3-47}$$

在前面的能量方程式推导过程中应用了各种限制条件，所以在应用能量方程解决实际工程问题时有一些限制条件需要重复说明一下：①流体流动是恒定流；②流体是不可压缩流体；③作用于被研究的流体上的质量力只有重力，没有惯性力；④所选取的两个过流断面上的流动符合渐变流或均匀流，断面之间可以不符合渐变流条件；⑤两过流断面之间没有能量的输入或输出，如果有则能量方程的形式要有变化；⑥所选取的两过流断面之间，流量保持不变，其间没有流量的加入或分出。

对于分叉管路，虽然流量有变化，但由于能量方程中各个量是单位重力作用下流体的能量，所以对于每一支管能量方程式仍可适用。图3-19所示为分叉管分流示意1，可以列出能量方程

$$z_1+\frac{p_1}{\rho g}+\alpha_1\frac{v_1^2}{2g}=z_2+\frac{p_2}{\rho g}+\alpha_2\frac{v_2^2}{2g}+h_{w1-2}\ \text{或}\ z_1+\frac{p_1}{\rho g}+\alpha_1\frac{v_1^2}{2g}=z_3+\frac{p_3}{\rho g}+\alpha_3\frac{v_3^2}{2g}+h_{w1-3}$$

对于如图3-20所示分叉管合流示意2，又有能量方程

$$z_2+\frac{p_2}{\rho g}+\alpha_2\frac{v_2^2}{2g}=z_1+\frac{p_1}{\rho g}+\alpha_1\frac{v_1^2}{2g}+h_{w2-1}\ \text{或}\ z_3+\frac{p_3}{\rho g}+\alpha_3\frac{v_3^2}{2g}=z_1+\frac{p_1}{\rho g}+\alpha_1\frac{v_1^2}{2g}+h_{w3-1}$$

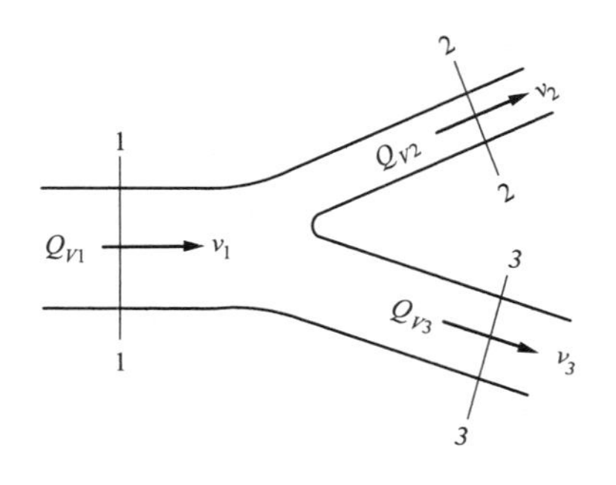

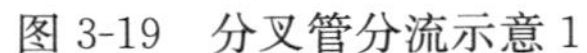

图3-19　分叉管分流示意1

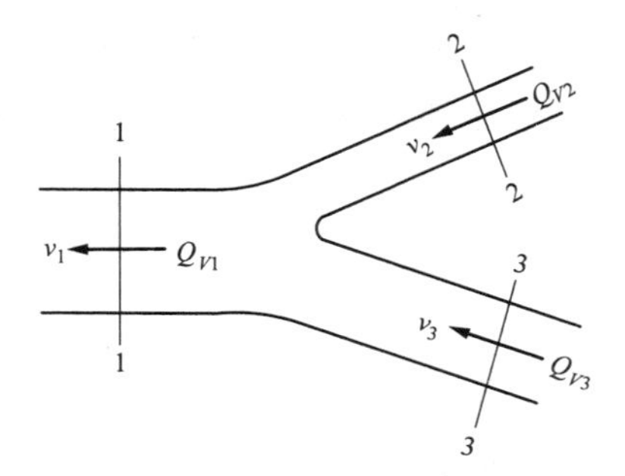

图3-20　分叉管合流示意2

当两过流断面有能量输出和输入时，只要在能量方程式（3-47）中对能量的变化进行考虑即可，设上下游断面之间单位重力作用下流体输入或输出的能量为 H_t，则有

$$z_1+\frac{p_1}{\rho g}+\alpha_1\frac{v_1^2}{2g}\pm H_t=z_2+\frac{p_2}{\rho g}+\alpha_2\frac{v_2^2}{2g}+h_{w1-2} \tag{3-48}$$

其中 H_t 前面的"+"表示有能量输入，如管路中设有水泵设备，H_t 指水泵的扬程，如图 3-21 所示；"−"表示有能量输出，如管路中设有水轮机设备，H_t 指单位重力作用下流体输入水轮机的能量，如图 3-22 所示。公式中 H_t 的单位是长度单位，而工程中已知的一般是水力机械单位时间所做的功，即功率 P，另外任何机械都有一定的能量损耗，水力机械的效率用 η 表示，它是一个小于 1 的百分数。设图 3-21 中水泵的提水高程（扬程）为 $H_t = z + h_{w1-2}$（单位为 m），带动水泵的电动机的功率为 P_p（单位为 W），水泵机组的效率为 η_p，得到如下关系式：

$$\eta_p P_p = \rho g Q_V H_t \text{ 或 } H_t = \frac{\eta_p P_p}{\rho g Q_V} \tag{3-49}$$

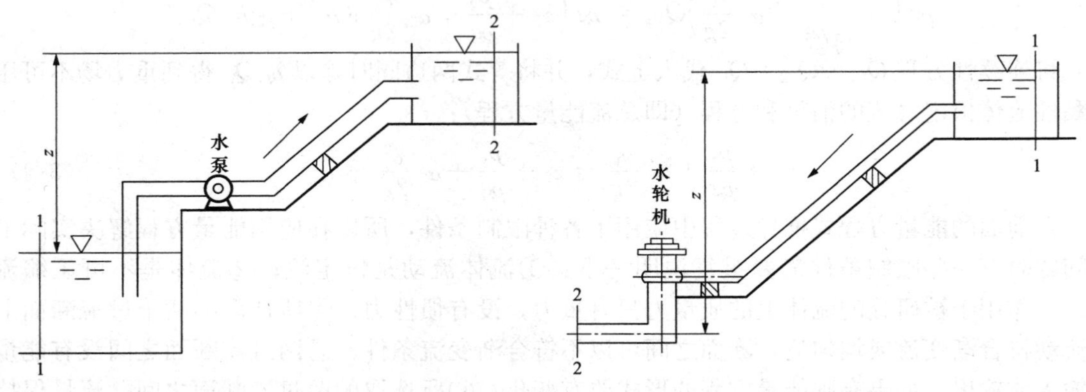

图 3-21 水泵扬程　　图 3-22 流体输入水轮机的能量

若如图 3-22 中水电站发电机组的输出功率是 P_g，水轮机和发电机的总效率为 η_g，单位重力作用下流体输入水轮机中的能量为

$$H_t = z - h_{w1-2}$$

$$H_t = \frac{P_g}{\rho g Q_V \eta_g} \text{ 或 } \eta_g = \frac{P_g}{\rho g H_t Q_V} \tag{3-50}$$

将微元黏性流体能量方程式（3-37）与总流能量方程式（3-47）再次写为式（3-51），并和式（3-52）作比较。从形式上可看到有两点不同即速度项和水头损失项，微元方程中速度 u 是指点流速，而总流方程中的速度 v 是指断面平均流速；水头损失项 h'_w 是指单位重力作用下流体沿某一流线从上游流动到下游所损失的能量，而总流方程中的 h_w 是指单位重力作用下流体从上游断面流到下游断面所损失的平均能量。

$$z_1 + \frac{p_1}{\rho g} + \frac{u_1^2}{2g} = z_2 + \frac{p_2}{\rho g} + \frac{u_2^2}{2g} + h'_{w1-2} \tag{3-51}$$

$$z_1 + \frac{p_1}{\rho g} + \alpha_1 \frac{v_1^2}{2g} = z_2 + \frac{p_2}{\rho g} + \alpha_2 \frac{v_2^2}{2g} + h_{w1-2} \tag{3-52}$$

在应用能量方程式时还有一些注意点和技巧如下：

（1）选取基准面要统一。

（2）计算断面必须是均匀流或渐变流，选取断面一般的原则是使方程中未知数最少，且包含所求未知数。

（3）过流断面上计算点的选取，理论上是可以取不同流线上的任意两点（因为对于渐变流而言同一断面上所有点的测压管水头相等），但为了计算方便，管道流取管轴线与所取断面的交点，明渠流取自由液面与所取断面的交点作为位置水头和压强水头的计算点。

（4）压强的计算标准要统一，如以相对压强计算，两断面都取相对压强，否则两者全取绝对压强计算。

（5）方程中计量单位要统一，一般均以 m 计。

【例 3-3】 证明分叉管路的能量方程式与直管的形式一致。

【解】 如图 3-23 所示两支分叉的水流，总管流量为 Q_V，其每支流量分别为 Q_{V1}、Q_{V2}，根据能量守恒的物理概念，从 0—0 断面单位时间内输入的流体总能量，应当等于从两支管输出的总能量再加上两支的能量损失，即

$$\rho g Q_V\left(z+\frac{p}{\rho g}+\alpha\frac{v^2}{2g}\right)=\rho g Q_{V1}\left(z_1+\frac{p_1}{\rho g}+\alpha\frac{v_1^2}{2g}+h_{w0-1}\right)+\rho g Q_{V2}\left(z_2+\frac{p_2}{\rho g}+\alpha\frac{v_2^2}{2g}+h_{w0-2}\right)$$

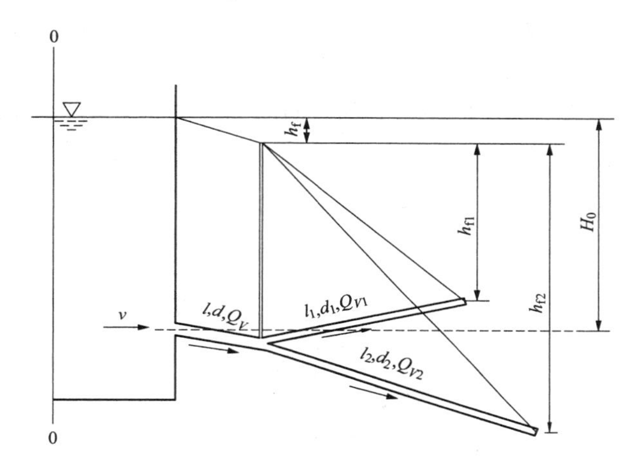

图 3-23　分叉管流示意

又有连续性方程 $Q_V=Q_{V1}+Q_{V2}$ 代入上式整理得

$$Q_{V1}\left[\left(z+\frac{p}{\rho g}+\alpha\frac{v^2}{2g}\right)-\left(z_1+\frac{p_1}{\rho g}+\alpha_1\frac{v_1^2}{2g}+h_{w0-1}\right)\right]+$$

$$Q_{V2}\left[\left(z+\frac{p}{\rho g}+\alpha\frac{v^2}{2g}\right)-\left(z_2+\frac{p_2}{\rho g}+\alpha_2\frac{v_2^2}{2g}+h_{w0-2}\right)\right]=0$$

要保证等式成立的唯一的条件是括号中的两项都等于零，因为式中每一项的物理意义代表了输入能量减输出能量，不可能为负值。于是

$$Q_{V1}\left[\left(z+\frac{p}{\rho g}+\alpha\frac{v^2}{2g}\right)-\left(z_1+\frac{p_1}{\rho g}+\alpha_1\frac{v_1^2}{2g}+h_{w0-1}\right)\right]=0$$

$$Q_{V2}\left[\left(z+\frac{p}{\rho g}+\alpha\frac{v^2}{2g}\right)-\left(z_2+\frac{p_2}{\rho g}+\alpha_2\frac{v_2^2}{2g}+h_{w0-2}\right)\right]=0$$

对于每支水流

$$z+\frac{p}{\rho g}+\alpha\frac{v^2}{2g}=z_1+\frac{p_1}{\rho g}+\alpha_1\frac{v_1^2}{2g}+h_{w0-1}$$

$$z+\frac{p}{\rho g}+\alpha\frac{v^2}{2g}=z_2+\frac{p_2}{\rho g}+\alpha_2\frac{v_2^2}{2g}+h_{w0-2}$$

分析结果说明，对于分叉管路，能量方程沿流线（流程）也是成立的与直管能量方程形式一致。

3.6 过流断面的压强分布

元流伯努利方程式（3-37）表征了均质不可压缩流体在重力场中做恒定流动时压强和速度沿流线方向的变化规律，本节主要讨论压强和速度在垂直于流线方向的变化情况，在流体法线方向应用牛顿第二定律导出。

3.6.1 流速分布

在图 3-24 所示流场中取两条相邻的流线 AA' 和 BB'，设流线的法线方向沿 r，两流线的间距为 $\mathrm{d}r$，过流线 AA' 上任一点沿 r 方向在 AA' 和 BB' 间取一微元柱体，其过流面面积设为 $\mathrm{d}A$，高为 $\mathrm{d}r$；设微元体的密度为 ρ，则体积为 $\mathrm{d}A\mathrm{d}r$ 的微元体质量为 $\rho\mathrm{d}A\mathrm{d}r$；沿柱体轴线方向上受到的力主要有上、下表面压力 $(p+\mathrm{d}p)\mathrm{d}A$ 和 $p\mathrm{d}A$，重力沿法线方向的分力 $\mathrm{d}G\cos\theta=\rho g\mathrm{d}A\mathrm{d}r\cos\theta$；设 r 表示曲率半径，柱体在法线方向的加速度设为 u^2/r。据牛顿第二定律

$$(p+\mathrm{d}p)\mathrm{d}A-p\mathrm{d}A+\rho g\,\mathrm{d}A\mathrm{d}r\cos\theta=\rho\mathrm{d}A\mathrm{d}r\,\frac{u^2}{r} \tag{3-53}$$

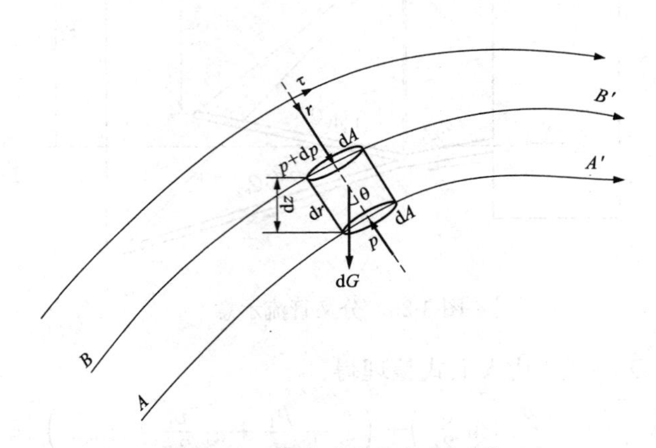

图 3-24 断面流速分布分析图

将几何关系 $\cos\theta=\mathrm{d}z/\mathrm{d}r$ 代入上式并化简得

$$\mathrm{d}p\mathrm{d}A+\rho g\,\mathrm{d}A\mathrm{d}z=\rho\mathrm{d}A\mathrm{d}r\,\frac{u^2}{r} \tag{3-54}$$

上式两边同除以 $\rho g\mathrm{d}A\mathrm{d}r$ 得

$$\frac{\mathrm{d}}{\mathrm{d}r}\left(\frac{p}{\rho g}+z\right)=\frac{u^2}{gr} \tag{3-55}$$

另据微元流束的伯努利方程

$$z+\frac{p}{\rho g}+\frac{u^2}{2g}=C \tag{3-56}$$

如果对于不同流线上式（3-56）积分常数相同的条件下，积分常数 C 沿法线方向不变，因此上式对 r 的导数等于 0，即

$$\frac{\mathrm{d}}{\mathrm{d}r}\left(z+\frac{p}{\rho g}+\frac{u^2}{2g}\right)=0 \tag{3-57}$$

将上式整理得

$$\frac{\mathrm{d}}{\mathrm{d}r}\left(z+\frac{p}{\rho g}\right)=-\frac{u}{g}\frac{\mathrm{d}u}{\mathrm{d}r} \tag{3-58}$$

对比式（3-55）和式（3-58）得

$$\frac{u}{r}+\frac{\mathrm{d}u}{\mathrm{d}r}=0 \tag{3-59}$$

积分后得到速度分布规律

$$u=\frac{C}{r} \tag{3-60}$$

式中：C 为积分常数，是沿流线方向上不同位置 s 的函数。

上式表明，在弯曲流线主法线方向上，流体的速度大小与曲率半径成反比关系，即距离曲率中心点越远，速度越小，所以弯曲管道中内侧流速大于外侧，弯曲管道内断面压强和流速分布如图 3-25 所示。

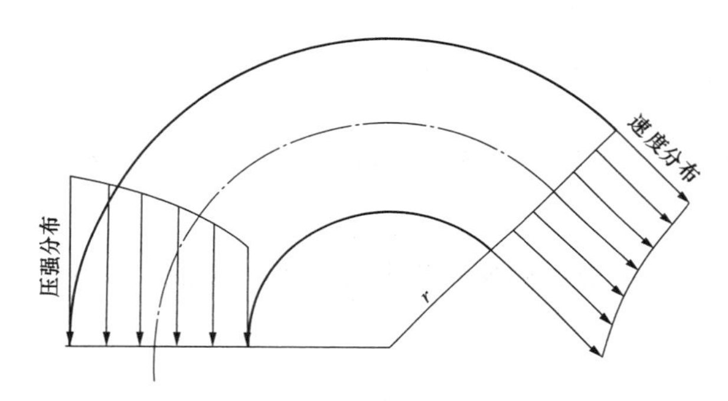

图 3-25 弯曲管道内断面压强和流速分布

3.6.2 压强分布

当考虑流体在平面内流动时，不计重力影响，由式（3-55）中忽略重力的影响得

$$\frac{1}{\rho}\frac{\mathrm{d}p}{\mathrm{d}r}=\frac{u^2}{r} \tag{3-61}$$

将式（3-60）表示的速度代入上式，式（3-61）变为

$$\frac{1}{\rho}\frac{\mathrm{d}p}{\mathrm{d}r}=\frac{C}{r^3} \tag{3-62}$$

积分得压强分布规律

$$p=C_1-\rho\frac{C}{2r^2} \tag{3-63}$$

式中：C_1 为积分常数。

上式表明在流线为弯曲的流动中压强沿法线方向的变化规律是随距曲率中心距离的增大而变大，对于弯曲管道内的流动，外侧压强高内侧压强低，压强分布情况如图 3-25 所示。

对于流线为平行直线的渐变流，在式（3-55）中，令 $r\to\infty$ 有

$$\frac{\mathrm{d}}{\mathrm{d}r}\left(z+\frac{p}{\rho g}\right)=0 \tag{3-64}$$

上式表明渐变流流动中与流向垂直方向上的过流断面方向上的压强分布服从静压分布规律，即渐变流同一过流断面上各点的测压管水头相同，压强的计算可采用静力学公式。

3.7 伯努利方程的运用

3.7.1 毕托管测速

元流能量方程的应用——毕托管测速原理。毕托管测速是在流体中的同一流线上邻近两点分别放置两种管子，一种是测压管，可测流场中某一点的测压管水头，另一种管子称为测速管，可测出同流线上另一点的总水头，两种管中水头差就是流速水头。现以管流为例对毕托（H. Pitot）管的原理和构造作一简要介绍。毕托管测速原理如图 3-26 所示，距离为 δ 的 A、B 两点分别放置一根测压管，一根测速管，测压管的液面高为 H_1，测速管的液面高为 H_2，如果以水平管的管轴线为基准面，则 $H_1=z_1+\frac{p_1}{\rho g}$。测速管是一根直角弯管，前端封闭，仅在测点 B 处开一小孔，流体以速度 u 流到 C 点时由于受到封闭管的影响，流速等于零，动能全部转化为压能，使得测速管中的液面比测压管中的液面要高，所以 $H_2=z_2+\frac{p_2}{\rho g}+\frac{u^2}{2g}$，控制 A、B 两点位于管轴线上，又使得这两点距离相当近，可以近似认为 $\Delta H=\frac{u^2}{2g}$，于是

$$u=\sqrt{2g\Delta H} \tag{3-65}$$

根据这个原理，可将测压管和测速管组装在一起，制成的测定点流速的仪器称为毕托管，其结构如图 3-27 所示。

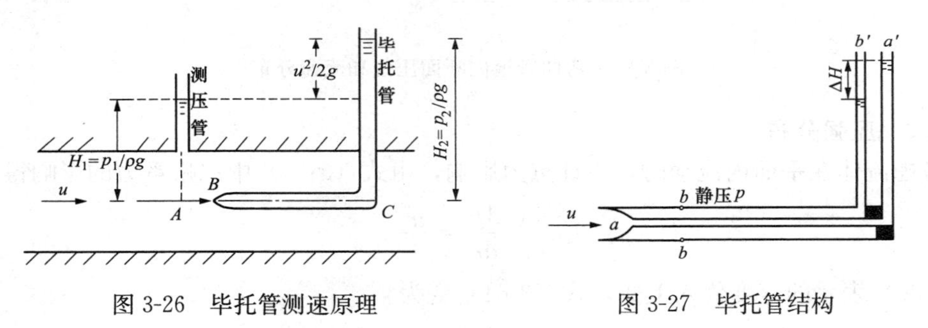

图 3-26 毕托管测速原理　　　图 3-27 毕托管结构

其中与前端迎流孔相通的是测速管，与侧面顺流孔（一般有 4～8 个）相通的是对称分布的测压管。考虑到测速管与测压管不是放在同一个位置的，实际流体的黏性及毕托管对流场的干扰，小孔测得的流速也不是同一点的流速，而是小孔断面的平均值等一些因素的存在，使得式（3-65）左右两边不能完全相等，所以在使用式（3-65）时引入修正系数 ψ（毕托管校正系数），即

$$u=\psi\sqrt{2g\Delta H} \tag{3-66}$$

式中 ψ 的值由实验测定，通常等于 0.98～1.00。

3.7.2 文丘里流量计

总流伯努利方程的应用——文丘里流量计测管道流量原理。文丘里流量计是一种测量有压管道中流体流量的一种仪器，如图 3-28 所示。它由光滑的收缩管、喉管和扩散管三部分组成，测量管中流量时，把流量计接入被测段，在管段和喉管处分别安装一根测压管（或是连接两处的水银压差计）。设在恒定流条件下，读得两测压管高差为 Δh（或水银计的高差为 h_p），

运用总流能量方程则可测得管中流量，其原理如下。

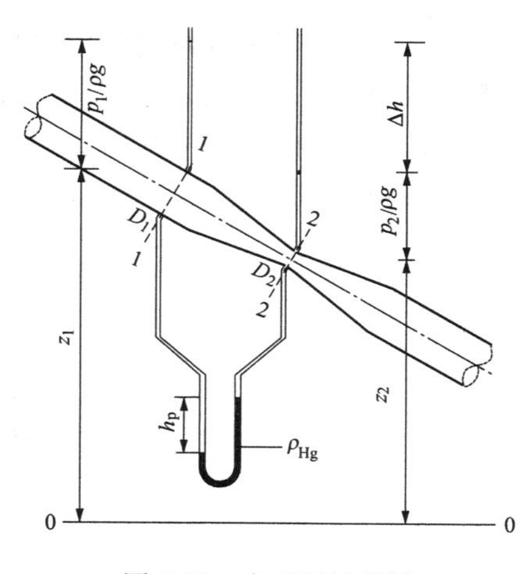

图 3-28　文丘里流量计

取如图所示 0—0 为基准面，取 1—1、2—2 渐变流断面与管轴线的交点为计算点，列伯努利方程式：

$$z_1+\frac{p_1}{\rho g}+\alpha_1\frac{v_1^2}{2g}=z_2+\frac{p_2}{\rho g}+\alpha_2\frac{v_2^2}{2g}+h_{w1-2}$$

因两过流断面相距不远，暂令水头损失 $h_{w1-2}=0$ 且设 $\alpha_1=\alpha_2=1$，如果采用如图管道上部安装测压管的方法测压时，上式简化为

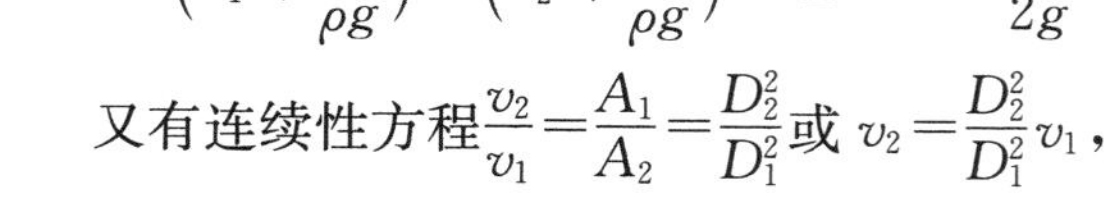

$$\left(z_1+\frac{p_1}{\rho g}\right)-\left(z_2+\frac{p_2}{\rho g}\right)=\Delta h=\frac{v_2^2-v_1^2}{2g}$$

又有连续性方程$\frac{v_2}{v_1}=\frac{A_1}{A_2}=\frac{D_2^2}{D_1^2}$或 $v_2=\frac{D_2^2}{D_1^2}v_1$，把它代入上式得

$$\Delta h=\frac{v_1^2}{2g}\left[\left(\frac{D_1}{D_2}\right)^4-1\right]$$

由此求得

$$v_1=\sqrt{\frac{2g\Delta h}{\left[\left(\frac{D_1}{D_2}\right)^4-1\right]}}$$

因此管中流量为

$$Q_V=A_1v_1=\frac{\pi D_1^2}{4}\sqrt{\frac{2g\Delta h}{\left[\left(\frac{D_1}{D_2}\right)^4-1\right]}}\tag{3-67}$$

令

$$K=\frac{\pi D_1^2}{4}\sqrt{\frac{2g}{\left[\left(\frac{D_1}{D_2}\right)^4-1\right]}}$$

则

$$Q_V=K\sqrt{\Delta h}\tag{3-68}$$

当水管与喉管的直径 D_1、D_2 已知时，可以先计算出 K 值，只要测出测压管的高差，就可以计算出管中流量。

由于在上面推导中没有考虑水头损失，而实际上损失是存在的，而且实际流量比计算的要小，对于这个误差一般也用一个修正系数 η（文丘里管流量系数）来修正，黏性流体的实际流量为

$$Q_V=\eta K\sqrt{\Delta h}\tag{3-69}$$

η 的值一般等于 0.95～0.98。

如果流量计装有水银差压计，压差为 h_p，由差压计计算两断面压差，有

$$\left(z_1+\frac{p_1}{\rho g}\right)-\left(z_2+\frac{p_2}{\rho g}\right)=\frac{\rho_{Hg}-\rho}{\rho}h_p=12.6h_p$$

于是管中流量为

$$Q_V=\eta K\sqrt{12.6h_p}\tag{3-70}$$

3.7.3 有能量输入输出的伯努利方程式应用举例

【例 3-4】 如图 3-29 所示为安装有水泵设备的局部管路。在泵入口 1 断面处测得真空压强为 250mm 汞柱，在管道出口截面 2 处计示压强为 275×10^3Pa，$d_1=200$mm，$d_2=150$mm，两断面间水头损失为 0.5mH_2O，管中流量 $Q_V=0.2\text{m}^3/\text{s}$，求所选泵的功率和扬程。

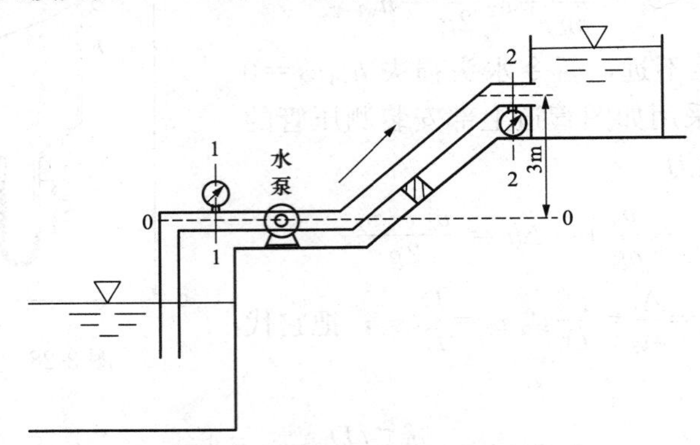

图 3-29 安装有水泵设备的局部管路

【解】 取 0—0 基准面如图所示，列 1—1 和 2—2 断面之间的伯努利方程式，计算点取计算断面的管轴线位置。水的密度取 $\rho=1000\text{kg/m}^3$，$g=9.8\text{m/s}^2$。

据伯努利方程式（3-48），又由于 1—1 和 2—2 断面之间安装有水泵设备，令水泵的扬程为 H_t，所以有

$$z_1+\frac{p_1}{\rho g}+\alpha_1\frac{v_1^2}{2g}+H_t=z_2+\frac{p_2}{\rho g}+\alpha_2\frac{v_2^2}{2g}+h_{w1-2}$$

下面确定方程式中各个值，取基准面为 0—0，则：$z_1=0$，$z_2=3$m；

1—1 断面轴线点的相对压强 $p_1/\rho g=13600/1000\times(-0.25)=-3.4$（m）

2—2 断面轴线点的相对压强 $p_2/\rho g=275000/9800=28.06$（m）

1—1 断面的流速 $v_1=4\times0.2/(\pi\times0.2^2)=6.37$（m/s）

2—2 断面的流速 $v_2=4\times0.2/(\pi\times0.15^2)=11.32$（m/s）

各断面的流速水头分别为 $v_1^2/2g=2.07$m，$v_2^2/2g=6.54$（m）

将以上各值代入方程可得水泵扬程：

$$H_t=\left(z_2+\frac{p_2}{\rho g}+\alpha_2\frac{v_2^2}{2g}+h_{w1-2}\right)-\left(z_1+\frac{p_1}{\rho g}+\alpha_1\frac{v_1^2}{2g}\right)$$
$$=3+28.06+6.54+0.5-0+3.29-2.07=39.32(\text{m})$$

不考虑水泵的损耗，其功率为

$$P=\frac{\rho Q_V mgH_t}{1000}=\frac{1000\times0.2\times9.8\times39.32}{1000}=77.07(\text{kW})$$

【例 3-5】 如图 3-30 所示为装有水轮机的部分管路图，水轮机与上游水库通过一 $D_1=1.5$m 压力钢管连接，水平压力钢管轴线以上作用水头 25m，水轮机尾部接一 $D_2=2.0$m 的出水管，出水管尾部为自由出流，水轮机中心和出水管轴线垂直高度差 4m，管中流量 $Q_V=20\text{m}^3/\text{s}$，整个管路系统水头损失 1m。求水轮机输出功率大小。

【解】 取 0—0 基准面为出水管轴线，列 1—1 和 2—2 断面之间的能量方程式，计算点上游取自由液面上的点，下游为水管出口轴线位置。水的密度取 $\rho=1000\text{kg/m}^3$，$g=9.8\text{m/s}^2$。据

能量方程式（3-48），又由于 1—1 和 2—2 断面之间安装有水轮机设备，所以有

$$z_1+\frac{p_1}{\rho g}+\alpha_1\frac{v_1^2}{2g}-H_t=z_2+\frac{p_2}{\rho g}+\alpha_2\frac{v_2^2}{2g}+h_{w1-2}$$

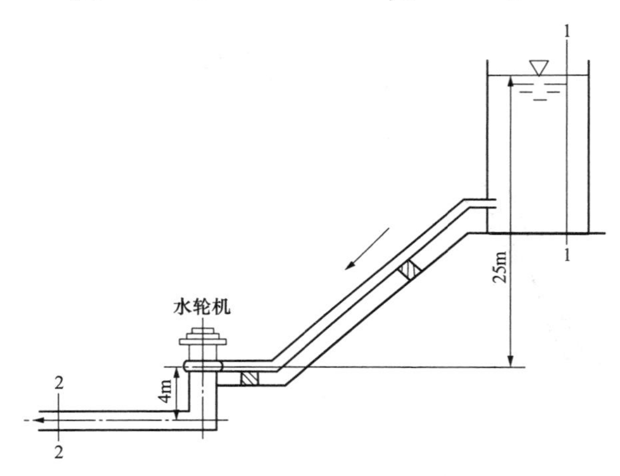

图 3-30　装有水轮机的部分管路

下面确定方程式中各个值，其中 $z_1=29\text{m}$，$z_2=0$；

1—1 断面轴线点的相对压强 $p_1/\rho g=0$

2—2 断面轴线点的相对压强 $p_2/\rho g=0$

1—1 断面的流速 $v_1=0$

2—2 断面的流速 $v_2=4\times20/\pi\times2^2=6.37$（m/s）

2—2 断面的流速水头为 $v_2^2/2g=2.07$（m）

将以上各值代入方程，可得单位重力作用下流体输入水轮机的总能量（总水头）：

$$H_t=\left(z_1+\frac{p_1}{\rho g}+\alpha_1\frac{v_1^2}{2g}\right)-\left(z_2+\frac{p_2}{\rho g}+\alpha_2\frac{v_2^2}{2g}+h_{w1-2}\right)=29-2.07-1=25.93(\text{m})$$

不考虑水轮机的损耗，其功率为

$$P=\frac{\rho Q_V gH_t}{1000}=\frac{1000\times20\times9.8\times25.93}{1000}=5082.28(\text{kW})$$

3.7.4　水枪喷水高度

射流是指从固体边界（如孔口、管嘴和缝隙等）中连续射出的一股具有一定尺寸的流体运动，它的周围可以是同一种流体也可以是另一种流体。若射流流入无限空间，完全不受固体边界限制的称为自由射流。

【例 3-6】 图 3-31 所示为一水枪喷水示意，已知出口流速为 10m/s，与水平方向成 60°，忽略空气阻力影响，求射流能达到的高度。

【解】 取出口断面中心高度 0—0 为基准面，列出断面 1—1 和最高断面 2—2 的伯努利方程，已知：$z_1=0$、$p_1=0$；$z_2=H$、$p_2=0$；$h_w=0$；取 $\alpha_1=\alpha_2=1$，则得

$$\alpha_1\frac{v_1^2}{2g}=H+\alpha_2\frac{v_2^2}{2g}$$

当水喷到最高处时，y 方向的动能 $\frac{v_{1y}^2}{2g}$ 全部转化为势能，$v_{2y}=0$；忽略空气阻力的影响，有 $v_{1x}=v_{2x}$；又由于有关系式 $v_1^2=v_{1x}^2+v_{1y}^2$、$v_2^2=v_{2x}^2+v_{2y}^2$，因此伯努利方程简化为

$$H=\alpha_1\frac{v_{1y}^2}{2g}=\frac{(10\times\sin60^\circ)^2}{2\times9.8}=3.83(\mathrm{m})$$

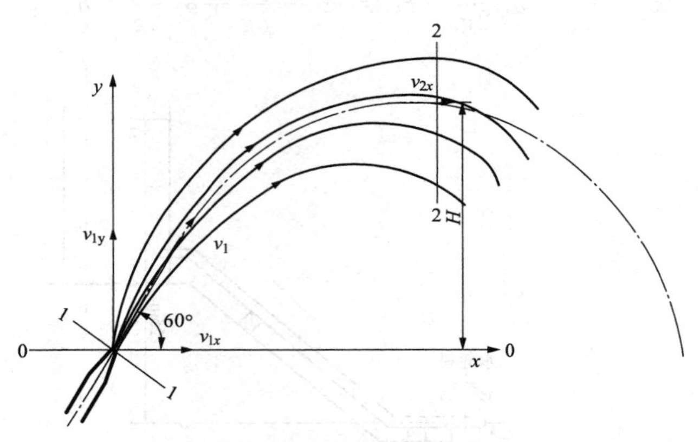

图 3-31　水枪喷水示意

3.7.5　作用水头

【例 3-7】 图 3-32 所示为水塔供水图，用一根直径 d 为 200mm 的管道从水塔中引水，水塔中水位不变，管中水流为恒定流，水头损失 $h_w=5\mathrm{mH_2O}$，当保证管中流速为 2m/s 时，试求水塔中的水位和水管断面中心的水头应保持在多大。

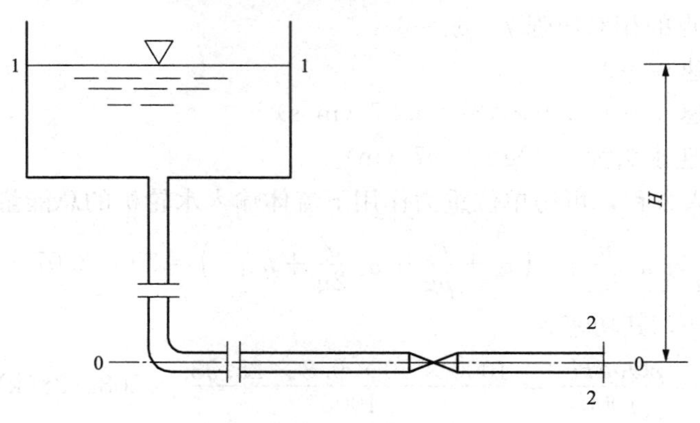

图 3-32　水塔供水示意

【解】 取如图所示 1—1、2—2 恒定渐变流断面，取水管出口轴线 0—0 为基准面，分别取自由水面上一点和管轴线上的点为计算点，列出两断面伯努利方程

$$z_1+\frac{p_1}{\rho g}+\alpha_1\frac{v_1^2}{2g}=z_2+\frac{p_2}{\rho g}+\alpha_2\frac{v_2^2}{2g}+h_{w1-2}$$

其中 $p_1=p_2=0$，$v_1=0$，$z_1=H$，$z_2=0$，$\alpha_1=\alpha_2=1$，则

$$H=\alpha_2\frac{v_2^2}{2g}+h_{w1-2}=\frac{2^2}{2\times9.8}+5=5.2\ (\mathrm{m})$$

3.7.6　实验分析

1. 实验目的和要求

实验目的和要求如下：①验证流体恒定总流的能量方程；②通过对流体运动力学诸多水流现象的实验分析研讨，进一步掌握有压管流中动力学的能量转换特性；③掌握流速、流

量、压强等水力要素的实验量测技能。

2. 实验装置

自循环伯努利方程实验装置如图 3-33 所示。

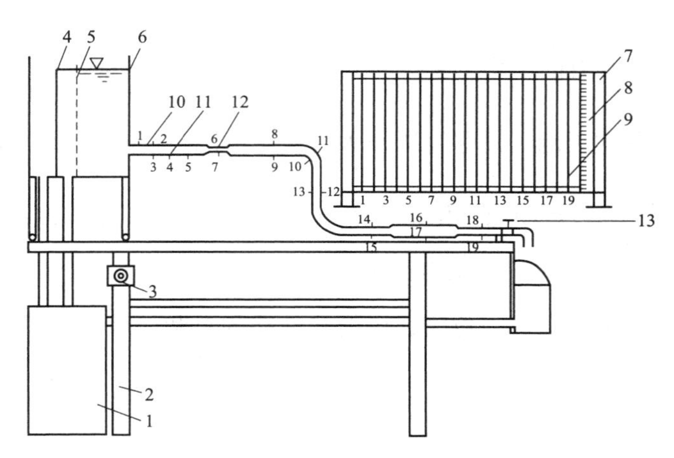

图 3-33　自循环伯努利方程实验装置

1—自循环供水器；2—实验台；3—可控硅无级调速器；4—溢流板；5—稳流孔板；6—恒压水箱；7—测压排；8—滑动测量尺；9—测压管；10—实验管道；11—测压点；12—毕托管；13—实验流量调节阀

本仪器测压管有两种：①毕托管测压管包括 1、6、8、12、14、16、18 号测压管，用以测读毕托管探头对准点的总水头 $H'\left(=z+\dfrac{p}{\rho g}+\dfrac{u^2}{2g}\right)$，须注意一般情况下 H' 与断面总水头 $H\left(=z+\dfrac{p}{\rho g}+\dfrac{v^2}{2g}\right)$ 不同（因一般点流速不等于断面平均流速 $u\neq v$），它的水头线只能定性表示总水头变化趋势；②普通测压管，用以定量测量测压管水头。

实验中流量用实验流量调节阀 13 调节，流量由体积时间法、重量时间法（电子秤另备）或电测法测量（以下实验类同）。其中体积时间法的原理：量筒测流体的体积 $V(\mathrm{m}^3)$、秒表测记录对应时间 $\Delta t(\mathrm{s})$，即可计算流速 $v(\mathrm{m}^3/\mathrm{s})=V/\Delta t$。

3. 实验原理

在实验管路中沿管内水流方向取 n 个过流断面。可以列出进口断面（1）至另一断面（i）的能量方程式($i=2,3,\cdots,n$)：

$$z_1+\frac{p_1}{\rho g}+\alpha_1\frac{v_1^2}{2g}=z_i+\frac{p_i}{\rho g}+\alpha_i\frac{v_i^2}{2g}+h_{\mathrm{w}1-i} \tag{3-71}$$

取 $\alpha_1=\alpha_2=\cdots=\alpha_n=1$，选好基准面，从已设置的各断面的测压管中读出 $z+\dfrac{p}{\rho g}$ 值，测出通过管路的流量，即可计算出断面平均流速 v 及 $\dfrac{\alpha v^2}{2g}$，从而即可得到各断面测压管水头和总水头。试验中上游水箱中的稳流孔板保证上游水头恒定，试验管段管径不变保证了均匀流条件，由于管中水流条件为恒定均匀流，动压服从静压分布，测压管读出的高度即为测压管水头（以管轴线为 0—0 基准）。

3.8 总水头线和测压管水头线

黏性流体恒定总流能量方程式（3-47）中，共包含了 4 类物理量，其中 z 为总流过流断面单位重力作用下流体具有的平均位能，又称为位置水头或位置能头；$\frac{p}{\rho g}$为过流断面单位重力作用下流体具有的平均压能，又称为压强水头或压强能头，$z+\frac{p}{\rho g}$称为测压管水头（或静能头、计示能头）；$\frac{\alpha v^2}{2g}$为过流断面单位重力作用下流体具有的以平均速度计算的动能，又称为流速水头或流速能头；h_w 为单位重力作用下流体从上游断面流到下游断面克服流动阻力所损失的平均能量，称为水头损失。位能、压能和动能的总和 $z+\frac{p}{\rho g}+\frac{\alpha v^2}{2g}$称为总水头或总能头，并采用 H 表示，即

$$H = z + \frac{p}{\rho g} + \frac{\alpha v^2}{2g} \tag{3-72}$$

于是式（3-47）又可以表示为

$$H_1 = H_2 + h_{w1-2} \tag{3-73}$$

对于理想流体没有水头损失，即 $h_{w1-2}=0$，$H_1=H_2$，即对于不计能量损失的情况，总流各个过流断面的总水头保持恒定。

为了形象反映总流中各种能量的变化规律，可以采用图示的方式将能量方程式绘制出来。依据能量方程式的几何意义，式中各项均有长度的量纲，因此，任取一水平 0—0 基准面为横坐标，以水头为纵坐标，在沿程不同的过流断面上（对应基准面不同位置），按一定比例在纵坐标上顺次绘出 z、$\frac{p}{\rho g}$及$\frac{\alpha v^2}{2g}$。由于在过流断面上的 z 值是变化的，为方便起见，一般选取过流断面形心点位置作为 z 和$\frac{p}{\rho g}$值的标绘点。把所有过流断面的 $z+\frac{p}{\rho g}$值的点相连得到测压管水头线，把所有过流断面的 $z+\frac{p}{\rho g}+\frac{\alpha v^2}{2g}$值的点相连得到总水头线。图 3-34 所示为黏性流体恒定总流能量方程式几何意义图，其中实线 ef 为总水头线，虚线 cd 表示测压管水头线，点画线 ab 表示位置水头线；总水头线与测压管水头线之间的距离表示流速水头，测压管水头线与位置水头线之间的距离表示压强水头，位置水头线与基准线之间的距离表示流体过流断面形心点的位置高度。

对于黏性流体，总水头线总是沿流程逐渐下降的（曲线或直线），任意两断面间总水头线的降低值等于该两断面间的水头损失 h_w。对于理想流体，因为 $h_w=0$，其总水头线是水平的，如图 3-34 中的 eg 线所示。而测压管水头线则有升有降（曲线或直线），主要由总流边界条件决定。

总水头线沿流程的降低值与对应流程长度的比值定义为总水头线坡度，也称为水力坡度，用符号 J 表示：

$$J = -\frac{\mathrm{d}H}{\mathrm{d}L} = \frac{\mathrm{d}h_w}{\mathrm{d}L} \tag{3-74}$$

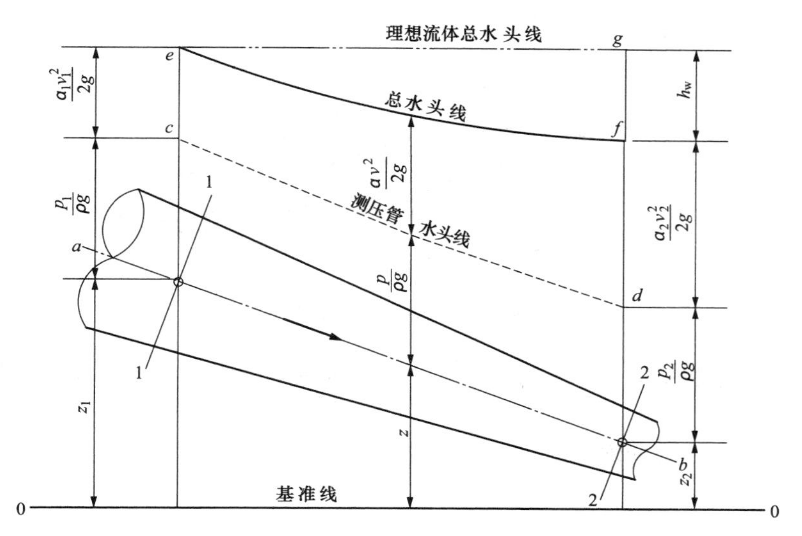

图 3-34　黏性流体恒定总流能量方程式几何意义

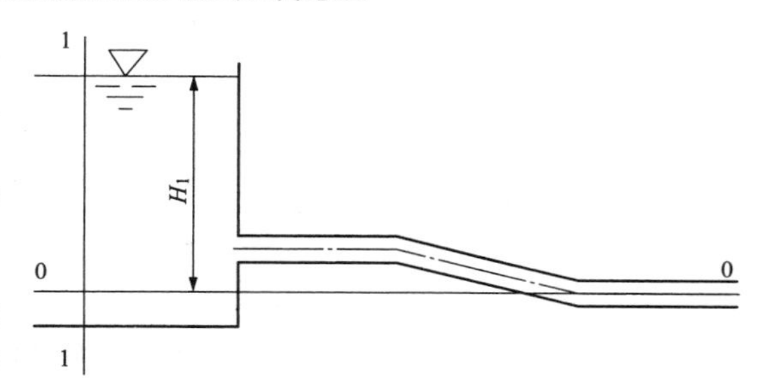

图 3-35　泄流管路系统

【例 3-8】　如图 3-35 所示泄流管路系统，已知入口 1—1 断面的总水头为 H_1，且管道的流量和管径已知，各处的水头损失已知，定性绘制管路系统的总水头线和测压管水头线。

【解】　取出口管段的管轴线为 0—0 基准面，由已知 1—1 断面的总水头依次减去各管段水头损失求得对应断面总水头，再由总水头减去对应管段的流速水头求得测压管水头。令管段进口、2—2 断面和 3—3 断面的局部损失分别为 h_{j1}、h_{j2} 和 h_{j3}；1—1 和 2—2 断面间的沿程损失为 h_{f1}，2—2 到 3—3 断面和 3—3 到 4—4 断面的沿程损失分别为 h_{f2} 和 h_{f3}。管段流速水头设为$\frac{\alpha v^2}{2g}$，各点的总水头和测压管水头列于表 3-1。据表中数据绘制泄流管路系统水头线如图 3-36 所示。

表 3-1　　总水头和测压管水头计算表

位置	进口左侧	进口右侧 H_2	2—2 断面左侧 H_3	2—2 断面右侧 H_4	3—3 断面左侧 H_5	3—3 断面右侧 H_6	4—4 断面 H_7
总水头	H_1	H_1-h_{j1}	H_2-h_{f1}	H_3-h_{j2}	H_4-h_{f2}	H_5-h_{j3}	H_6-h_{f3}
水头损失	h_{j1}	h_{f1}	h_{j2}	h_{f2}	h_{j3}	h_{f3}	
速度水头	0	$\frac{\alpha v^2}{2g}$					
测压管水头	$H_1-\frac{\alpha v^2}{2g}$	$H_2-\frac{\alpha v^2}{2g}$	$H_3-\frac{\alpha v^2}{2g}$	$H_4-\frac{\alpha v^2}{2g}$	$H_5-\frac{\alpha v^2}{2g}$	$H_6-\frac{\alpha v^2}{2g}$	$H_7-\frac{\alpha v^2}{2g}$

【例 3-9】　如图 3-37 所示，水箱侧壁接出一根由两段不同管径组成的管道，已知 $l_1=50\text{m}$，$l_2=40\text{m}$，$d_1=100\text{mm}$，$d_2=50\text{mm}$；沿程阻力系数 $\lambda=0.03$；管道出口流速 $v_2=4.0\text{m/s}$，请绘制管路的总水头线和测压管水头线（g 取 10m/s^2）。已知进口局部阻力系数 $\zeta_1=0.5$，突然

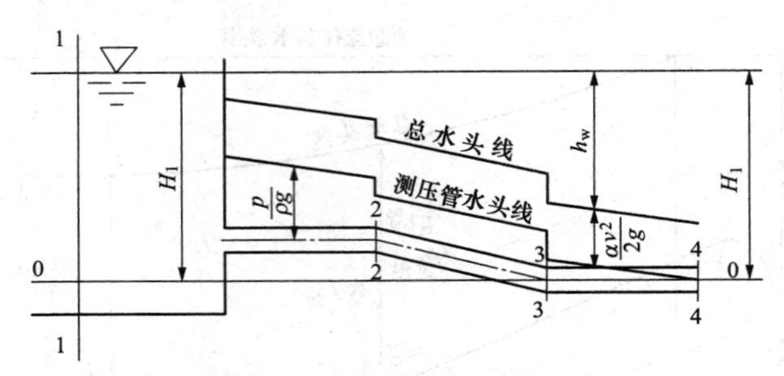

图 3-36 泄流管路系统水头线

缩小管道局部阻力系数采用 $\zeta_2=0.5\left(1-\frac{A_2}{A_1}\right)$，水头损失计算公式为：总水头损失 $h_w=h_f+h_j$，沿程损失 $h_f=\lambda\frac{l}{d}\frac{v^2}{2g}$，局部损失 $h_j=\zeta\frac{v^2}{2g}$。

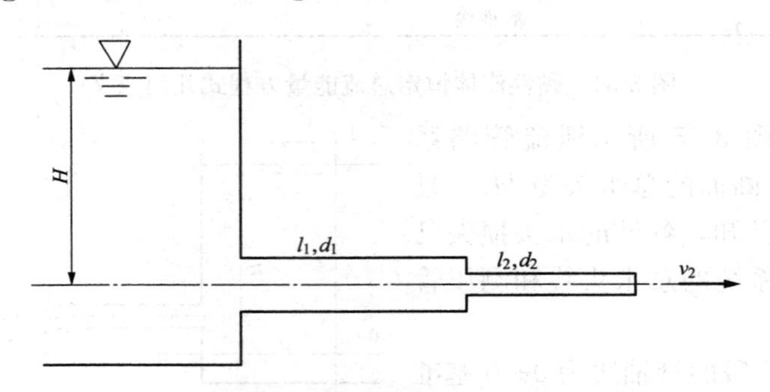

图 3-37 不同管径管路输水示意

【解】 (1) 求上游总水头 H（以管轴线为基准面）。

进口局部阻力系数 $\zeta_1=0.5$，突然缩小阻力系数 $\zeta_2=0.5\left(1-\frac{A_2}{A_1}\right)=0.5\times(1-1/4)=3/8$

$$\frac{v_2^2}{2g}=\frac{16}{2\times 10}=\frac{4}{5}=0.8(\text{m})$$

$$\frac{v_1^2}{2g}=\frac{1}{16}\times\frac{v_2^2}{2g}=\frac{1}{20}=0.05(\text{m})$$

$$\begin{aligned}H&=\frac{v_2^2}{2g}+\lambda\frac{l_1}{d_1}\frac{v_1^2}{2g}+\zeta_1\frac{v_1^2}{2g}+\lambda\frac{l_2}{d_2}\frac{v_2^2}{2g}+\zeta_2\frac{v_2^2}{2g}\\&=0.8+0.03\times\frac{50}{0.1}\times\frac{1}{20}+0.5\times\frac{1}{20}+0.03\times\frac{40}{0.05}\times 0.8+\frac{3}{8}\times 0.8\\&=0.8+0.75+0.025+19.2+0.3=21.075(\text{m})\end{aligned}$$

(2) 求各点总水头，见表 3-2。

表 3-2 总 水 头 计 算

总水头	1	2	3	4	5
H (m)	21.075	21.05	20.30	20	0.8
h_w (m)	—	0.025	0.75	0.3	19.2
$v^2/2g$ (m)	0	0.05	0.05	0.8	0.8
$p/\rho g$	21.075	21	20.25	19.2	0

(3) 据上表绘制总水头线和测压管水头线（水头线绘制如图 3-38 所示）。

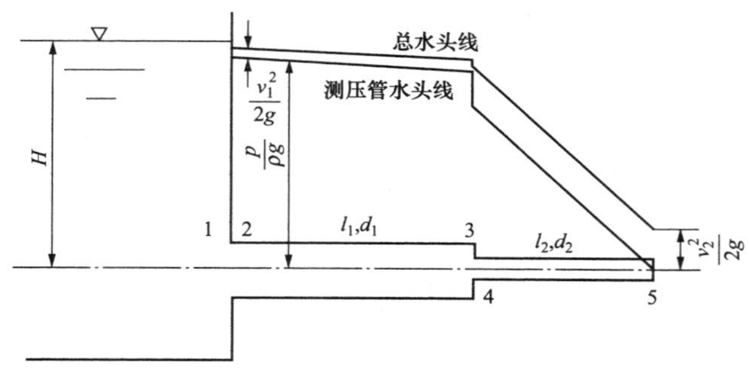

图 3-38　水头线绘制图

由图 3-38 可知测压管水头线与管轴线之间的垂直距离就是对应断面的压强水头，总水头线和测压管水头线之间的垂直距离就是对应断面的速度水头。

3.9　恒定气流能量方程

根据前面内容，总流能量方程式为

$$z_1+\frac{p_1}{\rho g}+\frac{\alpha_1 v_1^2}{2g}=z_2+\frac{p_2}{\rho g}+\frac{\alpha_2 v_2^2}{2g}+h_{w1-2}$$

这个方程式是在不可压缩流体的模型基础上提出的，在流速不高（低于 60m/s），压强变化不大的情况下，同样可以应用于气体。

当能量方程用于气体流动的时候，由于水头概念没有像液体那样明确具体，现将方程各项均乘以 ρg，转变为压强的因次，其中压强用绝对压强表示。这样总流能量方程可以改写为

$$\rho g z_1+p_1'+\frac{\alpha_1\rho v_1^2}{2}=\rho g z_2+p_2'+\frac{\alpha_2\rho v_2^2}{2}+p_{w1-2} \tag{a}$$

其中，$\alpha_1=\alpha_2=1$，$p_{w1-2}=\rho g h_{w1-2}$（两断面之间的压强损失）；

一般来说，工程计算中需要的是相对压强而不是绝对压强。并且，工程中所用的压强计，绝大多数测出的是相对压强。这样，水力计算也最好以相对压强为依据。

为了将式（a）式中的绝对压强换算为相对压强，对于液体流动和气体流动应该有所区别。一般来说，液体在管内流动时，由于液体的密度远大于空气密度，一般可以忽略大气压强因高度不同的差异；对于气体流动，此时绝对压强为

$$p_1'=p_a+p_1,\quad p_2'=p_a+p_2 \tag{b}$$

将式（b）代入式（a）中得

$$\rho g z_1+p_1+\frac{\alpha_1\rho v_1^2}{2}=\rho g z_2+p_2+\frac{\alpha_2\rho v_2^2}{2}+p_{w1-2} \tag{c}$$

比较式（a）和式（c）两式可以发现，对于液体流动，能量方程用绝对压强或者相对压强都可以；但是对于气体流动，特别是在流动高差很大、气体密度和空气密度不相等的时候，必须考虑大气压强因高度不同而产生的差异。

图 3-39 所示为气流在管中作恒定流，以此图为例推导气体恒定流动的能量方程。设在高

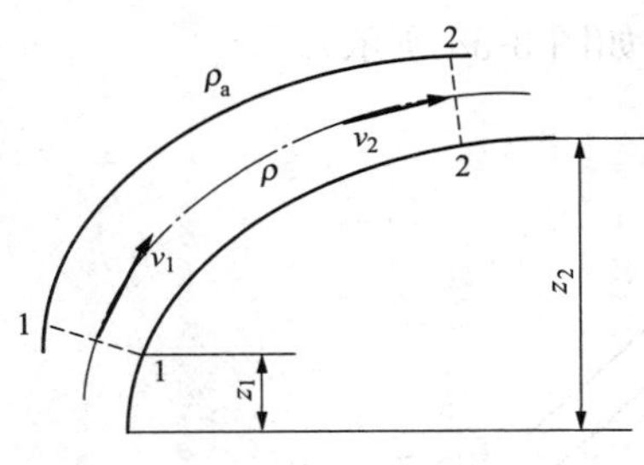

图 3-39 气流在管中作恒定流

程为 z_1 的断面处，当地大气压强为 p_a；在高程为 z_2 的断面，当地大气压强减小到 $p_a-\rho_a g(z_2-z_1)$，其中 ρ_a 为空气密度。

1—1 断面绝对压强 p_1' 和相对压强 p_1 的关系为

$$p_1'=p_a+p_1$$

2—2 断面绝对压强 p_2' 和相对压强 p_2 的关系为

$$p_2'=p_a-\rho_a g(z_2-z_1)+p_2$$

将 p_1' 和 p_2' 代入式（a）式，有

$$\rho g z_1+p_a+p_1+\frac{\rho v_1^2}{2}=\rho g z_2+p_a-\rho_a g(z_2-z_1)+p_2+\frac{\rho v_2^2}{2}+p_{w1-2}$$

整理得到

$$p_1+g(\rho_a-\rho)(z_2-z_1)+\frac{\rho v_1^2}{2}=p_2+\frac{\rho v_2^2}{2}+p_{w1-2} \tag{3-75}$$

上式即为用相对压强表示的重力场中，不可压缩均质气体恒定流能量方程。该方程式与流体总流的伯努利方程比较，除各项单位为压强单位，表示单位体积气体的平均能量外，对应项的意义基本相同：

p_1、p_2：静压，是断面 1—1、2—2 的相对压强；但需要注意的是不能理解为静止流体的压强，它与管中水流的压强水头相对应；相对压强是以相同高程处当地大气压强为零点计算的，不同的高程引起大气压强的差异，已计入方程的位压项。

$\frac{\rho v_1^2}{2}$、$\frac{\rho v_2^2}{2}$：动压，它与管中水流的速度水头相对应，它可以反映断面流为理想流体时，流速降为零时所转化的压强值。

$g(\rho_a-\rho)(z_2-z_1)$：位压，它与水流的位置水头相对应。位压是以 2—2 断面为基准度量的 1—1 断面的位能；$g(\rho_a-\rho)$ 为单位体积气体所承受的有效浮力，气体从 z_1 升高到 z_2，顺着浮力方向上升（z_2-z_1）垂直距离时，气体所损失的位能为 $g(\rho_a-\rho)(z_2-z_1)$；因此 $g(\rho_a-\rho)(z_2-z_1)$ 即为断面 1—1 相对于断面 2—2 的单位体积气体的位能。式中 $g(\rho_a-\rho)$ 可正可负，表征有效浮力的方向向上或向下；（z_2-z_1）的正负表征气体向上或向下流动；位压是两者的乘积，因而位压可正可负。当气流方向（向上或向下）与实际作用力（重力或浮力）方向相同时，位压为正；当二者方向相反时，位压为负。

这里需要指出的是，在分析 1—1、2—2 断面之间管内气流的位压沿程变化时，任一断面 z 的位压是 $g(\rho_a-\rho)(z_2-z)$，仍然以 2—2 断面为基准；也可以说 2—2 断面相对于 2—2 断面的位压为零。

应当注意，气流在正的有效浮力作用下，位置升高，位压降低；位置降低，位压增大。相反，在负的有效浮力作用下，位置升高，位压增大；位置降低，位压减小。

p_{w1-2}：1—1、2—2 两断面之间单位气体的压强损失。

$p+(\rho_a-\rho)g(z_2-z_1)$：（静压和位压之和）势压，它与管中水流的测压管水头相对应（即压强水头），表示为

$$p_s=p+(\rho_a-\rho)g(z_2-z_1)$$

$p+\frac{\rho v^2}{2}$：（静压和动压之和）全压，表示为

$$p_q = p + \frac{\rho v^2}{2}$$

$p+(\rho_a-\rho)g(z_2-z_1)+\frac{\rho v^2}{2}$：（静压、位压、动压之和）总压，它与管中水流总水头相对应，表示为

$$p_z = p + (\rho_a - \rho)g(z_2 - z_1) + \frac{\rho v^2}{2}$$

由上式可知，位压存在时，总压等于全压加位压，势压等于静压加位压；位压为零时，总压和全压相等，势压等于静压。

在大多数问题中，尤其是常温常压的空气在管中流动时，因高度差很小，或者是管内外气体密度差很小，位压（$\rho_a-\rho$）g（z_2-z_1）常可以忽略不计，则气流的能量方程简化为

$$p_1 + \frac{\rho v_1^2}{2} = p_2 + \frac{\rho v_2^2}{2} + p_{w1-2} \tag{3-76}$$

【例 3-10】 如图 3-40 所示为采用集流器测风机风速的设备，已知风机吸入测管道直径 $D=400$mm，水槽中测压管液位高出水面 $\Delta h=100$mm，空气的密度为 1.2kg/m³，求风机的吸气量 Q_V。（不考虑能量损失）

【解】 气体由大气流入集流器，大气中的流动也是气流的一部分，近似认为其为恒定流，压强在距喇叭口相当远，流速接近零处，近似认为等于零，此处取为 0—0 断面；1—1 断面取在接近测压管的地方，这里的压强可以通过测压管读出。

取 0—0、1—1 断面列恒定流气体能量方程，有

$$0 + 0 = p_1 + \frac{\rho v_1^2}{2} + p_{w0-1}$$

$$p_1 = 0.1\rho_w g = 0.1 \times 1000 \times 9.8 = 980(\text{Pa})$$

$$\rho = 1.2\text{kg/m}^3$$

将 p_1、ρ 代入恒定气流能量方程得

$$v_1 = 28.61\text{m/s}$$

$$Q_V = 3.59\text{m}^3/\text{s}$$

【例 3-11】 如图 3-41 所示，气体由静压箱 A，经过直径为 8cm、长为 150m 的管流入大气中，高差为 40m。沿程均匀作用的压强损失为 $p_w=9\frac{\rho v^2}{2}$。当气体为下列两种情况时，分别求管中气体流速、流量及管长一半处 B 点的压强：

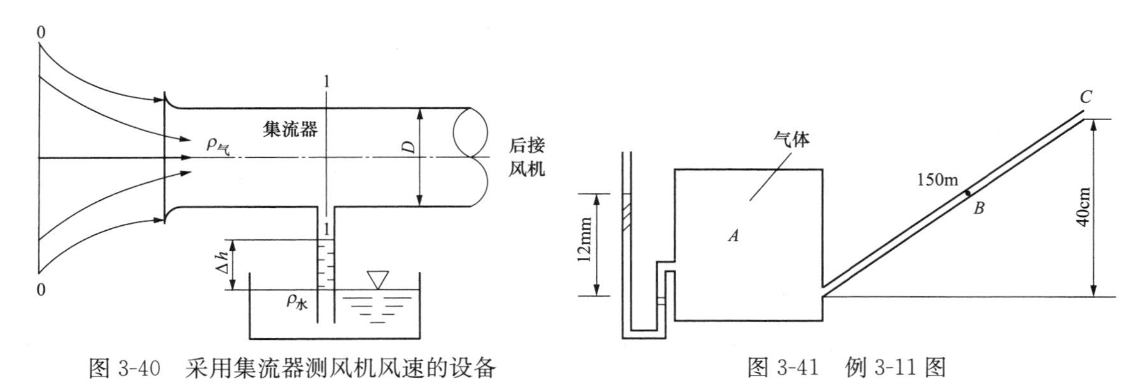

图 3-40　采用集流器测风机风速的设备　　图 3-41　例 3-11 图

（1）气体为与大气温度相同的空气；

（2）气体为 $\rho=0.8\text{kg/m}^3$ 的燃气。

【解】（1）气体为与大气温度相同的空气：利用式（3-76）计算流速，取 A、C 断面列能量方程，此时流体的密度为 $\rho=1.2\text{kg/m}^3$。

$$p_A+0+0=0+\frac{\rho v_C^2}{2}+p_{wA-C}$$

代入数据得

$$0.012\times1000\times9.8+0+0=0+\frac{1.2v_C^2}{2}+9\times\frac{1.2v_C^2}{2}$$

解得 $v_C=4.43\text{m/s}$

$$Q_V=\frac{\pi D^2}{4}v_C=\frac{3.14\times0.08^2}{4}\times4.43=0.022(\text{m}^3/\text{s})$$

求 B 点的压强，取 B、C 断面列恒定气流能量方程

$$p_B+0+\frac{\rho v_B^2}{2}=0+\frac{\rho v_C^2}{2}+p_{wB-C}$$

将 $v_B=v_C=4.43\text{m/s}$，$p_{wB-C}=\frac{1}{2}p_{wA-C}=4.5\frac{\rho v_B^2}{2}$代入上式，得

$$p_B+0+\frac{1.2\times4.43^2}{2}=0+\frac{1.2\times4.43^2}{2}+4.5\times\frac{1.2\times4.43^2}{2}$$

解得 $p_B=52.99\text{Pa}$

（2）气体为 $\rho=0.8\text{kg/m}^3$ 的燃气，利用恒定气体能量方程（3-75）计算：

列 A、C 断面能量方程

$$p_A+(\rho_a-\rho)g(z_C-z_A)+0=0+\frac{\rho v_C^2}{2}+p_{wA-C}$$

代入数据

$$p_A+(1.2-0.8)\times9.8\times40+0=0+\frac{\rho v_C^2}{2}+9\,\frac{0.8v_C^2}{2}$$

解得 $v_C=6.26\text{m/s}$

$$Q_V=\frac{\pi D^2}{4}v_C=\frac{3.14\times0.08^2\times6.26}{4}=0.0315(\text{m}^3/\text{s})$$

B 点压强

$$p_B+(\rho_a-\rho)g(z_B-z_C)+\frac{\rho v_B^2}{2}=0+\frac{\rho v_C^2}{2}+p_{wB-C}$$

代入数据得

$$p_B+(1.2-0.8)\times9.8\times20+\frac{0.8\times6.26^2}{2}=0+\frac{0.8\times6.26^2}{2}+4.5\,\frac{0.8\times6.26^2}{2}$$

解得 $p_B=69.75\text{kPa}$

【例 3-12】 如图 3-42 所示，空气由炉口 A 流入，通过燃烧后，废气经 B、C、D 烟囱流出。烟气密度 $\rho=0.6\text{kg/m}^3$，空气 $\rho=1.2\text{kg/m}^3$，由 A 到 C 的压强损失为 $10\times\frac{\rho v^2}{2}$，由 C 到

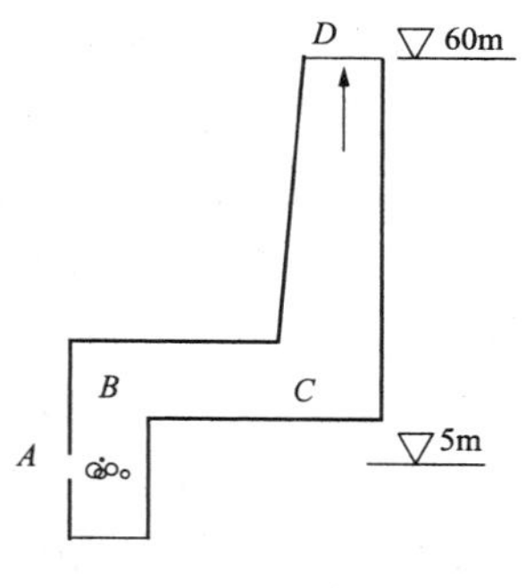

图 3-42　烟气在炉子及烟囱中的流动

D 的压强损失为 $22\times\frac{\rho v^2}{2}$。求：

(1) 出口速度；

(2) C 处的静压。

【解】 (1) 在进口 A 前零高程处和出口 60m 高程处两断面列恒定气体能量方程：A、D 处均为大气压强，静压均为零，即

$$0+0+9.8\times(1.2-0.6)\times 60=$$

$$0+\frac{0.6v^2}{2}+10\times\frac{0.6v^2}{2}+22\times\frac{0.6v^2}{2}$$

解得 $v=6\text{m/s}$

(2) 计算 C 处的静压 p_C。

取 C、D 断面列气体恒定能量方程，有

$$p_C+9.8\times(1.2-0.6)\times(60-5)+\frac{0.6v^2}{2}=0+\frac{0.6v^2}{2}+22\times\frac{0.6v^2}{2}$$

解得 $p_C=-85.8\text{kPa}$

3.10 总压线和全压线

反映气体沿程能量变化的总压线和全压线与总水头线和测压管水头线相对应，同样利用图形表示。

气流能量方程各项单位为压强的单位，在用图形描述气体沿程能量的变化时，主要有四条具有能量意义的"线"，它们分别是零压线、位压线、势压线和总压线；气流的总压线和势压线一般可选定在零压线的基础上，对应于气流各断面进行绘制；管路出口断面相对压强一般为零，常选为 2—2 断面，零压线为过该断面中心的水平线。

在选定零压线的基础上绘制总压线时，根据方程

$$p_{z1}=p_{z2}+p_{w1-2}$$

则

$$p_{z2}=p_{z1}-p_{w1-2} \tag{3-77}$$

即沿流动方向，后面一断面的总压等于前面一断面的总压减去两断面之间的流动损失。以此类推，就可以求得各断面的总压，将各断面的总压值连接起来，即得总压线。

在总压线的基础上绘制势压线。根据气体恒定能量方程有

$$p_z=p_s+\frac{\rho v^2}{2}=p_s+p_d \tag{3-78}$$

则

$$p_s=p_z-\frac{\rho v^2}{2}=p_z-p_d \tag{3-79}$$

即势压等于所在断面的总压减去动压。将各断面的势压连成线，就得出势压线。

位压线的绘制与总压线和势压线的绘制稍有不同：由气体恒定流能量方程可知，第一断面的位压为 $g(\rho_a-\rho)(z_1-z_1)$，第二断面的位压为零；1—1、2—2 断面之间的位压是直线变

化的；连接 1、2 断面位压所得直线即为位压线。

综上所述，可得出四条具有能量意义的线（总压线、势压线、位压线和零压线）有如下关系：

（1）总压线和势压线之间的垂直距离为动压；当断面直径不变时，总压线和势压线平行；

（2）势压线和位压线之间的垂直距离为静压；因静压可正可负，所以势压线可能在位压线的上方，也可能在位压线的下方；

（3）位压线和零压线的垂直距离为位压；

（4）位压线和零压线重合时，即管段各断面位压均为零时，总压线即全压线。

【例 3-13】 利用**【例 3-11】**的数据：

（1）绘制气体为空气时的各种压强线，并求出点 B 的相对压强；

（2）绘制气体为燃气时的各种压强线，并求出点 B 的相对压强。

【解】（1）气体为空气时，由气体能量方程求动压。

列 A 和管道出口 C 的能量方程

$$12\times 9.8+0+0=0+\frac{\rho v^2}{2}+9\frac{\rho v^2}{2}$$

解得动压：$\frac{\rho v^2}{2}=11.8\text{Pa}$

压强损失：$9\frac{\rho v^2}{2}=9\times 11.8=106.2(\text{Pa})$

选取如图 3-43（b）所示的零压线 ABC，令其上方为正。

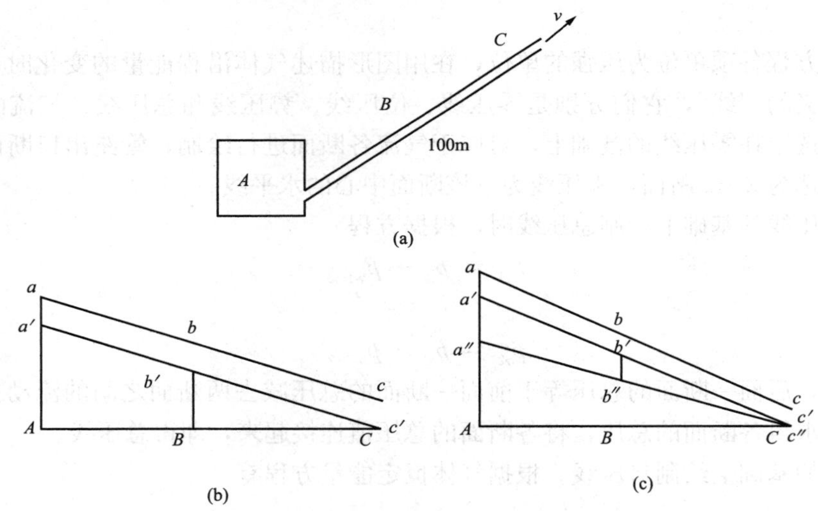

图 3-43 总压线、势压线、位压线、零压线

绘制全压线（位压为零，全压线和总压线重合）：

$$q_{qA}=12\times 9.8=118(\text{Pa})$$

$$q_{qC}=q_{qA}-p_{wA-C}=118-106.2=11.8(\text{Pa})$$

将 q_{qA} 和 q_{qC} 按适当比例绘制在 a 点和 c 点，用直线连接 ac 得全压线，即总压线。

绘制势压线（位压为零，势压线也称为静压线）：

因为 $p_s=p_q-\frac{\rho v^2}{2}$，且管道直径不变，所以在总压线的基础上向下减去动压 $\frac{\rho v^2}{2}$，即平行

于 ac 的直线 $a'c'$，则为势压线，即静压线。

管路中 B 的相对压强，直接由图上 Bb' 表示的压强值求得，因在零压线上方，所以 B 点的静压为正。

（2）气体为燃气时，由气体能量方程求动压。列 A 和管道出口 C 的能量方程如下：

$$12\times 9.8+40\times 9.8\times(1.2-0.8)+0=0+\frac{\rho v^2}{2}+9\frac{\rho v^2}{2}$$

求得动压：$\frac{\rho v^2}{2}=27.6\text{Pa}$

压强损失：$9\frac{\rho v^2}{2}=9\times 27.6=248.4(\text{Pa})$

选取如图 3-43（c）所示的零压线 ABC，令其上方为正。

绘制总压线：

$$p_{zA}=12\times 9.8+40\times 9.8\times(1.2-0.8)=276(\text{Pa})$$

$$p_{zC}=p_{zA}-p_{wA-C}=276-248=27.6(\text{Pa})$$

将 p_{zA} 和 p_{zC} 按适当比例绘制在 a 点和 c 点，用直线连接 ac 得全压线，即总压线。

绘制势压线：由总压线 ac 向下作垂直距离等于动压 $\frac{\rho v^2}{2}=27.6\text{Pa}$ 的平行线，即得势压线 $a'c'$。

绘制位压线：

A 断面的位压为 $40\times 9.8\times(1.2-0.8)=158(\text{Pa})$

C 断面的位压为零，分别给出 a'' 和 c''，直线连接 $a''c''$ 即为位压线。此题中 $g(\rho_a-\rho)$ 为正，说明位压是有效浮力的作用，（z_2-z_1）为正，说明气流向上流动；气流方向和浮力方向一致，位压为正。

图中 $b''b'$ 的距离代表的压强值即为 B 点的相对压强，即静压；B 的静压在位压线上方，则中点 B 的静压为正。

【例 3-14】 利用例 3-12 的数据，绘制气流经过烟囱的总压线、势压线和位压线。

【解】 根据原题数据：

A 断面位压：$60\times 9.8\times(1.2-0.6)=352.8(\text{Pa})$

AC 段的压强损失：$10\times\frac{0.6\times 6^2}{2}=108(\text{Pa})$

CD 段的压强损失：$22\times\frac{0.6\times 6^2}{2}=237(\text{Pa})$

动压：$\frac{\rho v^2}{2}=10.8(\text{Pa})$

绘制总压线、势压线和位压线。选取零压线，标出 a、b、c、d 各点。

$p_{zA}=352.8\text{Pa}$，以后逐段减去损失，绘制总压线 $a'b'c'd'$，如图 3-44 所示。

$$p_{zC}=352-108=244.8(\text{Pa})$$

$$p_{zD}=244.8-237.6=7.2(\text{Pa})$$

近似认为烟囱断面面积不变，各段势压低于总压的动压值相等，各段势压线与总压线平行，出口断面势压为零，绘制势压线 $a''b''c''d$，如图 3-44 所示。

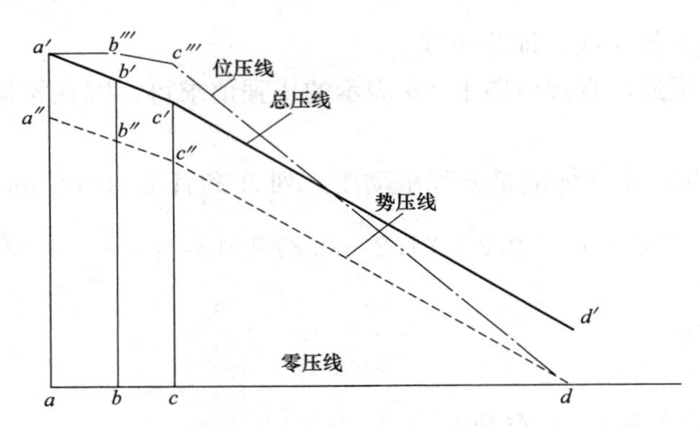

图 3-44 总压线、势压线、位压线

A 断面位压为 $p_{zA}=352.8\text{Pa}$，从 B 到 C 位压不变，位压值均为

$$9.8\times(1.2-0.6)\times(60-5)=323\text{Pa}$$

出口位压为零。绘制位压线 $a'b'''c'''d$，如图 3-44 所示。

3.11 恒定流动量方程

解决流体力学问题时除了要用到前面的两个方程外还有一个重要的方程—动量方程。它是动量守恒定律在流体力学中的具体表现，反映了流体动量改变和相邻物体在流体边界对流体的作用力之间的关系。

不可压缩均质流体恒定总流的动量方程是根据物理学中的动量定理导出的，该定理表述为单位时间内物体的动量变化等于其所受外力的合力。用公式表示为

$$\sum F=\frac{mv_2-mv_1}{\Delta t} \tag{3-80}$$

该方程是个矢量式，有方向性，在直角坐标系中可写成 x，y，z 三个方向的投影表达式。

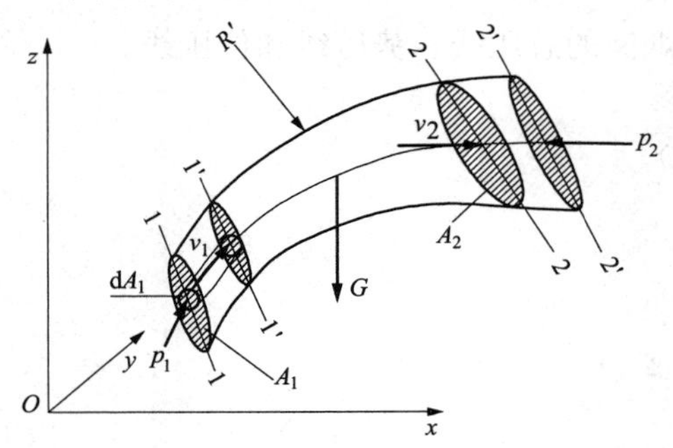

图 3-45 恒定流流段

根据上式推导不可压缩均质恒定总流的动量方程，在不可压缩均质流体恒定流中取一总流流段，两端断面分别为 1—1 和 2—2，如图 3-45 所示，断面积分别为 A_1、A_2，断面平均流速分别为 v_1、v_2。

经过微小时段 $\text{d}t$ 后，1—2 流段将沿流动方向移动到 1′—2′，由于研究的流体是恒定渐变流，所以在 1′—2 之间的流体所有的运动要素都不随时间变化，它的动量也不会改变，动量的改变应等于 2—2′的动量减 1—1′的动量。动量确定如下。

在断面 1—1 上取一微面积 $\text{d}A_1$，设流速为 u_1，1—1′的质量等于 $\rho u_1\text{d}A_1\text{d}t$。动量等于质量与速度矢量的乘积 $\rho u_1\text{d}A_1\text{d}t\boldsymbol{u}_1$，在面积 A_1 上积分，得 1—1′的总动量为

$$\boldsymbol{M}_{1-1'}=\int_{A_1}\rho u_1\boldsymbol{u}_1\text{d}t\text{d}A_1=\rho\text{d}t\int_{A_1}u_1\boldsymbol{u}_1\text{d}A_1$$

用断面平均流速代替点流速对上式用积分中值定理，并引入动量修正系数 β，上式积分后等于

$$\boldsymbol{M}_{1-1'}=\rho\,\mathrm{d}t\int_{A_1}u_1\boldsymbol{u}_1\,\mathrm{d}A_1=\beta_1\rho v_1^2A_1\,\mathrm{d}t=\beta_1\rho Q_{V1}\,\boldsymbol{v}_1\,\mathrm{d}t$$

其中 $\beta_1=\dfrac{\int_{A_1}u_1^2\,\mathrm{d}A_1}{\boldsymbol{v}_1^2A_1}$，$Q_{V1}=v_1A_1$，

同理可得

$$\boldsymbol{M}_{2-2'}=\rho\,\mathrm{d}t\int_{A_2}u_2\boldsymbol{u}_2\,\mathrm{d}A_2=\beta_2\rho v_2^2A_2\,\mathrm{d}t=\beta_2\rho Q_{V2}\,\boldsymbol{v}_2\,\mathrm{d}t$$

由连续性方程有 $Q_{V1}=Q_{V2}=Q_V$，动量差等于

$$\boldsymbol{M}_{2-2'}-\boldsymbol{M}_{1-1'}=\beta_2\rho Q_{V2}v_2\,\mathrm{d}t-\beta_1\rho Q_{V1}v_1\,\mathrm{d}t=\rho Q_V(\beta_2\,\boldsymbol{v}_2-\beta_1\,\boldsymbol{v}_1)\,\mathrm{d}t$$

单位时间内的动量变化为 ρQ_V（$\beta_2\,\boldsymbol{v}_2-\beta_1\,\boldsymbol{v}_1$），所选流段为 CV，作用于 CV 内流体上的所的外力的合力为$\sum\boldsymbol{F}$，则不可压缩均质流体恒定总流的动量方程为

$$\sum\boldsymbol{F}=\rho Q_V\ (\beta_2\,\boldsymbol{v}_2-\beta_1\,\boldsymbol{v}_1)$$

在直角坐标系中，不可压缩均质流体恒定总流的动量方程可写成三个投影式：

$$\left.\begin{aligned}\sum\boldsymbol{F}_x&=\rho Q_V(\beta_2\,\boldsymbol{v}_{2x}-\beta_1\,\boldsymbol{v}_{1x})\\\sum\boldsymbol{F}_y&=\rho Q_V(\beta_2\,\boldsymbol{v}_{2y}-\beta_1\,\boldsymbol{v}_{1y})\\\sum\boldsymbol{F}_z&=\rho Q_V(\beta_2\,\boldsymbol{v}_{2z}-\beta_1\,\boldsymbol{v}_{1z})\end{aligned}\right\}\tag{3-81}$$

上面的推导虽然是对一元流的方程，但事实是，动量方程可以推广到流场中任意选取的隔离控制体，如图 3-46 所示的分叉管流动，以管壁为边界取出全部流体为控制体，则有动量方程

$$\sum\boldsymbol{F}=\rho Q_{V2}\beta_2\,\boldsymbol{v}_2+\rho Q_{V3}\beta_3\,\boldsymbol{v}_3-\rho Q_{V1}\beta_1\,\boldsymbol{v}_1\tag{3-82}$$

式中的所有矢量都同时投影在同一投影轴上。

1. 应用动量方程式解题步骤

首先要取控制体。理论上控制体是可以任意选取的，为了计算方便，一般取整个边界为控制体边界。对于明渠既有固体边界，又有自由液面作为控制体的边界，控制体的横向边界一般取过流断面，所以控制体的边界包括固体边界、自由液面和过流断面。

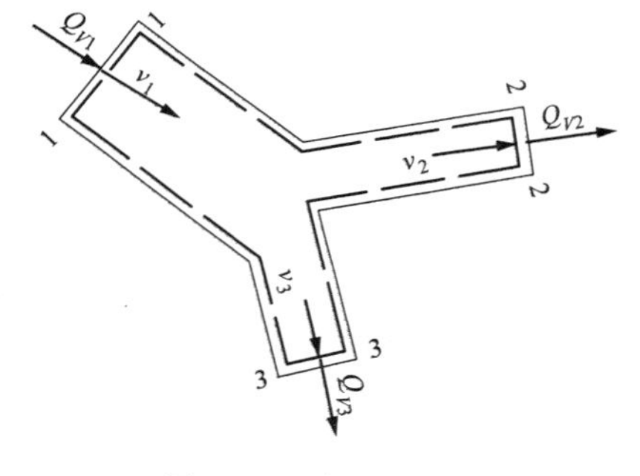

图 3-46　分叉管流动

其次分析受力。在控制体上标出所有的受力（包括质量力和表面力）。一般情况表面力有：过流断面的动水总压力，固体边界对控制体内流体的作用力，流体与固体边界的摩擦阻力；质量力为流体的自重。

再者，选定坐标系，列动量方程。方程中动量的变化，必须是输出的动量减输入的动量，不可颠倒；方程中的所有矢量与选定的坐标系方向相同的为正，不同的为负。

最后，求解。假设的未知量如果求得的结果为正，表明实际结果与假设方向相同，否则方向相反。

注意：坐标系的选取应使未知数个数最少。

2. 动量方程在工程中的应用

（1）弯管流体对固壁的作用力。

【例 3-15】 有一水平铺设在地面的弯曲管道 AB 如图 3-47 所示，已知通过管段的流量为 Q；出口与入口管轴线的夹角为 θ，求在不计阻力情况下管中流体作用在弯曲管段的力 R。

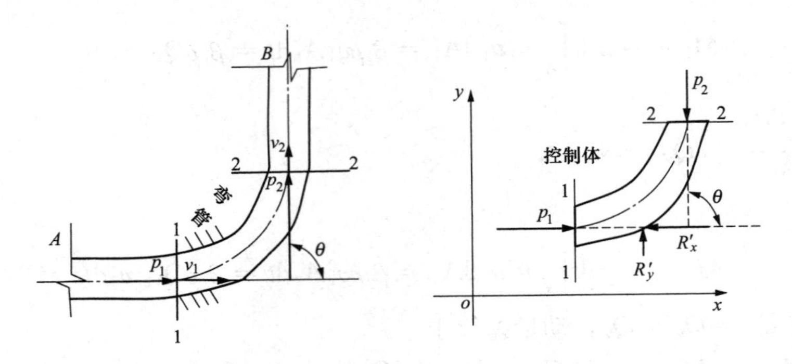

图 3-47　水平铺设在地面的弯曲管道 AB

【解】 取弯曲管段内的流体为控制体，它的边界包括渐变流断面 1—1 和 2—2 以及流段的管壁。分析控制体的受力并在控制体上标出。表面力之一：管子对流体的作用力，它的大小与流体对弯管的作用力相等，方向相反，设为 $\boldsymbol{R}'$，在 x，y 方向的分力分别为 R'_x、R'_y；表面力之二：过流断面上相邻液体对 CV 内流体的动水总压力，因为是渐变流，服从静压分布规律，设断面形心点的压强 p_1、p_2，则总压力为 p_1A_1、p_2A_2；质量力是重力，由题意知重力垂直于水平面。

选定如图所示坐标系，列动量方程如下：

x 方向　　$p_1A_1-p_2A_2\cos\theta-R'_x=\rho Q_V(\beta_2v_2\cos\theta-\beta_1v_1)$

y 方向　　$R'_y-p_2A_2\sin\theta=\rho Q_V\beta_2v_2\sin\theta$

式中 v_1 和 v_2 为两断面平均流速，解得

$$R'_x=p_1A_1-p_2A_2\cos\theta-\rho Q_V(\beta_2v_2\cos\theta-\beta_1v_1)$$

$$R'_y=p_2A_2\sin\theta+\rho Q_V\beta_2v_2\sin\theta$$

合力为

$$R'=\sqrt{R'^2_x+R'^2_y}$$

设 $\boldsymbol{R}'$ 与水平方向的夹角为 α，$\tan\alpha=\dfrac{R'_y}{R'_x}$

流体对管壁的作用力与 R' 大小相等，方向相反。所以在管道输水工程中，管子转弯的地方都设了镇墩来减轻管道的压力。

(2) 射流冲击固定表面的作用力。

【例 3-16】 液流从管道末端的喷嘴射出，垂直冲击在不远处的一块光滑的平板上，液流分成两股沿平板向两个对称的方向散开，垂直冲击射流如图 3-48 所示，试求射流冲击板的作用力 R。

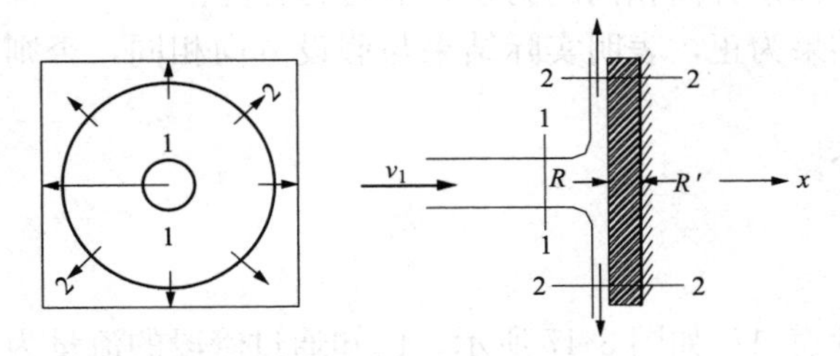

图 3-48　垂直冲击射流

【解】 取如图 3-48 所示的控制体，边界为 1—1 断面和对称的两个 2—2 断面，板与流体接触面。分析受力，由于流体在大气中，所以射流边界面上的压强都是大气压，重力垂直于研究方向所以不计，因为板是光滑的没有阻力，所以平行于板的方向没有受力，则板对流体的反作用力为 R'，它垂直指

向流体。

取如图3-48所示坐标系，沿 x 方向列动量方程：

x 方向：　　$-R'=\rho Q_V\ (0-v_1)$

则　　$R'=\rho Q_V v_1$

得射流对板的作用力 R 大小等于 R'，方向与 R' 相反。

(3) 水流对固体边界的推力。

【例3-17】 水流对平板的作用如图3-49所示，求水流对平板闸门的推力 R。已知门宽 B，闸门前水深 H 闸门后收缩断面水深 h_c，体积流量 Q_V，上游 0—0 断面与下游 C—C 断面上静压力满足静力学基本方程，忽略水头损失，孔口出流对水深 H 没有影响。

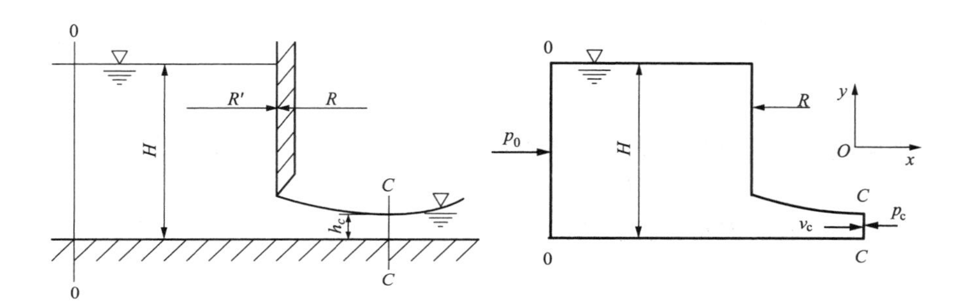

图3-49　水流对平板的作用

【解】 以上游 0—0 断面、下游 C—C 断面、上游自由液面以及流体与固体边界接触面为边界，取如图3-49右侧所示的控制体，建立如图所示坐标，为了求流体对闸门的推力，现对 x 方向进行受力分析并沿 x 方向应用动量方程。分析受力，设 0—0 断面上作用的压力 P_0，C—C 断面上作用的压力 P_C，平板对流体作用力设为 R；分析流动，0—0 和 C—C 断面流速可通过流量与过流面积的比求得。

由于 0—0 和 C—C 断面均为渐变流其压强服从静压分布，所以

$$P_0=\frac{1}{2}\rho g H^2 B,\ P_C=\frac{1}{2}\rho g h_C^2 B,\ v_C=Q_V/Bh_C,\ v_0=Q_V/BH$$

据 x 方向的动量方程 $\rho Q_V\ (\beta_C v_C-\beta_0 v_0)\ =P_0-P_C-R$，将已知条件代入且令 $\beta_C=\beta_0=1$ 得

$$R=P_0-P_C-\rho Q_V(\beta_C v_C-\beta_0 v_0)=\frac{1}{2}\rho g B(H^2-h_C^2)-\rho Q_V^2\left(\frac{1}{Bh_C}-\frac{1}{BH}\right)$$

(4) 自由射流对壁面冲击力。

【例3-18】 斜向冲击射流如图3-50所示，设有一股自喷嘴以速度 v_0 喷射出来的水流，冲击在一个与水平方向成 α 角的固定平面壁上，当水流冲击到平面壁后，分成两股水流流出冲击区，若不计重量（流动在一个平面）且不计阻力，试求沿射流方向施加于平面壁上的力 F，并求 Q_{V1} 和 Q_{V2} 分别为多少？

【解】 (1) 取斜向冲击射流控制体如图3-51所示，建立坐标系，设平面壁作用于流体上的力为 R 沿法向，垂直并指向受压面，三个过流断面受到的压强为大气压。

(2) 列法线方向的动量方程求力。

$$-R=0-\rho Q_V v_0 \sin\alpha$$

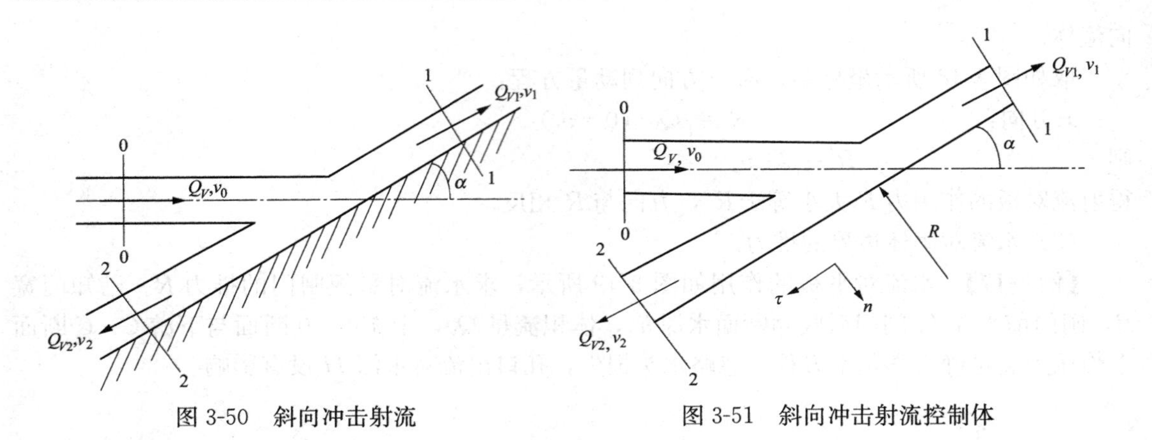

图 3-50 斜向冲击射流

图 3-51 斜向冲击射流控制体

得

$$R = \rho Q_V v_0 \sin\alpha$$

水流作用于平面壁上的压力与 R 大小相等方向相反，其沿射流方向的分力 F 的大小为

$$F = R\sin\alpha = \rho Q_V v_0 \sin^2\alpha$$

(3) 据连续性方程、能量方程、切向的动量方程求流量

$$\begin{cases} Q_{V1} + Q_{V2} = Q_V \\ v_1 = v_2 = v_0 \\ Q_{V2} - Q_{V1} - Q_V\cos\alpha = 0 \end{cases}$$

得

$$Q_{V1} = \frac{1-\cos\alpha}{2}Q_V$$

$$Q_{V2} = \frac{1+\cos\alpha}{2}Q_V$$

3.12 动量矩方程

在流体力学中会遇到这样的问题：如固体对流体作用点的问题；固体与流体相互作用的力矩问题；涡轮机叶轮通道中运动流体与固体边界之间的相互作用力矩等问题，此时用动量矩方程比较方便。

在流场中，运动着的流体质点因有速度而具有动量，动量对某一定点（或轴）取矩称为流体质点的动量矩（为一向量），如图 3-52 所示质量为 dm 的流体质点，位于点 A，距离原点 o 为 r 速度为 v，则该质点对原点的动量矩为 $\boldsymbol{M}_0 = \boldsymbol{r} \times \mathrm{d}m\, \boldsymbol{v}$，其正负号依据右手螺旋定则确定，如图所示 M_0 的符号为“—”。

动量矩定律是指：某质点对一定点（或轴）动量矩在单位时间内的变化率等于作用于该质点上所有外力对同一点（或轴）力矩的矢量和，用公式表示为

$$\sum \boldsymbol{M} = \sum r_i \times \boldsymbol{F}_i = \sum \frac{r_i \times \mathrm{d}m\, \boldsymbol{v}_i}{\mathrm{d}t} \tag{3-83}$$

对于均质不可压缩流体的恒定流动，上式简写为

$$\sum \boldsymbol{M} = \sum r_i \times \boldsymbol{F}_i = (r_i \times \boldsymbol{v}_i)\rho Q_V \tag{3-84}$$

将上式应用于如图 3-53 所示的控制体，其动量矩方程又可表示为

$$\sum \boldsymbol{M}=\sum r_i\times \boldsymbol{F}_i=\sum \rho Q_{Vi}(r_i\times \boldsymbol{v}_i)=\sum Q_{mi}(r_i\times \boldsymbol{v}_i) \tag{3-85}$$

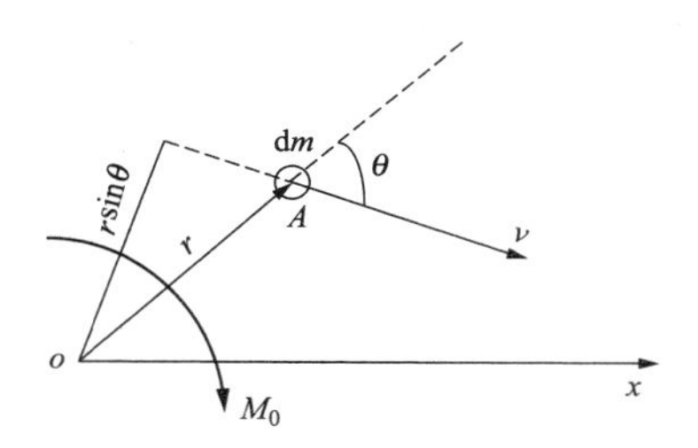

图 3-52　流体质点对点的动量矩

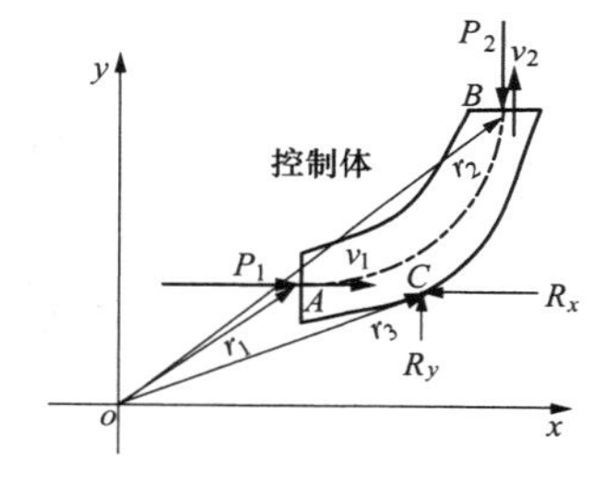

图 3-53　隔离体对原点的动量矩示意

上式中 F_i 指所研究流体上作用的所用外力，图 3-53 中有 P_1、P_2、R_x 和 R_y，其作用点分别为点 A、B 和 C，距原点 o 的距离分别为 r_1、r_2 和 r_3；Q_{Vi} 和 v_i 指控制体进、出口的体积流量和过流断面流速，在图中设点 A 所在过流断面流量为 Q_{V1}，流速为 v_1，点 B 所在过流断面流量为 Q_{V2}，流速为 v_2。由此可知式（3-83）又可写为

$$R_y r_{3x}+R_x r_{3y}-P_1 r_{1y}-P_2 r_{2x}=\rho Q_{V2}v_2 r_{2x}-\rho Q_{V1}v_1 r_{1y}=Q_{m2}v_2 r_{2x}-Q_{m1}v_1 r_{1y} \tag{3-86}$$

动量矩方程运用时注意事项：

（1）方程是一个矢量式，实际应用时，要在选定的坐标系中化成标量形式［见式（3-86）］。

（2）对于均质不可压缩流体恒定流动，如果在研究的控制体内只允许有一个出口截面 A_2 和一个进口截面 A_1，式（3-84）简化为

$$\sum \boldsymbol{M}=Q_{m2}(r_2\times \boldsymbol{v}_2)-Q_{m1}(r_1\times \boldsymbol{v}_1) \tag{3-87}$$

式（3-87）所示动量矩方程在工程中的一个重要应用就是导出径流式涡轮机机械工作原理的基本方程——欧拉方程。

如图 3-54 所示为离心泵或风机叶轮进、出口速度图，叶轮的半径分别为 r_1、r_2。叶轮以等角速度 ω 绕中心轴 O 沿逆时针方向旋转，设流体沿中心轴以绝对速度 v_1 进入叶轮，又以绝对速度 v_2 流出叶轮。u_1、u_2 分别为叶轮进口和出口处的圆周速度，w_1、w_2 分别为进口和出口处的相对速度，v_{1n}、$v_{1\tau}$ 分别是叶轮进口绝对速度沿径向和切向的分量，v_{2n}、$v_{2\tau}$ 分别是叶轮出口绝对速度沿径向和切向的分量。绝对速度和圆周速度的夹角设为 α，称为流动方向角，相对速度与圆周速度反方向的夹角设为 β，称为叶片安装角。设流经叶轮的不可压缩均质流体的密度为 ρ，体积流量为 Q_V，叶轮进、出口的有效面积分别为 A_1、A_2。

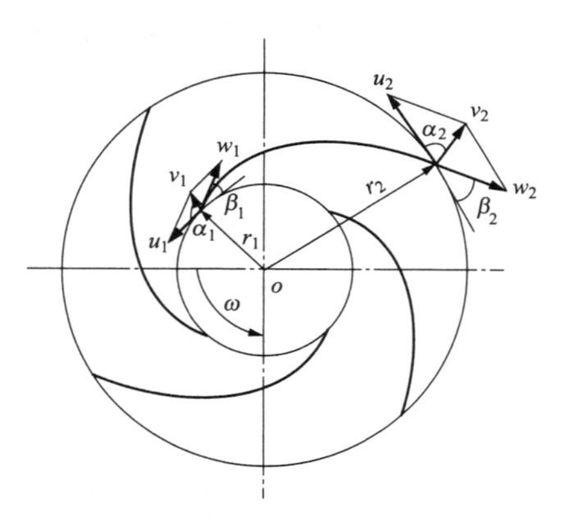

图 3-54　离心泵或风机叶轮进、出口速度图

将相关数据代入式（3-87）得

$$M=\rho Q_V(v_2 r_2\cos\alpha_2-v_1 r_1\cos\alpha_1) \tag{3-88}$$

假设流动都在与转轴相垂直的平面内，力矩和动量矩矢量的方向均沿转轴，得

$$M=\rho Q_V(v_{2\tau}r_2-v_{1\tau}r_1) \tag{3-89}$$

上式即为涡轮机械的欧拉方程。

单位时间内叶轮对流体所做的功（功率）为

$$P = M\omega = \rho Q_V(v_{2\tau}r_2\omega - v_{1\tau}r_1\omega) = \rho Q_V(v_{2\tau}u_2 - v_{1\tau}u_1) \tag{3-90}$$

由于 $P=\rho g Q_V H_t$，所以单位重力作用下流体所获得的能量（理论扬程 H_t）为

$$H_t = \frac{v_{2\tau}u_2 - v_{1\tau}u_1}{g} \tag{3-91}$$

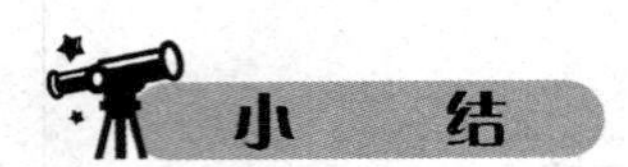

小结

本章主要内容如下：

（1）描述流体运动的两种方法：欧拉法和拉格朗日法。

（2）描述流体运动的几个基本概念：流线和迹线；流管和微元流管、流束和微元流束、过流断面和总流；流量和断面平均流速；系统和控制体；湿周和水力半径；当量直径。

（3）Euler 下流动分类：据运动要素与时间是否有关分为恒定流和非恒定流；据流线特征分为均匀流和非均匀流；据运动要素与坐标轴的关系分为一元、二元和三元流动；据旋转角速度是否为零分为有旋流和无旋流（见第 8 章）。

（4）四个方程：据自然界普遍遵循的三大定律推导了恒定流的四个方程，分别为质量守恒的连续性方程，能量守恒的伯努利方程，动量、动量矩守恒的动量方程和动量矩方程。

习题

3-1 理解流线、迹线、流束、流管、过流断面、过流断面积、总流、总流过流断面及其面积的含义。

3-2 理解恒定流、非恒定流，均匀流、非均匀流和非均匀渐变流、非均匀急变流的含义。

3-3 举例说明上题中的各种流动。

3-4 说明伯努利方程中各项的物理及几何意义。

3-5 说明动量方程的解题步骤和应用方程的注意事项。

3-6 列举动量矩方程能解决的问题。

3-7 用拉格朗日变数表示的某一流体运动迹线方程为，设 k 为常数

$$\begin{cases} x = ae^{-kt} \\ y = be^{kt} \quad (a \neq 0, b \neq 0) \\ z = 0 \end{cases}$$

试求出流体质点的速度和加速度。

3-8 已知流速场 $u_x=-ay$，$u_y=\pm bx$，$u_z=C$，其中 a，b，C 均为非零常数，试求流线方程（提示对于恒定流有 $\rho_1 v_1 A_1=\rho_2 v_2 A_2$）。

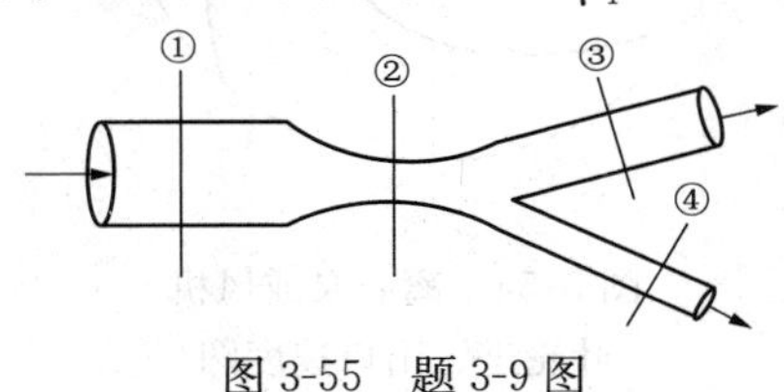

图 3-55 题 3-9 图

3-9 如图 3-55 所示不可压缩流体通过圆管流动，体积流量和管径已知，且为恒定流，③管和④管流量比为 2∶1，求图中 4 个截面上的平均速度值。

（1）假定各截面上的速度是均分布，流体密度不变，从左侧流入的体积流量为 $0.4\text{m}^3/\text{s}$，四个截面的直径顺次

为0.5、0.3、0.4m和0.2m，计算各截面的平均速度值。

（2）如果其他条件同（1），密度按以下规律变化 $\rho_2=0.06\rho_1$，$\rho_3=0.4\rho_1$，$\rho_4=0.02\rho_1$，计算各截面速度。

3-10　某水库的泄洪隧洞，其断面为圆形，洞径 $d=5.7$m。因隧洞出口处要用矩形平面控制流量，故出口断面渐变为边长为 $a=4.5$m 的正方形断面，已知隧洞内平均流速为 $v=19.2$m/s，求隧洞中的体积流量及出口处的平均流速。

3-11　液流通过如图3-56所示管道流入大气中，已知：U形测压管中水银柱高差 $\Delta h_m=0.2$m，$h_1=0.72$m水柱，管径 $d_1=0.1$m，管嘴出口直径 $d_2=0.05$m，不计管中水头损失，试求：管中体积流量 Q_V。

3-12　某溢流坝其泄流量 $Q_V=935\text{m}^3/\text{s}$，溢流面长（垂直于纸面方向）$B=30.20$m（见图3-57），坝面水头损失为 $0.1\dfrac{v_c^2}{2g}$，v_c 为坝址处流速，坝址处水深 $h_c\dfrac{Q_V}{Bv_c}$，试求：

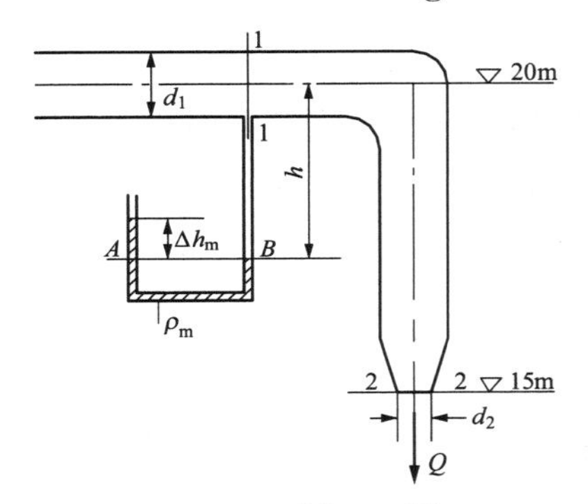

图3-56　题3-11图

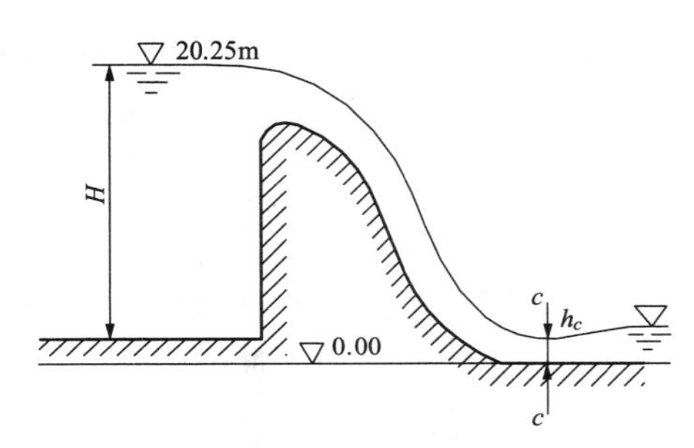

图3-57　题3-12图

（1）坝址 c—c 断面的流速 v_c；

（2）坝址 c—c 断面出的水深 h_c。

3-13　如图3-58所示为一水平面上的渐变弯管，已知：断面1—1处的相对压强 $p_1=98\times10^3\text{N/m}^2$，流速 $v_1=2$m/s，管径 $D_1=200$mm，管径 $D_2=100$mm，转角 $\alpha=45°$，不计弯管的水头损失。试求：水流作用在弯管上的力。

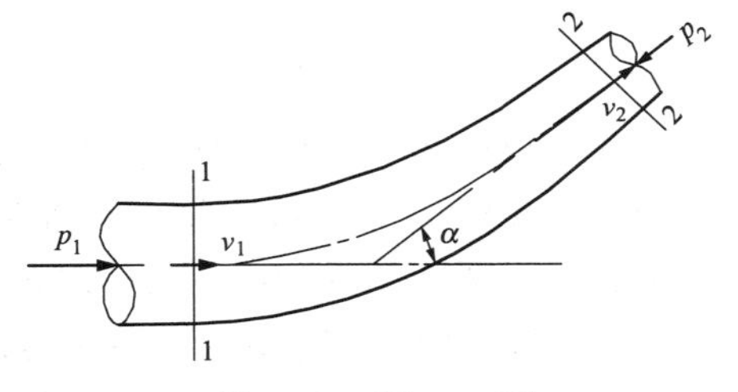

图3-58　题3-13图

3-14　重力场中均质不可压缩黏性流体恒定流微小流束的伯努利方程为 $z_1+\dfrac{p_1}{\rho g}+\dfrac{u_1^2}{2g}=z_2+\dfrac{p_2}{\rho g}+\dfrac{u_2^2}{2g}+h_w'$，试推导相同条件下总流伯努利方程。

3-15　图中3-59为两个突扩圆管，粗管直径均为 D，细管直径不等，二者通过体积流量相等，证明图（a）管的局部水头损失大于图（b）管的损失。

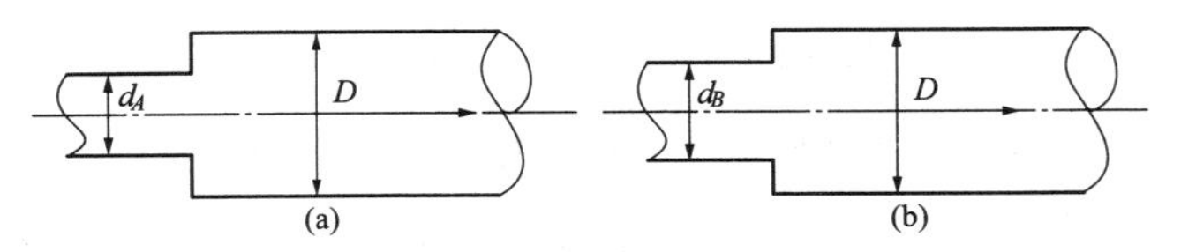

图3-59　题3-15图

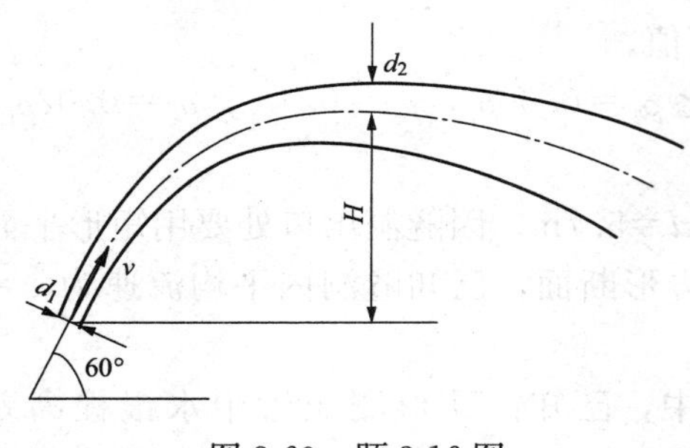

图 3-60 题 3-16 图

3-16 管的直径 $d_1=10\text{cm}$，出口流速 $v=7\text{m/s}$，水流以 $\alpha=60°$ 的倾角向上射出（见图 3-60）。不计水头损失，求水流喷射最大高度 H 及该处水股直径 d_2。

3-17 在水箱侧壁开一直径 $d=0.1\text{m}$ 的圆孔，孔口恒定水头 $H=6\text{m}$，试求（1）孔口流量 Q_{V1}；（2）在此孔口外接一圆柱形管嘴的流量 Q_{V2}；（3）管嘴收缩断面的真空值。

3-18 某输油管道的直径由 $d_1=15\text{cm}$，过渡到 $d_2=10\text{cm}$。如图 3-61 所示，已知石油 $\rho g=8500\text{N/m}^3$，渐变段两端水银压差读数 $\Delta h=15\text{mm}$，渐变段末端压力表读数 $p=2.45\text{N/cm}^2$。不计渐变段水头损失。取动能动量校正系数均为 1。求：（1）管中的石油流量 Q_V；（2）渐变管段所受的轴向力。

3-19 图 3-62 所示串联供水管路，各段管长 $l_1=350\text{m}$、$l_2=300\text{m}$、$l_3=200\text{m}$；管径 $d_1=300\text{mm}$、$d_2=200\text{mm}$、$d_3=100\text{mm}$；沿程阻力系数 $\lambda_1=0.03$、$\lambda_2=0.035$、$\lambda_3=0.04$；节点流量 $Q_{V1}=100L/\text{s}$、$Q_{V2}=60L/\text{s}$、$Q_{V3}=30L/\text{s}$；末端所需自由水头为 25m，求水塔的供水高度 H。

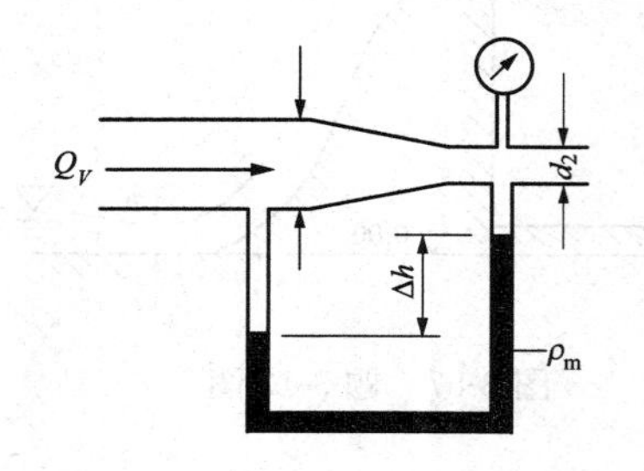

图 3-61 题 3-18 图

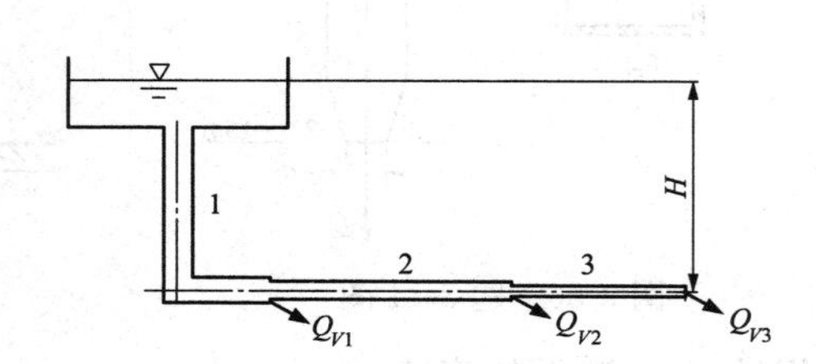

图 3-62 题 3-19 图

3-20 矩形断面的水渠有一平板闸门，如图 3-63 所示，宽度 $B=3.4\text{m}$，上下游水深分别为 $h_1=2.5\text{m}$ 和 $h_2=0.8\text{m}$，试求水流对平板的冲力（不计水头损失）。

3-21 如图 3-64 所示，水在变径竖管中从下往上流动，已知 $z=0$ 处的直径 $D(0)=0.5\text{m}$，通过的体积流量 $Q_V=0.9\text{m}^3/\text{s}$，不计黏性作用，为使管流中各个断面的压力相同，即 $p(z)=p(0)$，试求竖管直径 D（z）与 z 的关系。

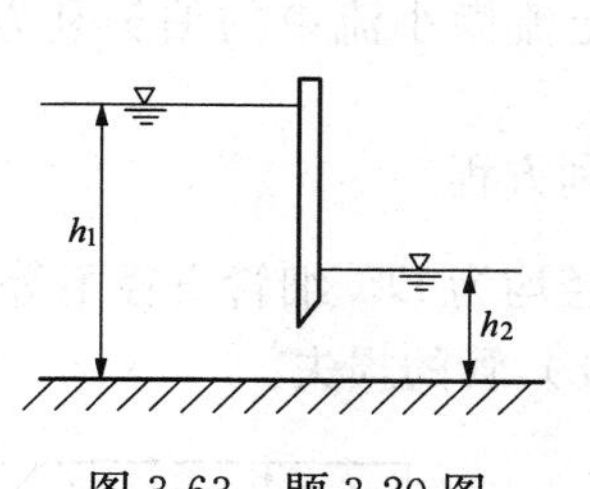

图 3-63 题 3-20 图

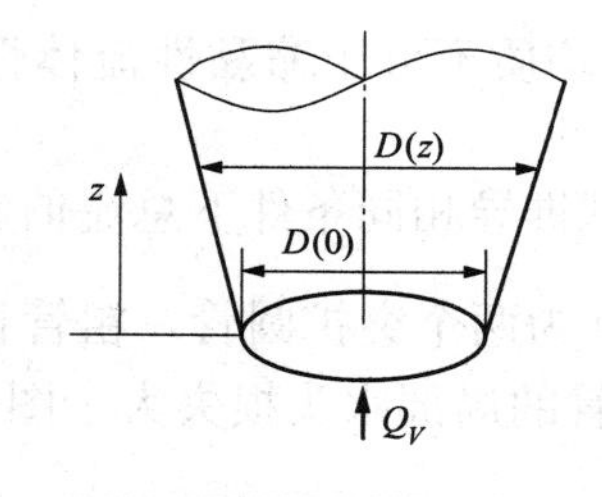

图 3-64 题 3-21 图

3-22 如图 3-65 所示，烟囱直径 $d=1\text{m}$，通过烟气流量 $Q_V=20\text{m}^3/\text{s}$，烟气密度 $\rho=0.6\text{kg/m}^3$，周围空气密度 $\rho=1.2\text{kg/m}^3$，烟囱的压强损失为 $p_w=0.04\dfrac{H}{D}\dfrac{\rho v^2}{2}$；

（1）如果保证底部（1—1 断面）负压不小于 98Pa，烟囱高度至少应为多少？

（2）求烟囱$\frac{H}{2}$高度处的压强；

（3）绘制烟囱全程的压强分布。

注：计算时因 1—1 断面流速很低，忽略不计。

3-23　图 3-66 所示为矿井竖井和横向坑道的连接，竖井高 H 为 220m，坑道长 L 为 350m，坑道和竖内气温保持恒定 $t=15℃$，密度 $\rho=1.18\text{kg/m}^3$；坑外早晨气温为 $t_{早}=5℃$，$\rho=1.29\text{kg/m}^3$，中午气温为 $t_{午}=22℃$，密度 $\rho=1.16\text{kg/m}^3$，请问早午坑道内空气的气流流向及气流速度的大小$\left(假定损失为 10\frac{\rho v^2}{2}\right)$。

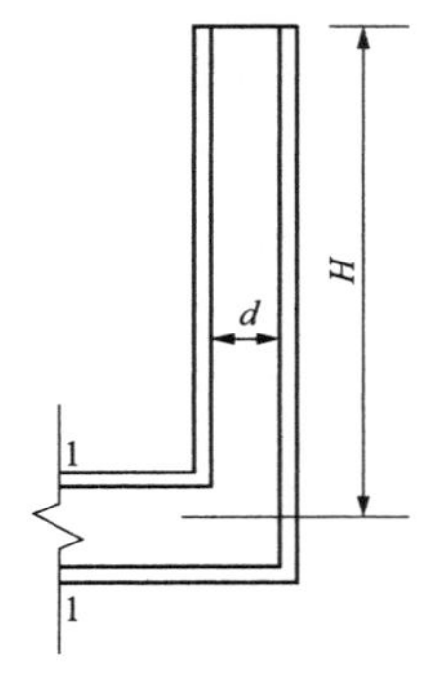

图 3-65　题 3-22 图

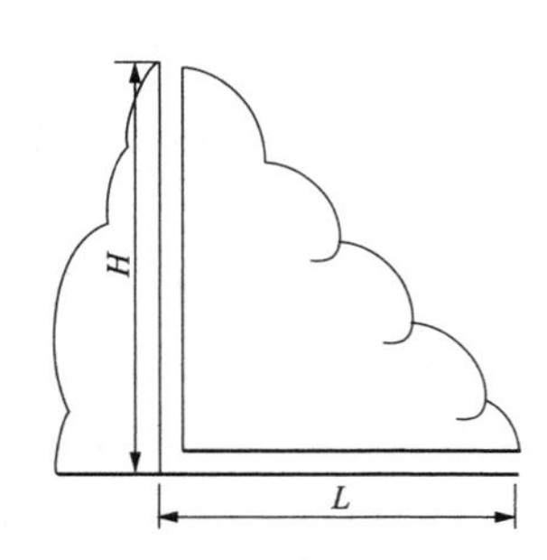

图 3-66　题 3-23 图

第4章　流动阻力和能量损失

运动着的实际流体因黏滞性的存在，在流动过程中会产生流动阻力，而克服阻力必然要消耗一部分机械能，并转化为热能，造成能量损失。因此只有确定了流动阻力或由流动阻力产生的水头损失之后，能量方程才能用于解决实际问题。

水头损失与流体的物理特性和固壁边界特征均有密切的关系，与流体型态也有密切关系。

本章在扼要分析液流型态及其特征的基础上讨论水头损失的变化规律和计算方法。

4.1　流动阻力和流动损失

流体具有黏滞性是引起能量损失的根本内因，由于黏滞性的作用引起了过流断面流速分布不均匀，因而各流速层，即高速层与低速层（不同流速层）之间显示了阻力，液流克服阻力做功使一部分机械能转化为热能而散逸。

固体边界对液流的约束和摩阻，这是水头损失的外因，它是通过内因起作用而导致能量损失。在流动力学中，能量损失都是用单位重力作用下流体的平均机械能损失表示的，即为水头损失。而流动阻力和水头损失的大小取决于流道的形状，因为在不同的流动边界作用下流场内部的流动结构与流体黏性所起的作用均有差别，为方便分析管中一维流动，根据流动的固体边界情况，将流动阻力和水头损失分为沿程阻力与沿程水头损失和局部阻力与局部水头损失。

4.1.1　沿程阻力和沿程水头损失

由于沿流程固体边界的摩擦作用，造成过流断面内流速分布不均匀，两流层之间存在相对运动，有相对运动的两流层之间就必然会产生内摩擦切应力阻碍流体间的相对运动（或相对运动趋势），这种沿流程均匀分布且大小与流程长度成正比的摩擦阻力称为沿程阻力；流体在运动的过程中要克服这种摩擦阻力就要做功，做功就要损耗一部分机械能转化为热能而散失，因而造成能量损失，这种因克服摩擦阻力所损失的能头称为沿程水头损失，用 h_f 表示。这种水头损失是随着流程长度的增加而增加的，而且只有在长直流道中，流动在均匀流和渐变流情况下，即管径沿程不变，流动为流线平行的均匀流或流线近似于平行的渐变流，其水头损失表现为沿程水头损失。一般地均匀流或渐变流的水头损失中只包括沿程水头损失。如图4-1所示的管道流动，在断面2—2与3—3间，4—4与5—5间，6—6与7—7间，由于管经沿程不变，流动为流线平行的均匀流或流线近似平行的渐变流，其水头损失表现为沿程水头损失。

4.1.2　局部阻力和局部水头损失

因限制水流的固体边界条件（如图4-1所示的弯道1—2流段、突扩3—4、渐缩5—6和阀门7—8）局部发生急剧改变而使得流动受到扰动引起过流断面流速分布急剧变化所产生的附加切应力而产生局部的能量损失（不包括此处的沿程阻力），这种使得能量损失集中在流段局部的附加切应力称之为局部阻力，由局部阻力产生的能头损失称之为局部水头损失，用 h_j 表示。局部损失的大小主要与流道的形状有关，在实际情况下大多有非均匀流发生的部位会产生局部水头损失。

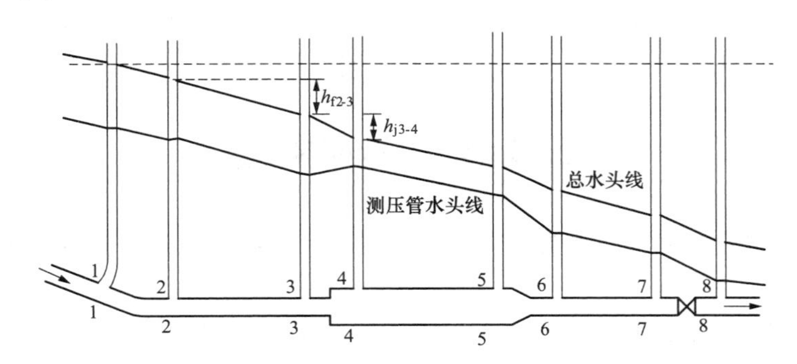

图 4-1　沿程水头损失和局部水头损失

4.1.3　总水头损失

如图 4-2 所示，均匀流时仅发生沿程水头损失 h_f，没有局部损失 h_j，在渐变流时包括沿程水头损失 h_f 和局部水头损失 h_j，但 h_j 较小可忽略。如图 4-3 所示，在急变流时沿程水头损失 h_f 和局部水头损失 h_j 均需考虑。

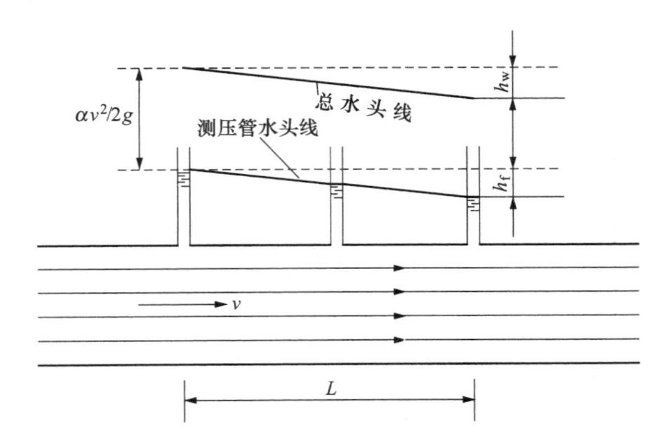

图 4-2　均匀流沿程水头损失

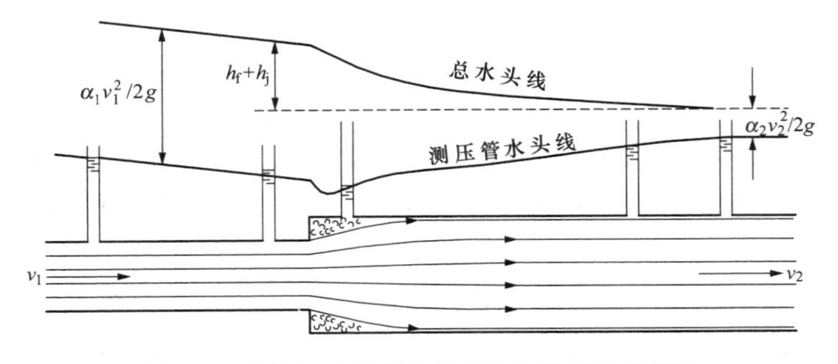

图 4-3　非均匀流局部水头损失和沿程水头损失

为了计算方便，将水头损失区分为沿程水头损失和局部水头损失，但对液流本身来说，仅仅是造成水头损失的外在原因有所不同而已，并不意味着两种水头损失在流动内部的物理作用方面有任何本质的不同，就液流内部的物理作用来说，水头损失不论其产生的外因如何都是由于内部质点之间的相对运动产生切应力的结果。也就是说流体的黏性是产生水头损失的内因，固体边界条件是外因，决定水头损失种类。

某流段内沿程水头损失和局部水头损失之和称之为总水头损失，用 h_w 表示：

$$h_w = \sum h_f + \sum h_j \tag{4-1}$$

4.2 黏性流体的两种流态

流体运动的流动阻力和流动水头损失与流动型态有关，所以在计算水头损失时必须首先研究流动型态。

1885 年英国物理学家雷诺（Reynolds）曾用实验揭示了黏性流体运动存在着两种流态，即层流和紊流，这个实验称之为雷诺实验。

4.2.1 雷诺实验

图 4-4 为雷诺实验装置示意，主要包括：装有溢流板 1 的上游水箱 A，直径不变的长直玻璃 B，装有有色液体的玻璃弯管 C，玻璃直管的进口和出口断面分别安装一测压管，玻璃弯管的进口接一漏斗，出口为尖嘴管，进口漏斗高于水箱液面使得有色液体与实验液体分开，出口尖嘴保证进入实验管的有色液体为微小流束，玻璃弯管的进口和实验直管的出口均装有阀门 K_2、K_1，用于控制有色液体的流入和实验液体的流量。实验时将容器装满液体，通过溢流板的作用使液面保持稳定，保证直管中水流为恒定流。

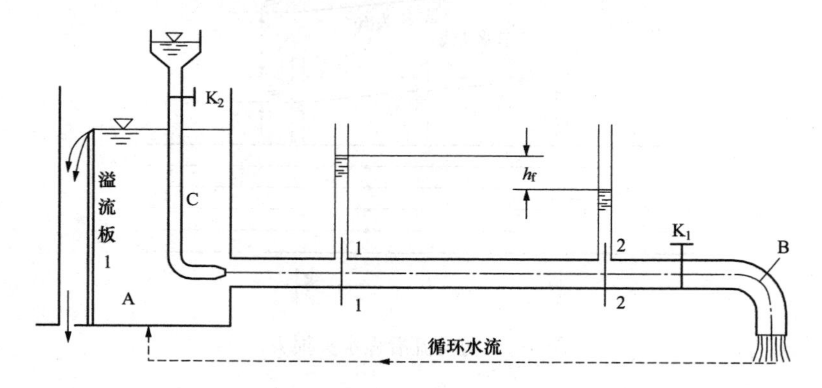

图 4-4 雷诺实验装置示意

(1) 徐徐开启阀门 K_1，液体从玻璃管中慢慢流出，此时管中流速较小；

(2) 将控制有色液体的阀门 K_2 打开，这时可看到玻璃管中有一条细直而鲜明的有色流束，这一流束并不与管中液体混杂，如图 4-5（a）所示，说明此时管中流动呈层状流动，流体质点之间互不混掺。

(3) 将阀门 K_1 逐渐开大，玻璃管中流速逐渐增大，这时可看到玻璃管中流束开始抖动，并具有波形轮廓，如图 4-5（b）所示，然后在个别流段开始出现破裂，因而失掉带色流束的明晰形状，此时个别流体质点之间有混掺现象，并没有发展到整个管道断面。

(4) 继续将阀门 K_1 开大，当管中流速达到某一定值时，带色流束完全破裂形成漩涡并迅速扩散到整个管道断面，如图 4-5（c）所示，此时流体质点之间互相混掺，有色液体迅速扩散到整个管道断面，管道内液流的颜色将变为无色。

（5）若将阀门 K_1 的开度从最大逐渐关小，管中流速由大向小变化时，以上观察到的现象将会以相反的程序重演。即管中先出现浅色的抖动的有色液流流束，当流速小于某一定值时，管中将出现细直而明显的有色流束，此时继续关小阀门 K_1，有色流束将一直保持细直明显的状态。

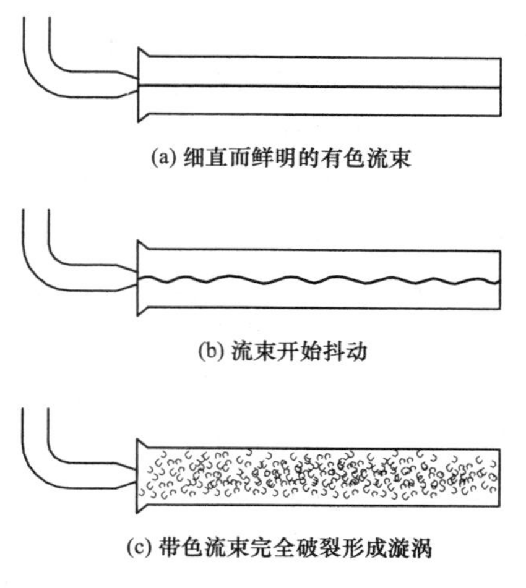

(a) 细直而鲜明的有色流束

(b) 流束开始抖动

(c) 带色流束完全破裂形成漩涡

图 4-5　层流向紊流变化过程

4.2.2　两种流态

雷诺实验表明：同一种流体在同一种管中流动，当流速 v 不同时存在两种不同型态的流动。

当 v 较小时，各流层的流体质点互不混杂有条不紊地呈层状运动，这种型态的流动称为层流。

当 v 较大时，各流层的流体质点形成涡体，互相混杂，杂乱无章地向前流动，这种型态的流动称为紊流。

在以上每一步骤的实验中采用体积法测出管中流速，会发现在实验流速由小变大的过程中，即层流向紊流转变的速度与流速由大变小时即紊流向层流转变的速度是不相等的，紊流向层流转变的流速较小且其值较稳定，而层流向紊流转变的流速其值较大且不稳定，当实验中保持管中流动不受外界干扰，这个流速就较大，而管中流动受到外界干扰时，这个流速较小。

为了研究方便，雷诺将层流转变为紊流或紊流向层流转变时的流速称为临界流速，其中当层流向紊流过渡时的临界流速称之为上临界流速，用 v_c' 表示，而紊流向层流过渡时的临界流速为下临界流速，用 v_c 表示。

在上面的实验中通过测量安装在 1—1 和 2—2 两断面之间的测压管高度即可求得两断面之间的沿程水头损失 h_f。以管轴线为基准可得 1—1 和 2—2 断面间伯努利方程式为

$$z_1+\frac{p_1}{\rho g}+\frac{\alpha_1 v_1^2}{2g}=z_2+\frac{p_2}{\rho g}+\frac{\alpha_2 v_2^2}{2g}+h_f$$

由于实验中管道水平放置，z_1 和 z_2 相等，又由于管道的直径不变，管中为均匀流，所以$\frac{\alpha_1 v_1^2}{2g}=\frac{\alpha_2 v_2^2}{2g}$，因此，上式简化为$\frac{p_1}{\rho g}-\frac{p_2}{\rho g}=h_f$。这表明两支测压管的水柱差，即为从断面 1—1 到断面 2—2 的沿程水头损失 h_f。若逐次改变阀门的开启度，量测断面流速 v 和对应的沿程水头损失 h_f，其 h_f 是随着 v 的改变而改变，在双对数纸上以速度 v 为横坐标，沿程水头损失 h_f 为纵坐标，将实验结果点绘出 $\lg h_f$ 与 $\lg v$ 的关系曲线，如图 4-6 所示。

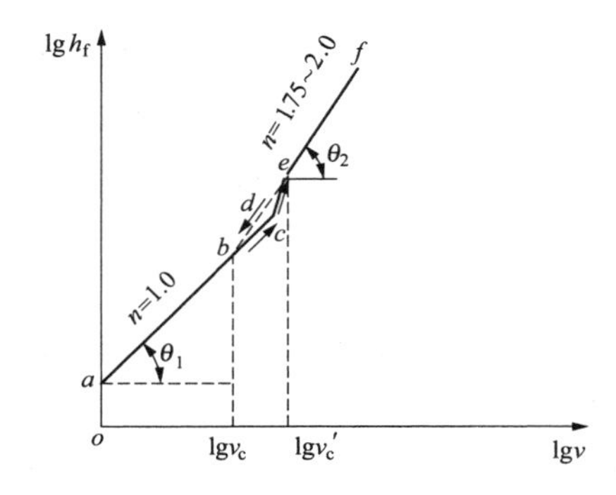

图 4-6　沿程水头损失与断面平均流速的关系曲线

在图 4-6 中，实验顺序不同时对应不完全相同的曲

线，当实验中流速的变化顺序为从小变大时对应曲线为 $abcef$；当实验中流速的变化顺序为从大变小时对应曲线为 $fedba$，主要不同发生在两临界流速之间。下面分析 h_f 随 v 的变化规律。

（1）在 ab 直线段，管中流速小于临界流速即 $v<v_c$，管中流动现象对应图 4-5（a）所示的层流流态，直线斜率为 $n=1.0$，表明 h_f 与 v 为线性关系（h_f 与平均速度 v 的一次方成正比）。

（2）在 ef 直线段，管中流速大于上临界流速即 $v>v_c'$，管中流动现象对应图 4-5（c）所示的紊流流态，直线斜率为 $n=1.75\sim2.0$，表明 h_f 与平均速度 v 的 1.75～2.0 次方成正比。

（3）在 be 段，管中流速介于上临界流速与下临界流速之间即 $v_c<v<v_c'$，管中流动现象对应图 4-5（b）所示的从层流到紊流的过渡流态，流动状态是不稳定的，既取决于流动的初始状态，又取决于外界扰动的大小，实验过程中 v 逐渐增大时，对应实验点将沿 bce 移动，v 逐渐减小时，实验点将沿 edb 移动，上临界流速 v_c' 值的大小对外界扰动十分敏感。在该区段 h_f 和 v 关系不明确。

线段 ab 和 ef 可用以下方程表示：

$$\lg h_f = \lg k + n\lg v \tag{4-2}$$

式中：$\lg k$ 为截距；n 为直线斜率。

式（4-2）的指数形式为

$$h_f = kv^n \tag{4-3}$$

据雷诺实验的结果：层流时符合直线 ab，$\theta_1=45°$ 即 $n=1.0$；紊流时符合直线 ef，$\theta_2>45°$，$n=1.75\sim2.0$。所以，流态不同沿程阻力的变化规律不同，沿程损失的规律也不同，n 值随液流型态的不同而不同。因此，要计算沿程水头损失首先必须判断流态。

还要说明一点，雷诺实验结果是对应于圆管实验得到的结论，后续的研究证明这个结论同样适用其他流动边界形状（如矩形渠道等），也适合于其他液体和气体。但是不同的边界形状、不同的流体，其临界流速值一般不同。

4.2.3 雷诺数和流态的判别

雷诺通过实验还发现临界流速与流体的密度 ρ、管径 d 以及流体的性质（采用动力黏度 μ 和运动黏度 ν 表征）均有密切的关系，并提出流动型态可用下列无量纲数来判断：

$$Re = \frac{\rho vd}{\mu} = \frac{vd}{\nu} \tag{4-4}$$

式中：Re 称为雷诺数。

流动型态开始转变时的雷诺数称为临界雷诺数，若以上临界流速代于式（4-4），所求得到雷诺数为上临界雷诺数，用 Re_c' 表示，以下临界流速代入式（4-4），所求得的雷诺数为下临界雷诺数，用 Re_c 表示。雷诺通过大量试验测得圆管中心 $Re_c=2320$，但实际上，2320 这个数值很难达到，仅为 2000 左右，所以大部分教材中把下临界雷诺数取为 2000，即 $Re_c=2000$。

但上临界雷诺数 Re_c' 是一个不稳定值，一般情况为 $Re_c'=12000\sim20000$，有个别情况的 Re_c' 可达 40000～50000，这主要看液流的平静程度及来流有无扰动而定。凡是 $Re>Re_c$ 时，即使液流原为层流，只要有微小扰动，就可从层流转变为紊流，在实际工程中，扰动始终是存在的，所以上下雷诺数之间的液流是不稳定的，在实用过程中均看作紊流。

因此对于圆管有：当实际雷诺数小于临界雷诺数，即 $Re<Re_c=2000$ 时，管中流动为层

流；当 $Re>Re_c=2000$ 时为紊流。

在雷诺数的定义式 $Re=\frac{vd}{\nu}$ 中，实际上 d 表示流动特征长度，v 表示流动特征速度，所以雷诺数 Re 的物理意义是表征了流动惯性力与黏性力之比。当过流断面为其他形状时，一般用水力半径 R 来表示过流断面的特征长度，即在采用式（4-4）计算雷诺数时有以下约定。

对于明渠：圆管 $R=\frac{A}{\chi}=\frac{\pi d^2}{4\pi d}=\frac{1}{4}d$，式（4-4）中令 $d=4R$，于是明渠的判定标准为 $Re_c=500$。因此，当 $Re>500$ 的明渠流为紊流；$Re<500$ 的明渠流为层流。

对于平行固体壁之间的液流，式（4-4）中的 d 将采用固壁之间的距离 b 来代入，于是此种边界条件液流的判定标准为 $Re_c=1000$。

【例 4-1】 有直径 $d=25$mm 的水管，流速 $v=1.0$m/s，水温为 10℃。试求：

（1）试判别流态；

（2）若水流保持层流，最大流速是多少?

（3）若管中流体为油其运动黏度 $\nu=30\times10^{-6}\text{m}^2/\text{s}$，试判断流态。

【解】（1）判别流态。

当水温为 10℃时查得水的运动黏度 $\nu=1.31\times10^{-6}\text{m}^2/\text{s}$。管中水流实际雷诺数

$$Re=\frac{vd}{\nu}=\frac{1.0\times0.025}{1.31\times10^{-6}}\approx19100>2000$$

$Re>Re_c$，故此水流为紊流。

（2）若要流动状态保持层流，其最大流速为临界流速，利用临界雷诺数和公式（4-4）反求可得

$$v_c=\frac{Re_c\nu}{d}=\frac{2000\times1.31\times10^{-6}}{0.025}=0.10(\text{m/s})$$

（3）求管中流体油的实际雷诺数。

$$Re=\frac{vd}{\nu}=\frac{1.0\times0.025}{30\times10^{-6}}\approx800<2000$$

$Re<Re_c$，故此流动为层流。

【例 4-2】 0°C 的空气在矩形截面通风管中流动，其中矩形截面宽×高＝1m×2m。试求：

（1）试判别流态（当 $v=1.0$m/s 时）；

（2）若水流保持层流，最大流速是多少?

【解】（1）判别流态。

先计算矩形截面的水力直径 d_e：

$$d_e=4R=4\frac{A}{\chi}=4\times\frac{1.0\times2}{6}=\frac{4}{3}(\text{m})$$

当水温为 0℃时查得空气的运动黏度 $\nu=1.30\times10^{-5}\text{m}^2/\text{s}$。管中流动实际雷诺数

$$Re=\frac{vd_e}{\nu}=\frac{1.0\times4}{3\times1.30\times10^{-5}}=97323.60>2000$$

$Re>Re_c$，故此水流为紊流。

（2）若要流动状态保持层流，其最大流速为临界流速，利用临界雷诺数和式（4-4）反求可得

$$v_c = \frac{Re_c \nu}{d_e} = \frac{2000 \times 1.30 \times 10^{-5}}{4/3} = 0.02(\mathrm{m/s})$$

4.2.4 紊流成因分析

由雷诺实验可知，紊流和层流的根本区别在于流动中有无流层间的掺混，而涡体的形成是产生这种横向掺混的根源，因此可通过涡体形成过程的分析来探讨紊流的成因。

涡体的形成和发展过程如图 4-7 所示，假定流动的初始流态为层流。由于实际流体的黏滞作用，在过流断面上的流速分布总是不均匀的，因此高速流层会通过摩擦切应力的形式拖动相邻的低速流层向前运动，而低流速层作用于高流速层的摩擦切应力表现为阻力。

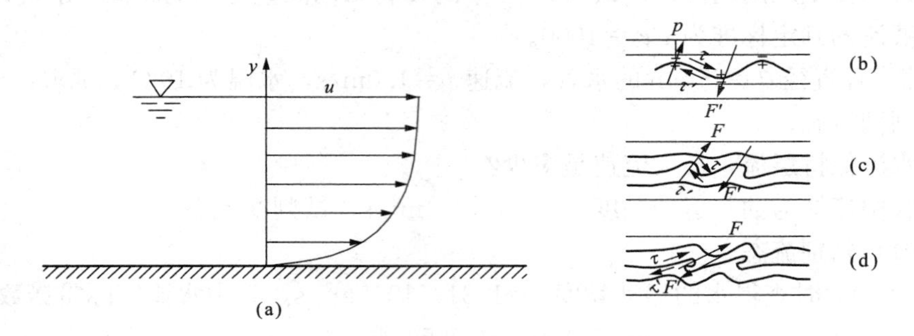

图 4-7 涡体的形成和发展过程

因此对于图 4-7（a）中所选的任意流层而言，上、下两侧的摩擦切应力构成顺时针方向的力矩，有促使涡体产生的倾向。

（1）由于外界干扰或来流中的残余扰动，所选定的流层会在局部发生做小波动，如图 4-7（b）中流层发生局部波动后，局部区域流速和压强会重新调整，如图 4-7（b）中标“＋”处流线较稀疏，流速减小，压强增高；标“－”处的流线变的较密集，流速增大，压强减小。

（2）假若在流动中没有一种能够抑制这种波动的机制或抑制作用较弱，在这种横向压差作用下使各流层承受不同方向的压力［如图 4-7（c）所示］，这种作用与流层间的摩擦切应力共同作用下使波动将加剧，即使波峰越来越凸、波谷越来越凹。

（3）当波幅增大到一定程度后如图 4-7（d）所示，横向压差与摩擦切应力的综合作用形成旋转力矩，最终使波峰与波谷重叠，形成旋转运动的涡体。

在流场中旋转着的涡体会受到横向升力的作用，如图 4-8 所示为单个涡体，这种升力有可能推动涡体做横向运动，进入其他流层进行混掺，从而发生紊流状态。

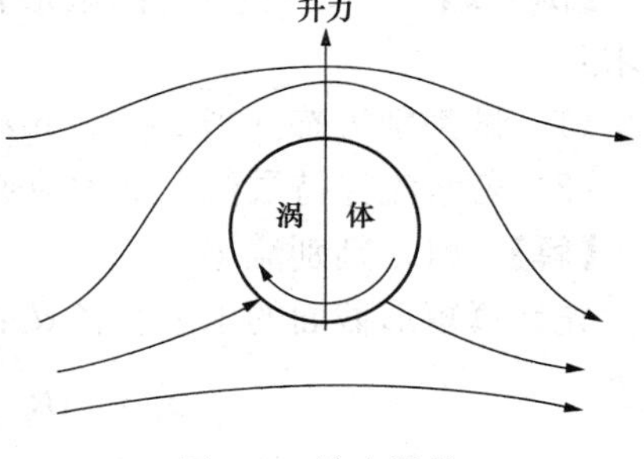

图 4-8 单个涡体

上述过程的发生发展条件是：假定流场中不存在对初始局部波动的抑制机制或抑制作用较弱，波动处的横向运动与涡体的横向运动的惯性相对较强。然而实际流体的黏性还同时具有抑制这种横向运动的作用，所以涡体产生后同时受到惯性作用和黏性的抑制作用，这两种作用的对比情况将最终决定涡体的混掺情况进而决定紊流是否形成。下面将采用量纲分析的方法说明雷诺数为什么可以判断流态？下临界雷诺数为什么小于上临界雷诺数？又为什么比较稳定？

层流流态是否向紊流流态转换，实际上取决于惯性作用和黏性作用的相对大小。可以采用量纲分析的方法来说明雷诺数便是表征流体质点所受的惯性力和黏滞力之比。惯性力 $F=ma=\rho V\frac{\mathrm{d}v}{\mathrm{d}t}$，其量纲为 $\rho L^3\ \frac{v}{T}=\rho L^2v^2$，其中，$V$ 表示体积；v 表示平均流速。黏滞力 $T=\mu A\frac{\mathrm{d}u}{\mathrm{d}y}$，其量纲为 $\mu L^2\ \frac{v}{L}=\mu Lv$。

惯性力和黏滞力的比的量纲即可表示为$\frac{惯性力}{黏滞力}=\frac{\rho L^2v^2}{\mu Lv}=\frac{vL}{\nu}$。

上式正是雷诺数 Re 的表达式，Re 的大小表征了流体上所受到的惯性力和黏性力的对比关系，当惯性力足够大到能克服黏性力对涡体的抑制作用，涡体就可以脱离原来的流层进入附近流层引起质点的混掺作用，当混掺作用发生后就形成紊流，这就是 Re 能够用于判别流态的缘由。

那么下临界雷诺数为什么小于上临界雷诺数？又为什么比较稳定？这要从紊流的形成条件进行说明，由上述的分析可见紊流的形成需要具备两个条件：涡体的形成和涡体的混掺。在雷诺实验中，管中流动速度由小变大时，如果此时保证管道中水流不受外界干扰，水流流动过程非常平稳，水流的流动不发生波动，即使流速很大（雷诺数较大）涡体也不易形成，紊流不会产生，因此，上临界雷诺数较大；如果管道中水流受到外界干扰较多，那么涡体很快形成，一旦惯性力足够大到可以克服阻力的抑制作用，涡体便会脱离原来的流层进入相邻流层，紊流形成，因此，上临界雷诺数变化范围较大且极不稳定。当流速由大变小，流态由紊流转变为层流时，一旦雷诺数达到临界值，表明惯性力不足以克服黏性力的抑制作用，流动过程产生的涡体，只能在原流层运动，不能脱离流层进入附近流层，因此质点的混掺作用停止，流动只能层状向前，紊流转变为层流。

4.3　均匀流动基本方程和沿程水头损失通用公式

无论是层流还是紊流，当流体在作均匀流动时仅产生沿程水头损失，而沿程阻力是造成沿程水头损失的直接原因。因此可通过理论分析建立沿程损失 h_f 与切应力 τ_0 的关系式，再找出切应力的变化规律，即可解决 h_f 的计算问题。另外圆管层流的流速分布也可通过理论分析推得，进而可得到圆管层流流动的主要特征。

4.3.1　均匀流基本方程

应用牛顿运动定律对圆管中的均匀流动进行理论分析，从而推得均匀流遵循的基本方程，该方程表达的是沿程损失 h_f 与切应力 τ 的关系。

如图 4-9 所示为均匀流段受力分析图，是从总流中沿管壁取出的 1—2 断面间的均匀流段，其轴线与垂直方向成 θ 角，断面 1 至 2 的流段长度为 l，过流断面面积为 A，平均流速为 $v_1=v_2$。

令 p_1、p_2 分别为断面 1 和 2 的形心点动压强；z_1、z_2 为形心点到基准面高度。作用在该流段上的外力有动压力、水体自重和摩擦阻力。动压力为

$$P_1=p_1A,\quad P_2=p_2A$$

重力为

$$G=\rho gAl$$

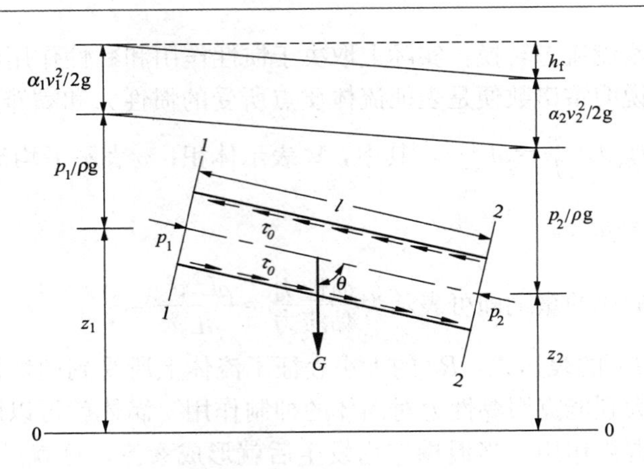

图 4-9 均匀流段受力分析

摩擦阻力：作用在各个流束间的摩擦力是成对的彼此相等，方向相反，因此不必考虑，需考虑的仅为不能抵消的总流与黏着于壁面上流体质点之间的内摩擦力。令 τ_0 为总流边界上的平均切应力，则摩擦力（表面切应力）$T=\tau_0\chi l$，其中 χ 为圆管湿周。

因讨论的问题涉及的是均匀流，流段间没有加速度，所以作用于流段的各个力处于平衡状态，列出力沿流段的动力平衡方程如下：

$$P_1-P_2+G\cos\theta-T=0$$

将以上给出的各力表达式代入上式得

$$p_1A-p_2A+\rho gAl\cos\theta-l\chi\tau_0=0$$

将几何关系式 $l\cos\theta=z_1-z_2$ 代入上式，并将等式两边各项同除 ρgA，整理得

$$\left(z_1+\frac{p_1}{\rho g}\right)-\left(z_2+\frac{p_2}{\rho g}\right)=\frac{l\chi}{A}\cdot\frac{\tau_0}{\rho g}$$

又据均匀流能量方程 $h_f=\left(z_1+\dfrac{p_1}{\rho g}\right)-\left(z_2+\dfrac{p_2}{\rho g}\right)$，代入上式得

$$h_f=\frac{l\chi}{A}\cdot\frac{\tau_0}{\rho g}$$

上式等同于

$$\tau_0=\rho g\cdot\frac{A}{\chi}\cdot\frac{h_f}{l}$$

又由于 $h_f/l=J$ 和 $R=A/\chi$ 关系式成立，上式又可以有另一种表达形式：

$$\tau_0=\rho gRJ \tag{4-5}$$

或

$$h_f=\frac{\tau_0 l}{\rho gR} \tag{4-6}$$

设圆管半径为 r_0，水力半径 $R=r_0/2$，式（4-5）和式（4-6）又可以分别表达为

$$\tau_0=\rho g\,\frac{r_0}{2}J \tag{4-7}$$

$$h_f=2\,\frac{\tau_0 l}{\rho g r_0} \tag{4-8}$$

式（4-5）到式（4-8）为均匀流的基本方程，表达了沿程水头损失 h_f 与壁面切应力 τ_0 的关系。由于均匀流基本方程是根据作用在恒定均匀流段上外力相平衡得到的平衡关系式，故而并没有反映流动过程中产生 h_f 的物理本质，公式的推导过程也没有涉及流体质点的运动状态。因此，均匀流基本方程对层流、紊流均适用，有压流和无压流也适用，然而层流、紊流切应力的产生和变化有本质不同，造成液流两种流态水头损失规律不同。

4.3.2　圆管层流过流断面切应力的分布

事实上做层流流动的流体，液流各流层之间均有内摩擦切应力 τ 存在。如在均匀流中任意选取半径为 r 的流束，采用同样的分析方法可求得半径为 r 的圆柱外表面上单位面积的切应力 τ：

$$\tau = \rho g \frac{r}{2} J \tag{4-9}$$

对比式（4-7）和式（4-9）有

$$\tau = \frac{r}{r_0}\tau_0 \tag{4-10}$$

由式（4-10）可知圆管层流切应力沿管径方向是呈线性分布的，圆管中心切应力为 0，沿半径方向逐渐增大，到管壁处最大为 τ_0（见图 4-10）。

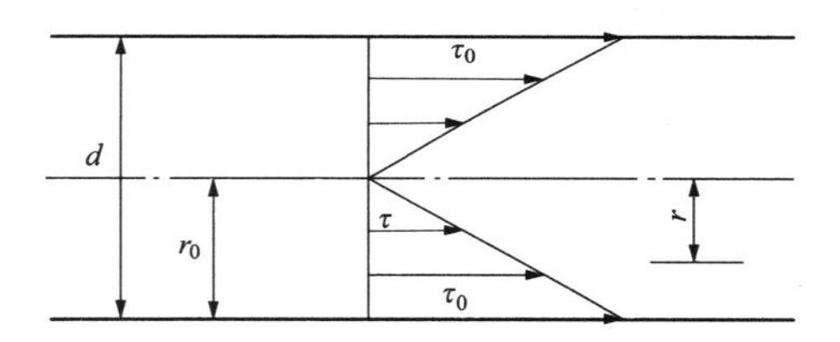

图 4-10　圆管均匀流过流断面切应力分布

对于宽浅的矩形渠道中层流流动其切应力也按直线分布（见图 4-11），但分布规律不同于圆管层流，因其自由液面 $\tau=0$，底部 $\tau=\tau_0$。

采用与上述同样的方法取隔离体进行分析，选取的原则为保证隔离体最外层摩擦切应力最大，所以选取的隔离体包含自由表面，如图 4-12 所示。据式（4-5）不难推得任意边界均匀流动的切应力分布

$$\tau = \frac{R'}{R}\tau_0 \tag{4-11}$$

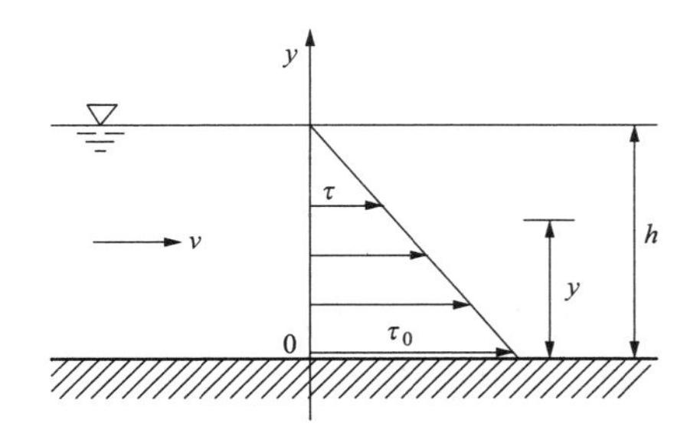

图 4-11　宽浅明渠均匀流过流断面切应力分布

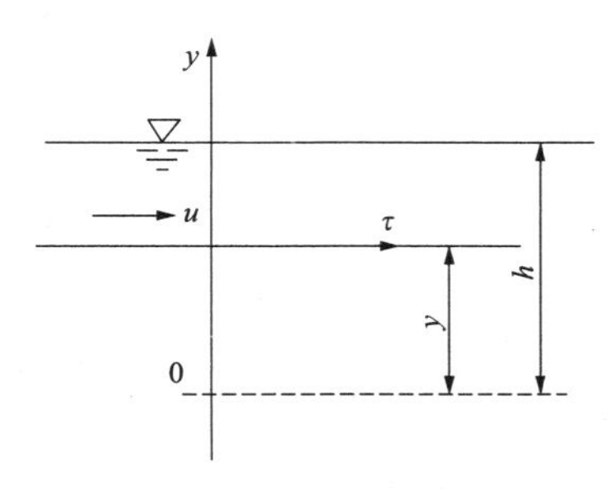

图 4-12　隔离体

式中：R'和R分别为隔离体断面的水力半径和总流断面的水力半径。

设图4-11的矩形断面宽度为B，则对应于图4-11和图4-12所示矩形断面的水力半径分别为$R=\frac{Bh}{B+2h}$和$R'=\frac{B(h-y)}{B+2(h-y)}$，将水力半径表达式代入式（4-11）得

$$\tau=\frac{(h-y)(B+2h)}{h[B+2(h-y)]}\tau_0 \tag{4-12}$$

对于宽浅矩形渠道有$B\gg h$，式（4-12）简化为

$$\tau=\left(1-\frac{y}{h}\right)\tau_0 \tag{4-13}$$

4.3.3 沿程水头损失的计算公式

均匀流基本方程式（4-6）到式（4-8）表达了沿程水头损失h_f与固壁切应力τ_0的关系，事实上只要确定切应力τ_0的计算方法，据式（4-6）可确定沿程水头损失的变化规律。大量的试验研究表明，圆管均匀流壁面摩擦切应力τ_0取决于流体的速度v、流体的密度ρ、流体的黏性μ、管道断面的特性R以及管壁的粗糙程度，前人依据量纲分析的方法给出

$$\tau_0=\frac{\lambda}{8}\rho v^2 \tag{4-14}$$

式中：λ称为沿程阻力系数，是随流体的黏性μ、管道断面的特性R以及管壁的粗糙程度和流动的型态不同而变化的无量纲数。

将式（4-14）代入式（4-6）整理后得

$$h_f=\lambda\frac{l}{4R}\frac{v^2}{2g} \tag{4-15}$$

对于圆管用直径d代替式中水力半径R有

$$h_f=\lambda\frac{l}{d}\frac{v^2}{2g} \tag{4-16}$$

式（4-16）最早是由法国工程师达西（H. Darcy）和德国水力学家魏斯巴赫（J. L. Weisbach）提出的，习惯上也称达西-魏斯巴赫公式，简称为达西公式，该式虽然是依据圆管流动提出的，但经实践证明，式（4-16）是一通用公式，可用于计算任何边界条件的各种流态的沿程水头损失，只是对于不同的流动型态沿程阻力系数的变化规律不尽相同。

实验研究表明，沿程阻力系数λ是流动雷诺数$Re=\frac{vd}{\nu}$和流道壁面的相对粗糙度$\left(\frac{\kappa}{d}\right)$的函数，即$\lambda=f\left(Re,\frac{\kappa}{d}\right)$，其中$\kappa$表示管壁内侧绝对粗糙高度。为了寻求$\lambda$的变化规律，需要对层流流动和紊流流动特征分别进行研究。

4.4 圆管中的层流流动

长而直圆管中的层流运动是较为简单的流动情况之一，容易根据流体的表面切应力表达式，用理论方法导出断面流速分布公式和沿程阻力系数λ表达式。

4.4.1 流动的特征

在图4-13中设圆管半径为r_0，流体r处的流速为u_x，选取圆管同轴线、半径为r_0的圆

柱体流体进行分析。层流的主要特点是流层的质点互不掺混，所以圆管中的层流运动可看作是许多无限薄的同心圆管一层套一层地运动着，因此每一个圆筒层表面切应力都可按牛顿内摩擦定律计算，于是有

$$\tau=\mu\frac{\mathrm{d}u_x}{\mathrm{d}y} \tag{4-17}$$

式中：u_x 是沿管轴线方向的流速分布；y 方向垂直于管轴线方向，据牛顿内摩擦定律所对应的速度分布情况，式（4-17）中 y 的正方向为管周界指向管轴线，即速度增大方向。

将图 4-13 中几何关系 $y=r_0-r$ 代入式（4-17）得

$$\tau=-\mu\frac{\mathrm{d}u_x}{\mathrm{d}r} \tag{4-18}$$

鉴于圆管层流的流速分布，u_x 随 r 的增大而减小，为了保证切应力为正值，故在式（4-18）等号右侧增加一“—”号。

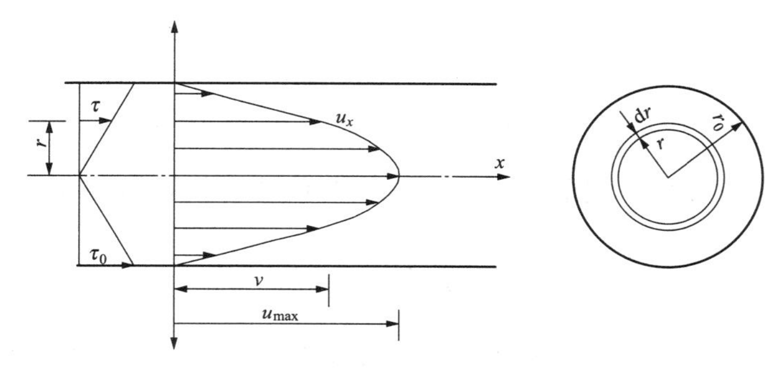

图 4-13　层流流速分布

4.4.2　流速分布

对比式（4-18）和均匀流基本方程式（4-9）得 $\rho g\frac{r}{2}J=-\mu\frac{\mathrm{d}u_x}{\mathrm{d}r}$，整理为 $\mathrm{d}u_x=-\frac{\rho gJ}{\mu}\frac{r}{2}\mathrm{d}r$，积分后得

$$u_x=-\frac{\rho gJ}{4\mu}r^2+C \tag{4-19}$$

利用图 4-13 所示流动的边界条件求积分常数 C，将 $r=r_0$ 和 $u_x=0$ 代入上式可得 $C=\frac{\rho gJ}{4\mu}r_0^2$，并将积分常数回代式（4-19）得

$$u_x=\frac{\rho gJ}{4\mu}(r_0^2-r^2) \tag{4-20}$$

式（4-20）是过流断面流速分布的解析式，为旋转抛物面方程，故圆管层流过流断面上流速呈旋转抛物面分布，如图 4-13 所示。

1. 最大流速

将 $r=0$ 代入式（4-20），可求得管轴处的最大流速 u_{max} 为

$$u_{max}=\frac{\rho gJ}{4\mu}r_0^2=\frac{\Delta pd^2}{16\mu l} \tag{4-21}$$

2. 流量

据第 3 章体积流量公式可求得过流断面体积流量 Q_V 为

$$Q_V=\int_A u\,\mathrm{d}A=\int_0^{r_0}\frac{\rho gJ}{4\mu}(r_0^2-r)\cdot 2\pi r\mathrm{d}r=\frac{\rho gJ}{8\mu}\pi r_0^4=\frac{\pi d^4\Delta p}{128\mu l} \tag{4-22}$$

3. 断面平均流速 v

$$v=\frac{Q_V}{A}=\frac{\rho gJ}{8\mu}{r_0}^2=\frac{\Delta pd^2}{32\mu l} \tag{4-23}$$

比较式（4-21）和式（4-23）可知

$$v=\frac{u_{\max}}{2} \tag{4-24}$$

上式表明圆管层流的断面平均流速 v 是断面最大流速 $u_{\max}$ 的一半，可见层流的过流断面上流速分布极不均匀。

4. 切应力

$$\tau=-\mu\frac{\mathrm{d}u_x}{\mathrm{d}r}=-\mu\frac{\mathrm{d}\left[\frac{\rho gJ}{4\mu}(r_0^2-r^2)\right]}{\mathrm{d}r}=\frac{\rho gJ}{2}r=\frac{\Delta pr}{2l} \tag{4-25}$$

切应力随半径 r 呈线性分布，如图 4-10 所示，在管轴线处最小为零，在管壁处最大，据上式求得 τ_0 为

$$\tau_0=\frac{\rho gJ}{2}r_0=\frac{\Delta pr_0}{2l} \tag{4-26}$$

以上各式中 $\Delta p=\rho gh_f$，是长度为 l 的水平管上的压降（参见雷诺实验装置图），即

$$\Delta p=(p_2-p_1)/l$$

5. 动能修正系数和动量修正系数

据流速分布公式还可求得动能修正系数和动量修正系数

$$\alpha=\frac{\int_A u^3\mathrm{d}A}{v^3A}=\frac{\int_0^{r_0}\left[\frac{\rho gJ}{4\mu}(r_0^2-r^2)\right]^3\cdot 2\pi r\mathrm{d}r}{\left(\frac{\rho gJ}{8\mu}r_0^2\right)^3\pi r_0^2}=2 \tag{4-27}$$

$$\beta=\frac{\int_A u^2\mathrm{d}A}{v^2A}=\frac{\int_0^{r_0}\left[\frac{\rho gJ}{4\mu}(r_0^2-r^2)\right]^2\cdot 2\pi r\mathrm{d}r}{\left(\frac{\rho gJ}{8\mu}r_0^2\right)^2\pi r_0^2}=\frac{4}{3} \tag{4-28}$$

4.4.3 沿程损失与沿程阻力系数

由式（4-23）$v=\frac{\rho gJ}{8\mu}r_0^2$ 变形为

$$h_f=\frac{32\nu vl}{gd^2} \tag{4-29}$$

式（4-29）表明：在层流时 h_f 与 v 的一次方成正比，与雷诺实验的结果完全一致。

进一步将式（4-29）变形为 $h_f=\frac{32\nu vl}{gd^2}=\frac{64\nu}{dv}\frac{l}{d}\frac{v^2}{2g}$，对比达西公式 $h_f=\lambda\frac{l}{d}\frac{v^2}{2g}$ 可知：

$$\lambda=\frac{64}{Re} \tag{4-30}$$

式（4-30）表明，圆管中恒定均匀层流的沿程阻力系数 λ 与管壁粗糙度无关，而仅与 Re 有关，并与 Re 成反比。

【例4-3】 油在管径 $d=200\text{mm}$，长度 $l=20\text{km}$ 的管道流动。若管道水平放置，油的密度和运动黏滞系数为 $\rho=915\text{kg/m}^3$，$\nu=1.86\times10^{-4}\text{m}^2/\text{s}$，求每小时通过 50t 油所需要的功率。

【解】 管道中的体积流量 $Q_V=\dfrac{Q_m}{\rho}=\dfrac{50\times1000}{915\times3600}=0.0152\ (\text{m}^3/\text{s})$

断面平均流速 $v=\dfrac{Q_V}{A}=\dfrac{4Q}{\pi d^2}=\dfrac{4\times0.0152}{\pi\times0.2^2}=0.48\ (\text{m/s})$

流动雷诺数 $Re=\dfrac{vd}{\nu}=\dfrac{0.48\times0.2}{1.86\times10^{-4}}=520<2000$

故管道中的流动为层流。

根据式（4-26），沿程阻力系数 $\lambda=\dfrac{64}{Re}=\dfrac{64}{520}=0.12$

由达西公式得 $h_f=\lambda\dfrac{l}{d}\dfrac{v^2}{2g}=0.12\times\dfrac{20\times10^3}{0.2}\times\dfrac{0.48^2}{2\times9.8}=141.06\ (\text{m})$

所需的功率 $P=gQ_mh_f=9.8\times\dfrac{50\times1000}{3600}\times141.06=19200\text{W}=19.2\ (\text{kW})$

4.5　紊流运动的特征和紊流阻力

自然界中和实际工程中的大多数流动均为紊流，工业生产中的许多工艺过程，如流体的管道输送、燃烧过程、掺混过程、传热和冷却等都涉及紊流问题，可见紊流更具有普遍性。

由于紊流流场中质点之间相互混掺、碰撞，导致运动状况相当复杂，对于这种复杂运动规律的研究迄今为止并未完全搞清，所以无法采用理论分析的方法研究紊流流动特征。目前对紊流的研究只限于在某些特定条件下，综合应用试验和理论相结合的研究方法，给出一些半经验半理论规律。

4.5.1　紊流的脉动性和时均性

紊流最基本的特征就是流体质点之间的互相混掺，因此紊流流场中任意点的流动参数，如速度的三个分量、压强和温度等都随时间而发生随机的不规则的脉动，而紊流的运动要素在时间、空间上分布具有随机性这一基本特征的同时也具有统计意义上的确定性。

紊流中运动要素的脉动现象是紊流流态的一般规律，但其紊流的脉动现象是一个十分复杂的运动，脉动的幅度与频度的规律性较差，精确地描述和预测瞬时流速或瞬时压强的时间、空间变化规律是十分困难的课题。所以迄今为止，在涉及紊流流动的工程设计和研究工作中广泛采用模化方法（采用流动模型来代替实际流体的方法），其中最主要的一种方法为时间平均法来研究紊流运动。

如图4-14所示为紊流流动的脉动特征，图中给出了紊流流场中某点流速 u_x 随时间 t 脉动的情况，可以发现瞬时流速虽是脉动的随机量，但其运动却始终围绕在某一平均值上下波动即具有某种规律的统计学特征。从对大量的实测资料的观测也证实了这样的结果。

由于不同时刻的紊流脉动围绕某一平均值急剧波动，其水流的性质显然与这一平均值有密切关系，而水流的特征在很大程度上可由时间平均值来表征。即引进时均流速的概念为

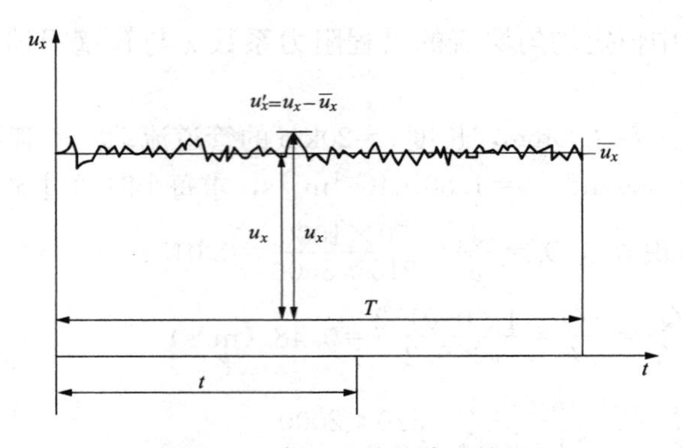

图 4-14 紊流流动的脉动特征

$$\overline{u}_x=\frac{1}{T}\int_0^T u_x\mathrm{d}t \tag{4-31}$$

只要建立了时间均值的概念，前面采用的分析水流运动规律的方法均可适用于紊流运动的研究。如流线是指时间平均流速场的流线，恒定流是指流场中任意点运动要素的时间平均值不随时间变化、非恒定流是指运动要素的时间平均值随时间变化。恒定流紊流和非恒定流紊流分别如图 4-15 和图 4-16 所示。

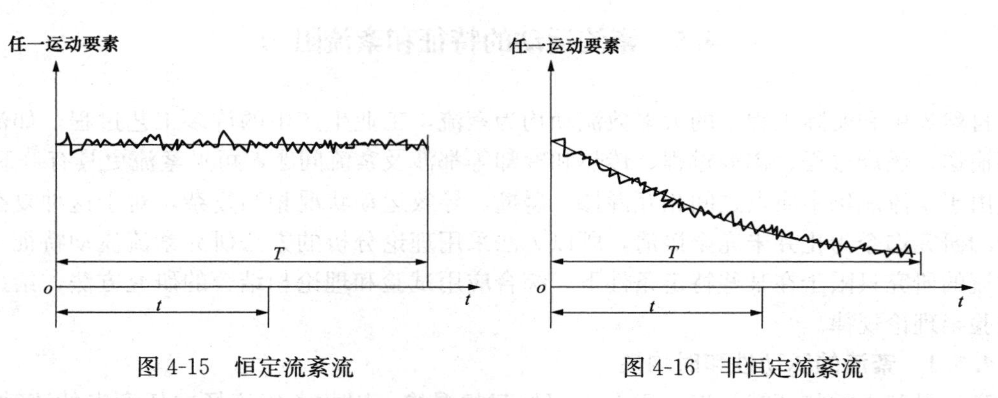

图 4-15 恒定流紊流　　　　图 4-16 非恒定流紊流

瞬时流速与时间平均流速的差称为脉动流速 u'_x，即

$$u'_x=u_x-\overline{u_x} \tag{4-32}$$

于是可把瞬时流速 u_x 看作时均流速$\overline{u}_x$ 和脉动流速 u'_x两部分组成，即

$$u_x=\overline{u_x}+u'_x \tag{4-33}$$

由于 u'_x随时间有大也有小、时正时负，在较长时段 T 中，脉动流速的平均值等于零。因为

$$\overline{u'_x}=\overline{u_x-\overline{u_x}}=\frac{1}{T}\int_0^T(u_x-\overline{u_x})\mathrm{d}t=\frac{1}{T}\int_0^T u_x\mathrm{d}t-\frac{1}{T}\int_0^T\overline{u_x}\mathrm{d}t=\overline{u_x}-\overline{u_x}=0 \tag{4-34}$$

所以采用式（4-33）表示瞬时流速是合理的。其他运动要素如瞬时压强也可用时均压强加脉动压强表示。

需要说明一点：紊流速度的脉动不仅在主流动方向有脉动现象，同时在垂直于主流的两个方向也存在横向脉动，横向脉动流速的时均值也为零，即 $\overline{u'_y}=\overline{u'_z}=0$。

脉动流速的均值虽等于零，但脉动流速的均方根 σ 不等于零，所以常采用 σ 表示脉动幅度的大小，σ 表示为

$$\sigma = \sqrt{\overline{u'^2}} \tag{4-35}$$

定义脉动流速的均方根 σ 与时均值的断面平均流速 v 之比为紊动强度 T_u：

$$T_u = \frac{\sigma}{v} \tag{4-36}$$

根据可靠的实验资料证明：靠近固体边界的紊动强度较大，远离固体边界的紊动强度较小，对于圆管紊流就是管壁处紊动强度最大，管轴处最小；对于渠道水流就是靠近水面的紊动强度最弱。这是由于固体边壁处流速梯度和流动阻力都比较大，再有固体壁面粗糙度对水流的干扰，因此靠近固体壁面附近最容易形成涡体，是涡体的发源地。

4.5.2　紊流阻力

在层流运动中只存在层间的相对运动，这种相对运动所引起的黏滞切应力遵循牛顿内摩擦定律，表示为

$$\tau = \mu \frac{du}{dy} \tag{4-37}$$

而在紊流运动中，除了有主流方向的平均运动在各流层间的相对运动引起的黏性切应力（同层流切应力）τ_1 外，还有因不同流层间流体质点的互相混掺或流动的脉动特性，致使流层的动量发生改变而产生的附加切应力称为雷诺应力 τ_2。因此，研究紊流时，均切应力 $\bar{\tau}$ 的计算规律分为两部分分别进行：

$$\bar{\tau} = \bar{\tau}_1 + \bar{\tau}_2 \tag{4-38}$$

其中 $\bar{\tau}_1$ 的计算方法同式（4-37），具体表示为

$$\bar{\tau}_1 = \mu \frac{d\bar{u}_x}{dy} \tag{4-39}$$

通常采用普朗特（L. Prandt）混合长度理论或动量传递假说推导 $\bar{\tau}_2$ 的计算方法。如图 4-17（a）所示的流动用于分析质点在相邻流层之间互相混掺而使得动量发生改变时的附加切应力 $\bar{\tau}_2$。在图中定义流体与固壁接触面为 x 轴，其正方向定义为与主流时均流速方向相同，与固体壁面垂直方向定义为 y 轴，其正方向指向远离固体壁面的方向，图中所示的流动对管道和渠道均适用；令 x 方向时均流速分布为 $u_x = u_x(y)$，y 方向时均流速为零。距壁面 y 处有一流层 A—A 其主流方向流速设为 u_x，在 A—A 层的上部有一相邻层 B—B 其流速设为 $u_x + l\mathrm{d}u_x/\mathrm{d}y$，在 A—A 层的下部有一相邻层 C—C 其流速设为 $u_x - l\mathrm{d}u_x/\mathrm{d}y$，两相邻层与 A—A 相距均为 l。

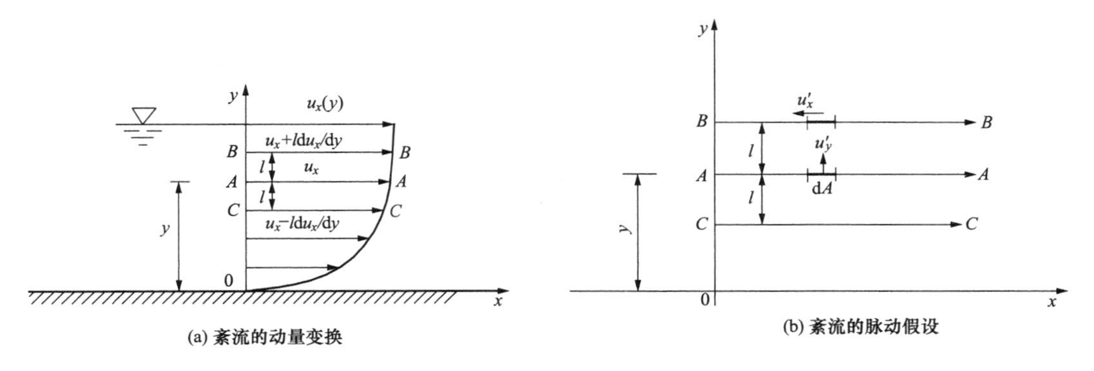

图 4-17　紊流流层间质点混掺

在图 4-17（a）中取出相邻流层 A—A 和 B—B 如图 4-17（b）所示进行分析。假设在 t_1 时刻 A—A 流层的流体微元以脉动流速 u'_y 经面积为 $\mathrm{d}A$ 的微元面向流层 B—B 方向移动进行混掺，在 $\mathrm{d}t$ 时段内质量为 $\mathrm{d}m=\rho u'_y \mathrm{d}A\mathrm{d}t$、主流方向动量为 $\mathrm{d}mu_x=\rho u'_y \mathrm{d}A\mathrm{d}tu_x$ 的流体微团到达 B—B 层并与 B—B 流层的质点混掺，此时流体微团的流动特性同 B—B 层，时均运动速度变为该层的速度。普朗特动量传递假说认为，流体微团在由 A—A 层向 B—B 层运动过程中动量不发生变化，动量的变化发生在流体微团到达 B—B 层的瞬间，并假设发生动量变化的 A—A 和 B—B 间的距离为 l，习惯上称 l 为普朗特混掺长度。此时该流体微团的动量变为 $\rho u'_y \mathrm{d}A\mathrm{d}t$（$u_x+u'_x$），则动量的变化量为 $\rho u'_y u'_x \mathrm{d}A\mathrm{d}t$，根据冲量定理，该时段的动量发生了变化，必然有一冲量 $\mathrm{d}T\mathrm{d}t$ 作用于微元体，这个冲量是由时均剪切力产生其值等于动量的变化量，取时间平均运算即

$$\overline{\mathrm{d}T}\mathrm{d}t=\rho\overline{u'_x u'_y}\mathrm{d}A\mathrm{d}t \tag{4-40}$$

等式两边同除 $\mathrm{d}A\mathrm{d}t$

$$\bar{\tau}_2=\frac{\overline{\mathrm{d}T}}{\mathrm{d}A}=\rho\overline{u'_x u'_y} \tag{4-41}$$

式中：$\mathrm{d}T$ 为作用在流体微团上的摩擦阻力。考虑到 u'_y 和 u'_x 的与坐标轴的正方向并非一致，因为如 $u'_y>0$，流体微团向上层混掺，因为下层流体对上层的作用是减缓流动，所以 $u'_x<0$；反之如果 $u'_y<0$，流体微团向下层混掺，上层流体对下层的作用是加快流动，所以 $u'_x>0$。

为了保证切应力为正值将上式等号右侧增加符号“－”，于是得附加切应力

$$\bar{\tau}_2=-\rho\overline{u'_x u'_y} \tag{4-42}$$

因此紊流总的切应力时均值为

$$\bar{\tau}=\bar{\tau}_1+\bar{\tau}_2=\mu\frac{\mathrm{d}\bar{u}_x}{\mathrm{d}y}-\rho\overline{u'_x u'_y} \tag{4-43}$$

附加切应力变化规律的半经验理论有布辛涅斯克理论、泰勒涡量输运理论、卡门相似性理论。其中普朗特的混合长度理论运用最为广泛，该理论给出的基本假定：

（1）纵向脉动流速 u'_y 与 $l\mathrm{d}u_x/\mathrm{d}y$ 同数量级，可写成 $u'_y\sim l\dfrac{\mathrm{d}\overline{u_x}}{\mathrm{d}y}$。

（2）横向脉动流速 u'_x 与纵向脉动流速 u'_y 同量级，写成 $u'_x\sim -u'_y$。

据前文中推导的过程及式（4-40）到式（4-42）可以将附加切应力 τ_2 解释为单位时间单位面积的动量，则 $\rho\overline{u'_x u'_y}$ 表示单位时间通过单位面积 x 方向的脉动动量。依据假定（1）和（2）有

$$u'_x=l\frac{\mathrm{d}\overline{u_x}}{\mathrm{d}y} \tag{4-44}$$

$$u'_y=-Cl\frac{\mathrm{d}\overline{u_x}}{\mathrm{d}y} \tag{4-45}$$

将式（4-44）和式（4-45）代入式（4-43）式可得

$$\bar{\tau}=\bar{\tau}_1+\bar{\tau}_2=\mu\frac{\mathrm{d}\bar{u}_x}{\mathrm{d}y}+\rho C\,\overline{l^2}\left(\frac{\mathrm{d}\overline{u_x}}{\mathrm{d}y}\right)^2 \tag{4-46}$$

若令 $C\overline{l^2}=\mathrm{L}^2$，式（4-46）化简为

$$\bar{\tau}=\bar{\tau}_1+\bar{\tau}_2=\mu\frac{\mathrm{d}\bar{u}_x}{\mathrm{d}y}+\rho L^2\left(\frac{\mathrm{d}\overline{u_x}}{\mathrm{d}y}\right)^2 \tag{4-47}$$

式（4-47）即为普朗特混合长度理论的基本公式，简称为普朗特公式，式中 L 为新的长度，

通常仍称为混合长度。应用此公式求解紊流问题时，还应据具体流动情况对混合长度 L 做出假定，补充关系式才能求解。为了书写简单，在研究紊流时将平均值符号省略，所以下面关于紊流的讨论将不再出现时均符号，但讨论的均为时均值。

4.5.3　紊流流动结构与速度分布规律

1. 流动结构

研究表明固体壁面的粗糙程度和紊流的流动结构共同影响其速度分布规律。

一方面，在实际工程中绝对光滑的流道壁面是不存在的，任何流道的壁面上总是凸凹不平的。将凸出壁面的几何高度称为绝对粗糙度，以 κ 表示；对于圆管绝对粗糙度与管径的比值称为相对粗糙度，以 $\left(\frac{\kappa}{d}\right)$ 表示。

另一方面，圆管中的紊流运动速度分布不同于层流的抛物线分布，由于流体质点的横向脉动使速度分布趋于均匀，显然，雷诺数越大，流体质点相互混掺越剧烈，速度分布越均匀。而且在靠近壁面的近壁区和远离壁面的紊流发展区流动结构差异很大（见图 4-18）：①在近壁区固体壁面的法向约束使得质点不能沿法向运动，法向的脉动也受到抑制，质点黏附在固体壁面，使得法向上流速梯度很大，无论远处质点如何脉动，在近壁薄层内黏性作用占主导地位，流体呈层状运动，这一薄层称为黏性底层，或近壁层流层；②在离边壁不远处到中心的大范围区域，存在大量涡体，流体质点的脉动和涡体的混掺结果使得流速分布均匀，涡体运动起主导作用，涡体横向运动的动量交换是流层间切应力的主要来源，流体黏性作用可以忽略，这部分流体紊流运动充分发展称为紊流核心区；③在黏性底层与紊流核心区之间范围很小的区域称为过渡区，由于过渡区流动复杂范围很小，一般并入核心区研究。

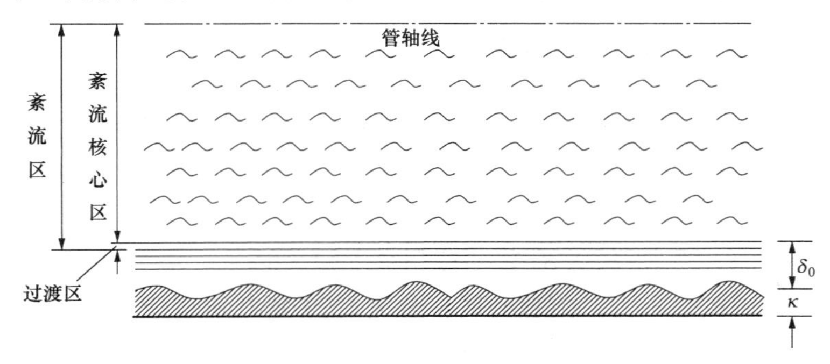

图 4-18　紊流流动结构

尽管黏性底层厚度很薄，但它在决定流速分布与水头损失上起着关键作用。依据实验数据，黏性底层的厚度 δ_0 可用下式计算：

$$\delta_0 = \frac{32 \cdot 8d}{Re\sqrt{\lambda}} \tag{4-48}$$

式中：d 为圆管直径；Re 为雷诺数；λ 为沿程阻力系数。

由此可见，随雷诺数和沿程阻力系数的增大，黏性底层将变薄，黏性底层的厚度 δ_0 与管壁粗糙度的对比关系也将随雷诺数而变化，进而影响紊动状况和流动结构，从而影响到式（4-47）中的两部分的切应力所占比重也随 Re 的变化而不同。即在 Re 较小时紊动较弱，τ_1 占主导地位；在 Re 较大时紊动增强，τ_2 增大；当 Re 很大时，紊流充分，τ_2 占主导地位。

由于 λ 是难以预先确定的，用式（4-48）计算 δ_0 是不方便的。下面可从边壁摩擦切应力

τ_0 来导出 δ_0 的计算式。均匀流基本方程给出了圆管均匀流 h_f 和壁面切应力 τ_0 的关系：

$$\tau_0 = \rho g \frac{r_0}{2} J = \rho g \frac{d}{4} \cdot \frac{h_f}{l}$$

为建立沿程阻力系数 λ 与壁面切应力关系，将达西公式 $h_f = \lambda \frac{l}{d} \cdot \frac{v^2}{2g}$ 代入上式，可得

$$\tau_0 = \rho g \frac{d}{4} \cdot \frac{\lambda}{l} \cdot \frac{l}{d} \cdot \frac{v^2}{2g} = \rho \frac{\lambda}{8} v^2$$

整理可得

$$\sqrt{\tau_0/\rho} = v\sqrt{\lambda/8} \tag{4-49}$$

由于 $\sqrt{\frac{\tau_0}{\rho}}$ 具有速度的量纲 $[L \cdot T^{-1}]$，称为摩阻流速用 u^* 表示，即 $u^* = \sqrt{\frac{\tau_0}{\rho}}$，将其代入式（4-49）有

$$\frac{u^*}{v} = \frac{\sqrt{\tau_0/\rho}}{v} = \sqrt{\lambda/8} \tag{4-50}$$

将上式与 $Re = \frac{vd}{\nu}$ 代入式（4-48）整理可得

$$\delta_0 = 11.6 \frac{\nu}{u^*} \tag{4-51}$$

对应定义摩阻雷诺数为

$$Re_\delta = \delta_0 u^* / \nu = 11.6 \tag{4-52}$$

为了方便分析流速分布规律进而分析沿程阻力系数变化规律，根据黏性底层厚度与管壁粗糙度的对比关系将圆管紊流流动进行水力分区。

（1）水力光滑壁面。当 Re 较小 δ_0 较厚或粗糙度较小时，$\delta_0 \gg \kappa$，黏性底层能够完全掩盖住 κ，紊流就好像在光滑的壁面上流动一样，边壁对流动阻力只有黏性底层的黏滞阻力，粗糙度对紊流不起作用［见图 4-19（a）］，具有这种壁面的管道称水力光滑壁面，也称水力光滑管。

（2）水力粗糙壁面。当 Re 较大 δ_0 较薄或粗糙度较大时，$\delta_0 \ll \kappa$，壁面的 κ 已完全伸入紊流核心区，紊流绕过突出到紊流区的粗糙体会产生小漩涡，加剧了紊流的脉动作用，此时边壁对流动的阻力主要由这些小漩涡的横向掺混运动而造成，而黏性底层的黏滞阻力作用是十分微弱的，边壁粗糙度对紊流的影响起主导作用［见图 4-19（c）］，具有这种壁面的管道称水力粗糙壁面，也称水力粗糙管。

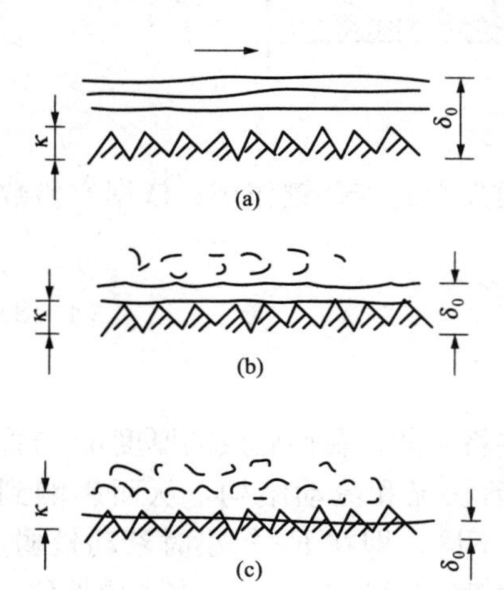

图 4-19 紊流水力分区

（3）过渡粗糙面。壁面的粗糙度介于水力光滑管和水力粗糙管之间，见图 4-19（b），称这种壁面的管道为水力过渡粗糙面，也称为水力过渡粗糙管。

需要指出：水力光滑管与水力粗糙管取决于流体的运动情况而并非管壁的绝对粗糙度。同一管道，在不同流速条件下黏性底层厚度不同，可能是光滑管也可能是粗糙管，也可以说，管道的雷诺数不同，水力分区不完全

相同。

2. 速度分布规律

圆管紊流结构分为黏性底层、过渡区和紊流核心区三个流层，在各流层内两种切应力大小所占比例不同，其作用也不同，所以流速断面分布规律在各流层内差别也很大。

综合前面对圆管层流分析和本节紊流分析可知：

$$\tau=\tau_1+\tau_2=\mu\frac{\mathrm{d}\overline{u_x}}{\mathrm{d}y}+\rho l^2\left(\frac{\mathrm{d}\overline{u_x}}{\mathrm{d}y}\right)^2 \tag{4-53}$$

$$u^*=\sqrt{\frac{\tau_0}{\rho}} \tag{4-54}$$

如取 y 轴垂直于管壁且指向管轴方向，零点位于管壁，则有 $r=r_0-y$，于是有

$$\mu\frac{\mathrm{d}\overline{u_x}}{\mathrm{d}y}+\rho l^2\left(\frac{\mathrm{d}\overline{u_x}}{\mathrm{d}y}\right)^2=\rho u^{2*}\left(1-\frac{y}{r_0}\right) \tag{4-55}$$

上式等号两边同除密度 ρ 得

$$\nu\frac{\mathrm{d}\overline{u_x}}{\mathrm{d}y}+l^2\left(\frac{\mathrm{d}\overline{u_x}}{\mathrm{d}y}\right)^2=u^{2*}\left(1-\frac{y}{r_0}\right) \tag{4-56}$$

为便于说明时均流速的影响因素，先考察壁面附近流动。紧靠壁面处，流速梯度$\frac{\mathrm{d}\overline{u_x}}{\mathrm{d}y}$和黏滞切应力$\nu\frac{\mathrm{d}\overline{u_x}}{\mathrm{d}y}$均很大，流体的黏性影响突出，无疑运动黏滞系数是影响流速的重要因素；边壁切应力 τ_0 是流体流动特征、流体的性质以及边壁的粗糙度相互作用的产物，τ_0 和由其导出的摩阻速度 u^* 都取决于整个流动，一旦被规定必然对附近的流动产生影响，所以 u^* 也是重要影响因素之一。所以，影响流体速度分布规律的主要参数有运动黏度 ν、摩阻流速 u^* 和离壁面的距离 y，这个结论在式（4-56）中也可以看出。

在式（4-56）中包含的两种切应力的大小随流动情况不同所占比例不同，雷诺数小时黏滞切应力占主要，随着雷诺数的不断增大，紊动加剧，附加切应力逐渐加大，到雷诺数很大，紊流充分发展之后，附加切应力占绝对优势，前者影响已忽略不计，式（4-56）变为

$$l^2\left(\frac{\mathrm{d}\overline{u_x}}{\mathrm{d}y}\right)^2=u^{2*}\left(1-\frac{y}{r_0}\right) \tag{4-57}$$

据萨特克维奇给出的研究结果

$$l=ky\sqrt{1-\frac{y}{r_0}} \tag{4-58}$$

式中：k 为卡门常数，试验值 $k\approx0.4$。

将式（4-58）代入式（4-57）得

$$\frac{\mathrm{d}\overline{u_x}}{\mathrm{d}y}=\frac{u^*}{ky} \tag{4-59}$$

式（4-59）积分后将 $k\approx0.4$ 代入得

$$u_x=5.75u^*\lg y+C \tag{4-60}$$

其中 C 为积分常数，需要由实验确定。式（4-60）为壁面附近流速分布的一般公式，将其推广应用于除黏性底层以外的整个过流断面，同实际流速分布仍相符。

尽管混合长度理论的假设不够严谨，但由于这一理论是从紊流特征出发，反映了紊流的

主要特点，且推导简单，理论结果与实际相符，故至今仍是工程上得到广泛应用的紊流阻力理论。

圆管紊流的实验研究表明，当壁面粗糙度不同，对数流速分布式中的常数C是不同的。对于光滑管和粗糙管的流速分布对数公式分别如下。

（1）水力光滑管：

$$\frac{u_x}{u^*}=5.75\lg\frac{u^* y}{\nu}+5.5 \tag{4-61}$$

$$\frac{v}{u^*}=5.75\lg\frac{u^* r_0}{\nu}+1.75 \tag{4-62}$$

（2）水力粗糙管：

$$\frac{u_x}{u^*}=5.75\lg\frac{y}{\kappa}+8.5 \tag{4-63}$$

$$\frac{v}{u^*}=5.75\lg\frac{r_0}{\kappa}+4.75 \tag{4-64}$$

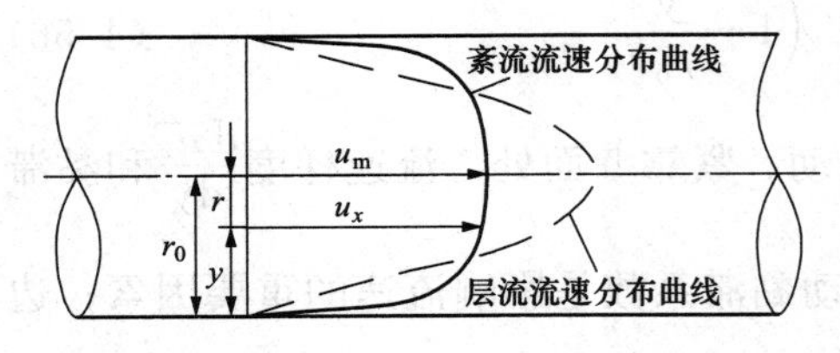

图 4-20　圆管层流和紊流流速分布对比图

通过大量实测数据表明：对数流速分布公式适用于描述大多实际条件下管道紊流与明渠紊流的过流断面流速分布。对数形式的紊流流速分布的均匀性比抛物线分布要好得多，可知紊动的发生造成了流速分布均匀化，圆管层流和紊流流速分布对比图如图 4-20 所示。

圆管紊流与明渠紊流断面流速分布表达式，目前最常用的还有一种表示成下列指数形式（普朗特建议紊流流速分布）：

$$\frac{u_x}{u_m}=\left(\frac{y}{r_0}\right)^{\frac{1}{n}} \tag{4-65}$$

式中：u_m 表示断面最大流速（如图 4-20 所示），n 为指数，其值与雷诺数有关，紊流流速指数见表 4-1。

表 4-1　　紊 流 流 速 指 数

Re	4×10^4	2.3×10^4	1.1×10^5	1.1×10^6	2.0×10^6	3.2×10^6
n	6.0	6.6	7.0	8.0	10.0	10.0

应当注意，实际圆管紊流的时均流速分布应满足下列条件：

管轴　$y=r_0$，　$\dfrac{du_x}{dy}=0$

管壁　$y=0$，　$\tau_0=\mu\dfrac{du_x}{dy}<\infty$

但是无论是对数流速分布公式，还是指数流速分布公式均不能满足以上两个条件。所以以上半经验公式还有待完善。

【例 4-4】 使用流速分布的对数公式，推求二元明渠流动流速分布曲线上与断面平均流速相等点的位置坐标（见图 4-21）。

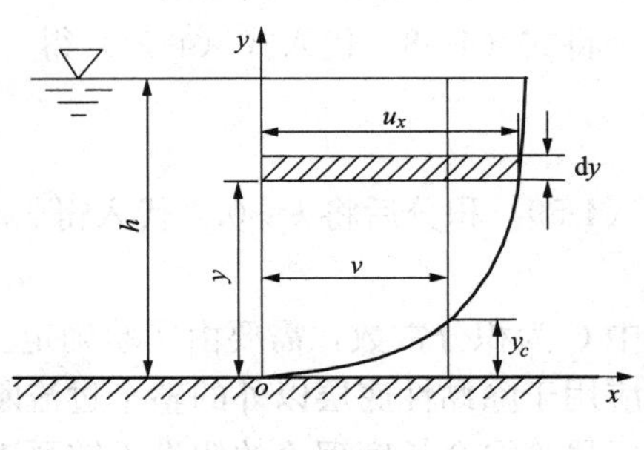

图 4-21　例 4-4 图

【解】 由粗糙管公式（4-63）得

$$u_x = u^*\left(5.75\lg\frac{y}{\kappa}+8.5\right) = u^*\left(2.5\ln\frac{y}{\kappa}+8.5\right)$$

求单宽流量 q_V（指单位渠道宽度上的体积流量，即 $q_V=Q_V/B$，其中 B 为渠道宽度）：

$$q_V = \int_0^h u_x \mathrm{d}y = \int_0^h u^*\left(2.5\ln\frac{y}{\kappa}+8.5\right)\mathrm{d}y$$

$$= u^*\left(2.5y\ln\frac{y}{\kappa}-2.5y+8.5y\right)\Big|_0^h = u^*\left(2.5h\ln\frac{h}{\kappa}+6h\right)$$

求平均流速：

$$v = \frac{q_V}{h} = u^*\left(2.5\ln\frac{h}{\kappa}+6\right)$$

求流速等于平均流速的点离渠底距离 y_c：

令
$$u^*\left(2.5\ln\frac{y_c}{\kappa}+8.5\right) = u^*\left(2.5\ln\frac{h}{\kappa}+6\right)$$

求解得

$$y_c = \frac{1}{e}h = 0.367h$$

结果表明，在自由液面下 $0.633h$ 处的流速等于断面平均流速，所以在水文测量中一般采用水下 $0.6h$ 处的流速作为断面平均流速的近似值。

4.6　沿程损失系数的变化规律

前面已经讨论了沿程水头损失的计算公式和层流水头损失系数的理论计算方法，那么紊流水头损失系数 λ 如何计算呢？对于紊流至今还尚无计算 λ 的理论公式，故此只能通过试验来确定紊流时 λ 的经验公式。

4.6.1　尼古拉兹实验

德国力学家尼古拉兹（Niknradse）采用圆管壁内侧贴砂的方法进行试验，证实了 λ 的主要影响因素有雷诺数 Re 和管壁的相对粗糙度$\left(\frac{\kappa}{d}\right)$$\left[\text{或相对光滑度}\left(\frac{d}{\kappa}\right)\right]$。

为了便于分析管壁粗糙度的影响，尼古拉兹将经过筛选的相当均匀的砂粒贴在不同管径的内壁上进行了一系列的实验探讨。实验在 6 组不同相对光滑度$\left(\frac{d}{\kappa}\right)$分别为 30、61、120、252、504 及 1014 的管道中进行，测量了每组试验的断面平均流速 v 和沿程水头损失 h_f，并公式计算出 Re 和 λ 值。将所有实测资料绘于双对数坐标图上，得到了沿程阻力系数 λ 随雷诺数 Re 和相对光滑度$\left(\frac{d}{\kappa}\right)$的变化，称为尼古拉兹曲线（见图 4-22）。

为了研究方便，根据尼古拉兹实验曲线变化特点，采用三条直线将图中曲线分为五个阻力区进行分析，分别是 ab 直线Ⅰ区，ab 和 cd 直线之间的Ⅱ区，cd 直线Ⅲ区，cd 和 ef 直线之间的Ⅳ区，ef 直线右侧的Ⅴ区。

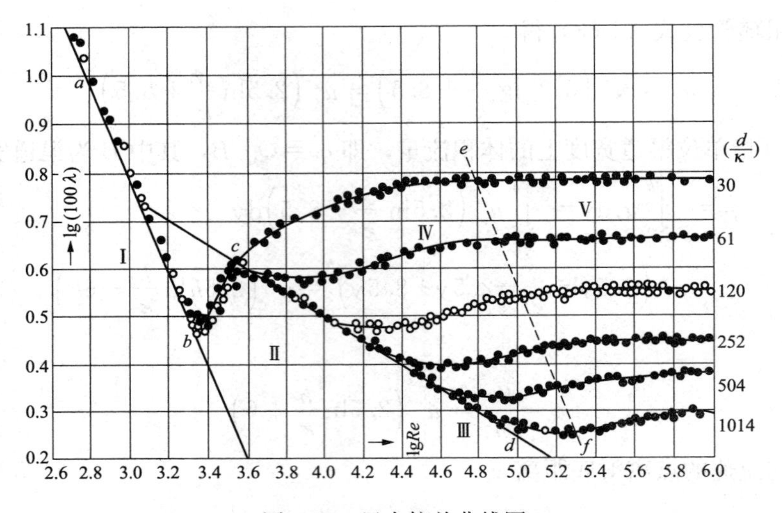

图 4-22 尼古拉兹曲线图

1. 当 $Re<2000$（$\lg2000=3.36$）为层流区（Ⅰ区）

所有试验数据点均分布于直线 ab 上，λ 随 Re 呈线性（ab 线）变化，即 $\lambda=f(Re)$，而与 $\left(\frac{d}{\kappa}\right)$ 无关，h_f 与 v 的一次方成正比，这说明与前面导出的 $\lambda=\frac{64}{Re}$ 是一致的。

2. 当 $2000<Re<4000$（$\lg4000=3.6$）为层流向紊流过渡区（Ⅱ区）

所有试验点均分布于曲线 bc 上，即 λ 仅随雷诺数 Re 变化，而与 $\left(\frac{d}{\kappa}\right)$ 无关，即 $\lambda=f(Re)$，但是 h_f 与 v^n 难以完全表示出来，并且其范围窄实用意义不大。

3. 当 $Re>4000$ 时 cd 线及其右侧处于紊流区

据数据点变化情况，又可将该区域分为三个区，即水力光滑区、水力过渡区、水力粗糙区。

(1) 当 $4000<Re<26.98\left(\frac{d}{\kappa}\right)^{8/7}$ 为水力光滑管（Ⅲ区），也可以采用 $Re^*=\frac{\kappa\cdot u^*}{\nu}<3.5$，即 $\frac{\kappa}{\delta_0}<0.3$。随 Re 的增大，所有数据点均落在一条斜直线 cd 上，λ 仅随雷诺数 Re 变化，而与 $\left(\frac{d}{\kappa}\right)$ 无关，但是随 $\left(\frac{d}{\kappa}\right)$ 的不同，数据点落在直线上的位置也不同，$\left(\frac{d}{\kappa}\right)$ 越大，对应数据点离开直线的位置越晚，也就是说相对光滑度 $\left(\frac{d}{\kappa}\right)$ 越小，绝对粗糙度 κ 越大，需要较小的雷诺数以确保黏性底层厚度使得 $\delta_0\gg\kappa$ 成立，保证水流运动处于水力光滑区，所以雷诺数的上限与相对光滑度相关，而不是一个定值。由 cd 线可量出其斜率为 -0.25，即 $\lambda=f(Re^{-0.25})$，h_f 与 $v^{1.75}$ 成正比，故紊流光滑区又称 1.75 次方阻力区。计算沿程阻力系数的经验公式有以下几种。

卡门-普朗特公式

$$\frac{1}{\sqrt{\lambda}}=2\lg(Re\sqrt{\lambda})-0.8 \tag{4-66}$$

该公式适用于整个光滑管区，即 $4000<Re<1.0\times10^6$。

伯拉休斯（H. Blasuis）公式

$$\lambda=\frac{0.3164}{Re^{\frac{1}{4}}} \tag{4-67}$$

该公式适用于 $4000<Re<1.0\times10^5$。

尼古拉兹公式

$$\lambda=0.0032+\frac{0.221}{Re^{0.237}} \tag{4-68}$$

该公式适用于 $1.0\times10^5<Re<1.0\times10^6$。

（2）当 $26.98\left(\frac{d}{\kappa}\right)^{8/7}<Re<4160\left(\frac{d}{2\kappa}\right)^{0.85}$ 时为水力光滑管到粗糙管的过渡区（Ⅳ区），也可以采用 $3.5\leqslant Re^*\leqslant70$，即 $0.3\leqslant\frac{\kappa}{\delta_0}\leqslant6$。随着 Re 的进一步增大，水流流动由光滑管进入光滑管与粗糙管过渡区，落在 cd 线上的数据点因 $\left(\frac{d}{\kappa}\right)$ 的不同在不同的雷诺数下从直线的不同位置（高度）离开 cd 线进入 cd 线和 ef 线之间，所以在此区域不同 $\left(\frac{d}{\kappa}\right)$ 的数据点位于不同的曲线上，如图 4-22 中所示的六条曲线均随雷诺数的变化而变化，由此说明 λ 与雷诺数和相对光滑度均有关，即 $\lambda=f\left[Re,\left(\frac{d}{\kappa}\right)\right]$，$h_f$ 正比于 $v^{1.75\sim2}$。计算沿程阻力系数的经验公式有柯列布鲁克-怀特经验公式：

$$\frac{1}{\sqrt{\lambda}}=-2\lg\left(\frac{2.51}{Re\sqrt{\lambda}}+\frac{\kappa}{3.7d}\right) \tag{4-69}$$

该公式适用于 $3000<Re<1.0\times10^6$。

（3）当 $Re>4160\left(\frac{d}{2\kappa}\right)^{0.85}$ 为水力粗糙区（Ⅴ区），也可以采用 $Re^*>70$，即 $\frac{\kappa}{\delta_0}>6$。当 Re 很大时，水流进入水力粗糙管区，图中为 cd 线右侧区域，随 $\left(\frac{d}{\kappa}\right)$ 的不同，数据点依然分布于图中的六条曲线上，随着雷诺数的增大，六条曲线以平行于水平坐标轴的趋势变化，由此说明 λ 不受雷诺数的影响，仅与相对光滑度有关，即 $\lambda=f\left(\frac{d}{\kappa}\right)$，$h_f$ 正比于 v^2。故水力粗糙区又称阻力平方区。计算沿程阻力系数的经验公式为尼古拉兹公式：

$$\lambda=\frac{1}{\left[2\lg\left(3.7\frac{d}{\kappa}\right)\right]^2} \tag{4-70}$$

该公式适用于 $Re>\frac{382}{\sqrt{\lambda}}\left(\frac{d}{2\kappa}\right)$。

4.6.2 莫迪图

上节所述对于沿程阻力系数 λ 的计算公式都是在人工加糙的粗糙管的基础上得出的，而对于人工粗糙管和实际的一般工业管道通常存在很大差异。因此怎样把这两种不同的粗糙形式结合起来，使 λ 公式能用于工业管道是一个实际问题。

对于紊流光滑区，工业管道和人工粗糙管虽粗糙度不同，但都是被黏性底层掩盖，粗糙度对紊流核心区无影响，实践证明对于紊流光滑区的 λ 值对工业管道是适用的。而对于紊流粗糙区要使λ值适用于工业管道，问题的关键就是如何确定各经验式中的κ值。为解决此问题，以尼古拉兹实验采用的人工粗糙度为度量标准，把工业管道的粗糙度折算成人工粗糙度，即工业管道的当量粗糙度。所谓当量粗糙度，就是沿程阻力系数与工业管道相等的同直径人工均匀粗糙管道的绝对粗糙度κ。也就是说，工程上把直径相同、紊流粗糙区λ值相等的人工粗糙管的粗糙凸起高度κ定为这种管材的当量粗糙高度。将工业管道紊流粗糙区实际的λ值代入尼古拉兹粗糙区的计算λ的经验公式，由式（4-70）反算求得κ值即为工业管道当量粗糙度。

当量粗糙度综合反映了各种因素的影响，是一种能够表征壁面粗糙的特征长度。常用工业管道的当量粗糙度见表 4-2。

表 4-2　常用工业管道的当量粗糙度

材料	管内壁状态	绝对粗糙度κ（mm）
铜	冷拔铜管、黄铜管	0.0015～0.01
铝	冷拔铝管、铝合金管	0.0015～0.06
钢	冷拔无缝钢管	0.01～0.03
	热拉无缝钢管	0.05～0.1
	轧制无缝钢管	0.05～0.1
	镀锌钢管	0.12～0.15
	涂沥青管	0.03～0.05
	波纹管	0.75～7.5
	旧钢管	0.1～0.5
铸铁	铸铁管	新：0.25；旧：1.0
塑料	光滑塑料管	0.0015～0.01
	波纹管（d=100mm）	5～8
	波纹管（d>200mm）	15～30
橡胶	光滑	0.006～0.07
	含有加强钢丝的胶管	0.3～4
玻璃	玻璃管	0.0015～0.01
陶瓷	木管	0.25～1.25
	陶土排水管	0.45～6.0
	涂有珐琅质的排水管	0.25～6.0
木质、水泥浆砌体、土质、卵石等	纯水泥的表面	0.25～1.25
	刨平板制成的木槽	0.25～2.0
	非刨平木板制成的木槽，水泥浆粉面	0.45～3.0
	水泥浆砖砌体	0.8～6.0
	混凝土槽	0.8～9.0
	琢石护面	1.25～6.0
	土渠	4.0～11.0
	水泥勾缝的普通块石砌体	6.0～17.0
	石砌渠道（干砌、中等质量）	25～45
	卵石河床［d=(70～80)mm］	30～60

为简化计算，1949年美国工程师莫迪以柯列勃洛克公式为基础，以相对粗糙 κ/d 为参数，把 λ 作为 Re 的函数，绘制出工业管道沿程阻力系数曲线图，该图称为莫迪图（如图4-23所示），在图上按 κ/d 和 Re 可直接查出 λ 值。

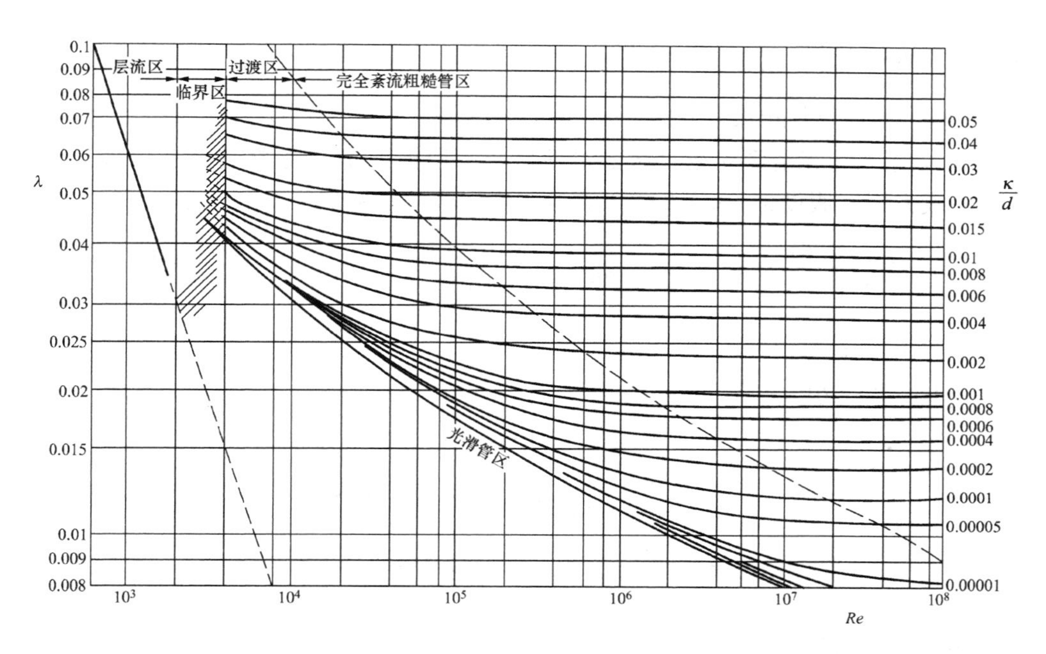

图4-23　莫迪图

【例4-5】 有一水管，直径 $d=0.40\text{m}$，管壁绝对粗糙度 $\kappa=0.4\text{mm}$，已知液体的运动黏度 $\nu=0.013\text{cm}^2/\text{s}$。试求 $Q_V=0.01\text{m}^3/\text{s}$、$0.04\text{m}^3/\text{s}$ 和 $0.70\text{m}^3/\text{s}$ 时，管道的沿程阻力系数 λ 各为多少？

【解】（1）当 $Q_V=0.01\text{m}^3/\text{s}$ 时，

$$A=\frac{\pi}{4}d^2=\frac{\pi}{4}\times 0.4^2=0.1256(\text{m}^2)$$

$$v=\frac{Q_V}{A}=\frac{0.01}{0.1256}=0.08(\text{m/s})$$

$$Re=\frac{vd}{\nu}=\frac{0.08\times 0.4}{0.013}\times 10^4=2.45\times 10^4$$

所以管中水流为紊流，可以分别采用莫迪图或经验公式计算 λ。

采用莫迪图方法较为简单，因 $\dfrac{\kappa}{d}=\dfrac{0.4\text{mm}}{400\text{mm}}=0.001$，$Re=2.45\times10^4$，查得 $\lambda=0.0265$。

应用经验公式需要判断水力分区，因 $4000<Re=2.45\times10^4<26.98\times(d/\kappa)^{\frac{8}{7}}=7.24\times10^4$，处于水力光滑区，又 $Re<10^5$，采用伯拉休斯经验式计算 λ：

$$\lambda=\frac{0.3164}{Re^{0.25}}=\frac{0.3164}{24500^{0.25}}=0.025$$

（2）当 $Q_V=0.04\text{m}^3/\text{s}$ 时

$$A=0.1256\text{m}^2$$

$$v=\frac{Q_V}{A}=\frac{0.04}{0.1256}=0.318(\mathrm{m/s})$$

$$Re=\frac{vd}{\nu}=\frac{0.318\times0.4}{0.013}\times10^4=9.80\times10^4$$

采用莫迪图方法，因$\frac{\kappa}{d}=\frac{0.4\mathrm{mm}}{400\mathrm{mm}}=0.001$，$Re=9.80\times10^4$，查得$\lambda=0.022$。

应用经验公式需要判断水力分区，因$26.98\times(d/\kappa)^{\frac{8}{7}}<Re=9.8\times10^4<4160\times(d/2\kappa)^{0.85}=8.19\times10^5$，处于水力光滑区向粗糙区的过渡区，采用柯列布鲁克-怀特经验公式计算λ，又因公式为隐式方程，假设$\lambda=0.022$代入等号右侧，求得左侧λ为

$$\frac{1}{\sqrt{\lambda}}=-2\lg\left(\frac{2.51}{Re\sqrt{\lambda}}+\frac{\kappa}{3.7d}\right)=-2\lg\left(\frac{2.51}{9.8\times10^4\times\sqrt{0.022}}+\frac{0.0004}{3.7\times0.4}\right)=6.71$$

求得$\lambda=0.022$，与假设相符。

（3）当$Q_V=0.70\mathrm{m^3/s}$时

$$A=0.1256\mathrm{m^2}$$

$$v=\frac{Q_V}{A}=\frac{0.70}{0.1256}=5.573(\mathrm{m/s})$$

$$Re=\frac{vd}{\nu}=\frac{5.573\times0.4}{0.013}\times10^4=1.72\times10^6$$

采用莫迪图方法，因$\frac{\kappa}{d}=\frac{0.4\mathrm{mm}}{400\mathrm{mm}}=0.001$，$Re=1.72\times10^6$，查得$\lambda=0.02$。

应用经验公式需要判断水力分区，因$Re>4160\times(d/2\kappa)^{0.85}$处于水力粗糙区，采用尼古拉兹公式计算$\lambda$：

$$\lambda=\frac{1}{\left[2\lg\left(3.7\frac{d}{\kappa}\right)\right]^2}=\frac{1}{[2\lg(3.7\times1000)]^2}=0.02$$

4.6.3 求解圆管流动沿程水头损失的步骤

1. 判断流态

根据已知条件计算断面平均流速v、雷诺数Re等参数。

（1）如果$Re<2000$为层流流态，根据公式计算沿程阻力系数$\lambda=64/Re$；

（2）如果$Re>4000$为紊流，需要确定水力分区。

2. 确定水力分区

据表4-2确定管壁粗糙度κ，求相对粗糙度$\frac{\kappa}{d}$，据实际雷诺数和相对粗糙度查莫迪图，可求得沿程阻力系数λ。采用经验公式计算λ的详细步骤如下：

（1）先计算$26.98\times\left(\frac{d}{\kappa}\right)^{\frac{8}{7}}$。

（2）如果$4000<Re<26.98\times\left(\frac{d}{\kappa}\right)^{\frac{8}{7}}$为水力光滑区，根据实际雷诺数的大小和经验公式（4-66）到式（4-68）的使用范围，选择合适的公式计算沿程阻力系数λ。

(3) 如果 $Re>26.98\times\left(\frac{d}{\kappa}\right)^{\frac{8}{7}}$，再继续计算 $4160\times\left(\frac{d}{2\kappa}\right)^{0.85}$ 的值，判断 $Re<4160\times\left(\frac{d}{2\kappa}\right)^{0.85}$ 是否成立，如果成立，说明流动在光滑管向粗糙管的过渡区，选用经验公式 (4-69) 计算沿程阻力系数 λ。

(4) 如果 $Re>4160\times\left(\frac{d}{2\kappa}\right)^{0.85}$ 为水力粗糙区，选用经验公式 (4-70) 计算沿程阻力系数 λ。

3. 计算沿程水头损失

根据达西公式计算沿程水头损失 $h_f=\lambda\frac{l}{d}\frac{v^2}{2g}$。

4.7　非圆断面管路沿程损失的计算

虽然工程实际中大多数情况使用圆形断面的管道，但也有一些管道的截面并非是圆形，如未充满液体的排水管、灌溉农田的输水渠、排烟管道等，常用非圆管道断面形状有方形、矩形和环形等。工程经验是将实际断面折算成水力半径 R 相等的圆形断面考虑，相当于把非圆断面折合为当量圆管。求得当量圆管后，前面所有关于圆管的沿程水头损失系数的计算公式均可用来估算非圆管道的损失。

当量直径 d_e 定义为

$$d_e=\frac{4A}{\chi} \tag{4-71}$$

式中：A 为非圆管道过流断面面积；χ 为管道湿周。

求解非圆管道沿程水头损失时，用 d_e 代替前文各个公式中的直径 d 即可。需要注意：由于将非圆断面管道折合为当量直径圆管时，两管过流断面积并不相等，在计算与面积相关的流量和流速等参数时仍使用原管道过流断面积。几种常见非圆截面的当量直径列于表 4-3。

表 4-3　几种常见非圆截面的当量直径

过流断面形状	当量直径
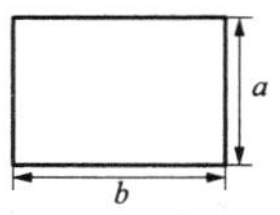 矩形（边长 a、b）	$\frac{2ab}{a+b}$
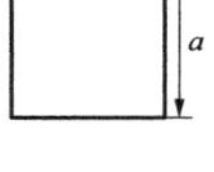 正方形（边长 a）	a
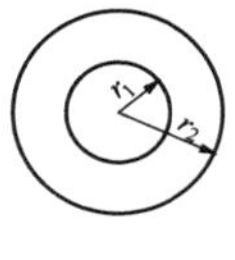 环形（内半径 r_1、外半径 r_2）	$2(r_2-r_1)$

【例 4-6】 已知矩形排烟管道边长为 $a\times b=400\text{mm}\times500\text{mm}$，排气量 $Q_V=0.60\text{m}^3/\text{s}$，气体密度 $\rho=1.226\text{kg/m}^3$，动力黏度 $\mu=0.179\times10^{-4}\text{Pa}\cdot\text{s}$。试求 100m 长排烟管道上的沿程水头损失和压强损失。

【解】 当量直径 d_e：

$$d_e=\frac{2ab}{a+b}=\frac{2\times400\times500}{900}=444.44(\text{mm})$$

断面平均流速 v：

$$v=\frac{Q_V}{A}=\frac{0.6}{0.4\times0.5}=3(\text{m/s})$$

雷诺数 Re：

$$Re=\frac{vd_{e}}{\nu}=\frac{1.226\times3\times0.44}{0.179\times10^{-4}}=9.04\times10^{4}$$

因雷诺数 $2000<Re<10^{5}$，采用紊流光滑管伯拉休斯经验式计算 λ：

$$\lambda=\frac{0.3164}{Re^{0.25}}=\frac{0.3164}{90400^{0.25}}=0.018$$

水头损失 h_{f} 和压力损失 Δp：

$$h_{f}=\lambda\frac{l}{d_{e}}\frac{v^{2}}{2g}=0.018\times\frac{100}{0.44}\times\frac{3^{2}}{2\times9.8}=1.88(\text{m 气柱})$$

$$\Delta p=\rho gh_{f}=\rho g\lambda\frac{l}{d_{e}}\frac{v^{2}}{2g}=1.226\times0.018\times\frac{100}{0.44}\times\frac{3^{2}}{2}=22.57(\text{Pa})$$

4.8 局部损失系数的确定

前面讨论等截面管道的阻力损失主要是沿程损失，但是输送流体的管道不仅是由等截面组成。为了控制流动的大小方向，管路的管径需要根据流量和流速的大小进行改变，在管道上适当位置还需要安装突然扩大、缩小、弯头、三通、阀门等管件，这种由于固体边界条件突然扩大、缩小、转弯、闸阀等变化使水流在运动过程中产生流向或过流断面的变化，从而使得流体内部质点速度和压强也发生了变化，在流体势能和动能的相互转化过程中损失能量而引起的能量损失，这种损失发生在流动转变的局部区域，称为局部水头损失，用 h_{j} 表示。如图 4-24 所示为常见发生局部损失的结构部件。

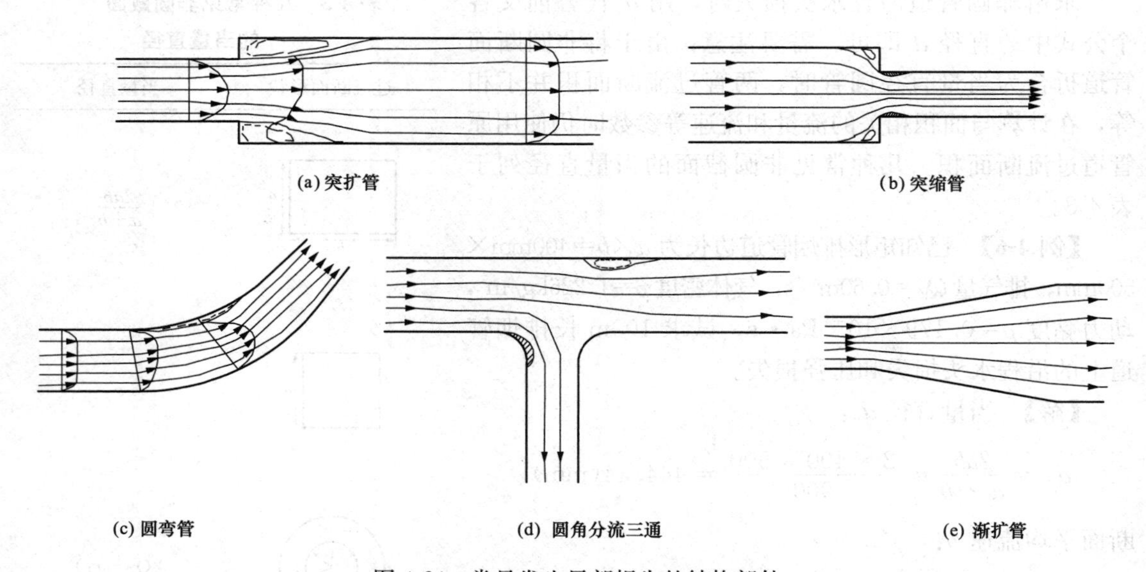

图 4-24 常见发生局部损失的结构部件

4.8.1　局部损失的一般分析

流体在运动中随着固体边界的剧烈变化引起了局部损失 h_j，而固体边界突然变化的形式是多种多样的，但在流动结构上都有它们的特点。凡是有 h_j 的地方，往往会发生主流和边壁脱离，在主流和边壁间形成漩涡区，而漩涡区的存在又大大增加了紊动程度，产生漩涡；减小过流断面，引起过流断面上的流速重新分布，增大了主流区某些地方的流速梯度，相应增加了流层间的切应力 τ；漩涡区内部漩涡质点的能量不断消耗，也是通过漩涡与主流的动量交换或黏性传递来补充，故此消耗了主流的能量；漩涡质点不断被主流带往下游，漩涡的产生、运移、消失均消耗流体能量，增大局部损失。漩涡被主流带到下游也干扰下游流动。因此，局部阻碍范围内损失的能量只是 h_j 的一部分，其余是在局部阻碍下不长的流段上消耗掉，因此受局部阻碍干扰的流动，在经过一段长度之后的流速分布和紊流脉动，才能达到流动的正常状态。

由以上分析，边界层的分离和漩涡区的存在是造成 h_j 的主要原因。实验结果表明：漩涡区越大，漩涡强度越大，h_j 也越大。对于 h_j 的计算，目前应用理论求解还有很大的困难，其主要原因是在急变流情况下，作用在固定的边界上动压强难以确定，目前仅有少数几种情况可用理论来作近似分析求解，大多数的主要途径是用实验解决。

局部损失 h_j 一般用流速水头 $\frac{v^2}{2g}$ 和局部阻力系数 ζ 的乘积来表示，即

$$h_j = \zeta \frac{v^2}{2g} \tag{4-72}$$

其中 ζ 称为局部阻力系数，它与局部阻碍的形状有关，而与雷诺数 Re 无关，其值可由试验测定。

4.8.2　变管径的局部阻力损失

1. 突然扩大

如图 4-25 所示为圆管扩大段的流动情况，在管道断面变大的部位，流体不是贴着管道边界流动，而是分别沿着 ab 和 cd 流线流动，在 ab 和 cd 与管壁之间为涡漩区，在漩涡区内的流动为急变流，在漩涡区以外才为渐变流。

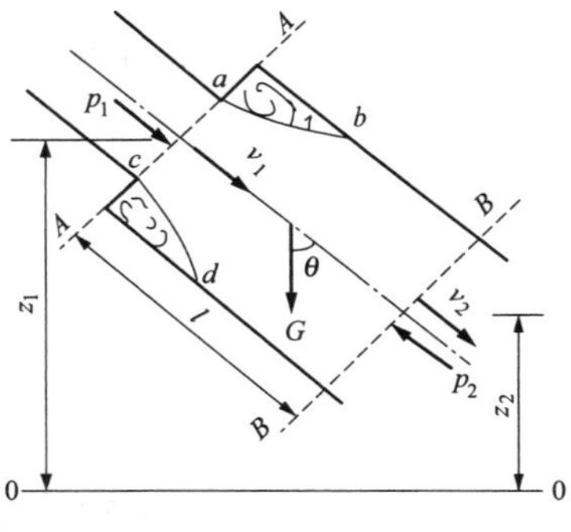

以 0—0 为基准取渐变流 A—A 和 B—B 两断面列能量方程，因断面间距较小沿程损失 h_f 可忽略不计，有

$$z_1 + \frac{p_1}{\rho g} + \frac{\alpha_1 v_1^2}{2g} = z_2 + \frac{p_2}{\rho g} + \frac{\alpha_2 v_2^2}{2g} + h_j \tag{4-73}$$

式（4-73）变形得

$$h_j = z_1 - z_2 + \frac{p_1}{\rho g} - \frac{p_2}{\rho g} + \frac{\alpha_1 v_1^2}{2g} - \frac{\alpha_2 v_2^2}{2g} \tag{4-74}$$

图 4-25　圆管扩大段的流动情况

式中：p_1、p_2 为断面 A—A 和 B—B 形心点的压强，是未知量，可通过取断面 A—A 和 B—B 之间的流体为控制体列动量方程求得。

分析作用在脱离体上的外力。

（1）均匀流断面动压服从静压分布（动压强 $p_{动}$ = 静压强 $p_{静}$）。

断面 A—A（ac 段）　　$P_1 = p_1 A_1$

断面 B—B $$P_2=p_2A_2$$

但是对环形断面 Aa 和 cA 与漩涡接触（见图 4-26），其 $p_{动}$ 的分布规律不清楚，先假定也符合 $p_{静}$ 的分布规律，并认为其中心点的压强 $p=p_1$。本假定通过实验表明是符合实际的，即 A—A 断面总压力 $P_1=p_1A_2$。

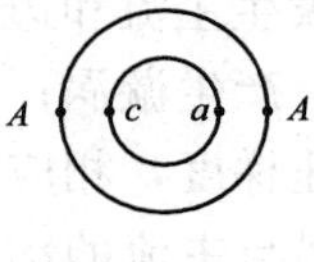

图 4-26 A—A 剖面图

（2）重力沿流动方向的分力为

$$G\cos\theta=\rho gA_2l\cos\theta=\rho gA_2(z_1-z_2)$$

（3）摩阻力。因两断面间距小，作用于圆管与管壁四周内表面的摩阻力小，可忽略不计，故沿流动方向的全部作用力为

$$(p_1-p_2)A_2+\rho gA_2(z_1-z_2)$$

设管中的流量为 Q_V，沿流动方向的动量变化为

$$\rho Q_V(\beta_2v_2-\beta_1v_1)$$

对脱离体写出流动方向的动量方程为

$$(p_1-p_2)A_2+\rho gA_2(z_1-z_2)=\rho Q_V(\beta_2v_2-\beta_1v_1)$$

又有连续性方程 $Q_V=v_1A_1=v_2A_2$ 代入上式，并将上式两边同除以 ρgA_2，化简整理可得

$$z_1-z_2+\frac{p_1-p_2}{\rho g}=\frac{(\beta_2v_2-\beta_1v_1)v_2}{g} \tag{4-75}$$

将式（4-75）代入式（4-73）中得

$$h_j=\frac{(\beta_2v_2-\beta_1v_1)v_2}{g}+\frac{\alpha_1v_1^2}{2g}-\frac{\alpha_2v_2^2}{2g}$$

令 $\alpha_1=\alpha_2=\beta_1=\beta_2\approx1$，则

$$h_j=\frac{(v_1-v_2)^2}{2g} \tag{4-76}$$

若将 $v_2=\frac{v_1A_1}{A_2}$ 代入上式可得

$$h_j=\left(1-\frac{A_1}{A_2}\right)^2\frac{v_1^2}{2g}=\zeta_1\frac{v_1^2}{2g} \tag{4-77}$$

则

$$\zeta_1=\left(1-\frac{A_1}{A_2}\right)^2 \tag{4-78}$$

若将 $v_1=\frac{v_2A_2}{A_1}$ 代入式（4-76）可得

$$h_j=\left(\frac{A_2}{A_1}-1\right)^2\frac{v_2^2}{2g}=\zeta_2\frac{v_2^2}{2g} \tag{4-79}$$

则

$$\zeta_2=\left(\frac{A_2}{A_1}-1\right)^2 \tag{4-80}$$

淹没出流如图 4-27 所示，当流体淹没情况下由管道流入很大容器（或水池）时，实际上

是突扩管的特例，将$\frac{A_1}{A_2}\approx 0$代入式（4-78）可得$\zeta=1$。

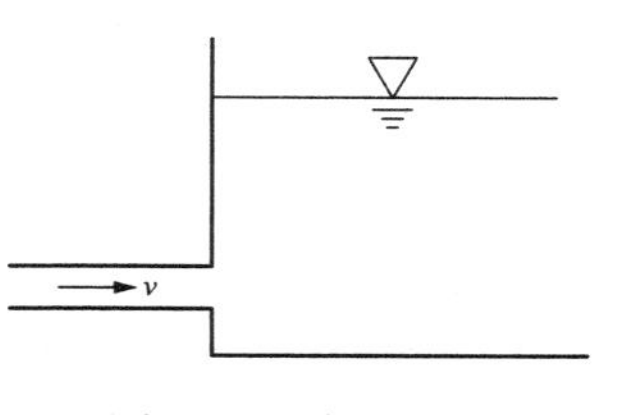

图 4-27　淹没出流

2. 逐渐扩大

逐渐扩大管道流动如图 4-28 所示，当流体在一个逐渐扩大的管道内流动，流速从进口 1—1 断面的流速 v_1 降到出口 2—2 断面的 v_2，根据能量守恒定律，压强将从进口的 p_1 增大到出口的 p_2，流体从低压流到高压区，在逆压梯度的作用下，边界层增厚，甚至造成流动分离，流速重组梯度增大，局部阻力增大引起水头损失增加。

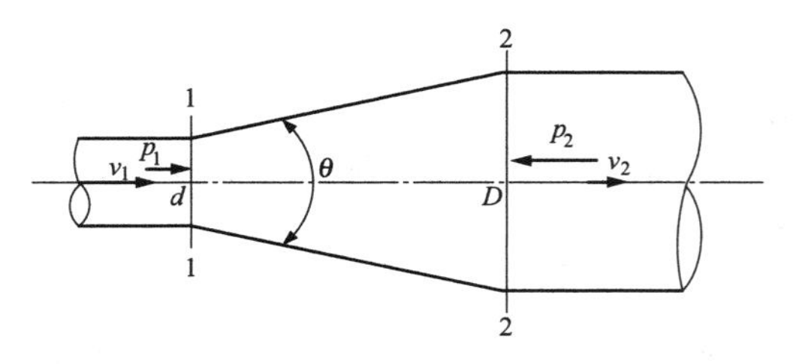

图 4-28　逐渐扩大管道流动

工程中采用锥形扩张管达到降速增压的目的时，关键问题是选择最佳锥角或扩张角θ，以便使得流体通过扩张管道时，总水头损失最小压力恢复最快。实验表明，最佳锥角大致为6°～8°。逐渐扩大管道的局部阻力损失计算如下：

$$h_j=\zeta\frac{v_1^{\ 2}}{2g}\tag{4-81}$$

其阻力系数ζ随扩散比和锥角θ相关，扩散管阻力系数参见表 4-4。

表 4-4　　扩散管阻力系数ζ

D/d	锥角θ													
	2°	4°	6°	8°	10°	15°	20°	25°	30°	35°	40°	45°	50°	60°
1.1	0.01	0.01	0.01	0.02	0.03	0.05	0.10	0.13	0.16	0.18	0.19	0.20	0.21	0.23
1.2	0.02	0.02	0.02	0.03	0.04	0.06	0.16	0.21	0.25	0.29	0.31	0.33	0.35	0.37
1.4	0.02	0.03	0.03	0.04	0.06	0.12	0.23	0.30	0.36	0.41	0.44	0.47	0.50	0.53
1.6	0.03	0.03	0.04	0.05	0.07	0.14	0.26	0.35	0.42	0.47	0.51	0.54	0.57	0.61
1.8	0.03	0.04	0.04	0.05	0.07	0.15	0.28	0.37	0.44	0.50	0.54	0.58	0.61	0.65
2.0	0.03	0.04	0.04	0.05	0.07	0.16	0.29	0.38	0.45	0.52	0.56	0.60	0.63	0.68
2.5	0.03	0.04	0.04	0.05	0.08	0.16	0.30	0.39	0.48	0.54	0.58	0.62	0.65	0.70
3.0	0.03	0.04	0.04	0.05	0.08	0.16	0.31	0.40	0.48	0.55	0.59	0.63	0.66	0.71
∞	0.03	0.04	0.05	0.06	0.08	0.16	0.31	0.40	0.49	0.56	0.60	0.64	0.67	0.72

3. 突然缩小

若黏性流体通过一个收缩管道流动（如图 4-29 所示），流动情况与扩大时相反，由于流动过程为速度提高压强降低，流体从高压区流向低压区，顺压流动可使边界层减薄，一般不发生边界层分离现象。所以，相对减速运动而言，加速运动的效率较高。

由式（4-79）计算可得突然缩小管局部阻力损失：

$$h_j=\zeta\frac{v_2^{\ 2}}{2g}\tag{4-82}$$

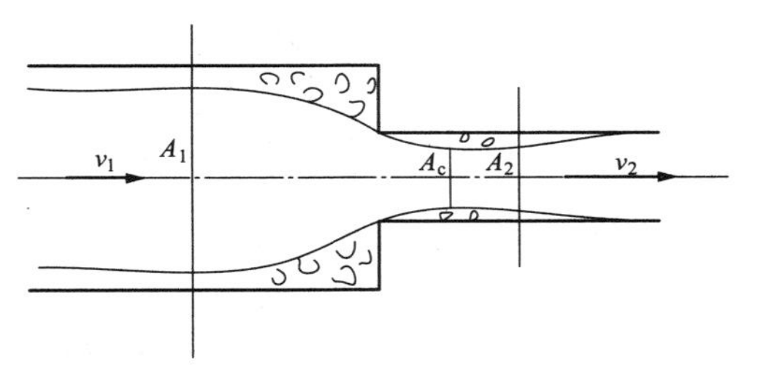

图 4-29　收缩管道流动

其阻力系数 ζ 可查表 4-5，也可采用近似公式计算：

$$\zeta = 0.5\left(1 - \frac{A_2}{A_1}\right) \tag{4-83}$$

表 4-5　突然缩小管局部阻力系数 ζ

A_2/A_1	0	0.1	0.2	0.3	0.4	0.5	0.6	0.7	0.8	0.9
C_c	0.617	0.624	0.632	0.643	0.659	0.681	0.712	0.755	0.813	0.892
ζ	0.50	0.46	0.41	0.36	0.30	0.24	0.18	0.12	0.06	0.02

注　表中 C_c 为流管收缩系数，$C_c = A_c/A_2$，A_c 为主流流管的最小收缩断面面积。

4. 逐渐收缩

锥形收缩管道如图 4-30 所示，其几何形状由面积比 A_1/A_2 和锥形角 θ 确定，阻力损失计算参考速度为出口速度 v_2，计算同式（4-82），锥形收缩管局部阻力系数 ζ 可参考图 4-31，由于此条件下 ζ 的值比较小，工程中计算时常常忽略。

4.8.3　弯管、折管局部阻力损失

流体在流经如图 4-32 所示的圆管弯头时会产生典型的双旋流现象，这是由于黏性使得管壁处流体速度较小，所以在弯管处由速度引起的离心惯性力也减小，因而实际流体流过弯管时，在管壁处的压强将小于理想无黏性流体在此处的压强，而在管道中心，流动受管壁影响较小其压强较管壁处大，所以在压差作用下，一方面流体由管中心向管壁方向移动；另一方面外围的流体又流向内侧，产生双漩涡形式的二次流动。如果弯度较大，流体会与管壁分离，产生涡流，进而增大阻力损失。

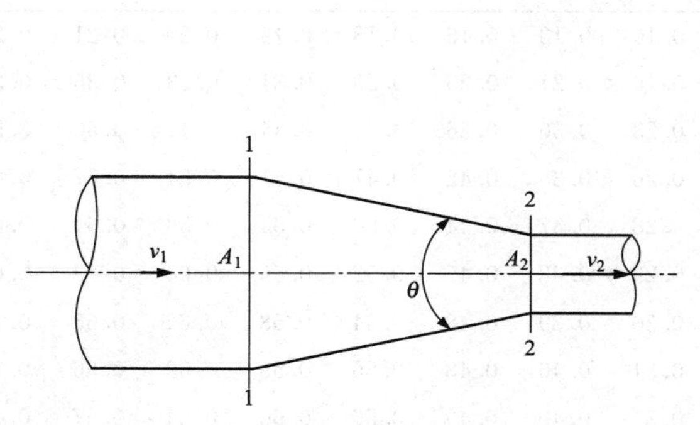

图 4-30　锥形收缩管道

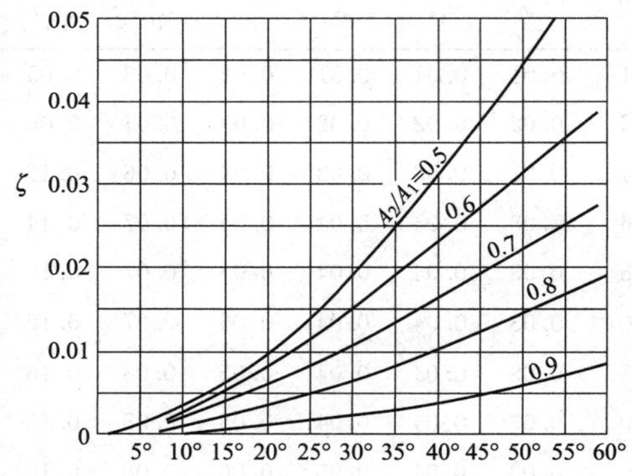

图 4-31　锥形收缩管局部阻力系数 ζ

弯管处的流动十分复杂，一般用试验确定阻力损失，如图 4-33 所示为光滑弯管。

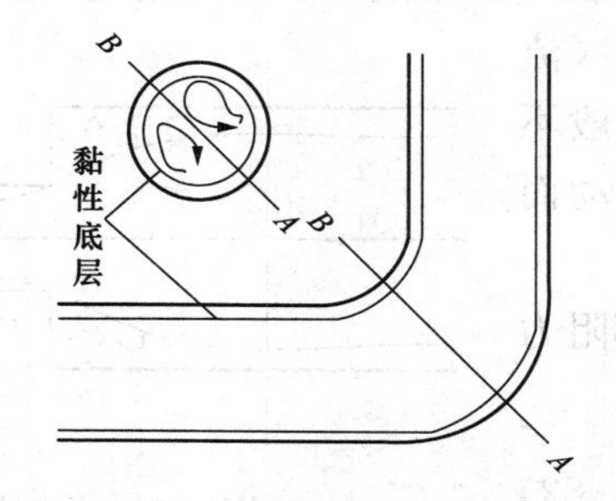

图 4-32　圆管弯头流动中的双旋流示现象

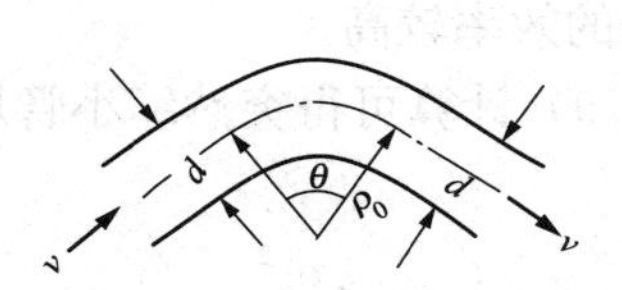

图 4-33　光滑弯管

阻力和阻力系数的经验公式为

$$h_{\mathrm{j}} = \zeta \frac{v^2}{2g} \tag{4-84}$$

$$\zeta = \left[0.131 + 0.1632\left(\frac{d}{\rho_0}\right)^{7/2}\right]\left(\frac{\theta^\circ}{90^\circ}\right)^{1/2} \tag{4-85}$$

式中：ρ_0 为管道轴线曲率半径。

折角弯管的阻力系数由折角的大小决定，如图 4-34 所示。折角为 θ 的弯管，阻力系数的经验公式为

$$\zeta = 0.946\sin^2\left(\frac{\theta}{2}\right) + 2.05\sin^4\left(\frac{\theta}{2}\right) \tag{4-86}$$

4.8.4　三通局部损失

为了进行分流，常常需要在管路上安装三通管，三通管局部阻力与其流动方式和三通夹角直接相关。

(1) 直角汇流三通如图 4-35 所示，其阻力计算式和阻力系数如下：

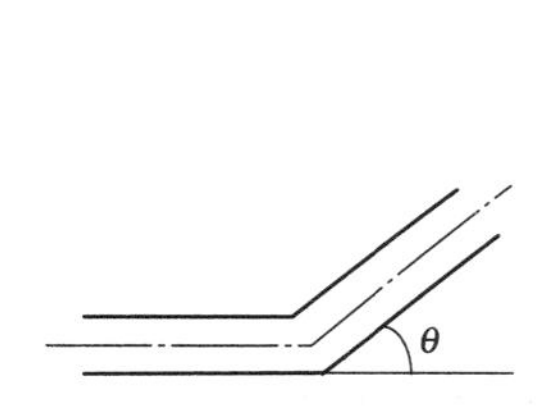

图 4-34　折角为 θ 的弯管

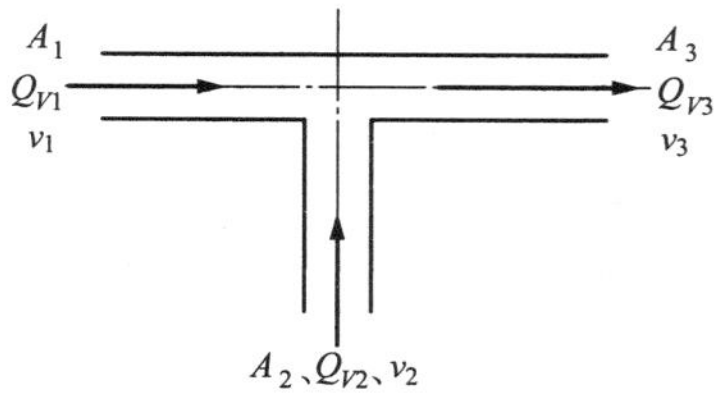

图 4-35　直角汇流三通

$$h_{\mathrm{j}1-3} = \zeta_{1-3}\frac{v_3^2}{2g} \tag{4-87}$$

$$\zeta_{1-3} = 1.55\frac{Q_{V2}}{Q_{V3}} - \left(\frac{Q_{V2}}{Q_{V3}}\right)^2 \tag{4-88}$$

$$h_{\mathrm{j}2-3} = \zeta_{2-3}\frac{v_3^2}{2g} \tag{4-89}$$

$$\zeta_{2-3} = K\left[\left(1+\frac{Q_{V2}A_3}{Q_{V3}A_2}\right)^2 - 2\left(1-\frac{Q_{V2}}{Q_{V3}}\right)\right] \tag{4-90}$$

式中 K 系数与管道面积比值相关，详见表 4-6。

表 4-6　K 系数与管道面积比值

A_1/A_2	0～0.2	0.3～0.4	0.6	0.8	1.0
K	1.00	0.75	0.70	0.65	0.60

(2) 直角分流三通如图 4-36 所示，其阻力计算式和阻力系数如下：

$$h_{\mathrm{j}1-2} = \zeta_{1-2}\frac{v_1^2}{2g} \tag{4-91}$$

$$\zeta_{1-2} = K\left[1+\left(\frac{v_2}{v_1}\right)^2\right] \tag{4-92}$$

$$h_{\mathrm{j}1-3} = \zeta_{1-3}\frac{v_1^2}{2g} \tag{4-93}$$

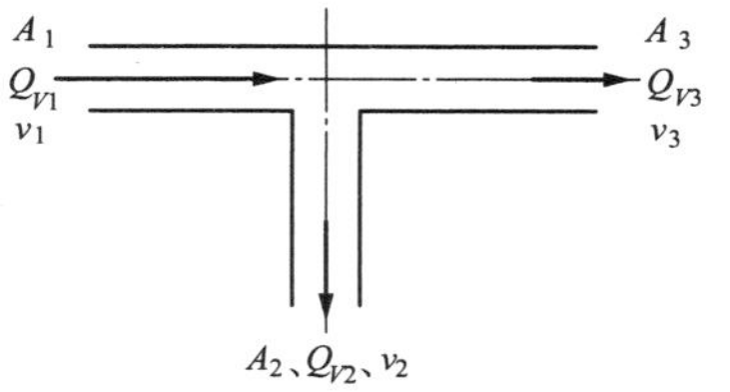

图 4-36　直角分流三通

$$\zeta_{1\text{-}3} = 0.24\left(1-\frac{v_3}{v_1}\right)^2 \tag{4-94}$$

式中 K 系数与管道流速比值相关，详见表 4-7。

表 4-7　　　K 系数与管道流速比值

v_2/v_1	<0.8	>0.8
K	0.1	0.9

（3）90°和 45°三通阻力系数见表 4-8。

表 4-8　　　90°和 45°三通阻力系数

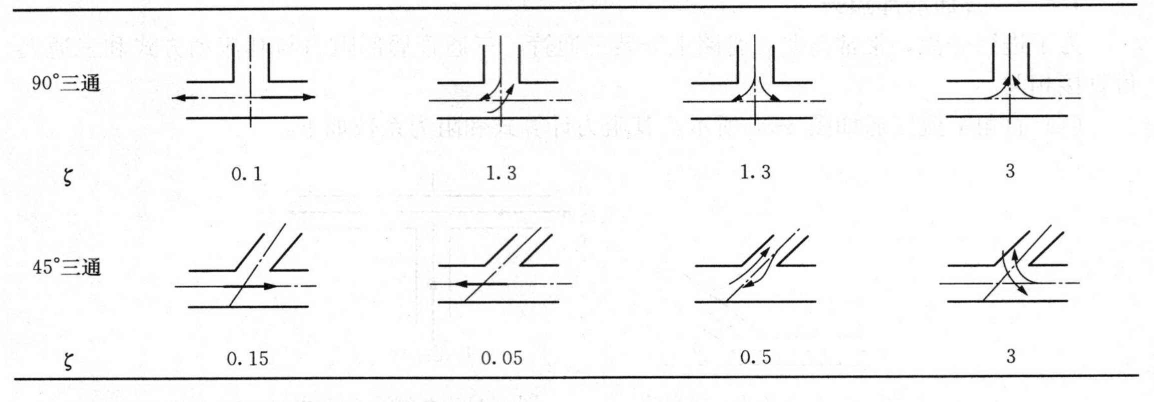

90°三通
ζ
0.1
1.3
1.3
3
45°三通
ζ
0.15
0.05
0.5
3

4.8.5　常见障碍的局部阻力系数

管道及明渠各种局部水头损失系数见表 4-9。

表 4-9　　　管道及明渠各种局部水头损失系数

（1）进口

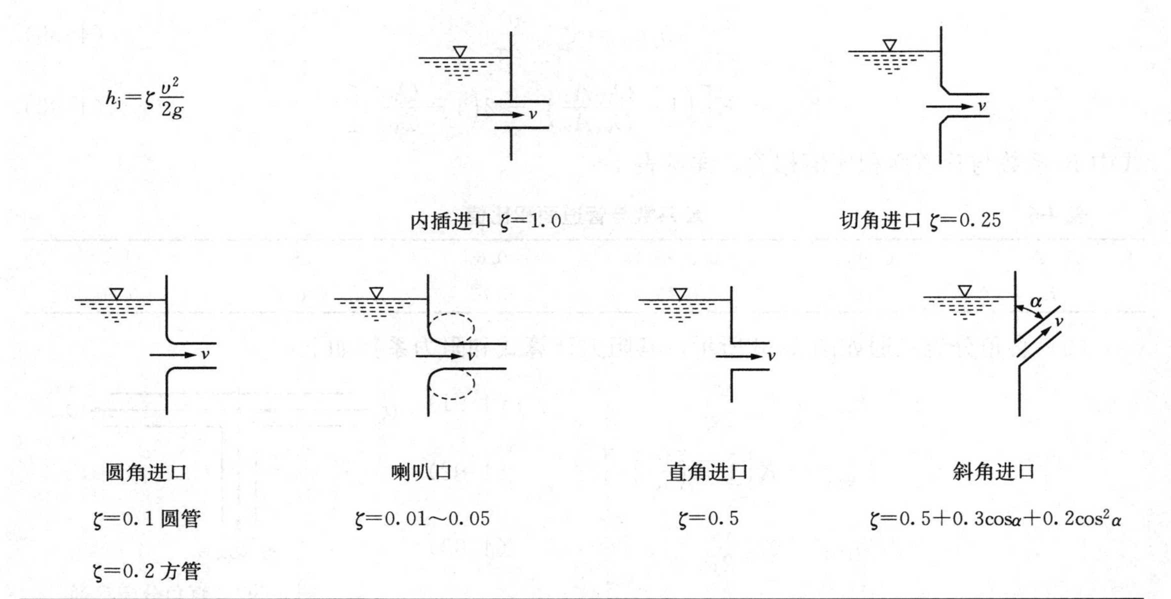

续表

（2）出口

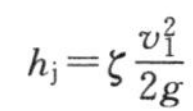

$$h_{j}=\zeta\frac{v_{1}^{2}}{2g}$$

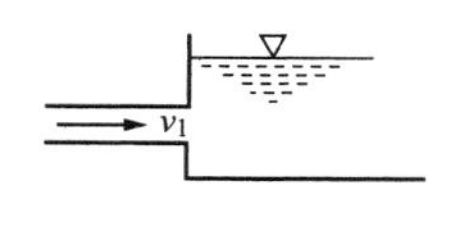

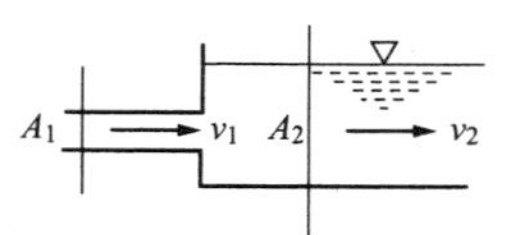

流入水池或水库 $\zeta=1$

流入明渠的 ζ 值

A_1/A_2	0.10	0.20	0.30	0.40	0.50	0.60	0.70	0.80	0.90
ζ	0.81	0.64	0.49	0.36	0.25	0.16	0.09	0.04	0.01

（3）岔管

$$h_{j}=\zeta\frac{v_{0}^{2}}{2g}$$

a. 普通Y形对称分岔管

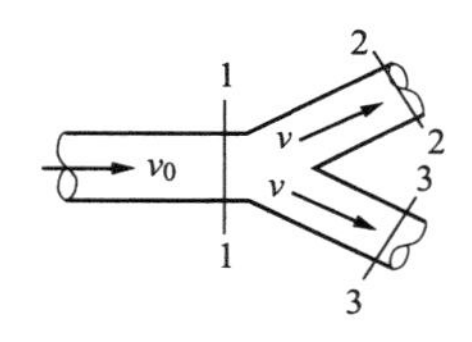

$\zeta=0.75$

b. 圆锥状Y形对称分岔管（分岔开始后形成逐渐收缩的圆锥形）

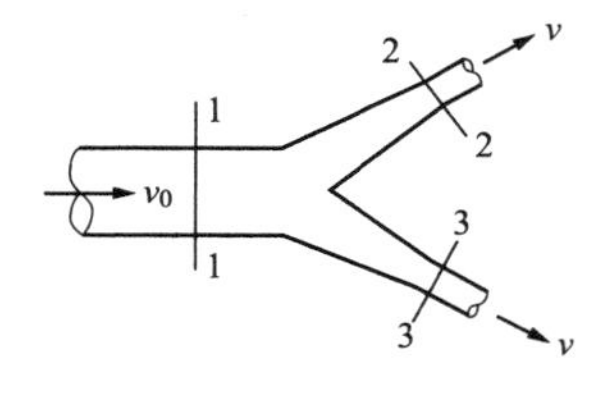

$\zeta=0.50$

（4）闸板式阀门

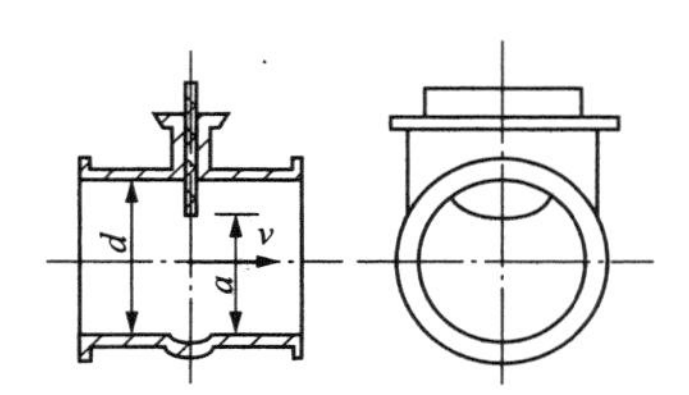

续表

闸板式阀门的ζ值

a/d	0	0.125	0.2	0.3	0.4	0.5	0.6	0.7	0.8	0.9	1.0
ξ	∞	97.3	35.0	10.0	4.60	2.06	0.98	0.44	0.17	0.06	0

（5）蝶形阀

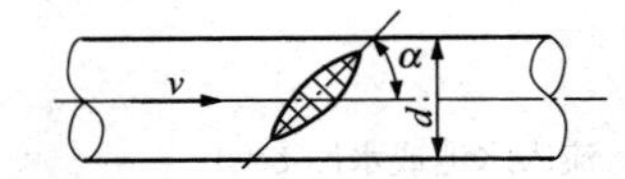

$$h_j=\zeta\frac{v^2}{2g}$$

部分开启的蝶形阀ζ值

α	5°	10°	15°	20°	25°	30°	35°	40°	45°	50°	55°	60°	65°	70°	90°
ζ	0.24	0.52	0.90	1.54	2.51	3.91	6.22	10.8	18.7	32.6	58.8	118.0	256.0	751.0	∞

全开的蝶形阀ζ值

a/d	0.10	0.15	0.20	0.25
ζ	0.05～0.10	0.10～0.16	0.17～0.24	0.25～0.35

（6）截止阀

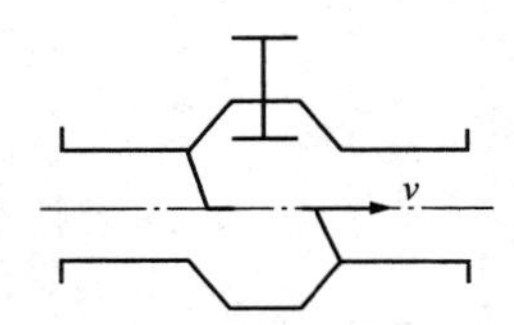

$$h_j=\zeta\frac{v^2}{2g}$$

$\zeta=4.3\sim6.1$（全开）

（7）平板门槽

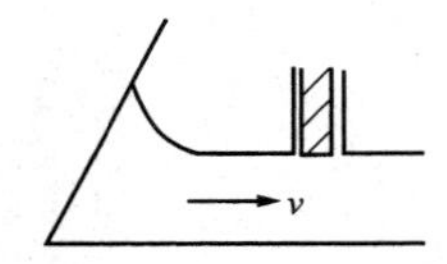

$$h_j=\zeta\frac{v^2}{2g}$$

$\zeta=0.2\sim0.4$（闸门全开）

（8）弧形闸门门槽

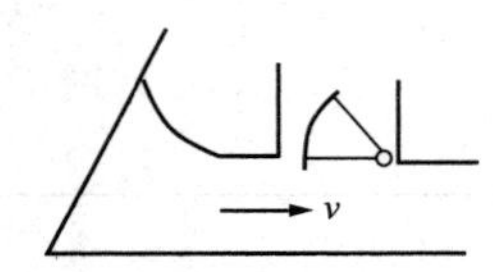

$$h_j=\zeta\frac{v^2}{2g}$$

$\zeta=0.2$（闸门全开）

（9）滤水网（莲蓬头）

a. 无底阀

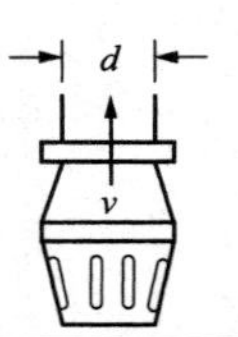

$$h_j=\zeta\frac{v^2}{2g}$$

$\zeta=2\sim3$

续表

b. 有底阀

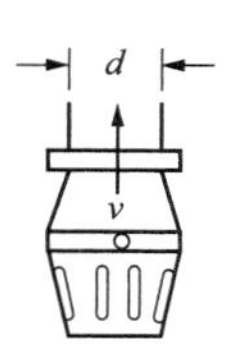

d(mm)	40	50	75	100	150	200
ζ	12.0	10.0	8.5	7.0	6.0	5.2
d(mm)	250	350	400	500	750	—
ζ	4.4	3.7	3.4	3.1	2.5	1.6

【例 4-7】 某供水工程采用一等径管从上游水库引水向下游水池，管径d=400mm，引水流量 $Q_V=0.3\text{m}^3/\text{s}$，管道布置如图 4-37 所示，其中包括两处折管，管轴线与水平线夹角 $\theta=40°$，上游水库水深 $h_1=3.0\text{m}$，宽度 $B_1=5.0\text{m}$，下游水池水深 $h_2=1.0\text{m}$，宽度 $B_2=2.0\text{m}$。试计算整个管路系统的局部水头损失。

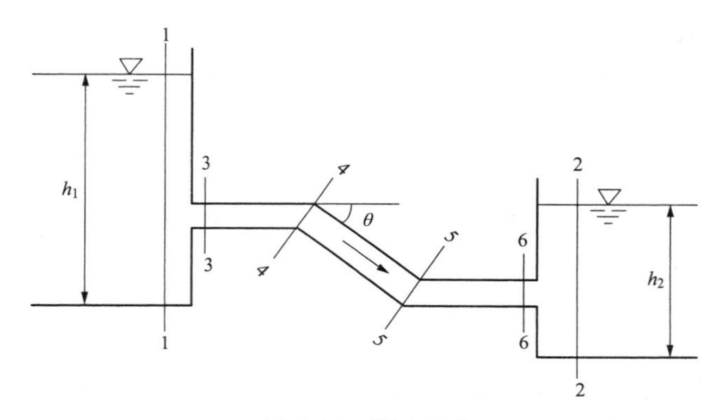

图 4-37　例 4-7 图

【解】 先求管道断面的面积、通过的流速和流速水头。

$$A=\frac{\pi}{4}d^2=\frac{\pi}{4}\times 0.4^2=0.1256(\text{m}^2)$$

$$v=\frac{Q_V}{A}=\frac{0.3}{0.1256}=2.39(\text{m/s})$$

$$\frac{v^2}{2g}=\frac{2.39^2}{2\times 9.8}=\frac{0.3}{0.1256}=0.29(\text{m})$$

分析图中共有四处发生局部损失，分别是进口 3—3、出口 6—6 和 4—4、5—5 两处折管，下面分别计算。

（1）进口突缩断面选用式（4-82）和式（4-83）：

$$\zeta_1=0.5\left(1-\frac{A}{A_1}\right)=0.5\times\left(1-\frac{0.1256}{3\times 5}\right)=0.496$$

$$h_{j1}=\zeta\frac{v^2}{2g}=0.496\times 0.29=0.144(\text{m})$$

（2）出口突扩断面选用式（4-77）和式（4-78）：

$$\zeta_2=\left(1-\frac{A}{A_2}\right)^2=\left(1-\frac{0.1256}{1\times 2}\right)^2=0.878$$

$$h_{j2}=\zeta_2\frac{v^2}{2g}=0.878\times 0.29=0.25(\text{m})$$

（3）折管选用式（4-86）计算阻力系数

$$\zeta_3=\zeta_4=0.946\sin^2\left(\frac{40°}{2}\right)+2.05\sin^4\left(\frac{40°}{2}\right)=0.139$$

$$h_{j3}=h_{j4}=\zeta_3\frac{v^2}{2g}=0.139\times0.29=0.04(\mathrm{m})$$

所以总的局部损失为 0.14＋0.25＋0.04＋0.04＝0.47(m)。

4.9 减小阻力的措施

由于流体固有的黏性，运动流体必然产生流动阻力，进而产生流动损失，而流动损失又取决于边界条件，为了减小流动损失达到节能经济的效果，在工程实践中需要采取适当的措施减小阻力。

4.9.1 减小沿程阻力

（1）降低管道内壁粗糙度选用光滑管道。如采用在管内壁加涂层的方法。

（2）尽量选用最佳阻力断面管道。面积相同的各种断面中湿周最小的断面形状是圆形，所以工程中常采用圆形断面管道。

（3）在保证功能的前提下，尽量减小管段总长度。如在铺设爬坡管道时，为了减小管道长度常常会在半山腰开凿隧道。

（4）在允许范围内尽量选择大管径管道，以减小流速进而降低阻力损失。

4.9.2 减小局部阻力

（1）尽量减少管路系统中管件的使用数量。如当前室内使用的 PE 管具有自由弯曲的特性，大大减少了弯头的使用数量。

（2）在管径不同的两管段连接处，尽量使用流线型连接件。如在管径发生变化处常常采用渐变管连接而避免管径突变，可减小局部阻力。

4.10 阻力系数实验分析

4.10.1 沿程阻力系数实验

1. 实验目的要求

（1）加深了解圆管层流和紊流的沿程损失随平均流速变化的规律，绘制 $\lg h_f$-$\lg v$ 曲线；

（2）掌握管道沿程阻力系数的量测技术和应用气-水压差计及电测仪测量压差的方法；

（3）将测得的 Re-λ 关系值与莫迪图对比，分析其合理性，进一步提高实验成果分析能力。

2. 实验装置

自循环沿程水头损失实验装置如图 4-38 所示。

根据压差测法不同，有两种型式：①型式Ⅰ压差计测压差，低压差用水压差计量测，高压差用水银多管式压差计量测；②型式Ⅱ电子量测仪测压差，低压差仍用水压差计量测，而高压差用电子量测仪（简称电测仪）量测，与型式Ⅰ比较该型唯一不同在于水银多管式压差计被电测仪所取代。

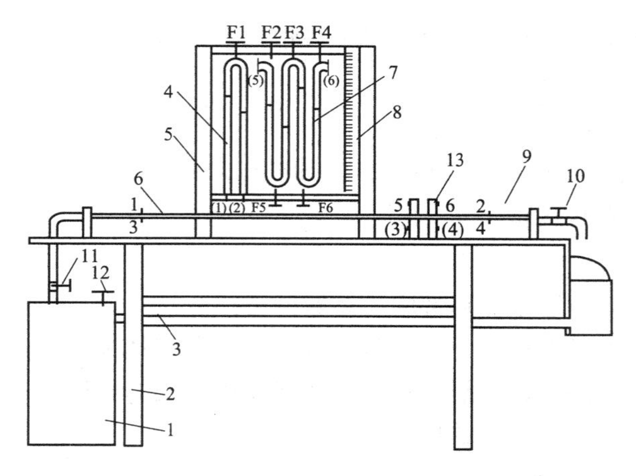

图 4-38　自循环沿程水头损失实验装置

1—自循环高压恒定全自动供水器；2—实验台；3—回水管；4—水压差计；5—测压计；6—实验管道；7—水银压差计；8—滑动测量尺；9—测压点；10—实验流量调节阀；11—供水管与供水阀；12—旁通管与旁通阀；13—稳压筒

本实验装置配备如下。

（1）自动水泵与稳压器。自循环高压恒定全自动供水器由离心泵、自动压力开关、气—水压力罐式稳压器等组成。压力超高时能自动停机，过低时能自动开机。为避免因水泵直接向实验管道供水而造成的压力波动等影响，离心泵的输水是先进入稳压器的压力罐，经稳压后再送向实验管道。

（2）旁通管与旁通阀。由于本实验装置所采用水泵的特性，在供小流量时有可能时开时停，从而造成供水压力的较大波动。为了避免这种情况出现，供水器设有与蓄水箱直通的旁通管（图中未标出），通过分流可使水泵持续稳定运行。旁通管中设有调节分流量至蓄水箱的阀门，即旁通阀，实验流量随旁通阀开度减小（分流量减小）而增大。实际上旁通阀又是本装置用以调节流量的重要阀门之一。

（3）稳压筒。为了简化排气并防止实验中再进气，在传感器前连接由两支充水（不满顶）的密封立筒构成。

（4）电测仪。电测仪由压力传感器和主机两部分组成，经由连通管将其接入测点。压差读数（以厘米水柱为单位）通过主机显示。

3. 实验原理

由达西公式

$$h_f = \lambda \frac{l}{d} \frac{v^2}{2g} \tag{4-95}$$

得

$$\lambda = \frac{2gdh_f}{l} \frac{1}{v^2} = \frac{2gdh_f}{l} \left(\frac{\pi}{4} d^2 / Q_V\right)^2 = K \frac{h_f}{Q_V^2} \tag{4-96}$$

其中 $K = \pi^2 g d^5 / 8l$ 实验前可以由仪器上标注的已知条件求得。

另由水平等直径圆管的能量方程可得

$$h_f = \left(z_1 + \frac{p_1}{\rho g}\right) - \left(z_2 + \frac{p_2}{\rho g}\right) \tag{4-97}$$

而压差又可用压差计或电测计直接读出。对于多管式水银压差有下列关系：

$$h_f=\frac{p_1-p_2}{\rho_w g}=\left(\frac{\rho_m g}{\rho_w g}-1\right)(h_2-h_1+h_4-h_3)=12.6\Delta h_m \tag{4-98}$$

式中：$\rho_m g$、$\rho_w g$ 分别为水银和水的密度；Δh_m 为汞柱总差。

4.10.2 局部阻力系数实验

1. 实验目的要求

（1）掌握三点法、四点法量测局部阻力系数的技能。

（2）通过对圆管突然扩大局部阻力系数的包达公式和突然缩小局部阻力系数的经验公式的实验验证与分析，熟悉用理论分析法和经验法建立函数式的途径。

（3）加深对局部阻力损失机理的理解。

2. 实验装置

局部阻力系数实验装置如图 4-39 所示。

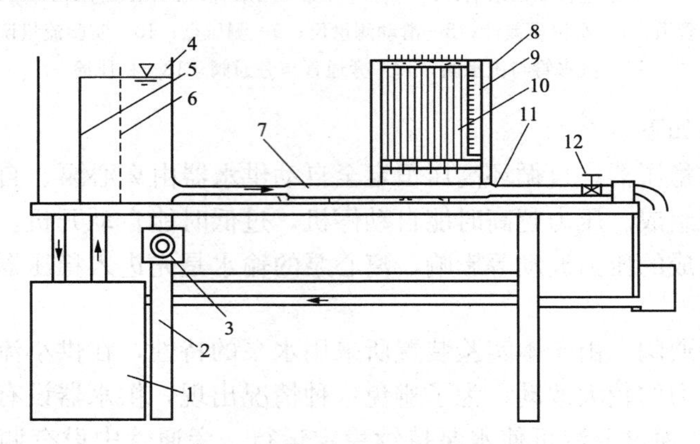

图 4-39 局部阻力系数实验装置

1—自循环供水器；2—实验台；3—可控硅无级调速器；4—恒压水箱；5—溢流板；6—稳水孔板；7—突然扩大实验管段；8—测压计；9—滑动测量尺；10—测压管；11—突然收缩实验管段；12—实验流量调节阀

实验管道由小→大→小三种已知管径的管道组成，共设有六个测压孔，测孔 1～3 和 4～6 分别测量突然扩大和突然缩小的局部阻力系数。其中测孔 1 位于突然扩大断面处，用以测量小管出口端压强值。

3. 实验原理

写出局部阻力前后两断面的能量方程，根据推导条件，扣除沿程水头损失可得如下方程。

（1）突然扩大。本实验仪采用三点法，三测点 1、2、3 之间 1、2 点间距为 2、3 点的一半，故 h_{f1-2} 按长度比例换算得出，$h_{f1-2}=h_{f2-3}/2$。根据实测，建立 1—1 和 2—2 两断面能量方程：

$$z_1+\frac{p_1}{\rho g}+\frac{a_1 v_1^2}{2g}=z_2+\frac{p_2}{\rho g}+\frac{a_2 v_2^2}{2g}+h_{je}+h_{f1-2} \tag{4-99}$$

即

$$h_{je}=\left[\left(z_1+\frac{p_1}{\rho g}\right)+\frac{av_1^2}{2g}\right]-\left[\left(z_2+\frac{p_2}{\rho g}\right)+\frac{av_2^2}{2g}+h_{f1-2}\right] \tag{4-100}$$

$$\zeta_e = h_{je} / \frac{a_1 v_1^2}{2g} \tag{4-101}$$

与理论公式——包达公式对比：

$$\xi_e' = \left(1 - \frac{A_1}{A_2}\right)^2 \tag{4-102}$$

$$h_{je}' = \xi_e' \frac{a v_1^2}{2g} \tag{4-103}$$

（2）突然缩小。本实验仪采用四点法布阵计算。B 点为突缩点，四点 3、4、5、6 之间，4 和 B 点间距与 3 和 4 点间距相等，B 和 5 点间距与 5 和 6 间距相等。h_{f4-B} 由 h_{f3-4} 按长度比例换算得出，h_{fB-5} 由 h_{f5-6} 按长度比例换算得出：

$$h_{f4-B} = h_{f3-4},\ h_{fB-5} = h_{f5-6}$$

根据实测，建立 B 点突然缩小前后两断面能量方程：

$$z_4 + \frac{p_4}{\rho g} + \frac{a_4 v_4^2}{2g} - h_{f4-B} = z_5 + \frac{p_5}{\rho g} + \frac{a_5 v_5^2}{2g} + h_{fB-5} + h_{js} \tag{4-104}$$

即

$$h_{js} = \left[\left(z_4 + \frac{p_4}{\rho g}\right) + \frac{a_4 v_4^2}{2g} - h_{f4-B}\right] - \left[\left(z_5 + \frac{p_5}{\rho g}\right) + \frac{a_5 v_5^2}{2g} + h_{fB-5}\right] \tag{4-105}$$

$$\zeta_s = h_{js} / \frac{a_5 v_5^2}{2g} \tag{4-106}$$

与突然缩小断面局部水头损失经验公式进行对比：

$$\zeta_s' = 0.5\left(1 - \frac{A_5}{A_3}\right) \tag{4-107}$$

$$h_{js}' = \zeta_s' \frac{v_5^2}{2g} \tag{4-108}$$

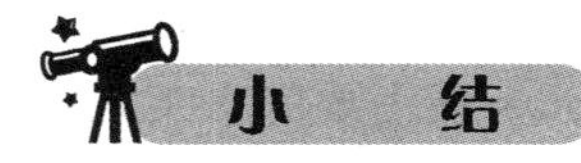

本章主要是为了解决能量方程中水头损失 h_w 的计算问题。为了便于计算按照水头损失产生的外因（边界条件）将总水头损失分为沿程水头损失 h_f 和局部水头损失 h_j。按照达西公式沿程水头损失的计算公式为 $h_f = \lambda \frac{l}{d} \frac{v^2}{2g}$；局部水头损失的计算采用公式 $h_j = \zeta \frac{v^2}{2g}$。由于产生局部阻力的边界条件各种各样，很难导出计算系数 ζ 理论公式，一般采用查表方法确定。

为了确定沿程阻力系数 λ 需要区分流体的流动型态，按照雷诺的试验研究将流动分为层流和紊流，流态判别的依据为雷诺数 Re。对于圆管中的流动，当 $Re < 2000$ 时为层流，$\lambda = 64/Re$；当 $Re > 2000$ 时为紊流，按照黏性底层厚度和管道绝对粗糙度的对比关系又将流动分区为光滑管区、过渡区和水力粗糙区，各区的阻力系数 λ 随雷诺数和相对光滑度的变化规律不同，计算方法采用经验公式或查莫迪图。

本章还详细介绍了层流和紊流流动运动要素的特征，速度分布和切应力分布特征，以及断面平均流速、流量等的理论计算公式。

4-1　流态判别为何采用临界雷诺数，而不采用临界流速？雷诺数具有什么物理意义？

4-2 如何理解层流和紊流切应力的产生和变化规律不同，而均匀流方程 $\tau_0=\rho gRJ$ 对两种流态是否都适用，为什么？

4-3 紊流不同阻力区沿程阻力系数 λ 的影响因素有何不同？

4-4 造成局部水头损失的根源是什么？

4-5 沿程水头损失的计算程序是什么？

4-6 如何进行水力分区，分区的标准是什么？

4-7 非圆管道水头损失的计算方法？

4-8 水管直径 $d=10$cm，管中流速 $v=1$m/s，水温 10℃，试判别流态。当流速是多大时，流态将发生变化？

4-9 某管道直径 $d=30$cm，层流时水力坡度 $J=0.20$，试求管壁处的切应力 τ_0 和离管轴 $r=10$cm 处的切应力。

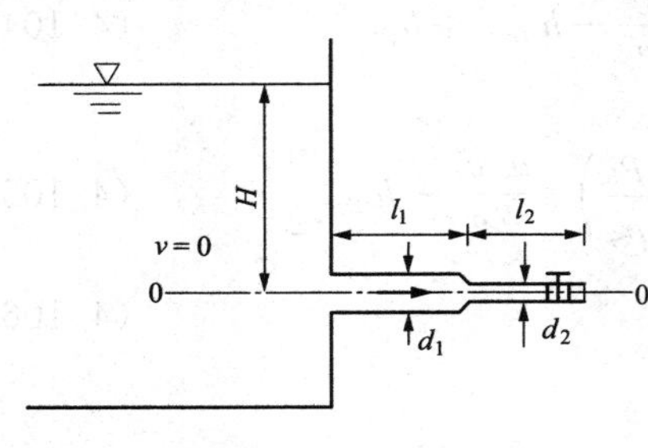

图 4-40 题 4-11 图

4-10 有一圆管，其直径 $d=10$cm，通过圆管的水流速度为 2m/s，水的温度为 20℃，若已知 λ 为 0.03，试求黏性底层厚度。

4-11 水从水箱流入管径不同的管道，管道连接情况如图 4-40 所示。

已知：d_1 为 150mm，l_1 为 25m，λ_1 为 0.037；d_2 为 125mm，l_2 为 10m，λ_2 为 0.039 局部水头损失系数：进口 ζ_1 为 0.5，逐渐收缩 ζ_2 为 0.15，阀门 ζ_3 为 2.0。(以上 ζ 值相应的流速均采用发生局部水头损失后的流速)。试求：

(1) 沿程水头损失 $\sum h_f$；

(2) 局部水头总损失 $\sum h_j$；

(3) 要保持流量 Q_V 为 25000cm^3/s 所需要的水头 H。

4-12 如图 4-41 所示，水从水箱 A 流入水箱 B，管路长 l 为 25m，管径 d 为 25mm，沿程阻力系数 λ 为 0.03，管路中有两个 90°弯管 $\left(\dfrac{d}{\rho}=1\right)$ 及一个闸板式阀门 $\left(\dfrac{a}{d}=0.5\right)$，当两水箱的水位差 H 为 1.0m 时，试求管内通过的体积流量。

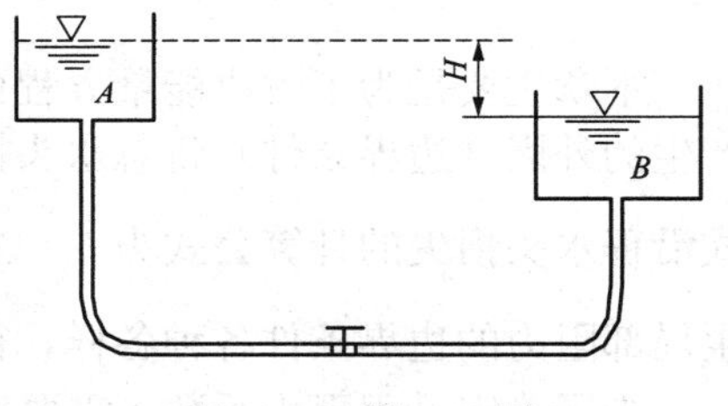

图 4-41 题 4-12 图

4-13 一压力钢管的当量粗糙度 $\kappa=0.19$mm，水温 $T=10$℃，试求：下列各种情况下流态及水头损失 h_f。

(1) 管长 $L=5$m，管径 $d=25$mm，流量 $Q_V=0.151$L/s 时；

(2) 其他条件不变，将管径改为 $d=75$mm 时；

(3) 管径保持为 $d=75$mm，但流量增加为 50L/s 时。

4-14 做雷诺试验时为了提高沿程阻力 h_f 的量测精度，改用如图 4-42 所示的油水压差计量测断面 1—1 和 2—2 之间的沿程阻力系数，油水交界面的高差为 $\Delta h'$，设水的密度为 ρ_w，油的密度为 ρ_o。试证：$h_f=\dfrac{p_1}{\rho_w g}-\dfrac{p_2}{\rho_w g}=\left(\dfrac{\rho_w-\rho_o}{\rho_w}\right)\Delta h$

4-15 试以圆管均匀流为例，推导均匀流基本公式 $\tau_0=\rho gRJ$。

4-16 有三种管道，其断面形状分别如图4-43所示的圆形、正方形和矩形，它们的过水断面积相等，水力坡度相等，沿程阻力系数相等，试求三者最大切应力之比及三者的流量之比。

4-17 一条新的钢管输水管道，管径 $d=150\text{mm}$，管长 $l=1200\text{m}$，测得沿程水头损失 $h_f=37\text{mH}_2\text{O}$，已知水温 $T=20°\text{C}$，求管中流量 Q_V。

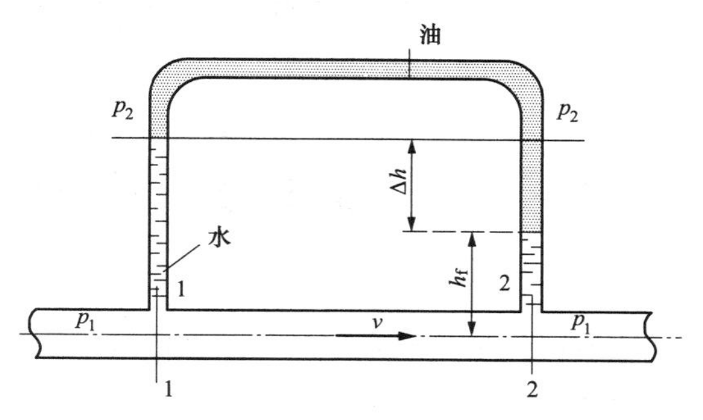

图4-42 题4-14图

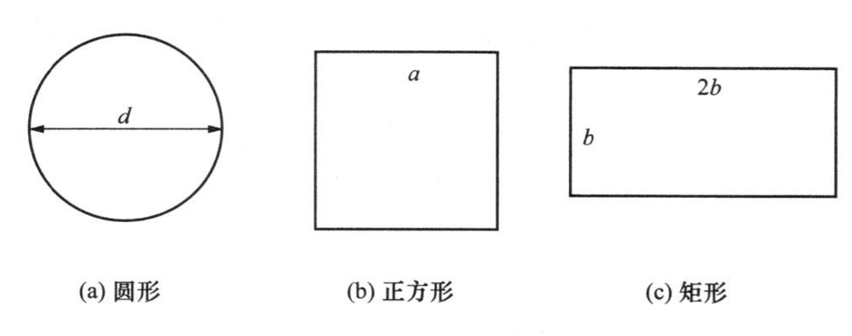

图4-43 题4-16图

4-18 水在管径 $d=300\text{mm}$，管壁绝对粗糙度 $\kappa=0.2\text{mm}$，长度 $l=16\text{km}$ 的管道中流动，若管道水平放置，运动黏度 $\nu=0.0131\text{cm}^2/\text{s}$，求每小时通过2、40、$1000\text{m}^3$ 及 10000m^3 水时各需多大功率。

4-19 圆管由 $d_1=0.45\text{m}$ 突然缩至 $d_2=0.15\text{m}$，已知：$h_j=\zeta_2\dfrac{v_2^2}{2g}$，$\zeta_2=0.5\left(1-\dfrac{A_2}{A_1}\right)$，$H=10\text{m}$。

（1）试求局部水头损失系数 ζ_1；

（2）设已知 $v_1=0.6\text{m/s}$，求由于管径变小引起的局部水头损失。

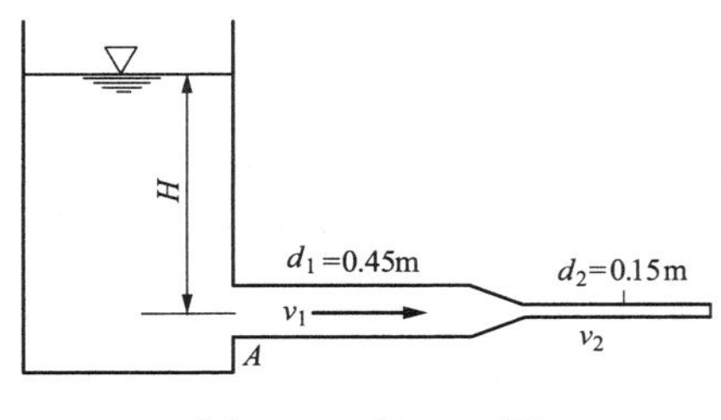

图4-44 题4-20图

4-20 如图4-44所示，水从水箱，经断面为 0.2m^2 和断面为 0.1m^2 的两根管子所组成的水平输水管系统，流入大气中，假设水箱中水位保持不变。

若不计水头损失，求：①断面流速 v_1 和 v_2；②绘制总水头线和测压管水头线；③求进口 A 点的压强。

4-21 定性绘出下列各图的总水头线和测压管水头线，如图4-45所示。

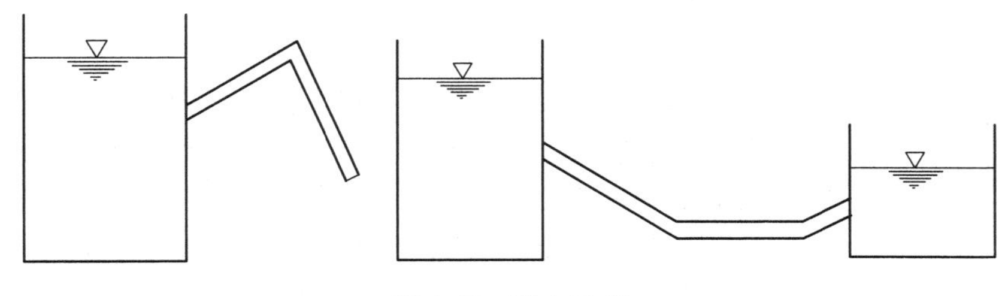

图4-45 题4-21图

第5章 孔口管嘴管路流动

本章以流体力学基本原理为理论基础，结合具体流动条件，研究孔口和管路的出流。

流体流经孔口流动的现象称为孔口出流，孔口出流在许多工程领域中都可以见到。例如：自然通风中空气通过门窗，供热管路中流体通过节流孔板，水利工程中的水闸泄水，通航船闸闸室的充水、泄水，建筑物的输水、配水，水力采煤用的水枪，消防用水龙头，黏度计上的针孔，柴油机的喷嘴，以及液压技术中油液流经滑阀、锥阀、阻尼孔等，都可归纳为出流问题。

流体沿管路的流动，广泛应用于供热通风及燃气技术、空调制冷技术、建筑给水排水工程技术、市政给水排水工程技术等工程应用技术中的管道系统计算。

5.1 孔口及其出流的分类

根据孔口的结构和出流条件具体分类如下。

5.1.1 自由出流和淹没出流

孔口的出流可以分为自由出流和淹没出流；以出流的下游条件为衡量标准，如果流体经过孔口后出流于大气中时，不受下游水位的影响，称为自由出流；如果出流于充满液体的空间，称为淹没出流。尽管出流条件不同，但是自由出流和淹没出流的流动特征和计算方法基本类似。

5.1.2 薄壁孔口和厚壁孔口

1. 薄壁孔口

如果液体有一定的流速，能形成射流，且孔口具有尖锐的边缘，此时边缘厚度的变化对于液体出流不产生影响，出流水股表面与孔壁可视为环线接触，这种孔口称为薄壁孔口（如图5-1所示）。液流在流出孔口后有收缩现象，在出孔口后约$D/2$处，收缩完毕。此处的过水断面称为收缩断面，如图5-1中$C—C$断面所示。

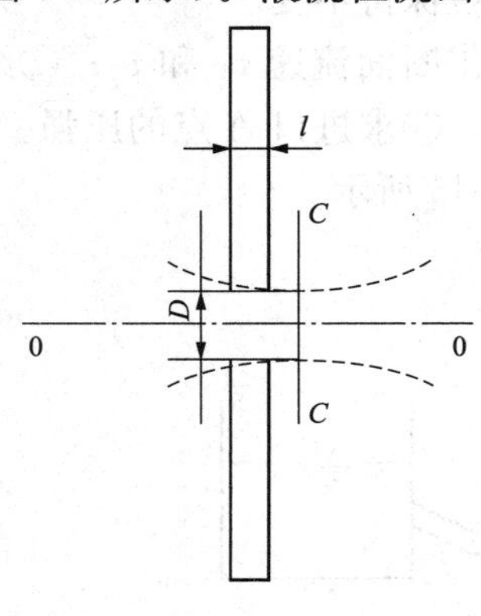

图5-1 薄壁孔口

薄壁孔口的特征：$l/d \leqslant 2$。

液体从薄壁孔口出流时，可忽略沿程能量损失，只计入收缩时产生的局部损失。

2. 厚壁孔口（管嘴）

如果液体具有一定的速度，能形成射流，此时虽然孔口也具有尖锐的边缘，射流亦可形成收缩断面，但由于孔壁较厚，厚壁对射流影响显著，射流收缩后又扩散而附壁，这种孔口称为厚壁孔口或长孔口，也常称为管嘴（见图5-2），薄壁孔口常简称为孔口。图5-2中的$C—C$断面为收缩断面，从图中可以看出，射流收缩后又扩散附着于壁面的现象。

管嘴的特征：$2<l/d\leqslant 4$。

液体从管嘴出流时，不仅要计量收缩的局部损失，还要计量沿程损失。

对于薄壁孔口或厚壁孔口，如图 5-1 和图 5-2 所示，$C—C$ 收缩断面上的流线几乎已经达到平行状态，若收缩断面面积以 A_C 表示，孔口断面面积以 A 来表示，则比值

$$\frac{A_C}{A}=\varepsilon \tag{5-1}$$

ε 称为收缩系数，因为 $A_C<A$，所以$\frac{A_C}{A}=\varepsilon<1$。收缩系数的大小，与孔口边缘的情况和孔口离开容器侧壁的底边的距离有关，将在 5.2 内容中详细介绍。

5.1.3　大孔口和小孔口

以孔口断面上流速分布的均匀性为衡量标准，如果断面上各点的流速分布均匀，则称为小孔口，小孔口的特征是其水头 H 大于 10 倍的孔径 D，即 $H/D>10$；如果孔口断面上各点的速度分布不均匀，则称为大孔口，大孔口的特征是其水头 H 小于或等于 10 倍的孔径 D，即 $H/D\leqslant 10$。孔口出流的分类如图 5-3 所示。

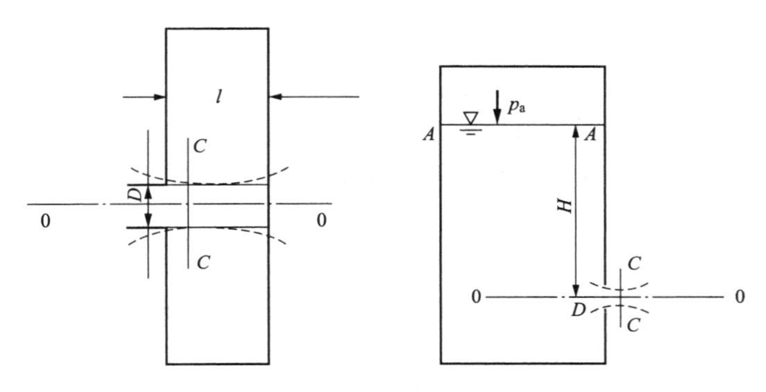

图 5-2　厚壁孔口　　图 5-3　孔口出流的分类

5.1.4　恒定出流和非恒定出流

以孔口的流量和流速的恒定性为衡量标准，如果孔口出流过程中容器液面位置保持不变，即孔口的流量和流速都不随时间变化，称为孔口的恒定出流；如果孔口出流过程中容器液面位置有变化，即孔口的流量和速度都会随着时间变化，称为孔口非恒定出流。

本书内容主要讨论恒定出流。

5.2　孔　口　出　流

本节应用伯努利方程推导孔口自由出流和淹没出流的流量公式。

5.2.1　孔口自由出流

孔口自由出流如图 5-4 所示，孔口中心的水头 H 保持不变，孔径较小，可以认为孔口各处的水头均为 H，收缩断面的 $C—C$ 的水流与大气接触，上面各点的绝对压强均等于当地大气压强 p_a。这就是孔口自由恒定出流。

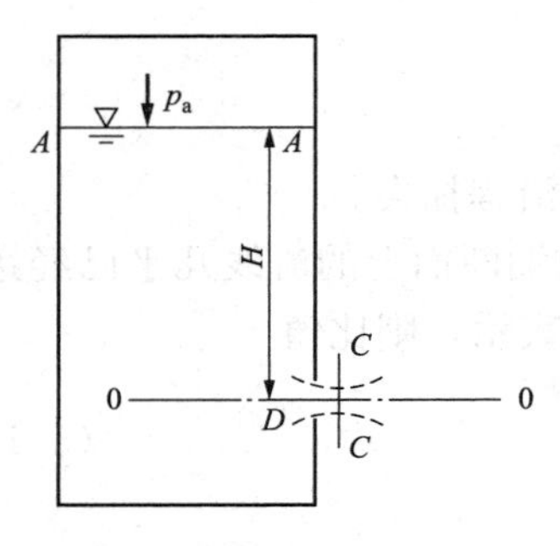

图 5-4 孔口自由出流

下面讨论出流规律。以通过孔口的中心线 0—0 为基准，列出断面 A—A 和断面 C—C 的伯努利方程：

$$z_A+\frac{p_A}{\rho g}+\frac{\alpha_A v_A^2}{2g}=z_C+\frac{p_C}{\rho g}+\frac{\alpha_C v_C^2}{2g}+h_w \tag{5-2}$$

其中，α_A、α_C 均为动能修正系数，因速度分布均匀，故取 $\alpha_A=\alpha_C=1$；因孔口的中心水头 H 保持不变，所以 $v_A=0$，v_C 是收缩断面的平均流速；液面和收缩断面的绝对压强均为当地大气压强，即 $p_A=p_C=p_a$；h_w 为孔口出流的能量损失，由于水在容器中流动的沿程损失很小，可以忽略，故水头损失只计量流经孔口的局部损失，对比管路流动而言，这正是孔口流动的特点。

对于薄壁孔口来说 $h_w=h_j=\zeta\frac{v_C^2}{2g}$，代入式（5-2），整理得

$$(\alpha_C+\zeta)\frac{v_C^2}{2g}=(z_A-z_C)+\frac{p_A-p_C}{\rho g}+\alpha_A\frac{v_A^2}{2g}=H_0 \tag{5-3}$$

从而得

$$v_C=\frac{1}{\sqrt{\alpha_C+\zeta}}\sqrt{2gH_0} \tag{5-4}$$

式中：H_0 为作用水头，是促使出流的全部能量。

从式（5-3）可知，H_0 包括孔口上游对孔口收缩断面 C—C 的位置差、压差以及上游来流的速度水头。H_0 中的一部分用来克服阻力而损失掉，一部分变成 C—C 断面上的动能，使之出流。

分析：

H_0 中压差，因自由出流流体直接流向大气，且具有自由液面，则 $p_A=p_C=p_a$，故该项为零；

H_0 中速度水头，因为恒定流动，自由液面速度可忽略不计，所以得出具有自由液面、自由出流时，有 $H_0=H$；对于其他条件下的孔口出流，H_0 的大小应视具体条件，以 H_0 的定义式（5-3）为依据，表述作用水头。

速度系数 φ，在薄壁孔口自由出流收缩断面 C—C 上速度公式（5-4）中，令

$$\varphi=\frac{1}{\sqrt{\alpha_C+\zeta}} \tag{5-5}$$

φ 的意义如下：若 $\alpha_C=1$ 且无损失的情况下，$\zeta=0$，则 $\varphi=1$，这时是理想流体的流动，其速度为 $v_C'=1\cdot\sqrt{2gH_0}$，与式（5-4）相比可得

$$\frac{v_C}{v_C'}=\frac{\varphi\sqrt{2gH_0}}{1\cdot\sqrt{2gH_0}}=\varphi$$

$$\varphi=\frac{\text{实际流体的速度}}{\text{理想流体的速度}}$$

φ 的值可以通过实验测得，对圆形薄壁小孔口的速度系数为 $\varphi=0.97\sim0.98$。

通过孔口出流流量为

$$Q_V=v_C A_C \tag{5-6}$$

式中：A_C 为收缩面积。

A_C 和孔口面积的关系为

$$\varepsilon=\frac{A_C}{A} \tag{5-7}$$

式中：ε 称为收缩系数。

代入流量公式（5-6）得

$$Q_V=v_CA_C=v_C\varepsilon A=\varepsilon\varphi A\sqrt{2gH_0} \tag{5-8}$$

$$\mu=\varepsilon\varphi$$

式中：μ 称为流量系数，则

$$Q_V=\mu A\sqrt{2gH_0} \tag{5-9}$$

实验可知，对于圆形薄壁小孔口

$\varepsilon=0.62\sim0.64$，$\mu=0.62\times0.97\sim0.64\times0.97=0.60\sim0.62$

ε 值因孔口开设的位置不同而造成收缩情况不同，因而有较大变化。

【例 5-1】 直径 $D=10\text{mm}$ 的薄壁小孔口，在恒定水头 $H=2\text{m}$ 的作用下，测得收缩断面 $C—C$ 处流股直径 $D_C=9\text{mm}$，充满 $V=10\text{L}$ 体积的水所需时间 $t=32.8\text{s}$，求该孔口出流的收缩系数 ε、流量系数 μ、速度系数 φ 及局部阻力系数 ζ。

【解】 收缩系数为

$$\varepsilon=\frac{A_C}{A}=\left(\frac{D_C}{D}\right)^2=\left(\frac{9}{10}\right)^2=0.81$$

根据题意，可知孔口的出流流量为

$$Q_V=\frac{V}{t}=\frac{10\times10^{-3}}{32.8}=0.305\times10^{-3}(\text{m}^3/\text{s})$$

根据式（5-9）求得流量系数

$$\mu=\frac{Q_V}{A\sqrt{2gH}}=\frac{0.305\times10^{-3}}{\dfrac{\pi\times0.01^2}{4}\times\sqrt{2\times9.8\times2}}=0.62$$

孔口流速系数

$$\varphi=\frac{\mu}{\varepsilon}=\frac{0.62}{0.81}=0.77$$

孔口局部阻力系数

$$\zeta=\frac{1}{\varphi^2}-1=0.687$$

【例 5-2】 如图 5-5 所示，水箱侧壁上开有上、下两个小孔。已知上孔口水头 $H_1=1\text{m}$，水箱水面距地面高度 $H=2.5\text{m}$。求自上、下孔口流出的两流股落在地面同一点处时，下孔口的水头 H_2。

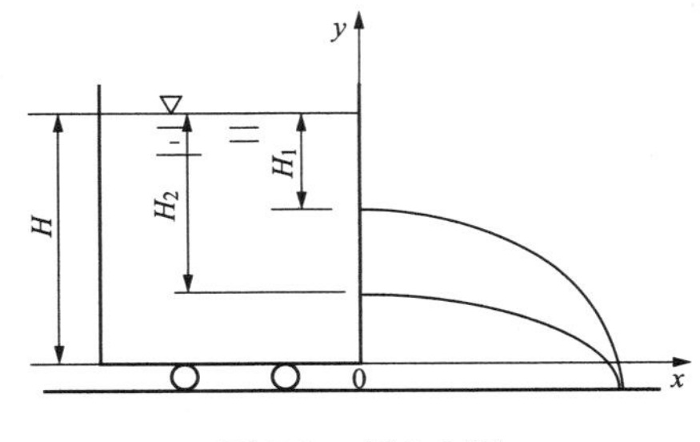

图 5-5　例 5-2 图

【解】 先求流股的轨迹方程。

设流股任意断面的形心到收缩断面形心的水平距离为 x，铅直距离为 y，则

$$\begin{cases} x = vt \\ y = \dfrac{1}{2}gt^2 \end{cases}$$

$$x^2 = v^2 t^2 \tag{a}$$

$$t^2 = \frac{2y}{g} \tag{b}$$

$$v = \varphi\sqrt{2gH}, \quad v^2 = \varphi^2 2gH \tag{c}$$

将（b）、（c）代入（a）中得

$$x^2 = 2v^2 \frac{y}{g} = 4\varphi^2 gH \frac{y}{g} = 4\varphi^2 Hy$$

根据题意，两流股在同一地点，即 x 相等，故

$$4\varphi^2 H_1(H - H_1) = 4\varphi^2 H_2(H - H_2)$$

代入数据得

$$1 \times (2.5 - 1) = H_2(2.5 - H_2)$$

解之得 $H_2 = 1.5\text{m}$。

5.2.2 孔口淹没出流

当液体通过孔口出流到另一个充满液体的空间时称为淹没出流，孔口淹没出流如图 5-6 所示。

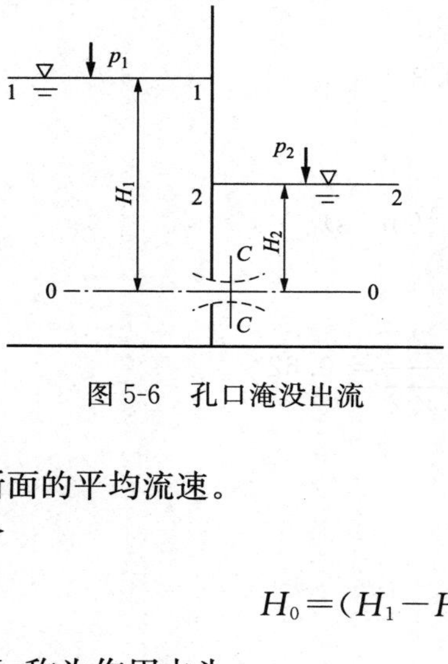

图 5-6 孔口淹没出流

以孔口中心线 0—0 为基准线，列上下游自由表面 1—1 和 2—2 的伯努利能量方程

$$H_1 + \frac{p_1}{\rho g} + \alpha_1 \frac{v_1^2}{2g} = H_2 + \frac{p_2}{\rho g} + \alpha_2 \frac{v_2^2}{2g} + \zeta_1 \frac{v_C^2}{2g} + \zeta_2 \frac{v_C^2}{2g}$$

类似于自由出流，其中，α_1、α_2 均为动能修正系数，因速度分布较为均匀，故取 $\alpha_1 = \alpha_2 = 1$；因为恒定流动，所以 $v_1 = v_2 = 0$；液面为自由表面，故相对压强 $p_A = p_C = 0$；由于水在容器中流动的沿程损失很小，可以忽略，故水头损失只计量流经孔口的局部损失 $h_w = h_j = \zeta_1 \dfrac{v_C^2}{2g} + \zeta_2 \dfrac{v_C^2}{2g}$，是收缩断面的平均流速。

令

$$H_0 = (H_1 - H_2) + \frac{p_1 - p_2}{\rho g} + \left(\alpha_1 \frac{v_1^2}{2g} - \alpha_2 \frac{v_2^2}{2g}\right) = H_1 - H_2$$

H_0 称为作用水头。

则有

$$H_0 = (\zeta_1 + \zeta_2)\frac{v_C^2}{2g}$$

求得

$$v_C = \frac{1}{\sqrt{\zeta_1 + \zeta_2}}\sqrt{2gH_0} \tag{5-10}$$

则出流流量为

$$Q_V = v_C A_C = v_C \varepsilon A = \frac{1}{\sqrt{\zeta_1 + \zeta_2}} \varepsilon A \sqrt{2gH_0} \tag{5-11}$$

式中：ζ_1 为液体经过孔口处的局部阻力系数，ζ_2 为液体在收缩断面之后突然扩大的局部阻力系数，2—2 断面比 C—C 断面大得多，所以 $\zeta_2=\left(1-\dfrac{A_c}{A_2}\right)^2\approx1$。

于是淹没出流的速度系数

$$\varphi=\frac{1}{\sqrt{\zeta_1+\zeta_2}}=\frac{1}{\sqrt{1+\zeta_1}} \tag{5-12}$$

对比孔口自由出流的速度系数，在孔口形状、尺寸相同的情况下，二者相等，但是含义有所不同。自由出流时 $\alpha_c=1$，淹没出流时 $\zeta_2=1$。

引入淹没出流流量系数 $\mu=\varepsilon\varphi$，式（5-11）可以写成

$$Q_V=\varepsilon\varphi A\sqrt{2gH_0}=\mu A\sqrt{2gH_0} \tag{5-13}$$

这就是淹没出流流量公式。对比自由出流流量公式（5-9），速度系数 φ 和流量系数 μ 相同，只是作用水头 H_0 有所不同，对于恒定不可压缩流体的流动，且液体通向大气时，自由出流作用水头为孔口低于液面的高度，而淹没出流的作用水头为两容器内液面的高度差。

孔口自由出流与淹没出流其公式完全相同，μ 和 φ 孔口条件相同时也相等，只是必须注意作用水头 H_0 中的各项，要按具体条件代入。

分析：

（1）如图 5-7 所示为压力容器出流，容器为封闭容器，液面具有 p_0 的相对压强（表面压强），液体经孔口出流，作用水头为

$$H_0=(H_1-H_2)+\frac{p_0}{\rho g} \tag{5-14}$$

（2）气体出流一般为淹没出流，流量计算与式（5-13）相同，但是需用压强差代替水头差，得

$$Q_V=\mu A\sqrt{\frac{2\Delta p_0}{\rho}} \tag{5-15}$$

$$\Delta p_0=\rho g(H_1-H_2)+(p_1-p_2)+\frac{\rho(\alpha_1v_1^2-\alpha_2v_2^2)}{2} \tag{5-16}$$

式中：ρ 为气体的密度，kg/m^3；Δp_0 为类似式（5-13）中的 H_0，是促使气体出流的全部能量。

气体管路中装一有薄壁孔口的隔板，称为孔板流量计，如图 5-8 所示，此时通过孔口的出流为淹没出流，因为孔板流量计水平放置，且流量、管径在给定条件下不变，所以测压断

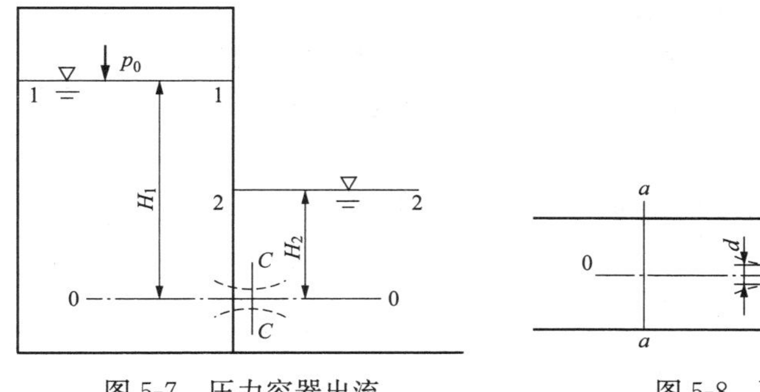

图 5-7　压力容器出流　　图 5-8　孔板流量计

面上 $v_1=v_2$，$H_1=H_2$。故对于孔板流量计，式（5-16）为

$$\Delta p_0 = p_A - p_B \tag{5-17}$$

应用式（5-15），流量为

$$Q_V = \mu A\sqrt{\frac{2\Delta p_0}{\rho}} = \mu A\sqrt{\frac{2}{\rho}(p_A - p_B)} \tag{5-18}$$

在管道上装孔板流量计，只要测得孔板前后渐变断面上的压差，利用式（5-18）即可求得管中流量。

孔板流量计的流量系数 μ 值是通过实验测定的。现给出圆形薄壁孔板的流量系数曲线如图 5-9 所示，以供参考。工程应用中应按具体孔板查有关孔板流量计手册获得 μ 值。

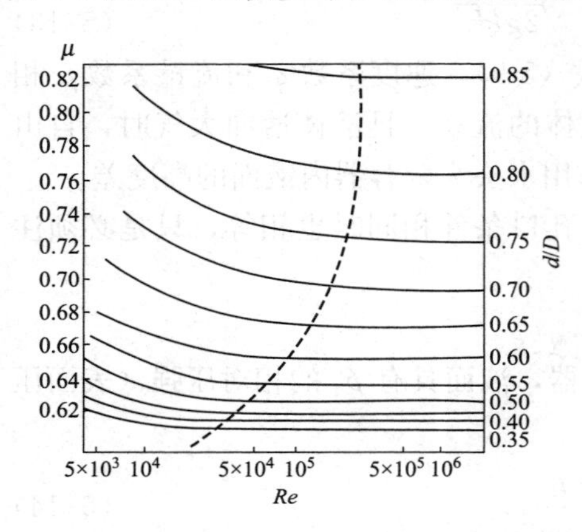

图 5-9 圆形薄壁孔板的流量系数曲线

【例 5-3】 有一孔板流量计，测得 $\Delta p=500\text{Pa}$，管道直径为 $D=300\text{mm}$，孔板直径为 $d=120\text{mm}$，试求水管中的流量。

【解】 根据题意，此题为液体淹没出流，所以

$$H_0 = (H_1 - H_2) + \frac{p_1 - p_2}{\rho g} + \frac{\alpha_1 v_1^2 - \alpha_2 v_2^2}{2g}$$

其中，$H_1=H_2$，$v_1=v_2$，有

$$H_0 = \frac{p_1 - p_2}{\rho g} = \frac{500}{1000\times 9.8} = 0.05(\text{m})$$

$$\frac{d}{D}=\frac{120}{300}=0.4$$

若认为在水力粗糙区，μ 值与 Re 无关，则在图 5-9 上查的 $\mu=0.61$，利用式（5-13）得

$$Q_V = \mu A\sqrt{2gH_0} = 0.61\times\frac{3.14\times 0.12^2}{4}\times\sqrt{2\times 9.8\times 0.05} = 0.004778(\text{m}^3/\text{s})$$

【例 5-4】 如上题，如果孔板流量计在气体管路中，测得 $p_1-p_2=490\text{Pa}$，其中 D、d 尺寸同上题，求气体流量。

【解】 根据题意，此题为气体淹没出流，利用式（5-18）求气体流量。

$$\frac{d}{D}=\frac{120}{300}=0.4\text{，同理 }\mu=0.61$$

$$Q_V = \mu A\sqrt{\frac{2\Delta p}{\rho}} = 0.61\times\frac{3.14\times 0.12^2}{4}\times\sqrt{\frac{2\times 490}{1.2}} = 0.417(\text{m}^3/\text{s})$$

【例 5-5】 房间顶部设置夹层，把处理过的清洁空气用风机送入夹层中，并使层中保持 300Pa 的相对压强；清洁空气在此压强作用下，通过孔板的直径均为 10mm 的孔口向房间流出，这就是孔板均匀送风（见图 5-10），求每个孔口出流的流量及速度。

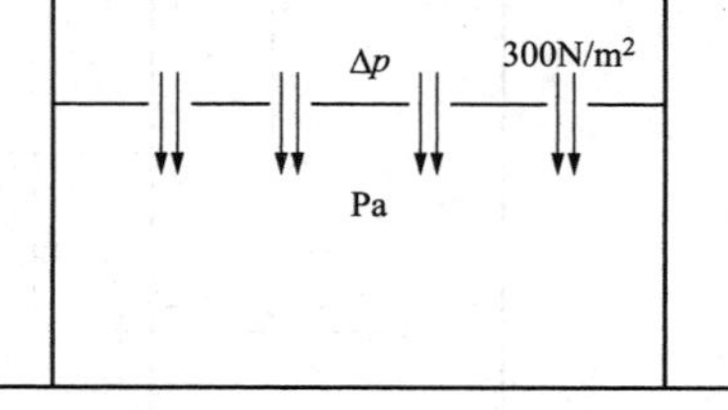

图 5-10 孔板均匀送风

【解】 根据题意，此题为气体淹没出流，利用式（5-18）求每一个孔口的流量：

$$Q_V = \mu A\sqrt{2\frac{\Delta p}{\rho}}$$

查手册得到，孔板流量系数 $\mu=0.6$，速度系数 $\varphi=0.97$，

空气的密度取 $\rho=1.2\text{kg/m}^3$。

孔口的面积　$A=\frac{\pi d^2}{4}=\frac{3.14\times0.01^2}{4}=0.785\times10^{-4}(\text{m}^2)$

孔口的流量　$Q_V=\mu A\sqrt{2\frac{\Delta p}{\rho}}=0.6\times0.785\times10^{-4}\times\sqrt{\frac{2\times300}{1.2}}=10.5\times10^{-4}(\text{m}^3/\text{s})$

出流速度　$v_C=\varphi\sqrt{2\frac{\Delta p}{\rho}}=0.97\times\sqrt{\frac{2\times300}{1.2}}=21.73(\text{m/s})$

【例 5-6】 如图 5-11 所示，管路中输送气体，采用 U 形差压计测量压强差为 h 的液体；若孔板流量计输送 20℃的空气，测量得 $h=100\text{mmH}_2\text{O}$，$\mu=0.62$，$d=100\text{mm}$，求孔板的体积流量 Q_V。

【解】 根据题意有 $\Delta p=p_1-p_2=\rho wgh=1000\times9.8\times0.1=980(\text{Pa})$

$$Q_V=\mu A\sqrt{2\frac{\Delta p}{\rho}}=0.62\times\frac{\pi}{4}\times0.1^2\times\sqrt{\frac{2\times980}{1.2}}=0.196(\text{m}^3/\text{s})$$

【例 5-7】 如图 5-12 所示，一矩形平底船，宽 $B=2.5\text{m}$，长 $L=4.5\text{m}$，高 $H=0.8\text{m}$，船重 $G=11.2\text{kN}$，底部有以直径为 $D=8\text{m}$ 的小圆孔，流量系数 $\mu=0.62$，问打开小孔需多长时间船就会沉没？

【解】 船沉没前，船内外水位 h 不变。

打开小孔前船吃水深为

$$h=\frac{G}{\rho gBL}=\frac{11.2\times1000}{9.8\times1000\times2.5\times4.5}=0.10(\text{m})$$

打开小孔后的进水量为

$$Q_V=\mu A\sqrt{2gH_0}=0.62\times\frac{3.14\times0.008^2}{4}\times\sqrt{2\times9.8\times0.10}=4.32\times10^{-5}(\text{m}^3/\text{s})$$

打开小孔后船沉没的时间

$$t=\frac{B\times L\times(H-h)}{Q_V}=\frac{2.5\times4.5\times(0.8-0.10)}{4.32\times10^{-5}}=1.82\times10^5\text{s}=50.64(\text{h})$$

【例 5-8】 如图 5-13 所示，水箱孔口出流。已知压力表读数为 $p=0.5\text{at}$，水位 $h_1=2\text{m}$ 恒定不变，孔口直径 $D_1=40\text{mm}$。敞口容器底部孔口直径 $D_2=30\text{mm}$，$h_3=1\text{m}$。求恒定流时的水位 h_2 及流量 Q_V。

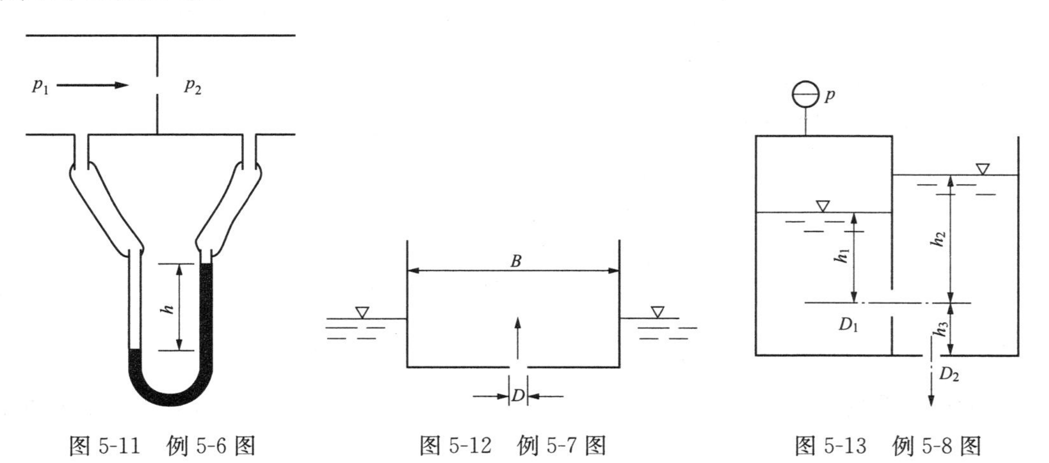

图 5-11　例 5-6 图　　图 5-12　例 5-7 图　　图 5-13　例 5-8 图

【解】 两水箱间为孔口淹没出流，敞口水箱底部为孔口自由出流。恒定流动时，两孔口出流的流量应该相等，$Q_{V1}=Q_{V2}$，即

$$\mu_1 A_1\sqrt{2g\left(\frac{p}{\rho g}+h_1-h_2\right)}=\mu_2 A_2\sqrt{2g(h_2+h_3)}$$

因流量系数 $\mu_1=\mu_2=0.62$，同时将 $A_1=\frac{\pi D_1^2}{4}$，$A_2=\frac{\pi D_2^2}{4}$代入上式，得

$$D_1^4\left(\frac{p}{\rho g}+h_1-h_2\right)=D_2^4(h_2+h_3)$$

$$0.04^4\times(5+2-h_2)=0.03^4\times(h_2+1)$$

解之得

$$h_2=5.08\text{m}$$

则孔口的流量为

$$Q_V=\mu_2 A_2\sqrt{2g(h_2+h_3)}=0.62\times\frac{\pi\times0.03^2}{4}\times\sqrt{2\times9.8\times(5.08+1)}=4.78\times10^{-3}(\text{m}^3/\text{s})$$

5.3 管嘴出流

5.3.1 圆柱形外管嘴出流

圆柱形管嘴出流如图 5-14 所示，水流入管嘴时如同孔口出流一样，流束也发生收缩，存在收缩断面 C—C，而后流束逐渐扩张，至出口断面上完全充满管嘴断面流出。在收缩断面 C—C 前后流束与管壁分离，中间形成旋涡区，产生负压，出现了管嘴的真空现象。真空区的存在，对容器内产生抽吸作用，从而提高了管嘴的过流能力，这是管嘴出流不同于孔口出流的基本特点。

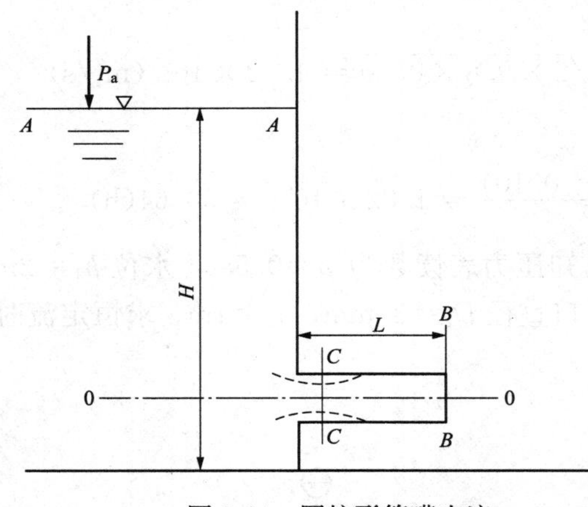

图 5-14 圆柱形管嘴出流

以 0—0 为基准线，列 A—A 断面和 B—B 断面的伯努利方程如下：

$$z_A+\frac{p_A}{\rho g}+\frac{\alpha_A v_A^2}{2g}=z_B+\frac{p_B}{\rho g}+\frac{\alpha_B v_B^2}{2g}+h_w$$

$$p_A=p_B=p_a,\quad v_A=0$$

所以与孔口出流类似，令

$$H_0=(z_A-z_B)+\frac{p_A-p_B}{\rho g}+\frac{\alpha_A v_A^2}{2g}$$

$$=z_A-z_B \tag{5-19}$$

则

$$H_0=(\alpha_B+\zeta)\frac{v_B^2}{2g}$$

所以

$$v_B=\frac{1}{\sqrt{\alpha_B+\zeta}}\sqrt{2gH_0}=\varphi\sqrt{2gH_0} \tag{5-20}$$

$$Q_V=v_B A=\varphi A\sqrt{2gH_0}=\mu A\sqrt{2gH_0} \tag{5-21}$$

式中：φ 为速度系数；μ 为流量系数；ζ 为锐缘管道口的局部损失系数，取 0.5；α_B 为动能修

正系数，取 1；$\varphi=\frac{1}{\sqrt{\alpha_B+\xi}}=0.82$，为圆柱形管嘴流速系数；$\mu=\varphi=0.82$，为流量系数（因出口断面 $B—B$ 被流股完全充满，收缩比 $\varepsilon=1$）。

5.3.2　圆柱形管嘴外的真空度

以 0—0 为基准面，列断面 $C—C$ 与 $B—B$ 间的伯努利方程

$$\frac{p'_C}{\rho g}+\frac{\alpha_C v_C^2}{2g}=\frac{p'_B}{\rho g}+\frac{\alpha_B v_B^2}{2g}+h_w$$

$$h_w=\text{突然扩大损失}+\text{沿程损失}=\left(\zeta_m+\pi\frac{l}{d}\right)\frac{v_B^2}{2g}$$

取

$$\alpha_B=\alpha_C=1$$

$$v_C=\frac{A}{A_C}v_B=\frac{1}{\varepsilon}v_B$$

$$p'_B=p_a$$

则 $C—C$ 和 $B—B$ 间的伯努利方程变为

$$\frac{p'_C}{\rho g}=\frac{p'_B}{\rho g}-\left(\frac{1}{\varepsilon^2}-1-\zeta_m-\lambda\frac{l}{d}\right)\frac{v_B^2}{2g}$$

从式（5-20）可以得到$\frac{v_B^2}{2g}=\varphi^2 H_0$，则

$$\zeta_m=\left(\frac{A}{A_C}-1\right)^2=\left(\frac{1}{\varepsilon}-1\right)^2$$

因此

$$\frac{p'_C}{\rho g}=\frac{p_a}{\rho g}-\left[\frac{1}{\varepsilon^2}-1-\left(\frac{1}{\varepsilon}-1\right)^2-\lambda\frac{l}{d}\right]\varphi^2 H_0$$

当 $\varepsilon=0.64$，$\lambda=0.62$，$\frac{l}{d}=3$，$\varphi=0.82$ 时，有

$$\frac{p'_C}{\rho g}=\frac{p_a}{\rho g}-0.75H_0$$

则圆柱形管嘴在收缩断面 $C—C$ 上的真空值为

$$\frac{p_a-p'_C}{\rho g}=0.75H_0 \tag{5-22}$$

由式（5-22）可见，H_0 越大，则收缩断面上的真空越大。当真空达到 7～8mH_2O 的时候，常温下的水汽化而不断产生气泡，破坏了连续流动；同时空气在较大的压差作用下，经 $B—B$ 断面冲入真空区，破坏了真空；气泡及空气都使管嘴内部液流脱离管壁，不再充满断面，于是成为孔口出流；因此为保证管嘴的正常出流，真空值必须控制在 68.6kPa（7mH_2O）以下，从而确定了作用水头 H_0 的极限值 $[H_0]=9.3$m，这就是外管嘴正常工作的条件之一。

换一种说法是，收缩断面的真空度是作用水头的 75%，这说明管嘴的作用是相当于孔口自由出流作用水头增大了 75%，因而，管嘴出流的流量能够比相应的孔口大很多。

其次，管嘴长度也有一定极限值，太长阻力大，使流量减少；太短则流股收缩后来不及扩大到整个断面而呈现非满流流出，无真空出现，因此一般取管嘴长度$[l]=(3\sim4)$d，这就

是管嘴正常工作的条件之一。

5.3.3 其他类型的管嘴出流

对于其他类型的管嘴出流，其流速、流量的计算公式与圆柱形管嘴公式形式相似，但是速度系数、流量系数各有不同。常用管嘴如图 5-15 所示。

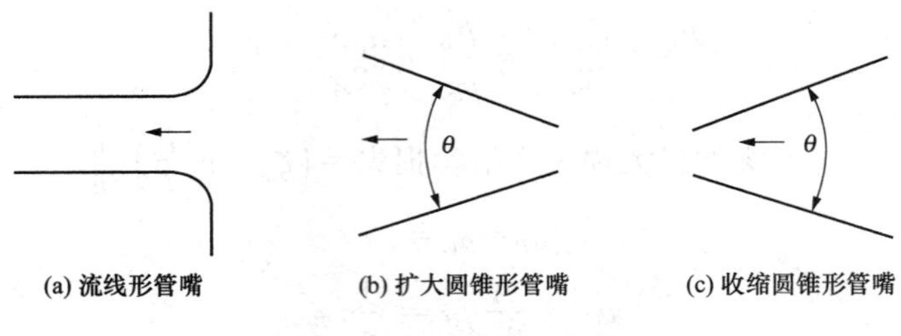

图 5-15 几种常用管嘴

1. 流线形管嘴

流线形管嘴如图 5-15（a）所示，速度系数 $\varphi=\mu=0.97$，阻力小，不收缩，不易产生气穴，流线不脱离壁面；适用于水头损失小，流量大，出口断面上速度分布均匀的情况，但加工需圆滑。

2. 扩大圆锥形管嘴

扩大圆锥形管嘴如图 5-15（b）所示，扩张阻力大，因而速度系数和流速都小，当 $\theta=5°\sim7°$时阻力最小，为最佳扩张角，θ 再大则流线脱离壁面形成孔口，$\varphi=\mu=0.42\sim0.50$。适合于将部分动能恢复为压能的情况，如引射器的扩压管。

3. 收缩圆锥形管嘴

收缩圆锥形管嘴如图 5-15（c）所示，出流与收缩角度有关。这种管嘴的速度系数较大，出口速度较高；在 $\theta=13°\sim14°$时，不但出口速度大，而且有相当的流量，这时的动能达到最大值，如果 θ 继续增大，虽然速度提高，但是流量要减少。适合于加大喷射速度的场合，如消防水枪、水力喷沙等。

【例 5-9】 现有四只水箱，其上有圆形孔口，直径 d 均为 100mm，孔口形心上的水头均为 1.2m，均为自由出流。除一只水箱上的为薄壁孔口外，其余三只水箱都连接长为 400mm 的管嘴，一为圆柱形内伸管嘴，一为圆柱形外伸管嘴，一为圆锥形扩散管嘴（$\theta=6°$），试比较四种孔口管嘴的流量。

【解】 （1）薄壁孔口自由出流的流量，取流量系数 $\mu=0.62$，则

$$Q_V=\mu A\sqrt{2gH_0}=\mu\frac{\pi d^2}{4}\sqrt{2gH_0}=0.62\times\frac{3.14\times0.1^2}{4}\times\sqrt{2\times9.8\times1.2}=0.0236(\text{m}^3/\text{s})$$

（2）圆柱形内伸管嘴自由出流流量，取流量系数 $\mu=0.71$，则

$$Q_V=\mu A\sqrt{2gH_0}=\mu\frac{\pi d^2}{4}\sqrt{2gH_0}=0.71\times\frac{3.14\times0.1^2}{4}\times\sqrt{2\times9.8\times1.2}=0.027(\text{m}^3/\text{s})$$

（3）圆柱形外伸管嘴自由出流流量，取流量系数 $\mu=0.82$，则

$$Q_V=\mu A\sqrt{2gH_0}=\mu\frac{\pi d^2}{4}\sqrt{2gH_0}=0.82\times\frac{3.14\times0.1^2}{4}\times\sqrt{2\times9.8\times1.2}=0.0312(\text{m}^3/\text{s})$$

（4）圆锥形扩散管嘴自由出流流量，取流量系数 $\mu=0.45$，则

$$D = d + 2l\tan 3^\circ = 0.1 + 2\times 0.4\times 0.0524 = 1.142(\text{m})$$

$$Q_V = \mu A\sqrt{2gH_0} = \mu\frac{\pi D^2}{4}\sqrt{2gH_0} = 0.45\times\frac{3.14\times 0.142^2}{4}\times\sqrt{2\times 9.8\times 1.2} = 0.0346(\text{m}^3/\text{s})$$

（5）比较。

1）在同样的作用水头 H_0 和孔口大小的情况下，管嘴过流能力比孔口大，且圆锥形扩散管嘴的过流量最大，圆柱形外伸管嘴的过流量次之，圆柱形内伸管嘴过流量更小一些。因此，在同一条件下，要使过流能力增大，就应该设圆锥形管嘴或圆柱形外伸管嘴。

2）如果要利用管嘴出口的巨大动能，则应该采用圆锥形收缩管嘴。

【例 5-10】 液体从封闭的立式容器中经管嘴流入开口水池如图 5-16 所示，管嘴直径 $d=8\text{cm}$，$h=3\text{cm}$，要求流量为 $5\times 10^{-2}\text{cm}^3/\text{s}$。试求作用于容器液面压强为多少？

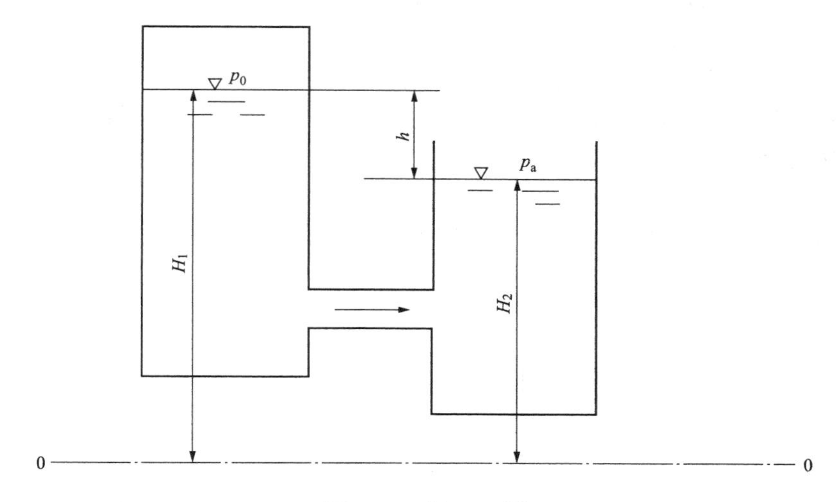

图 5-16　例 5-10 图

【解】 根据管嘴流量公式（5-21）

$$Q_V = \mu A\sqrt{2gH_0}$$

求作用水头，有

$$H_0 = \frac{Q_V^2}{2g\mu^2 A^2}$$

取 $\mu=0.82$

则

$$H_0 = \frac{0.05^2}{2\times 9.8\times 0.82^2\times\left(\frac{3.14\times 0.08^2}{4}\right)^2} = 7.5(\text{m})$$

在图 5-16 的具体条件下，因为是恒定流，可忽略上下游液面速度，则

$$H_0 = \frac{p_b - p_a}{\rho g} + (H_1 - H_2) = \frac{p_0}{\rho g} + h$$

所以

$$\frac{p_0}{\rho g} = H_0 - h = 7.5 - 3 = 4.5(\text{m})$$

$$p_0 = 4.5 \times 1000 \times 9.8 = 4.41\text{kN/m}^2 = 4.41(\text{kPa})$$

5.4 简 单 管 路

流体充满管道且在一定压差下流动的管道称为有压管道，其压强可以低于大气压强（如离心泵的吸入管线），也可以高于大气压强（如离心泵的排出管线）。

5.4.1 管路的分类

1. 长管和短管

在处理管道问题时，常根据沿程损失和局部损失的比重将管路分为长管和短管。以沿程损失为主、局部损失和流速水头可以忽略的管道称为长管；局部损失和流速水头均不能忽略的管道称为短管。当局部损失和流速水头之和大于总水头的5%时，一般作为短管来处理。

2. 简单管路和复杂管路

按照管路的布置情况，可将管道分为简单管路和复杂管路两类。简单管路管径不变、没有分叉的管路；复杂管路指由两根或两根以上的简单管路组成的管道系统。

5.4.2 短管计算

1. 自由出流

流体沿管路流入大气，称为自由出流，短管自由出流如图 5-17 所示。

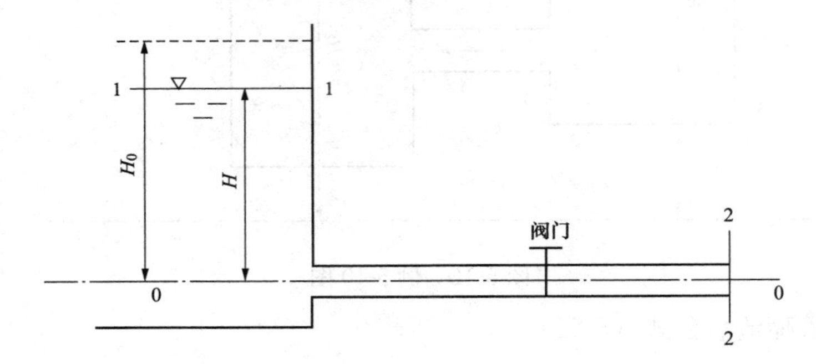

图 5-17 短管自由出流

以 0—0 为基准线，列 1—1 和 2—2 两断面间的能量方程式（恒定流动，忽略液面速度）

$$H_1 = H_2 + \alpha \frac{v^2}{2g} + h_w$$

$$H_1 = H_2 + \alpha \frac{v^2}{2g} + \lambda \frac{l}{d} \frac{v^2}{2g} + \sum \zeta \frac{v^2}{2g}$$

$$H_0 = H_1 - H_2 = H = \alpha \frac{v^2}{2g} + \lambda \frac{l}{d} \frac{v^2}{2g} + \sum \zeta \frac{v^2}{2g}$$

由于 $\alpha=1$，则

$$H_0 = \left(\lambda \frac{l}{d} + \sum \zeta + 1\right) \frac{v^2}{2g}$$

可见，作用水头 H_0 代表了液面 1—1 的总水头与出口断面 2—2 的测压管水头之差，它除了用于克服能量损失 h_w 外，另一部分转化成了流体的动能 $\alpha \frac{v^2}{2g}$ 而流入大气。

因出口局部阻力系数 $\zeta_0=1$，若将1作为 ζ_0 包括到 $\sum\zeta$ 中去，则上式可写为

$$H_0=h_w=\left(\lambda\frac{l}{d}+\sum\zeta\right)\frac{v^2}{2g}$$

用 $v^2=\left(\frac{4Q_V}{\pi d^2}\right)^2$ 代入上式，得

$$h_w=\frac{8\left(\lambda\frac{l}{d}+\sum\zeta\right)}{\pi^2 d^4 g}Q_V^2$$

令

$$S_H=\frac{8\left(\lambda\frac{l}{d}+\sum\zeta\right)}{\pi^2 d^4 g} \tag{5-23}$$

式中：S_H 为液体管路的阻抗，s^2/m^5。

则

$$h_w=S_H Q_V^2 \tag{5-24}$$

对于气体管路，式（5-24）仍然适用。气体常用压强表示，于是

$$p_w=\rho g h_w=\rho g S_H Q_V^2$$

令

$$S_p=\rho g S_H=\frac{8\rho\left(\lambda\frac{l}{d}+\sum\zeta\right)}{\pi^2 d^4} \tag{5-25}$$

则

$$p_w=S_p Q_V^2 \tag{5-26}$$

式中：S_p 为气体管路的阻抗，kg/m^7。

式（5-24）多用于液体管路计算上，如给水管路的计算。而式（5-26）多用于不可压缩气体管路的计算中，如空调、通风管道计算。

2. 淹没出流

流体经管路流入另一水体中，称为淹没出流，短管淹没出流如图5-18所示。

以中心线0—0为基准线，列1—1和2—2的能量方程（恒定流动，液面1—1和液面2—2的流速均为零），管道内流速为 v。

$$z_1=z_2+h_w$$

$$H_0=z_1-z_2=h_w=H$$

作用水头 $H_0=H$ 完全用于克服能量损失 h_l，即

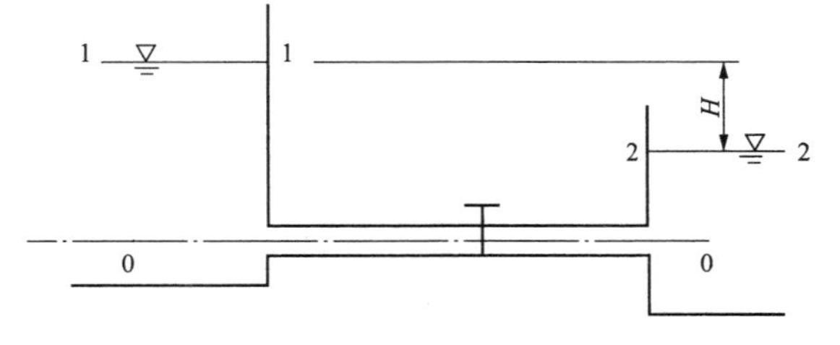

图5-18　短管淹没出流

$$H_0=H=h_w=\left(\lambda\frac{l}{d}+\sum\zeta\right)\frac{v^2}{2g}$$

同理

$$S_H=\frac{8\left(\lambda\frac{l}{d}+\sum\zeta\right)}{\pi^2 d^4 g}$$

则

$$h_w=S_H Q_V^2$$

气体管路可用式（5-25）和式（5-26）计算。

无论 S_H 或 S_p，对于一定的流体（密度一定），在 d、l 已给定时，阻抗 S 只随沿程阻力系数 λ 和 $\sum\zeta$ 变化。从第4章知 λ 与流动状态有关，当流动处在阻力平方区时，λ 仅与相对粗糙度 κ/d 有关，所以在管路的管材已定的情况下，λ 可视为常数。$\sum\zeta$ 项只有用于调节的阀

门的局部阻力系数ς可以改变，而其他局部构件已确定，局部阻力系数不变。所以从式（5-23）和式（5-25）可知，S_H、S_p 对已给定的管路是一个定数，它反映了管路上的沿程阻力和局部阻力情况，所以称为阻抗。

从式（5-24）和式（5-26）可以看出，用阻抗表示如图 5-17 和图 5-18 所示的两种简单管路流动规律非常简练。两式所表示的规律为：简单管路中，总阻力损失与体积流量的平方成正比。这一规律在管路计算中广为应用。

【例 5-11】 某矿渣混凝土板风道，断面积为 1m×1.2m，长为 50m，局部阻力系数$\sum\zeta=2.5$，流量为 $14\text{m}^3/\text{s}$，空气温度为 20℃，求压强损失。

【解】 （1）矿渣混凝土板 $k=1.5\text{mm}$，20℃的空气的运动黏度 $\nu=15.7\times10^{-6}\text{m}^3/\text{s}$。

对矩形风道阻力计算采用当量直径

$$d_e=\frac{2ab}{a+b}=\frac{2\times1\times1.2}{1+1.2}=1.09(\text{m})$$

矩形风道流动速度

$$v=\frac{Q_V}{A}=\frac{14}{1\times1.2}=11.65(\text{m/s})$$

雷诺数

$$Re=\frac{vd_e}{\nu}=\frac{11.65\times1.09}{15.7\times10^{-6}}=8\times10^5$$

$$\frac{\kappa}{d}=\frac{1.5}{1.09\times10^3}=1.38\times10^{-3}$$

应用莫迪图查得 $\lambda=0.021$

（2）计算阻抗 S_p。

因为 $$v=\frac{Q_V}{A},\quad v^2=\left(\frac{Q_V}{A}\right)^2$$

$$p_w=\left(\lambda\frac{l}{d}+\sum\zeta\right)\frac{\left(\frac{Q_V}{A}\right)^2}{2}\rho=\frac{\left(\lambda\frac{l}{d}+\sum\zeta\right)\rho}{2A^2}Q_V^2$$

$$S_p=\frac{8p\left(\lambda\frac{l}{d}+\sum\zeta\right)}{\pi^2d^4}=\frac{8\times1.2\times\left(0.021\times\frac{50}{1.09}+2.5\right)}{3.14^2\times1.09^4}=2.39\ (\text{kg/m}^7)$$

$$p_w=S_pQ_V^2=2.39\times14^2=468(\text{Pa})$$

对于另一些管路，必须具体加以分析。图 5-19 所示的水泵系统，对水泵向压力水箱送水的简单管路（d 及 Q_V 不变），应用第 3 章有能量输入的伯努利方程：

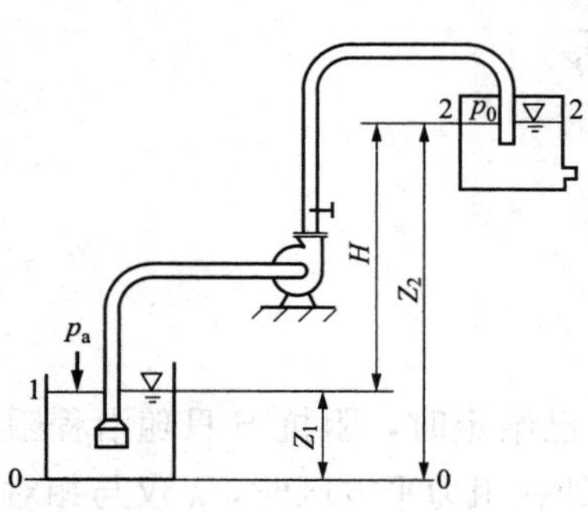

图 5-19 水泵系统

$$H_i=(Z_2-Z_1)+\frac{p_0}{\rho g}+\frac{\alpha_2v_2^2-\alpha_1v_1^2}{2g}+h_{w1-2}$$

略去液面的速度水头，输入水头为

$$H_i=H+\frac{p_0}{\rho g}+S_HQ_V^2 \tag{5-27}$$

式（5-27）说明水泵水头（扬程），不仅用来克服流动阻力，还用来提高液体的位置水头、压强水头，使之流到高位压力水箱中。

下面就一例题讨论常用的虹吸管。

【例 5-12】 如图 5-20 所示虹吸管，所谓虹吸管即管道中一部分高出上游供水液面的简单管路。已知：$H=2\text{m}$，$l_1=15\text{m}$，$l_2=20\text{m}$，$d=200\text{mm}$，$\zeta_e=1$，$\zeta_b=0.2$，$\zeta_0=1$，$\lambda=0.025$，$[h_v]=7\text{m}$。求通过虹吸管的流量及最大允许安装高度。

【解】 分析：(1) 虹吸管的特征：吸入段高出吸入液面，出口端低于吸入液面，管径不变。

(2) 虹吸管的工作原理：工作之前，先将管径不变的管段中充满液体，C—2 管段如图 5-20 所示中的液体在重力的作用下流出管段，其中变为真空状态，此时，吸入液面 1—1 为大气压强，在大气压强和 C 点真空值的压差作用下，液体重新进入管路，进入 C—2 管段的液体在重力的作用下继续流出管段，周而复始，将液体从液面为 1—1 的水箱移入液面为 2—2 的水箱。

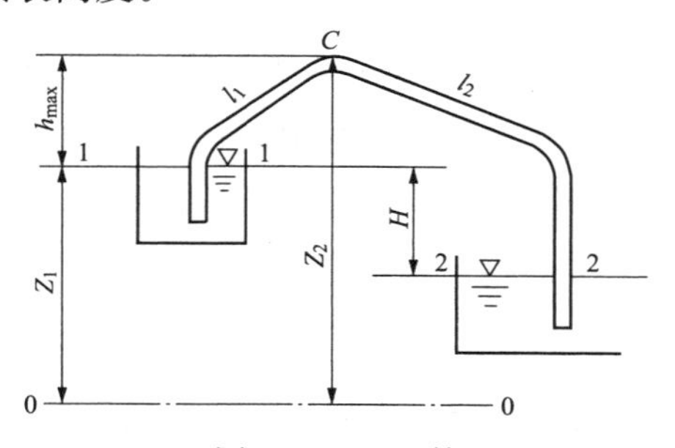

图 5-20　虹吸管

(3) 因为虹吸管的一部分高出上游供水液面，必然在虹吸管中存在真空段。当真空达到某一限值时，将使溶解在液体中的空气分离出来，随着真空值的加大，空气量增加。大量气体集结在虹吸管顶部，缩小了有效过流断面阻碍流动，严重时造成气塞，破坏液体连续输送。为了保证虹吸管正常流动，必须限定管中最大真空高度不得超过允许值 $[h_v]$：

$$[h_v]=7\sim 8.5\text{m}$$

虹吸管中存在真空段也是它的流动特点，控制真空高度则是虹吸管正常工作的条件。

推导：以水平线 0—0 为基准线，列图 5-20 中 1—1 和 2—2 断面的能量方程，有

$$z_1+\frac{p_1'}{\rho g}+\frac{\alpha_1 v_1^2}{2g}=z_2+\frac{p_2'}{\rho g}+\frac{\alpha_2 v_2^2}{2g}+h_{w1-2}$$

令

$$H_0=(z_1-z_2)+\frac{p_1'-p_2'}{\rho g}+\frac{\alpha_1 v_1^2-\alpha_2 v_2^2}{2g} \tag{5-28}$$

于是

$$H_0=h_{w1-2}=S_H Q_V^2 \tag{5-29}$$

$$Q_V=\sqrt{\frac{H_0}{S_H}} \tag{5-30}$$

这就是虹吸管的流量计算公式

其中

$$S_H=\frac{8\left(\lambda\dfrac{l}{d}+\sum\zeta\right)}{\pi^2 d^4 g}$$

在如图 5-20 所示的条件下

$$l=l_1+l_2$$

$$\sum\zeta=\zeta_e+3\zeta_b+\zeta_0$$

式中：ζ_e 为进口局部阻力系数；ζ_b 为转弯局部阻力系数；ζ_0 为出口局部阻力系数。

H_0 在图 5-20 的条件下

$$H_0=z_1-z_2=H,\quad p_1'=p_2'=p_a,\quad v_1=v_2=0$$

以上数值代入式（5-30）中，于是流量为

$$Q_V = \frac{1}{4}\pi d^2 \sqrt{\frac{2gH}{\zeta_e + 3\zeta_b + \zeta_0 + \lambda \frac{l_1 + l_2}{d}}} \tag{5-31}$$

所以

$$v = \sqrt{\frac{2gH}{\zeta_e + 3\zeta_b + \zeta_0 + \lambda \frac{l_1 + l_2}{d}}} \tag{5-32}$$

上两式即是如图 5-20 所示情况下的虹吸管的速度和流量的计算公式。

为了计算最大真空度，取 1—1 及最高截面 C—C 列能量方程，有

$$z_1 + \frac{p'_1}{\rho g} + \frac{\alpha_1 v_1^2}{2g} = z_C + \frac{p'_C}{\rho g} + \frac{\alpha v^2}{2g} + h_{w1-C}$$

$$h_{w1-C} = \left(\zeta_e + 2\zeta_b + \lambda \frac{l_1}{d}\right)\frac{v^2}{2g}$$

在如图 5-20 所示的条件下，$p'_1 = p_a$，$v_1 = 0$，$\alpha = 1$，上式为

$$\frac{p_a - p'_C}{\rho g} = (z_C - z_1) + \left(1 + \zeta_e + 2\zeta_b + \lambda \frac{l_1}{d}\right)\frac{v^2}{2g}$$

用式（5-32）的速度 v 代入上式得

$$\frac{p_a - p'_C}{\rho g} = (z_C - z_1) + \frac{1 + \zeta_e + 2\zeta_b + \lambda \frac{l_1}{d}}{1 + \zeta_e + 3\zeta_b + \zeta_0 + \lambda \frac{l_1 + l_2}{d}} H \tag{5-33}$$

为保证虹吸管正常工作，式（5-33）计算所得的真空高度 $\frac{p_a - p'_C}{\rho g}$ 应小于最大允许值 $[h_v]$。将 $H=2\text{m}$，$l_1=15\text{m}$，$l_2=20\text{m}$，$d=200\text{mm}$，$\zeta_e=1$，$\zeta_b=0.2$，$\zeta_0=1$，$\lambda=0.025$ 代入式（5-31），求得流量：

$$Q_V = \frac{1}{4}\pi d^2 \sqrt{\frac{2gH}{\zeta_e + 3\zeta_b + \zeta_0 + \lambda \frac{l_1 + l_2}{d}}}$$

$$= \frac{1}{4} \times 3.14 \times 0.2^2 \times \sqrt{\frac{2 \times 9.8 \times 2}{1 + 3 \times 0.2 + 1 + 0.025 \times \frac{15 + 20}{0.2}}}$$

$$= 0.07(\text{m}^3/\text{s})$$

由式（5-33）求得最大安装高度

$$z_C - z_1 = \frac{p_a - p'_C}{\rho g} - \frac{1 + \zeta_e + 2\zeta_b + \lambda \frac{l_1}{d}}{1 + \zeta_e + 3\zeta_b + \zeta_0 + \lambda \frac{l_1 + l_2}{d}} H$$

当 $\frac{p_a - p'_C}{\rho g} = [h_v]$ 时，$z_C - z_1 = h_{max}$

$$h_{max} = [h_v] - \frac{1 + \zeta_e + 2\zeta_b + \lambda \frac{l_1}{d}}{1 + \zeta_e + 3\zeta_b + \zeta_0 + \lambda \frac{l_1 + l_2}{d}} H$$

$$= 7 - \frac{1+1+2\times 0.2+0.025\times \frac{15}{0.2}}{1+1+3\times 0.2+1+0.025\times \frac{15+20}{0.2}}\times 2$$

$$= 5.78(\mathrm{m})$$

【例 5-13】 如图 5-21 所示，有两个圆柱形容器左边的一个横断面积为 $100\mathrm{m}^2$，右边的一个横断面积为 $50\mathrm{m}^2$，两个容器之间用直径 $D=1\mathrm{m}$，长 $l=100\mathrm{m}$ 的圆管连接，两容器水位差 $z=3\mathrm{m}$，设进口局部水头损失系数 $\zeta_1=0.5$，出口局部阻力损失系数 $\zeta_2=1$，沿程损失系数 $\lambda=0.025$，试求两个容器中水位达到齐平时所需时间。

【解】 这是简单管路淹没出流的问题。因两容器截面积较大，近似认为是恒定流动，液面速度近似为零，$H_0=z=3\mathrm{m}$，则

$$Q_V=\mu A\sqrt{2gz}=\frac{1}{\sqrt{\lambda\frac{l}{d}+\sum\zeta}}\times\frac{\pi d^2}{4}\times\sqrt{2gz}=1.74z^{0.5}$$

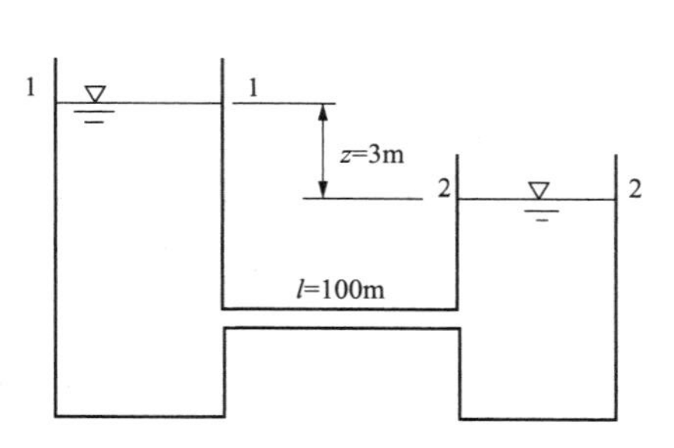

图 5-21　例 5-13 图

在 $\mathrm{d}t$ 时间内，左边容器水位下降的高度是 $Q_V\mathrm{d}t/100$，右边容器上升的高度是 $Q_V\mathrm{d}t/50$，上下容器的水位变化为 $-\mathrm{d}z$（z 为液面距离，由 3m 逐渐减小为 0），即

$$-\mathrm{d}z=\frac{Q_V\mathrm{d}t}{100}+\frac{Q_V\mathrm{d}t}{50}=\frac{3}{100}Q_V\mathrm{d}t$$

整理化简得

$$\mathrm{d}t=-\frac{100\mathrm{d}z}{3Q_V}=-\frac{100\mathrm{d}z}{3\times 1.74z^{0.5}}$$

积分

$$t=-\frac{100}{3\times 1.74}\int_3^0 z^{-0.5}\mathrm{d}z=66.37(\mathrm{s})$$

5.4.3　长管计算

对于管径不变的长管简单管道，由于长管的局部损失和流速水头可以忽略不计，即总损失 $h_\mathrm{w}=h_\mathrm{f}=\lambda\frac{\sum l}{d}\frac{v^2}{2g}$，计算过程同短管，只是式（5-23）和式（5-25）分别变为

$$S_H=\frac{8\lambda l}{\pi^2 d^5 g} \tag{5-34}$$

$$S_p=\frac{8\rho\lambda l}{\pi^2 d^5} \tag{5-35}$$

则对于液体或气体管路

$$h_\mathrm{w}=h_\mathrm{f}=SQ_V^2=S_\mathrm{m}lQ_V^2 \tag{5-36}$$

式中：S_m 为管路的比阻，即单位长度管道的阻抗。

流动阻力越大，比阻越大。由式（5-36）可知，若圆断面管道的流动处于平方阻力区，则 $S_\mathrm{m}=S_\mathrm{m}(d,n)$，只是管径 d 和曼宁粗糙度系数 n 的函数，与流量无关。因此，在工程设计中常常编制比阻 $S_\mathrm{m}(d,\ n)$ 表，便于查用。

此外，工程设计中还常用流量模数 K 来表示管道的输水能力，其定义为

$$K = Q_V\sqrt{\frac{l}{h_f}} = \frac{Q_V}{\sqrt{R_m}} \tag{5-37}$$

即流量模数 K 是单位能量坡度时管道的流量，反映了管道过流能力的大小。过流能力越大，K 值越大。联立式（5-36）和式（5-37）得

$$S_m l Q_V^2 = \frac{Q_V^2 l}{K^2} \tag{5-38}$$

求得

$$K = \frac{1}{\sqrt{S_m}} = \sqrt{\frac{\pi^2 d^5 g}{8\lambda}} = CA\sqrt{R} = \frac{AR^{2/3}}{n} \tag{5-39}$$

式中：C 为谢才系数；n 为曼宁粗糙度系数；A 为断面面积；R 为断面水力半径。

谢才系数和曼宁粗糙度系数主要在明渠流的水力计算中出现。

1769 年，法国工程师谢才（Antoine Chezy）提出了明渠均匀流的计算公式即谢才公式：

$$v = C\sqrt{RJ} \tag{5-40}$$

式中：v 为平均流速，m/s；R 为水力半径，m；J 为水力坡度；C 为谢才系数，$m^{1/2}/s$。

爱尔兰工程师曼宁（Robert Manning）于 1889 年也提出了一个明渠均匀流公式：

$$V = \frac{1}{n}R^{2/3}J^{1/2} \tag{5-41}$$

式中：V 为平均流速，m/s；R 为水力半径，m；J 为水力坡度；n 为渠道的粗糙度系数，又称为曼宁粗糙系数。

5.4.4 管路阻力特性曲线

管路流动的阻力特性曲线是流体在管路系统中通过的流量与所需要的水头之间的关系曲线。

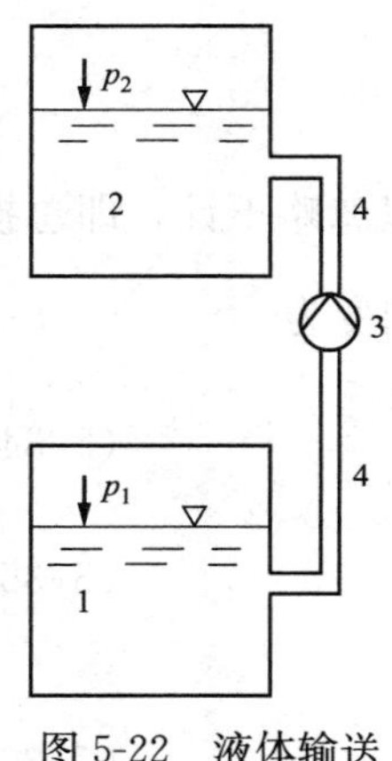

图 5-22 液体输送系统

图 5-22 所示为一液体输送系统，由储液罐 1、受液槽 2、泵 3 和管路 4 组成。储液罐和受液槽的液面压强分别为 p_1、p_2，两个液面之间的高度差为 h，列出两个断面 1—1 和 2—2 之间的能量方程：

$$z_1 + \frac{p_1}{\rho g} + \frac{\alpha_1 v_1^2}{2g} + H = z_2 + \frac{p_2}{\rho g} + \frac{\alpha_2 v_2^2}{2g} + h_{w1-2}$$

式中：H 为水泵的扬程，也即流体在管路系统中流动时所需能量。

由上式可得

$$H = (z_2 - z_1) + \frac{p_2 - p_1}{\rho g} + \frac{\alpha_2 v_2^2 - \alpha_1 v_1^2}{2g} + h_{w1-2}$$

设 $\Delta z = z_2 - z_1$；因为恒定流动，$v_1 = v_2 = 0$，所以

$$H = \Delta z + \frac{p_2 - p_1}{\rho g} + h_{w1-2}$$

令

$$H_1 = \Delta z + \frac{p_2 - p_1}{\rho g} \tag{5-42}$$

$$H_2 = h_{w1-2} = S_H Q_V^2 \tag{5-43}$$

由此可得

$$H = H_1 + H_2 = H_1 + S_H Q_V^2 \tag{5-44}$$

式（5-44）为管路的阻力特性曲线，表示特定管路系统中恒定流动条件下，动力设备所提供的能量和管路系统输送流量之间的关系，可以看出，提供的能量 H 随管路系统流量 Q_V 的平方而变化；在坐标系中，以流量 Q_V 为横坐标，能量 H 为纵坐标，将此关系绘制在坐标系中，如图 5-23 所示，它是一条在纵轴上截距为 H_1 的抛物线。

同一管路系统中，在恒定操作条件下，管路的阻抗 S_H 为一常数；若操作条件改变，管路阻力也会发生相应变化，则阻抗 S_H 随之改变，Q_V-H 特性曲线也会发生相应变化。例如将管路上的阀门关小时，管路阻力将会增大，管路阻力特性曲线将变陡，如图 5-23 中的曲线 Ⅱ 所示；当管路上的阀门开大时，管路阻力将减小，管路特性曲线变平缓，如图 5-23 中的曲线 Ⅲ 所示。

管路系统中若进出口高度差、压强差均为零，则 $H_1=0$，管路特性曲线在纵轴上的截距为零，在坐标系中，该曲线变为过原点的性能曲线，这种情况也是常有的。

相应的气体管路的特性曲线方程为

$$p = p_{11} + S_p Q_V^2 \tag{5-45}$$

式中：p 为管路输送流量为 Q_V 的气体时所需要的能量，类似液体管路，气体管路的能量单位变为 Pa 之后，$p_{11}=\rho g(z_2-z_1)+(p_2-p_1)$；$S_p$ 为气体管路的阻抗，同样会随着管路操作条件的改变而改变，从而使气体管路的特性曲线发生相应的变化。

因气体的密度很小，而 $p_2-p_1=0$，所以通常情况下，会将 p_{11} 忽略不计，式（5-45）简化为

$$p = S_p Q_V^2 \tag{5-46}$$

气体管路阻力特性曲线如图 5-24 所示。

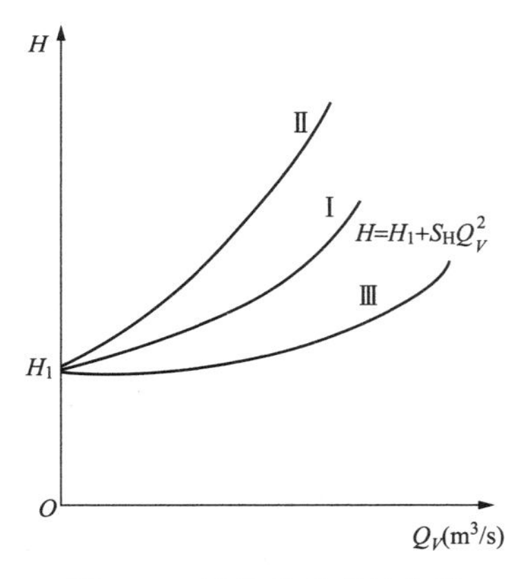

图 5-23　液体管路特性曲线

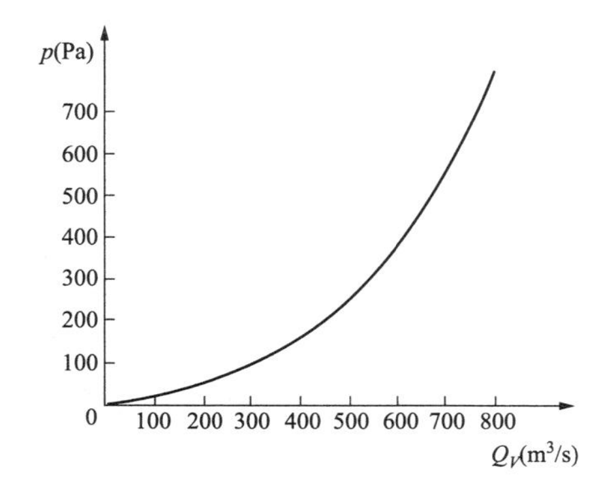

图 5-24　气体管路阻力特性曲线

5.5 复 杂 管 路

任何复杂管路都是由简单管路经串联、并联组合而成。

5.5.1 串联管道

串联管道由不同直径的简单管路首尾相接组合而成，如图 5-25 所示。串联管道的特点如下。

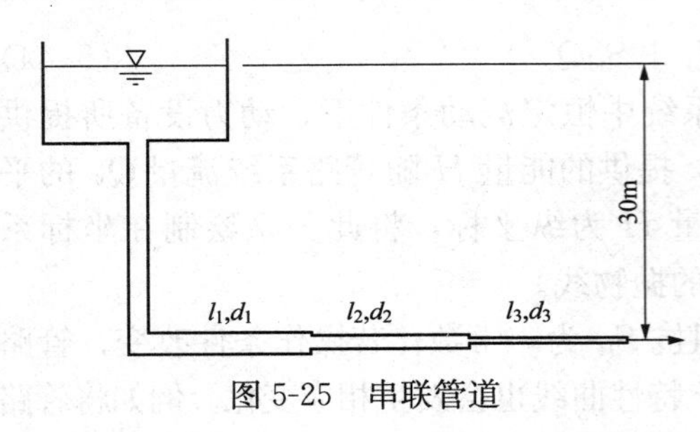

图 5-25 串联管道

(1) 流量：在每一个节点上都遵循质量平衡原理，即流入的质量流量等于流出的质量流量，且无合流与分流；当密度 ρ 为常数时，流入的体积流量和流出的体积流量相等；如果取流入流量为正，流出流量为负，则对于每一个节点可以列出

$$\sum Q_V = 0 \tag{5-47}$$

因此对于串联管路（无中途合流或分流）则有

$$Q_{V1} = Q_{V2} = Q_{V3} \tag{5-48}$$

(2) 水头损失：按照阻力叠加原理，串联管路的全线总阻力损失为各分段阻力损失之和，即

$$\begin{aligned} h_w &= h_{w1} + h_{w2} + h_{w3} \\ &= S_1 Q_{V1}^2 + S_2 Q_{V2}^2 + S_3 Q_{V3}^2 \end{aligned} \tag{5-49}$$

(3) 阻抗：因各管段流量相等，于是得

$$S = S_1 + S_2 + S_3 \tag{5-50}$$

由此得出结论：无论中途分流或合流，则流量相等，阻力叠加，总管路的阻抗 S 等于各管段阻抗叠加。

【例 5-14】 如图 5-25 所示，由 3 段简单管道组成的串联管道。管道为铸铁管，粗糙系数 $n=0.0125$，$d_1=250\text{mm}$，$l_1=400\text{m}$，$d_2=200\text{mm}$，$l_2=300\text{m}$，$d_3=150\text{mm}$，$l_3=500\text{m}$，总水头 $H=30\text{m}$。求通过管道的流量 Q_V 及各管段的水头损失。

【解】 (1) 各管段水力半径。

$$R_1 = \frac{d_1}{4} = \frac{0.25}{4} = 0.0625(\text{m})$$

$$R_2 = \frac{d_2}{4} = \frac{0.2}{4} = 0.05(\text{m})$$

$$R_2 = \frac{d_3}{4} = \frac{0.15}{4} = 0.0375(\text{m})$$

(2) 各管段面积。

$$A_1 = \frac{\pi d_1^2}{4} = \frac{3.14 \times 0.25^2}{4} = 0.0491(\text{m}^2)$$

$$A_2 = \frac{\pi d_2^2}{4} = \frac{3.14 \times 0.2^2}{4} = 0.0315(\text{m}^2)$$

$$A_3 = \frac{\pi d_3^2}{4} = \frac{3.14 \times 0.15^2}{4} = 0.0177(\text{m}^2)$$

(3) 各管段流量模数，根据式 (5-39) 得

$$K_1 = \frac{A_1 R_1^{\frac{2}{3}}}{n} = \frac{0.0491 \times 0.0625^{\frac{2}{3}}}{0.0125} = 0.0615$$

$$K_2 = \frac{A_2 R_2^{\frac{2}{3}}}{n} = \frac{0.0315 \times 0.05^{\frac{2}{3}}}{0.0125} = 0.0282$$

$$K_3 = \frac{A_3 R_3^{\frac{2}{3}}}{n} = \frac{0.0177 \times 0.0375^{\frac{2}{3}}}{0.0125} = 0.0103$$

（4）各管段损失。

$$h_{w1}=h_{f1}=\frac{Q_V^2}{K_1^2}l_1=\frac{Q_V^2}{0.0615^2}\times 400=105757.155Q_V^2$$

$$h_{w2}=h_{f2}=\frac{Q_V^2}{K_2^2}l_2=\frac{Q_V^2}{0.0282^2}\times 300=377244.605Q_V^2$$

$$h_{w3}=h_{f3}=\frac{Q_V^2}{K_3^2}l_3=\frac{Q_V^2}{0.0103^2}\times 500=4712979.55Q_V^2$$

（5）管段总损失。

$$\begin{aligned}h_w=H&=h_{w1}+h_{w2}+h_{w3}=(105757.155+377244.605+4712979.55)Q_V^2\\&=5195981.31Q_V^2\end{aligned}$$

（6）管段流量。

$$Q_V=\sqrt{\frac{H}{5195981.31}}=\sqrt{\frac{30}{5195981.31}}=1.05\times 10^{-6}(\mathrm{m^3/s})$$

（7）各管段水头损失。

$$\begin{aligned}h_{w1}=h_{f1}&=\frac{Q_V^2}{K_1^2}l_1=\frac{Q_V^2}{0.0615^2}\times 400=105757.155Q_V^2\\&=105757.155\times 1.05\times 10^{-6}\\&=0.105(\mathrm{m})\end{aligned}$$

$$\begin{aligned}h_{w2}=h_{f2}&=\frac{Q_V^2}{K_2^2}l_2=\frac{Q_V^2}{0.0282^2}\times 300=377244.605Q_V^2\\&=377244.605\times 1.05\times 10^{-6}\\&=0.396(\mathrm{m})\end{aligned}$$

$$\begin{aligned}h_{w3}=h_{f3}&=\frac{Q_V^2}{K_3^2}l_3=\frac{Q_V^2}{0.0103^2}\times 500=4712979.55Q_V^2\\&=4712979.55\times 1.05\times 10^{-6}\\&=4.95(\mathrm{m})\end{aligned}$$

5.5.2　并联管道

两节点 a、b 间由两条或两条以上的管道连接而成的组合管道称为并联管道（见图5-26）。并联管道的特点如下。

（1）流量：并联管道遵循质量平衡原理，ρ 为常数时，应满足节点处 $\sum Q_V=0$，则 a 点上的流量为

$$Q_V=Q_{V1}+Q_{V2}+Q_{V3}\tag{5-51}$$

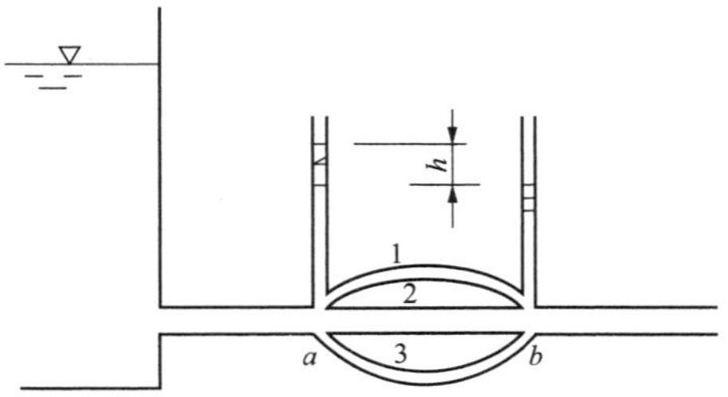

（2）水头损失：从能量平衡的观点来看，不同并联管段从某一节点沿不同方向到另一节点单位重力作用下流体的能量损失（水头损失）都相等，即

$$h_{wa-b}=h_{w1}=h_{w2}=h_{w3}\tag{5-52}$$

图5-26　并联管路

（3）阻抗：设 S 为并联管路的总阻抗，Q_V 为总流量，则有

$$SQ_V^2=S_1Q_{V1}^2=S_2Q_{V2}^2=S_3Q_{V3}^2\tag{5-53}$$

而
$$Q_V=\sqrt{\frac{h_{wa-b}}{S}},\quad Q_{V1}=\sqrt{\frac{h_{w1}}{S_1}},\quad Q_{V2}=\sqrt{\frac{h_{w2}}{S_2}},\quad Q_{V3}=\sqrt{\frac{h_{w3}}{S_3}} \tag{5-54}$$

将式（5-52）和式（5-54）代入式（5-51）中得

$$\frac{1}{\sqrt{S}}=\frac{1}{\sqrt{S_1}}+\frac{1}{\sqrt{S_2}}+\frac{1}{\sqrt{S_3}} \tag{5-55}$$

即，并联管路的总阻抗平方根倒数等于各支管阻抗平方根倒数之和。

现在进一步分析式（5-53），将它变为

$$\frac{Q_{V1}}{Q_{V2}}=\sqrt{\frac{S_2}{S_1}},\quad \frac{Q_{V2}}{Q_{V3}}=\sqrt{\frac{S_3}{S_2}},\quad \frac{Q_{V3}}{Q_{V1}}=\sqrt{\frac{S_1}{S_3}} \tag{5-56}$$

写成连比形式为

$$Q_{V1}:Q_{V2}:Q_{V3}=\frac{1}{\sqrt{S_1}}:\frac{1}{\sqrt{S_2}}:\frac{1}{\sqrt{S_3}} \tag{5-57}$$

式（5-57）的意义在于，各分支管路的管段几何尺寸、局部构件确定后，按照节点间各分支管路的阻力相等来分配支管上的流量，阻抗 S 大的支管其流量小，阻抗 S 小的支管其流量大。在专业上并联管路设计计算中，必须进行“阻力平衡”，它的实质就是应用并联管路中流量分配规律，在满足用户需要的流量下，设计合适的管路尺寸及局部构件，使各支管上的阻力损失相等。

【例 5-15】 如图 5-27 所示，某两层楼的供暖立管，管段 1 的直径 $D_1=20\text{mm}$，总长 $l_1=20\text{m}$，$\sum\zeta_1=15$；管段 2 的直径 $D_2=20\text{mm}$，总长 $l_2=10\text{m}$，$\sum\zeta_2=15$，管路的 $\lambda=0.025$，干管中的流量 $Q_V=1\times10^{-3}\text{m}^3/\text{s}$，求 Q_{V1} 和 Q_{V2}。

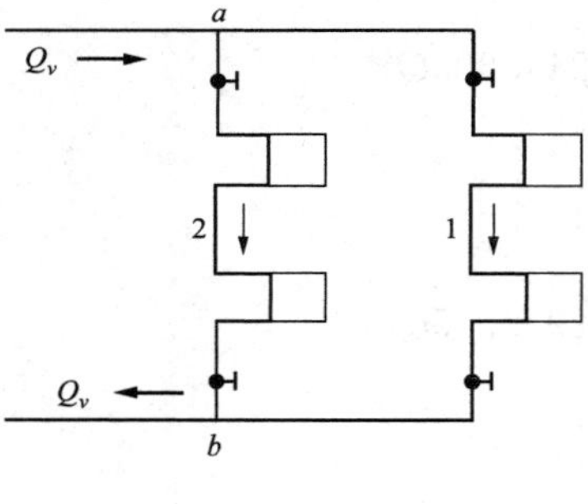

图 5-27 例 5-15 图

【解】 从图 5-27 可以看出，节点 a、b 间并联有 1、2 两支管段。

因为

$$SQ_V^2=S_1Q_{V1}^2=S_2Q_{V2}^2$$

所以

$$\frac{Q_{V1}}{Q_{V2}}=\sqrt{\frac{S_2}{S_1}}$$

计算 S_1、S_2 如下：

$$S_1=\left(\lambda_1\frac{l_1}{D_1}+\sum\zeta_1\right)\frac{8\rho}{\pi^2D_1^4}$$
$$=\left(0.025\times\frac{20}{0.02}+15\right)\times\frac{8\times1000}{3.14^2\times0.02^4}$$
$$=2.03\times10^{11}(\text{kg/m}^7)$$
$$S_2=\left(\lambda_2\frac{l_2}{D_2}+\sum\zeta_1\right)\frac{8\rho}{\pi^2D_1^4}$$
$$=\left(0.025\times\frac{10}{0.02}+15\right)\times\frac{8\times1000}{3.14^2\times0.02^4}$$
$$=1.39\times10^{11}(\text{kg/m}^7)$$

所以

$$\frac{Q_{V1}}{Q_{V2}}=\sqrt{\frac{S_2}{S_1}}=\sqrt{\frac{1.39\times10^{11}}{2.03\times10^{11}}}=0.828$$

则

$$Q_{V1}=0.828Q_{V2}$$

又因

$$Q_V=Q_{V1}+Q_{V2}=0.828Q_{V2}+Q_{V2}=1.828Q_{V2}$$

$$Q_{V2}=\frac{1}{1.828}Q_V=0.55\times10^{-3}(\mathrm{m^3/s})$$

于是得

$$Q_{V1}=0.828Q_{V2}=0.828\times0.55\times10^{-3}=0.45\times10^{-3}(\mathrm{m^3/s})$$

从计算中可以看出：支管 1 中的阻抗 S_1 比支管 2 中的阻抗 S_2 大，所以流量分配是支管 1 的流量小于支管 2 的流量。如果要求两管段中流量相等，显然现有的各管段管径 D 及 $\sum\zeta$ 必须进行调整，使阻抗 S 相等才能达到流量相等。这种重新改变 D 和 $\sum\zeta$，使在 $Q_{V1}=Q_{V2}$ 下达到 $S_1=S_2$，$h_{w1}=h_{w2}$ 的计算，就是“阻力平衡”的计算。

5.6 管网计算基础

管网是由简单管路、并联、串联管路组合而成，按布置方式可将管网分为枝状管网（或树状管网）和环状管网两大类。

5.6.1 枝状管网

枝状管网又称为树状管网，如图 5-28 所示，管网像树枝一样分叉延伸的管网。

1. 枝状管网的特征

管路管线短，投资成本低，易控制，但其可靠性差。

2. 枝状管网的水力计算的方法

以图 5-28 为例说明枝状管网的水力计算方法。图 5-28 所示为枝状管网类型之一，由三个吸气口、六根简单管路，并、串联而成的排风枝状管网。

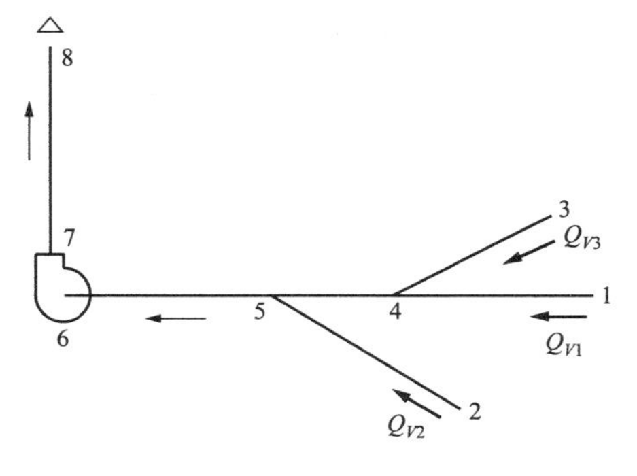

图 5-28　枝状管网

根据并、串联管路的计算原则，可得到该风机应具有的压强水头为

$$H=\frac{p}{\rho g}=h_{w1-4-5}+h_{w5-6}+h_{w7-8} \tag{5-58}$$

风机应具有的风量为

$$Q_V=Q_{V1}+Q_{V2}+Q_{V3} \tag{5-59}$$

常遇到的水力计算，基本有如下两类。

(1) 管路布置已定，即管长和局部构件的形式和数量均已确定。在已知各用户所需流量 Q_V 及末端要求水压 h_c 的条件下，求管径 D 和作用压头 H。

这类问题一般先按流量 Q_V 和限定流速 v 求管径 D。所谓限定流速，是专业中根据技术、经济要求所规定的合适的流速，在这个速度下输送流量经济合理。如除尘管路中，防止灰尘沉积堵塞管路，限定了管中的最小流速；热水采暖供水干管中，为了防止抽吸作用造成的支管流量过少，而限定了干管的最大速度。各类管路有不同的限定流速，可以在相应的设计手册中查得。

在管径 D 确定之后，对枝状管网便可以按照式（5-58）进行阻力计算，然后按总阻力及总流量选择动力设备（泵或风机）。

需要注意的是，在计算过程中，必须确定管路中的最不利管路，即枝状管网中阻力损失最大的一条管路，最不利管路的末端点称为最不利点，或者成为水压控制点；动力设备（泵或风机）的扬程或全压是以最不利管路的水头损失来确定的。

（2）已有泵或风机，即已知作用水头 H，并知用户所需流量 Q_V 及末端水头 h_c，在管路布置之后已知管长 l，求管径 D。这类问题首先按 $H—h_c$ 求得单位长度上的允许损失的水头 J，即

$$J=\frac{H-h_c}{l+l'} \tag{5-60}$$

式中：l'是局部阻力当量长度。

l'的定义为

$$\lambda\frac{l'}{D}\frac{v^2}{2g}=\sum\zeta\frac{v^2}{2g} \tag{5-61}$$

于是

$$\lambda\frac{l'}{D}=\sum\zeta,\quad l'=\sum\zeta\frac{D}{\lambda} \tag{5-62}$$

引入当量长度后，计算阻力损失 h_w 比较方便，即

$$h_w=\lambda\frac{l+l'}{D}\frac{v^2}{2g} \tag{5-63}$$

在实际计算中，管径 D 尚不知的情况下，l'难以确切得出。所以在式（5-60）中，l'按专业设计手册中查得估计各种局部构件的当量长度后，再代入。

求出 J 之后根据

$$J=\frac{\lambda}{D}\frac{v^2}{2g}=\frac{\lambda}{D}\frac{1}{2g}\left[\frac{Q_V}{\frac{\pi}{4}D^2}\right]^2 \tag{5-64}$$

求出管径 D，并定出局部构件的形式与尺寸。

最后进行校核计算，计算出总阻力与已知水头核对。

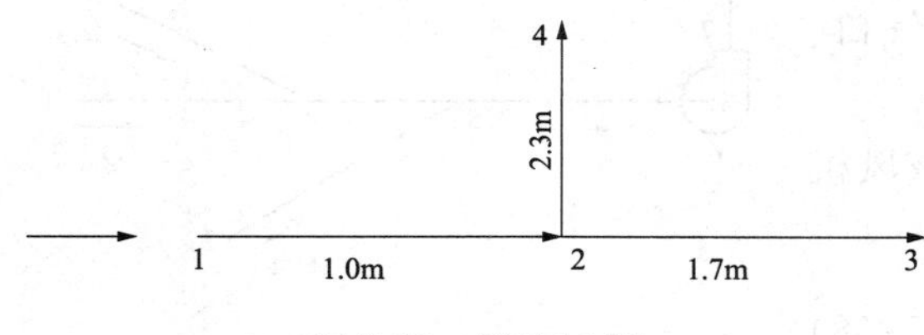

图 5-29 例 5-16 图

【例 5-16】 枝状管网各管段的水头损失如图 5-29 所示，各节点的地面高程见表 5-1，各节点所要求的最小末端服务水头均为 20m，确定管网的水压控制点。

表 5-1 **各节点地面高程**

节点编号	1	2	3	4
地面标高（m）	62	63	61	60

【解】 比较所有点，在满足最小服务水头时要求起点 1 提供水压。

点 1：62＋20＝82m

点 2：63＋20＋1.0＝84m

点 3：61＋20＋1.0＋1.7＝83.7m

点 4：60＋20＋1.0＋2.3＝83.3m

计算表明在所有节点中，点 2 为满足 20m 服务水头需要起点 1 提供的压头最大，故节点 2 为整个管网水压的控制点。

［例 5-16］说明，最不利点（水压控制点）不一定就是管网中的最远点，必须以实际计算分析为判断最不利点的依据。

5.6.2　环状管网

环状管网（见图 5-30）就是管段在某一共同的节点分支，然后又在另一共同的节点汇合，是由很多个并联管路组合而成，所以环状管网遵循串联和并联管路的计算原则。

1. 环状管网的特征

管路管线长、复杂，投资成本高，难控制，但其可靠性比较强。

2. 环状管网的计算条件

(1) 任一节点（如 D 点）流入和流出的流量相等，即

$$\sum Q_{VD}=0 \tag{5-65}$$

这是质量平衡原理的反映。

(2) 任一闭合环路（如 $ABGFA$）中，如规定顺时针方向的流动阻力损失为正，逆时针方向的流动阻力损失为负，则个管段阻力损失的代数和必等于零，即

$$\sum h_{ABGFDA}=0 \tag{5-66}$$

环状管网根据上述两个条件进行计算，理论上是没有问题的，但在实际计算程序上相当烦琐。因此环状管网的计算方法比较多，这里仅对哈迪．克罗斯的方法做一简单介绍。

以图 5-31 为例，计算过程如下：

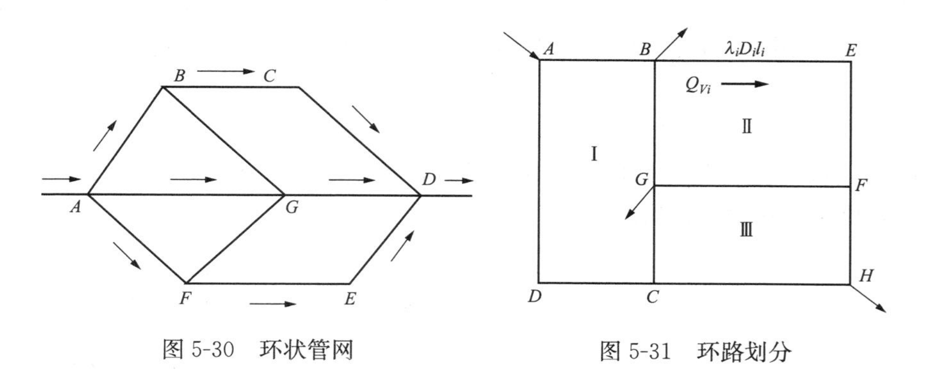

图 5-30　环状管网　　图 5-31　环路划分

1) 将管网分成若干环路，如图 5-31 所示上分成Ⅰ、Ⅱ、Ⅲ三个闭合环路。按节点流量平衡确定流量 Q_V，选取限定流速 v，确定管径。

2) 按照上面规定的流量与损失在环路中的正负值，求出每一个环路的总损失 $\sum h_w$（环路写作 $\sum h_i$）。

3) 根据上面给定的流量 Q_V，若计算出来的 $\sum h_i$ 不为零，则每段环路应加矫正流量 ΔQ_V，而与此相适应的阻力损失修正值为 Δh_i，则

$$h_i+\Delta h_i=S_i(Q_{Vi}+\Delta Q_V)^2=S_iQ_{Vi}^2+2S_iQ_{Vi}\Delta Q_V+S_i\Delta Q_V^2$$

略去二阶微量 ΔQ_V^2，有

$$h_i + \Delta h_i = S_i Q_{Vi}^2 + 2S_i Q_{Vi} \Delta Q_V \tag{5-67}$$

所以

$$\Delta h_i = 2S_i Q_{Vi} \Delta Q_V$$

对于整个环路应满足 $\sum h_i = 0$，则

$$\sum(h_i + \Delta h_i) = \sum h_i + \sum \Delta h_i = \sum h_i + 2\sum S_i Q_{Vi} \Delta Q_V = 0$$

根据上式就 ΔQ_V 求解，便得出了闭合环路的校正流量 ΔQ_V 的计算公式：

$$\Delta Q_V = -\frac{\sum h_i}{2\sum S_i Q_{Vi}} = \frac{-\sum h_i}{2\sum \dfrac{S_i Q_{Vi}^2}{Q_{Vi}}} = \frac{-\sum h_i}{2\sum \dfrac{h_i}{Q_{Vi}}} \tag{5-68}$$

式中：$\sum h_i$ 为整个环路的阻力损失之和，计算过程中各管段损失的正负。

当计算出环路的 ΔQ_V 之后，加到每一段原来的流量 Q_V 上，便得到第一次校正后的流量 Q_{V1}。

4）用同样的方法，计算出第二次校正后的流量 Q_{V2}，第三次校正后的流量 Q_{V3}，以此类推，直至 $\sum h_i = 0$ 满足工程精度要求为止。

因计算过程的反复，采用此方法，易于编制计算机程序。

【例 5-17】 某环网如图 5-32 所示，经计算 $\sum h_i \neq 0$，Ⅰ环的校正流量 $\Delta Q_V = 3.0\text{L/s}$，Ⅱ环的校正流量 $\Delta Q_V = -2.0\text{L/s}$，则经过校正流量的调整，管段 2—5 的流量应从 20L/s 调整为多少？

【解】 管段 2—5 为两环路之间的相邻管段，其流量调整受两个环校正流量的影响，Ⅰ环的校正流量为 $\Delta Q_V = 3.0\text{L/s}$，在Ⅰ环是顺时针的 3.0L/s，Ⅱ环的校正流量是 $\Delta Q_V = -2.0\text{L/s}$，在Ⅱ环是逆时针的 2.0L/s，管段 2-5 的流量原为从点 2 到点 5 的 20L/s，Ⅰ环和Ⅱ环校正流量与原流量方向均相同，按照方向相同则相加，方向相反则相减的原则，调整后 2—5 管段的流量为

$$Q_{V2-5} = 20 + 3.0 + 2.0 = 25\text{L/s}$$

【例 5-18】 如图 5-33 所示是两个闭合环路的管网，其中 l、D、Q_V 已标在图上。忽略局部阻力损失，试求第一次校正后的流量。

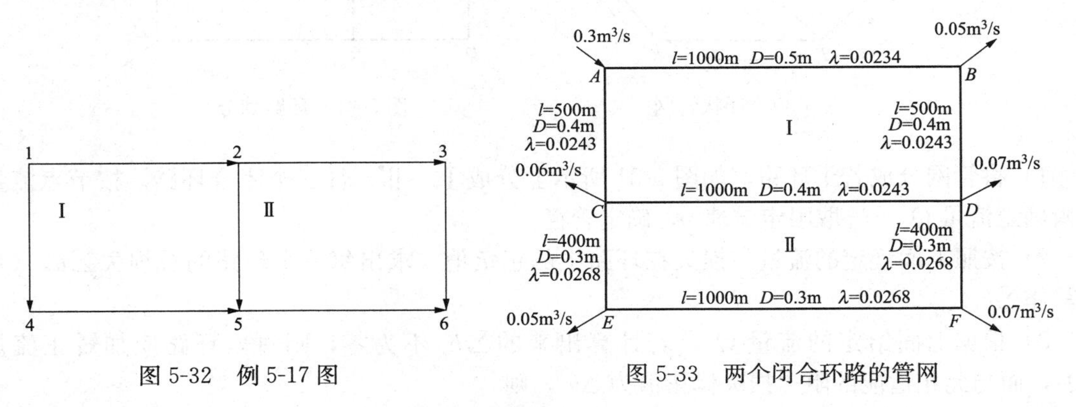

图 5-32 例 5-17 图

图 5-33 两个闭合环路的管网

【解】 （1）按节点 $\sum Q_V = 0$ 分配各管段流量，列在表 5-2 中假定流量栏内。

表 5-2　　**环状管网水力计算表**

环路	管段	假定流量 Q_{Vi}	阻抗 S_i	h_i	$\frac{h_i}{Q_{Vi}}$	ΔQ_V	管段校正流量	校正后流量 Q_{Vi}
Ⅰ	AB	+0.15	59.76	+1.3346	8.897	$\Delta Q_V=\frac{-\sum h_i}{2\sum\frac{h_i}{Q_{Vi}}}$	−0.0014	0.1486
	BD	+0.10	98.21	+0.9821	9.821		−0.0014	0.0986
	DC	−0.10	196.42	−0.0196	1.960	$=-0.0014$	−0.0014	−0.0289
							−0.0175	
	CA	−0.15	98.21	−2.2097	14.731		−0.0014	−0.1514
	共计（Σ）			0.0874	35.410			
Ⅱ	CD	+0.01	196.42	+0.0196	1.960	$\Delta Q_V=\frac{-\sum h_i}{2\sum\frac{h_i}{Q_{Vi}}}$	+0.0175	0.0289
							+0.0014	
	DF	+0.04	364.42	+0.5830	14.575	$=0.0175$	+0.0175	0.0575
	FE	−0.03	911.05	−0.8199	27.330		+0.0175	−0.0125
	EC	−0.08	364.42	−2.3323	29.154		+0.0175	−0.0625
	共计（Σ）			−2.5496	73.019			

（2）计算各管段阻力损失：

$$h_i=\lambda_i\frac{l_i}{D_i}\frac{v_i^2}{2g}=\lambda_i\frac{l_i}{D_i}\frac{1}{2g}\left(\frac{4}{\pi D_i^2}\right)^2Q_V^2=S_iQ_V^2$$

$$S_i=\lambda_i\frac{l_i}{D_i}\frac{1}{2g}\left(\frac{4}{\pi D_i^2}\right)^2$$

λ_i 在图 5-31 中已经标注出来。

先算出各管段的阻抗 S_i，再计算出 h_i，均填入表 5-2 相应栏内；列出各管段$\frac{h_i}{Q_{Vi}}$的比值，并计算$\sum h_i$ 和$\sum\frac{h_i}{Q_{Vi}}$。

（3）按校正流量公式（5-68）计算出环路中的校正流量 ΔQ_V：

$$\Delta Q_V=\frac{-\sum h_i}{2\sum\frac{h_i}{Q_{Vi}}}$$

（4）将求得的 ΔQ_V 加到原来假定流量上，便得出第一次校正后的流量。

（5）注意：两环路的共同管段 C—D 上的校正流量，相邻环路的校正流量 ΔQ_V 符号应反号加上去。

5.7　水　击　现　象

在前面各章节中所研究的水流运动，没有也不需要考虑液体的压缩性，即均认为液体是不可压缩流体，但对液体在有压管中所发生的水击现象，则必须考虑液体的可压缩性，同时还要考虑管壁材料的弹性。

5.7.1　水击现象

1. 基本概念

在介绍水击现象之前，先介绍几个相关的基本概念。

首先是扰动，在流场中，由于某种原因而造成流场某一点状态参数发生变化的现象就是扰动；这个状态参数可以是压强、密度、温度等；当这些状态参数的变化极其微小时，称为弱扰动。

其次是波，扰动在流场中的传播就形成了波，弱扰动的传播就形成了弱扰动波。波在流场中传播之后，会引起流场状态参数的变化，如果波后压强大于波前压强，即 $p_{后}>p_{前}$，称为压缩波；如果波后压强小于波前压强，即 $p_{后}<p_{前}$，就称为膨胀波。

2. 水击的定义

当液体在压力管道中流动时，由于某种外界扰动（如突然开启或关闭阀门，水泵突然停止或启动），液体流动速度突然改变，引起管内压道中压力产生反复的、急剧的变化，这种现象称为水击（或水锤）。

水击现象发生时，管壁及管道上的设备承受的压力为正常情况的几十倍甚至几百倍，同时，压力的反复变化会使管道及设备受到反复的冲击，发出剧烈的振动和噪声，严重时会使管道破裂。水击不仅会使金属表面损坏，出现许多麻点，而且增大了流动的阻力损失，所以水击对各种管道、生活中的供水管道及其他一些高速液体管道系统的安全运行是不利的，应尽量避免水击现象的发生。

5.7.2 水击现象的传播过程

具有较大动量变化的水在这里被看作是一种弹性体。水击现象会像弹簧一样发生周期性的振动，每个周期经压缩、卸压、膨胀和恢复四个过程循环反复进行。图 5-34 所示为管内水击现象的传播过程，现就此图分析管路发生水击时压强变化的情形。

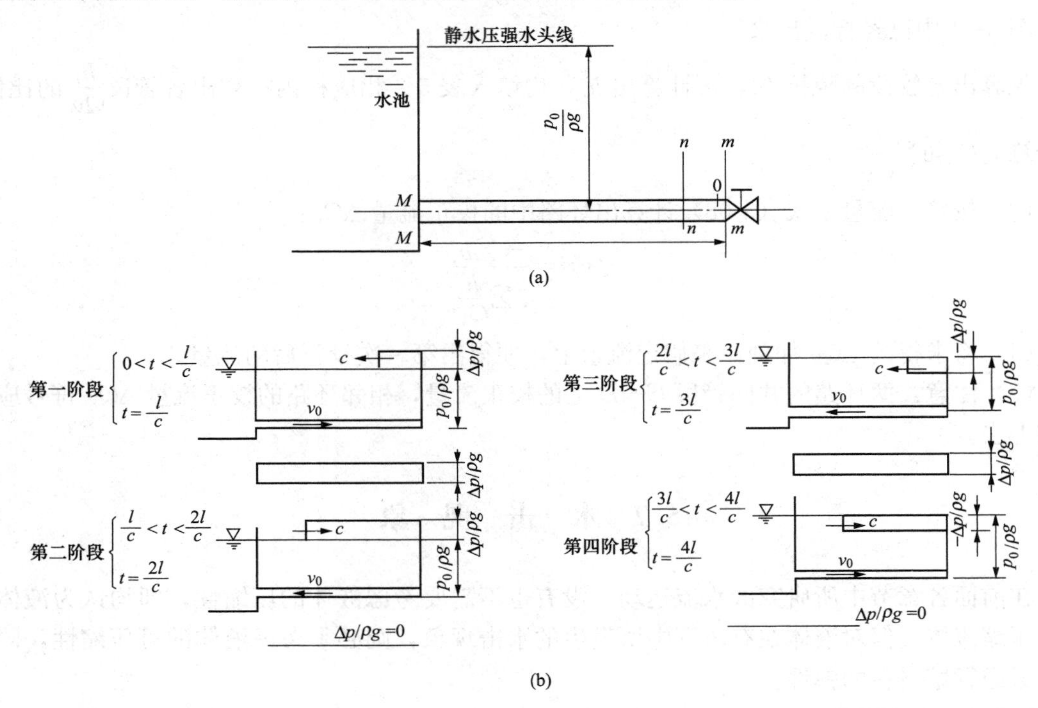

图 5-34 管内水击现象的传播过程

（1）第一阶段：压缩过程。在水头为$\dfrac{p_0}{\rho g}$的作用下，水以 v_0 速度从上游水池流向下游出口。当管道下游的阀门突然关闭，则紧靠阀门的第一层水 $m-n$ 首先受到阀门阻碍而停止流动，它的动量在阀门关闭这一瞬间突然发生变化，由 mv_0 变为零。液体以（mv_0-0）的力作用于阀门，使得阀门附近0处的压强骤然升高至（$p_0+\Delta p$）。于是在 $m-n$ 段上产生两种变形：水的压缩及管壁胀大。当靠近阀门的第一层水停止运动后，第二层以后的各层都相继的停止下来，直到 $M-M$ 层为止。水流速度 v_0 与动量相继减小必然引起压强的相继升高，出现了全管液体暂时的静止受压和管壁膨胀的状态。

这种减速增压的过程，是以增压（$p_0+\Delta p$）的弹性波向上游水池传递的，称此为"水击波"。以 c 表示水击波的传递速度，l 表示水管长度，则经过时间 $t=\frac{l}{c}$ 后，自阀门开始的水击波传到了水池，这时管内的全部液体便处在（$p_0+\Delta p$）的受压缩状态。因此时水击波波后压强大于波前压强，所以这一过程的水击波是压缩波。

（2）第二阶段：压缩恢复过程。压缩过程结束，水池中压强不变，在管路进口 M 处的液体，便在管中水击压强与池静压差 Δp 作用下，以 v_0 立即向着水池方向流动。这样，管中水受到压缩的状态，便自进口 M 处开始以波速 c 向下游方向逐层的迅速解除，这就是从水池反射回来常压 p_0 弹性波。当 $t=2\frac{l}{c}$ 时，整个管中水流恢复到正常压强 p_0，而且都具有向水池方向的流动速度 v_0。因此时水击波后压强小于波前压强，这一阶段的水击波是膨胀波。

（3）第三阶段：膨胀过程。当在阀门0处的压强恢复到常压 p_0 后，由于液体运动的惯性作用，管中的液体仍然存在向水池方向流动的趋势，致使阀门0处的压强急剧降低至常压之下（$p_0-\Delta p$），并使得 $m-n$ 段液体停止下来，$v_0=0$。这一低压（$p_0-\Delta p$）弹性波由阀门0处又以波速 c 向上游进口 M 处传递，直至时间 $t=3\frac{l}{c}$ 后传递到水池口为止，此时管中液体便处在瞬时减压（$p_0-\Delta p$）的减压状态。因此时水击波后压强小于波前压强，这一阶段的水击波是膨胀波。

（4）第四阶段：膨胀恢复过程。膨胀过程结束后，进口 M 处，水池压强为 p_0，而管路中的压强为（$p_0-\Delta p$），则在压差的作用下，水又开始从水池以 v_0 流向管路；管中的水又逐层获得向阀门方向的 v_0，压强也相应地逐层升高到常压 p_0，这是自水池第二次反射回常压的弹性波。当 $t=4\frac{l}{c}$ 时，阀门0处的压强也恢复到正常压强 p_0，此时水流恢复到水击未发生时的正常状态。因此时水击波后压强大于波前压强，这一阶段的水击波是压缩波。

上述过程的前提是在水击传播的过程中无能量损失，压力的变化就会周期性的重复下去，四个阶段为一个完整的水击周期，即一个周期 $t=4\frac{l}{c}$ 是以压缩波、膨胀波、膨胀波、压缩波四个阶段组成，周而复始的进行。

实际情况下，由于液体流动的阻力和管壁的变形消耗了能量，水击压力降将迅速衰减，水击的能量迅速耗尽，水击现象很快消失。

5.7.3　水击压力的计算

水击产生的原因是液体高速运动的惯性和弹性。图5-34（b）表示了一水管在能头 H 的驱动下，管内的水以速度 v_0 流动；管截面面积为 A，在距水池 l 处的阀门突然关闭切断水流，在极短的时间内流速由原来的 v_0 变为零，动量发生了很大变化。按动量定理，液体的动量的变化是受外力作用的结果，这里的外力就是阀门作用给流体的。在外力作用下，流体的压力突然升高。若原来的压力为 p_0，阀门突然关闭后的压力骤然升高到（$p_0+\Delta p$），突然增加的压力 Δp 即为水击压力。当认为阀门闸板和管壁是绝对刚体时，可以得出水击压力理论计算公式为

$$\Delta p = \rho v_0 c_0 \tag{5-69}$$

式中：ρ 为液体的密度；v_0 为液体的运动速度；c_0 为液体的声速（水击波的传播速度）。

不同种类的液体的声速 c_0 值是不同的，常温下水的 $c_0=1450\text{m/s}$。但是，阀门和管壁不是绝对刚体，所有的管制材料（钢、铸铁、金属和非金属材料）均有一定的弹性，在水击压力的作用下，产生弹性变形，使管道直径加大（或缩小）。管壁的变形将使水击波在管中的实际传播速度 c 低于理想状况下的传播速度 c_0，因此管内水击压力实际计算式为

$$\Delta p = \rho v_0 c \tag{5-70}$$

式中：c 为水击波实际的传播速度。

小　结

本章采用第 3 章导出的黏性总流的三大基本方程，即连续性方程、能量方程和动量方程，以及第 4 章能量损失计算公式研究孔口出流、管嘴出流和管路流动。

（1）根据不同的分类基准，孔口出流可分为自由出流和淹没出流、薄壁孔口出流和厚壁孔口（管嘴）出流、大孔口出流和小孔口出流、恒定孔口出流和非恒定孔口出流等。本章主要讨论的小孔口出流和管嘴出流。小孔口自由出流和淹没出流的流量计算的基本公式相同，即 $Q_V=\mu\sqrt{2gH_0}$；不同之处在于，自由出流时，孔口出流的作用水头为上游断面的总水头，它与孔口在壁面上的高低有关；而淹没出流时，孔口出流的作用水头为上游与下游断面的总水头差，它与孔口在壁面上的位置无关。

（2）圆柱形外管嘴的过流能力大于相同条件下孔口的过流能力，这是由于收缩断面处真空的作用。管嘴出流的流量计算公式与孔口相同，但流量系数不同。在工程应用中，为保证圆柱形外管嘴的正常工作，一般要求管嘴出流的作用水头 $H_0\leqslant 9\text{m}$，管嘴长度 $l\approx(3\sim4)d$。

（3）简单管路的总阻力损失与体积流量的平方成正比关系，即 $h_w=S_HQ_V^2$ 或 $p_w=S_pQ_V^2$，S_H 或 S_p 表示管路上沿程阻力和局部阻力的综合情况，称为管路的阻抗。

（4）管路流动的阻力特性曲线就是流体在管路系统中通过的流量和所需的能量（水头）之间的关系曲线，即 $H=H_1+S_HQ_V^2$ 或 $p=S_pQ_V^2$ 描述的坐标曲线。

（5）串联管路（无中途合流或分流）中各管段的流量相等，阻力叠加，总管路的阻抗等于各管段阻抗的叠加。并联管路中总流量为各支管流量之和，并联各支管上的阻力损失相等，总的阻抗平方根倒数等于各支管阻抗平方根倒数之和，以三管段串联或并联为例，即

串联管路　$Q_V=Q_{V1}=Q_{V2}=Q_{V3}$，　$h_w=h_{w1}+h_{w2}+h_{w3}$，　$S=S_1+S_2+S_3$

并联管路　$Q_V=Q_{V1}+Q_{V2}+Q_{V3}$，　$h_w=h_{w1}=h_{w2}=h_{w3}$

$$\frac{1}{\sqrt{S}}=\frac{1}{\sqrt{S_1}}+\frac{1}{\sqrt{S_2}}+\frac{1}{\sqrt{S_3}}$$

（6）管网是由简单管路、串联、并联管路组合而成的，基本上可分为枝（树状）状管网和环状管网两种。枝状（树状）管网布置简单、易控制、投资少，但是安全性差；环状管网布置复杂、不易控制、投资大，但是安全性好。

习　题

5-1　试述圆柱形管嘴正常工作的条件及原理。

5-2　什么是短管、长管?

5-3　简述枝状管网和环状管网的特点。

5-4　有以水箱水面保持恒定 $H=5\text{m}$，箱壁上开一孔，孔口直径 $D=10\text{mm}$。(1) 如果箱壁厚度 $\delta=3\text{mm}$，求通过孔口的流速和流量；(2) 如果箱壁厚度 $\delta=40\text{mm}$，求通过孔口的流速和流量。

5-5　如图 5-35 所示，水箱用开有直径 $D_1=40\text{mm}$ 小孔口的隔板分为左右两室，并在右室底外接一直径 $D_2=30\text{mm}$、长度 $l=10\text{cm}$ 的管嘴，若左室水深 $H_1=3\text{m}$，试求在恒定流时右室水深 H_2 及孔口、管嘴的出流流量 Q_{V1} 和 Q_{V2}。

5-6　如图 5-36 所示，某诱导器的静压水箱上装有圆柱形管嘴，管径为 $D=4\text{mm}$，长度 $l=100\text{mm}$，$\lambda=0.02$，从管嘴入口到出口局部阻力系数 $\sum\zeta=0.5$，求管嘴的流速系数和流量系数。

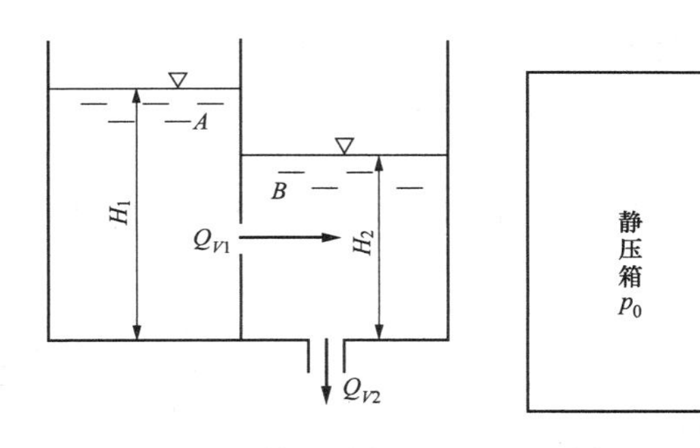

图 5-35　题 5-5 图　　图 5-36　题 5-6 图

5-7　如上题，当管嘴外空气压强等于大气压时，要求管嘴出流速为 30m/s，此时静压箱内应保持多少压强? 空气密度为 $\rho=1.2\text{kg/m}^3$。

5-8　某恒温室采用多孔板送风，风道中静压为 200Pa，孔口直径为 $D=20\text{mm}$，空气温度为 $T=20℃$，$\mu=0.8$，要求风量为 $1\text{m}^3/\text{s}$。问需要布置多少孔口?

5-9　如图 5-37 所示，直径 $D=60\text{mm}$ 的活塞受力 $F_\text{p}=3000\text{N}$ 后，将密度 $\rho=920\text{kg/m}^3$ 的油从直径 $d=20\text{mm}$ 的薄壁小孔口挤出，若孔口的流速系数、流量系数分别为 $\varphi=0.97$、$\mu=0.62$，试求孔口的出流流量 Q_V 和作用在油缸上的力 F。

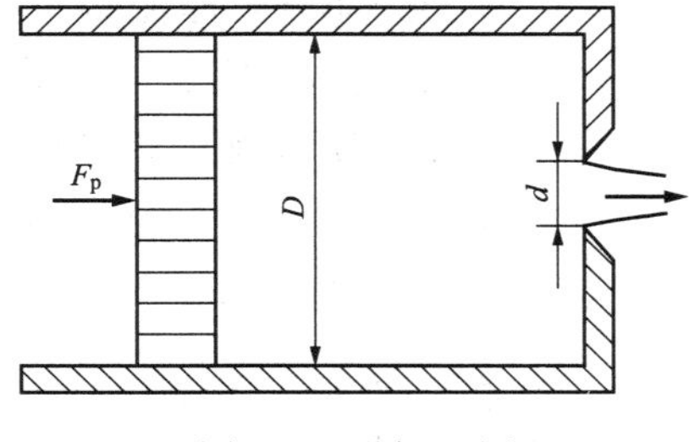

图 5-37　题 5-9 图

5-10　如图 5-38 所示，水从 A 水箱通过直径为 10cm 的孔口流入 B 水箱，流量系数为 $\mu=0.62$。设上游水箱的水面高程保持 $H_1=3\text{m}$ 不变。

(1) B 水箱中无水时，求通过孔口的流量；

(2) B 水箱水面 $H_2=2\text{m}$ 时，求通过孔口的流量；

(3) A 水箱水面压力为 2000Pa，$H_1=3\text{m}$ 时，求通过孔口的流量。

5-11 喷水泉的喷嘴为一截头圆锥体，其长度 $l=0.5\text{m}$，两端直径 $D_1=40\text{mm}$，$D_2=20\text{mm}$，竖直装置。若把计示压强 $p_1=9.807\times10^4\text{Pa}$ 的水引入喷嘴，而喷嘴的能量损失 $h_w=1.6\text{m}$（水柱）。如不计空气阻力，试求喷出的流量 Q_V 和射流上升的高度 H。

5-12 应用气体能量方程解自然通风换气（质量流量）。室内空气温度为 30℃，室外温度为 20℃，在厂房上下部各开有 8m^2 的窗口，两窗口的中心高程差为 7m（见图 5-39），窗口流量系数 $\mu=0.64$，气流在自然压头作用下流动。求车间自然通风换气量。

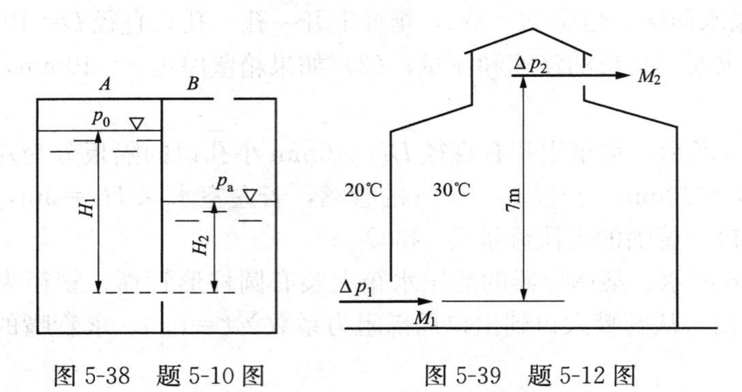

图 5-38 题 5-10 图　　图 5-39 题 5-12 图

5-13 如图 5-40 所示，水箱液面距地面为 H，试问：

（1）在水箱侧壁何处开设小孔口，可使射流的水平射程最大？

（2）最大射程 x_{max} 是多大？

5-14 供热系统凝结水回水系统图（见图 5-41）。请写出水泵应具有的作用水头表达式。

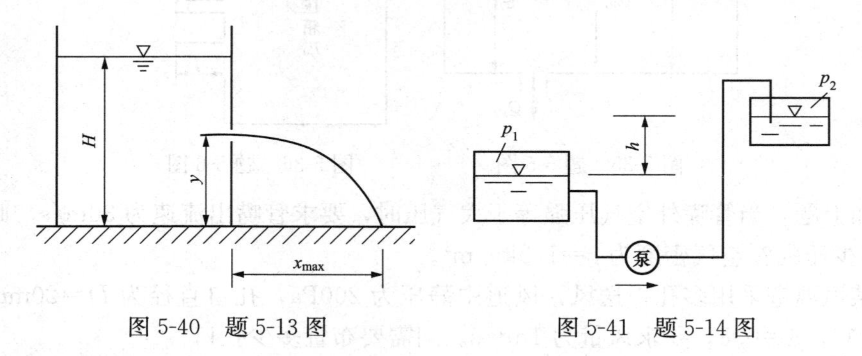

图 5-40 题 5-13 图　　图 5-41 题 5-14 图

5-15 某供热系统，原流量为 $0.005\text{m}^3/\text{s}$，总水头损失 $h_w=5\text{m}$，现在要把流量增加到 $0.0085\text{m}^3/\text{s}$，试问水泵应多大的压头？

5-16 两水池用虹吸管连通（见图 5-42），上下游水位差 $H=2\text{m}$，管长 $l_1=3\text{m}$，$l_2=5\text{m}$，$l_3=4\text{m}$，直径 $D=200\text{mm}$，上游水位至管顶的高度 $h=1\text{m}$，已知 $\lambda=0.026$，进口网 $\zeta=10$，弯头 $\zeta=1.5$（每个弯头），出口 $\zeta=1.0$，求：

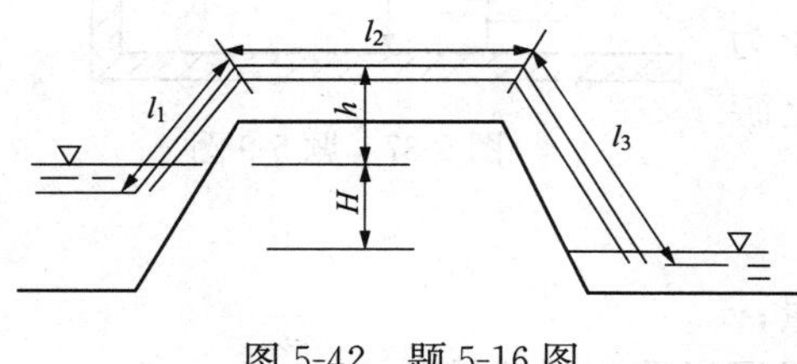

图 5-42 题 5-16 图

（1）虹吸管中的流量；

（2）管中压强最低点的位置及其最大负压。

5-17 水泵自吸水井抽水（见图 5-43），吸水井与蓄水池用自流管连接，其水位均不变。水泵安装高度 $z_s=4.5\text{m}$，自流管长 $l=20\text{m}$，直径 $D=150\text{mm}$，水泵吸水管长 $l_1=12\text{m}$，直径 $D_1=$

150mm，自流管与吸水管的沿程阻力系数 $\lambda=0.03$，自流管网的局部阻力损失系数 $\zeta=2.0$，水泵底阀的局部阻力系数 $\zeta=9.0$，90°弯头的局部阻力系数 $\zeta=0.3$；若水泵进口真空值不超过 6m 水柱，求水泵的最大流量是多少？在这种流量下，水池与水井的水位差 z 是多少？

5-18　如图 5-44 所示，用水泵提水灌溉，水池水面高程为 179.5m，河面水位为 155.0m，吸水管长为 4m，直径 200mm 的钢管，设带有底阀的莲蓬头及 45°弯头一个；压力水管为长 50m，直径为 150mm 的钢管，设有止回阀（$\zeta=1.7$），闸阀（$\zeta=0.1$），45°弯头各一个，机组效率为 80%；已知流量为 5000m^3/s，问要求水泵多大的扬程？绘制总水头线。

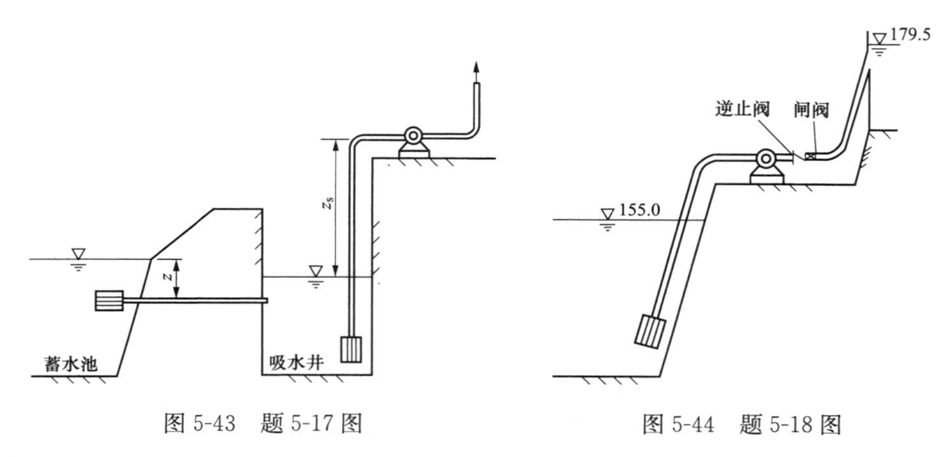

图 5-43　题 5-17 图　　　　图 5-44　题 5-18 图

5-19　并联管路各支路的流量分配，遵循什么原则？如果需要各支管的流量相等，应该如何设计管路？

5-20　如图 5-45 所示，水面差为 H 的两水箱间并联两根等长、等径、同材料的长管，则两管流量关系如何？

5-21　如图 5-46 所示，水面差为 H 的两水箱间并联两根等长、同材料管材，但管径 $\frac{D}{d}=2$ 的长管，则两管的流量关系如何？

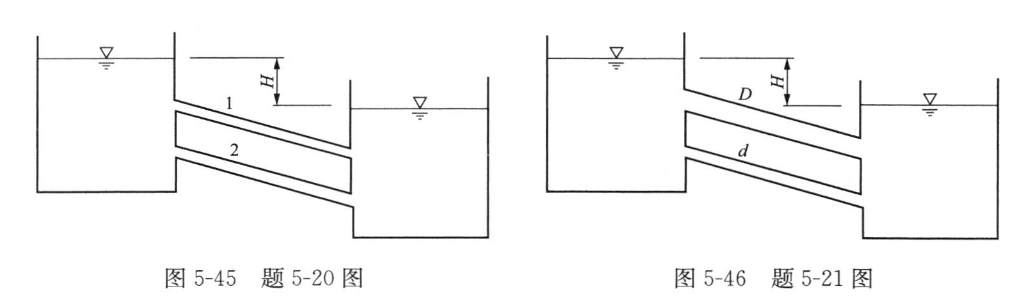

图 5-45　题 5-20 图　　　　图 5-46　题 5-21 图

5-22　水面差为 H 的两水箱间并联两根等长、等径、同材料的长管，在支管 2 上加一个调节阀（阻力系数为 ζ），则两支管的流量 Q_{V1} 和 Q_{V2} 哪个大些？两支管的阻力 h_{w1} 和 h_{w2} 哪个大些？

5-23　两容器用两段新的低碳钢管连接起来，已知 $D_1=200$mm，$l_1=30$m；$D_2=300$mm，$l_2=60$m，管 1 为锐变边入口，管 2 上的阀门损失系数 $\zeta=3.5$。当流量 $Q_V=0.2$m^3/s 时，求必需的总水头。

5-24 在总流量为 $Q_V=25\text{L/s}$ 的输水管中，接入二并联管道，已知 $D_1=100\text{mm}$，$l_1=500\text{m}$，$\zeta_1=0.2$；$D_2=150\text{mm}$，$l_2=900\text{m}$，$\zeta_2=0.5$。试求沿此并联管道的流量分配以及在并联管道入口和出口的水头损失。

5-25 已知某枝状管网（如图 5-47 所示）的 Q_{V1}、Q_{V2}、Q_{V3}，若在支管 2 的末端再加一段管子，如图中虚线所示。问 Q_{V1}、Q_{V2}、Q_{V3} 各有什么变化？

5-26 三层供水管路（如图 5-48 所示），各管段的阻抗相等 $S=10^6\text{s}^2/\text{m}^5$，层高均为 5m。设 a 点的压力水头为 20m，求 Q_{V1}、Q_{V2}、Q_{V3}，并比较三个管路流量，得出结论。（忽略 a 点处流速水头）。

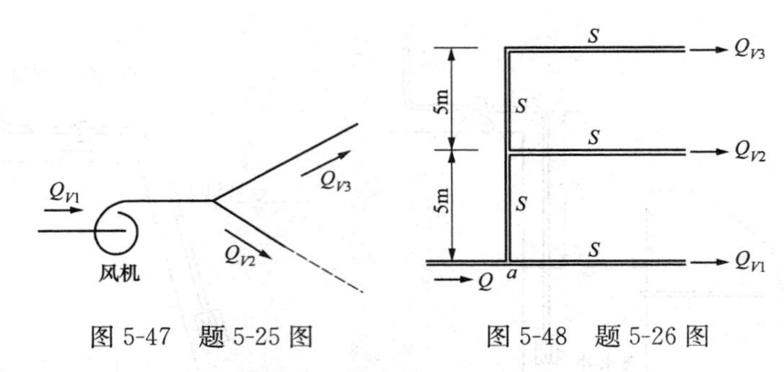

图 5-47 题 5-25 图　　　图 5-48 题 5-26 图

5-27 如上题，如希望得到相同流量，在 a 点压力水头仍为 20m 时，应如何改造管网？

5-28 欲将直径为 D 的简单管路改为三根等长串联管路，其直径分别为 D_1、$2D_1$、$3D_1$。改为串联后，管中流量 Q_V、管路工作水头 H 以及管路总长 L 均保持不变，假设各管段的粗糙度相等，求管径 D_1。

5-29 水由水位相同的两储水池 A、B 沿着 $l_1=200\text{m}$，$l_2=100\text{m}$，$d_1=200\text{mm}$，$d_2=100\text{mm}$ 的两根管子流入 $l_3=720\text{m}$，$d_3=200\text{mm}$ 的总管，并注入水池中（见图 5-49）。求：

（1）当 $H=16\text{m}$，$\lambda_1=\lambda_3=0.02$，$\lambda_2=0.025$ 时，排入 C 中的总流量（不计阀门损失）；

（2）若要流量减少 1/2，阀门的阻力系数为多少？

5-30 水平布置的管系（见图 5-50），A 点的表压强 $p_A=280\text{kPa}$，水流从 B、D 直接排入大气，AD 管直径为 0.4m，其他各管直径为 0.3m，沿程阻力系数 $\lambda=0.02$，忽略局部损失，确定 Q_{V1}、Q_{V2}、Q_{V3} 和表压强 p_C。

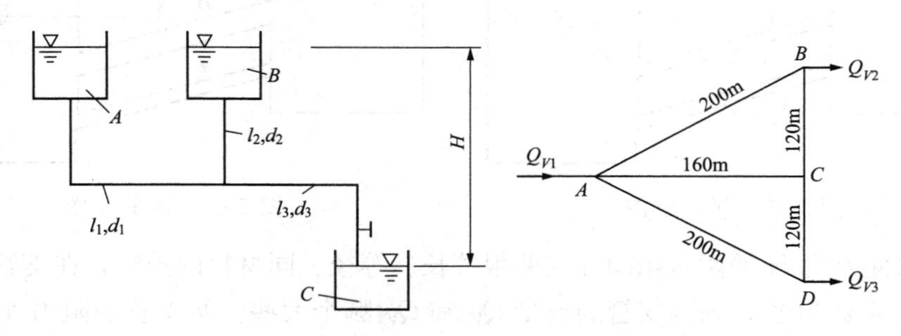

图 5-49 题 5-29 图　　　图 5-50 题 5-30 图

5-31 如图 5-51 所示为三角形管网，各管段长均为 $L=2\text{m}$，直径 $D_1=0.2\text{m}$，$D_2=0.1\text{m}$，$D_3=0.15\text{m}$，粗糙度均为 $n=0.012$，流动处于阻力平方区。求管网中的流量分配。

5-32 某环网计算简图如图 5-52 所示，各管段旁边的数字为相应管段的初次分配流量，经水力平差计算的各环路的校正流量分别为 $\Delta Q_{V1}=4.7\text{L/s}$、$\Delta Q_{V2}=1.4\text{L/s}$、$\Delta Q_{V3}=-2.3\text{L/s}$，求管段 3—4 和 4—5 校正后的流量。

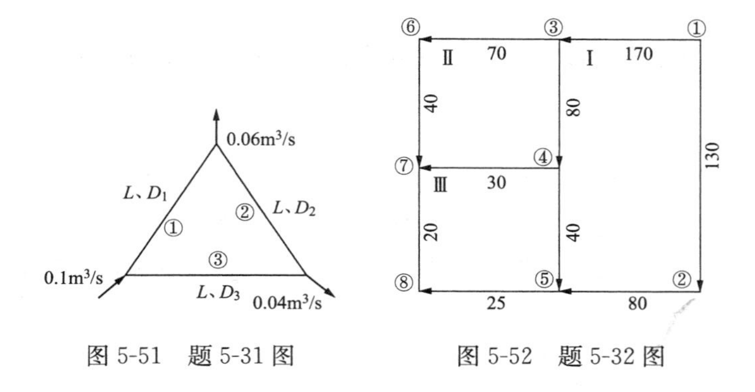

图 5-51　题 5-31 图　　图 5-52　题 5-32 图

第6章 可压缩气体的一元流动

工程中常遇到流体在某种管道内流动的情况，流体在流动中常存在能量的传递与转化。如蒸汽轮机中，高参数蒸汽先进入喷管，在其中降压、膨胀、增速，将气流的热能转变成气流的动能；然后高速气流通过叶片槽道，推动叶轮旋转，又将气流的动能转变成汽轮机叶片及轴上的机械能。又如压气机中气流流经扩压管的减速增压过程，气体和蒸汽流动过程中涉及气体状态参数变化、气流速度变化及能量转换的热力过程。工程实际中经常需要研究气流在变截面通道中流速及状态的变化规律，特别是喷管、扩压管及节流阀内流动过程的能量转换情况。

本章主要讨论气体在喷管和扩压管中的一元恒定流动问题。通常情况下，流体流过同一过流断面时，断面上各点的参数有所不同，此时可采用取平均值的方法使参数只沿流动方向变化——化二元流动成为一元流动。

6.1 声速和马赫数

6.1.1 声速

声速是声音的传播速度，声速是研究流体流动所需要的一个标志数据，是微弱扰动在连续介质中所产生的压力波（纵波）的传播速度，称为声速，用 a 来表示。微小扰动是指静止流场中，由于某种原流场中状态参数发生变化的现象，或称为压力扰动。扰动会形成扰动波，或者称为压力波，以相应的速度向四周传播。

声音在流体中传播的快慢与流体的压缩性和密度有密切关系。下面分析导出在可压缩流体中传播的声速公式。

取等截面带活塞的直圆管，管中充满静止的可压缩气体。活塞在外力作用下以微小速度向右移动，产生一个微小扰动的平面压缩波，它以声速 a 向右传播，活塞运动产生微小扰动如图6-1所示。波前峰的气体密度和压强处于静止状态时的状态参数分别为 ρ 和 p，波峰后的气体由于压缩波的作用密度和压强变化为 $\rho+\mathrm{d}\rho$ 和 $p+\mathrm{d}p$。

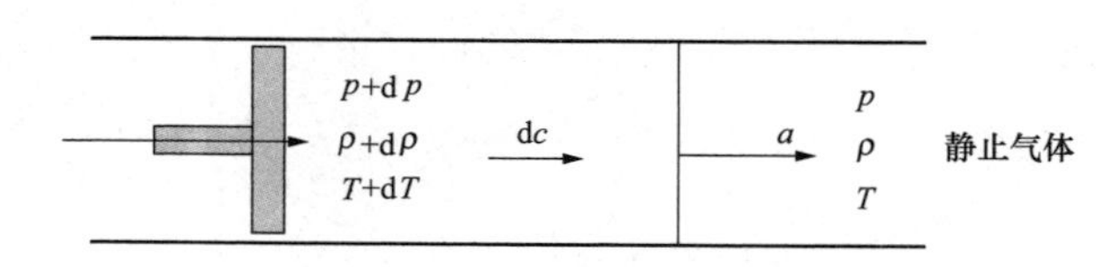

图6-1 活塞运动产生微小扰动

将坐标固定在波峰面上，分析波峰传播过程。取包含波峰在内的控制体［如图6-2（a）中虚线所示］，使两虚线控制面无限接近。设管道截面积为 A，控制体右侧的气体以声速 a 进入控制体内，流体密度为 ρ。

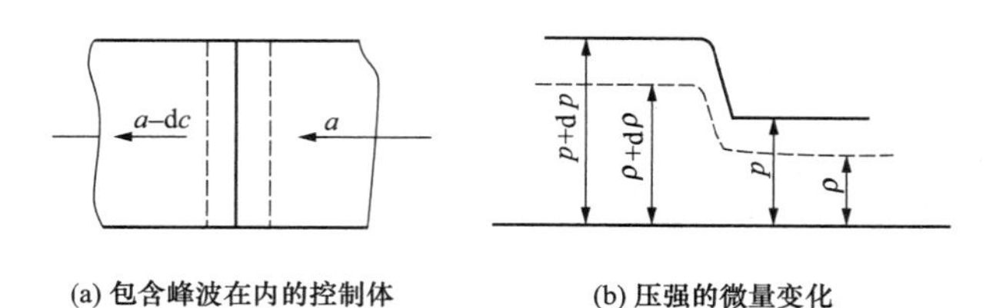

(a) 包含峰波在内的控制体　　(b) 压强的微量变化

图 6-2　微小扰动传播过程

在控制体左侧，流体将以 $a-\mathrm{d}c$ 的速度流出，其密度为 $\rho+\mathrm{d}\rho$，于是对控制体内的连续性方程为

$$a\rho A=(a-\mathrm{d}c)(\rho+\mathrm{d}\rho)A$$

展开，略去二阶微量得到

$$\frac{\mathrm{d}\rho}{\rho}=\frac{\mathrm{d}c}{a} \tag{6-1}$$

对控制体内气体建立动量方程，忽略控制体内气体的质量力和其表面的摩擦切应力作用，得到

$$pA-(p+\mathrm{d}p)A=\rho aA[(a-\mathrm{d}c)-a]$$

整理后为

$$\mathrm{d}p=\rho a\,\mathrm{d}c \tag{6-2}$$

利用式（6-1）和式（6-2）消除 $\mathrm{d}c$ 得到声速公式为

$$a=\sqrt{\frac{\mathrm{d}p}{\mathrm{d}\rho}} \tag{6-3}$$

由于声速传播速度很快，在其传播过程中与外界来不及进行热交换，且忽略摩擦损失，所以声速在整个传播过程可视为等熵过程。

应用理想气体等熵过程方程

$$pv^{\kappa}=\frac{p}{\rho^{\kappa}}=\mathrm{const}$$

$$\frac{\mathrm{d}p}{\mathrm{d}\rho}=\kappa\frac{p}{\rho}=\kappa RT \tag{6-4}$$

式中：v 为比体积；κ 为等熵指数（或绝热指数）。

将式（6-4）代入式（6-3）得到理想气体声速公式为

$$a=\sqrt{\kappa pv}=\sqrt{\kappa RT} \tag{6-5}$$

声速 a 与气体性质及所处状态有关，常称为当地声速。当地声速即指流体处于某一状态下的声速。不同过流断面处对应的声速如图 6-3 所示，气体位于Ⅰ、Ⅱ和Ⅲ不同截面处，其状态参数不同，对应的声速也不同，对应的声速 $a'\neq a''\neq a'''$。

【例 6-1】 空气分别在 0℃、−20℃、15℃和 20℃四种不同温度下，其他条件相同，求其对应的声速。

【解】 将三个温度分别代入声速公式（6-5）得

$$0℃:a=\sqrt{1.4\times287\times273}=331(\mathrm{m/s})$$

$$-20℃:a=\sqrt{1.4\times287\times253}=319(\mathrm{m/s})$$

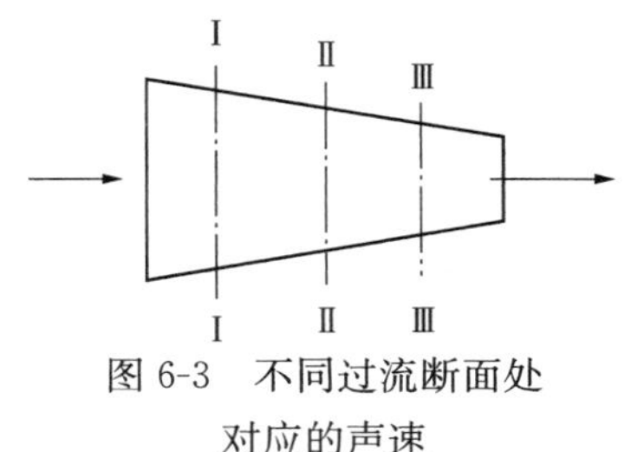

图 6-3　不同过流断面处对应的声速

$$15℃: a=\sqrt{1.4\times 287\times 288}=340(\text{m/s})$$

$$20℃: a=\sqrt{1.4\times 287\times 293}=343(\text{m/s})$$

可见，在不同状态参数下，声速是不同的。

6.1.2 马赫数

马赫数是气体截面上的当地流速 c 与当地声速 a 之比，用符号 Ma 表示，即

$$Ma=\frac{c}{a} \tag{6-6}$$

它是由马赫首先提出的。显然 Ma 也与所处的状态有关。

马赫数 Ma 是气体动力学中的一个重要的无因次性能参量。它反映在流动过程中，气体的压缩性能。由前述知道，气流的当地速度越大，则对应的当地声速越小，而声速的大小又一定程度反映出气体的压缩性大小。声速越小，则压缩性越大。因此，由当地流速 c 与当地声速 a 之比组成的马赫数 Ma 也就反映了气体流动过程中的压缩性能。Ma 越大，则压缩性越大；反之，则越小。所以，马赫数和雷诺数一样，也是确定流动状态的一个相似准则数。

根据 Ma 可将气体流动分为以下几种流动状态：$Ma\gg 1$，$c\gg a$，气体流速远大于声速，则为高超声速流动；$Ma>1$，$c>a$，气体流速大于声速，则为超声速流动；$Ma=1$，$c=a$，气体流速等于声速，则为声速流动（或跨声速流动）；$Ma<1$，$c<a$，气体流速小于声速，则为亚声速流动。

声速是一个很重要的量，也是判断流体压缩性影响的一个标准。在气体动力学中，低于声速和高于声速流动具有本质的区别，因此，常以马赫数的比较来划分气体流动的类型：$Ma>5$，超高声速流动；$Ma<0.5$，不可压缩流体。流体的压缩性大，则扰动波传播的慢，声速较小，如 15℃空气中声速为 340m/s，水中的声速为 1449m/s。超声速战斗机的飞行，马赫数一般在 2.5 左右，一般不超过 3，苏联的米格 25，最高马赫数为 2.8。

6.2 可压缩气体一元流动的基本方程

6.2.1 可压缩气体总流的连续性方程

本节讨论气体运动的基本规律，建立反映这些规律的基本方程。在一般的工程流体力学中，把流体视为连续介质。换言之，在流场内流体质点连续地充满整个空间。在流动过程中，流体质点必须互相衔接，不出现空隙。这样，根据质量守恒定律可以导出流体流动的连续性方程。

在某一恒定总流中，任取一流段 1—2，气体从断面 1—1 流入，面积为 A_1，平均流速 c_1；从断面 2—2 流出，面积为 A_2，平均流速 c_2。断面 N—N 为流段 1—2 中任一断面，气体连续性的分析如图 6-4 所示。

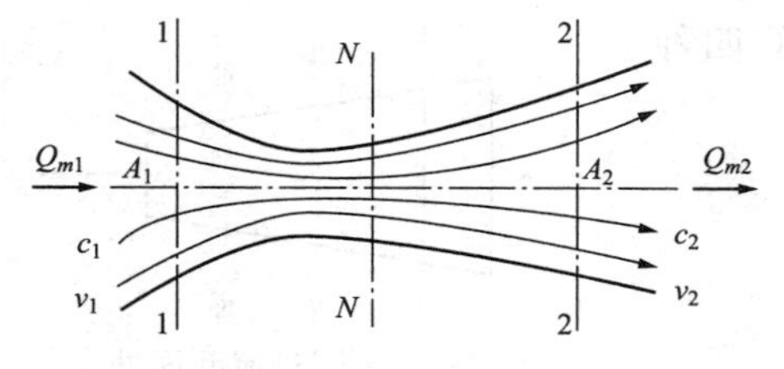

图 6-4 气体连续性的分析

单位时间流过断面 1—1 的质量流量为

$$Q_{m_1}=\frac{A_1c_1}{v_1}=\rho_1A_1c_1$$

式中：v_1 为断面 1—1 上比体积。

单位时间流过断面 2—2 的质量流量为

$$Q_{m_2}=\frac{A_2c_2}{v_2}=\rho_2A_2c_2$$

式中：v_2 为断面 2—2 上比体积。

流过任意断面 N—N 的质量流量为

$$Q_{mN}=\frac{A_Nc_N}{v_N}=\rho_NA_Nc_N$$

根据质量守恒定律，流入的质量应该等于流出的质量，而且任一断面的质量均应该相等，即

$$\rho_1A_1c_1=\rho_2A_2c_2=\rho Ac=const \tag{6-7}$$

式（6-7）即为可压缩流体恒定流连续性方程。

当气体为均质不可压缩流体时，$\rho_1=\rho_2$，则不可压缩流体的连续性方程为

$$A_1c_1=A_2c_2=Ac$$

或

$$\frac{A_1}{A_2}=\frac{c_2}{c_1} \tag{6-8}$$

从均质不可压缩流体的连续性方程式（6-8）看出，过流断面面积与断面平均流速成反比。

对可压缩流体恒定流连续性方程式（6-7）两边取对数微分得

$$\frac{\mathrm{d}A}{A}+\frac{\mathrm{d}c}{c}+\frac{\mathrm{d}\rho}{\rho}=0 \tag{6-9}$$

即

$$\frac{\mathrm{d}A}{A}=-\left(\frac{\mathrm{d}C}{C}+\frac{\mathrm{d}\rho}{\rho}\right) \tag{6-10}$$

式（6-10）反映了截面变化率与流速变化率、密度变化率之间的关系。

当$\frac{\mathrm{d}C}{C}+\frac{\mathrm{d}\rho}{\rho}>0$时，则 $\mathrm{d}A<0$，管道截面积越来越小，否则断流，此时管道为渐缩管道；反之，$\frac{\mathrm{d}C}{C}+\frac{\mathrm{d}\rho}{\rho}<0$时，则 $\mathrm{d}A>0$，管道截面积越来越大，否则堵塞，此时管道为渐扩管道。

6.2.2　可压缩气体的能量方程

可压缩气体的能量方程可通过对不可压缩气体的能量方程进行修正。针对不同情况进行不同的修正。

1. 绝热流动的可压缩气体能量方程

考虑气体可以压缩时（$\rho\neq$const），又因气体流动很快，来不及与周围环境进行热交换，按绝热状态计算，忽略气体流动时的能量损失和位能变化，则有

$$\frac{\kappa}{\kappa-1}\frac{p_1}{\rho_1g_1}+\frac{c_1^2}{2g}=\frac{\kappa}{\kappa-1}\frac{p_2}{\rho_2g_2}+\frac{c_2^2}{2g}$$

$$\frac{\kappa}{\kappa-1}\frac{p_1}{\rho_1}+\frac{c_1^2}{2}=\frac{\kappa}{\kappa-1}\frac{p_2}{\rho_2}+\frac{c_2^2}{2} \tag{6-11}$$

$$\frac{\kappa}{\kappa-1}RT_1+\frac{c_1^2}{2}=\frac{\kappa}{\kappa-1}RT_2+\frac{c_2^2}{2} \tag{6-12}$$

【例 6-2】 火箭发动机燃烧室内燃气的温度、压强、速度分别为 $T_1=2300\text{K}$，$p_1=4900\text{kPa}$，$c_1=0$。燃气的 $\kappa=1.25$，$R=400\text{J}/(\text{kg}\cdot\text{K})$（见图 6-5）。燃气流经喷管时与外界无热量交换和能量损失，求喷管出口截面上的流速。出口截面上 $p_2=394\text{kPa}$，$T_2=1700\text{K}$。

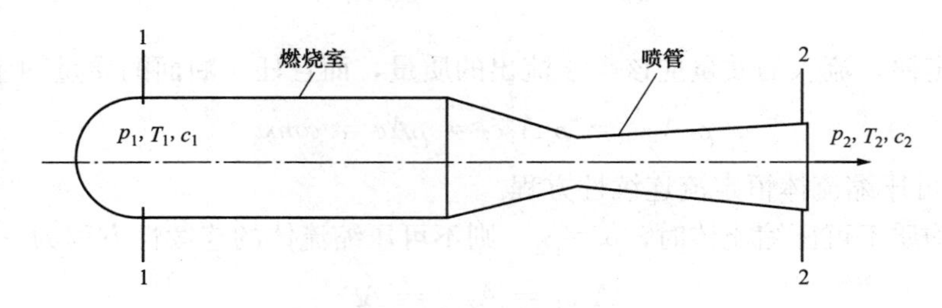

图 6-5 火箭发动机燃烧室内气流过程

【解】 对 1—1 和 2—2 截面有

$$\frac{\kappa}{\kappa-1}RT_1+\frac{c_1^2}{2}=\frac{\kappa}{\kappa-1}RT_2+\frac{c_2^2}{2}$$

将 $c_1=0,\kappa=1.25,R=400\text{J}(\text{kg}\cdot\text{K}),T_1=2300\text{K},T_2=1700\text{K}$ 代入上式得

$$\begin{aligned} c_2&=\sqrt{\frac{2\kappa}{\kappa-1}(RT_1-RT_2)}\\ &=\sqrt{\frac{2\times1.25}{1.25-1}\times400\times(2300-1700)}\\ &=1549.2(\text{m/s})\end{aligned}$$

2. 有机械功的可压缩气体能量方程

若在所研究的管道两截面 1—1 与 2—2 之间有流体机械（如压气机、鼓风机或动活塞）对单位质量气体做功 W，则绝热过程能量方程为

$$\frac{\kappa}{\kappa-1}\frac{p_1}{\rho_1}+\frac{c_1^2}{2}+W=\frac{\kappa}{\kappa-1}\frac{p_2}{\rho_2}+\frac{c_2^2}{2} \tag{6-13}$$

因为

$$\left(\frac{\rho_1}{\rho_2}\right)^{\kappa}=\frac{p_1}{p_2}$$

即

$$\frac{\rho_1}{\rho_2}=\left(\frac{p_1}{p_2}\right)^{\frac{1}{\kappa}}$$

气体运动多变过程遵循规律

$$\frac{p}{\rho^n}=\text{const}$$

n 为多变指数，当 $n=0$ 时，$p=\text{const}$ 为等压过程；当 $n=1$ 时，$\frac{p}{\rho}=\text{const}$ 为等温过程；当 $n=\kappa$ 时，$\frac{p}{\rho^{\kappa}}=\text{const}$ 为等熵过程；当 $n=\infty$时，$\frac{p}{\rho^{\infty}}\Rightarrow\frac{p^{\frac{1}{\infty}}}{\rho}=v=\text{const}$ 为等容过程。

由此求出流体机械对单位质量气体所做的全功 W_κ，W_n 分别为：

绝热过程

$$W_\kappa=\frac{\kappa}{\kappa-1}\frac{p_1}{\rho_1}\left[\left(\frac{p_2}{p_1}\right)^{\frac{\kappa-1}{\kappa}}-1\right]+\frac{c_2^2-c_1^2}{2}$$

多变过程

$$W_n=\frac{n}{n-1}\frac{p_1}{\rho_1}\left[\left(\frac{p_2}{p_1}\right)^{\frac{n-1}{n}}-1\right]+\frac{c_2^2-c_1^2}{2}$$

若忽略速度的影响，流体机械对单位质量气体所做的全功 W'_k，W'_n分别为：

绝热过程

$$W'_\kappa=\frac{\kappa}{\kappa-1}\frac{p_1}{\rho_1}\left[\left(\frac{p_2}{p_1}\right)^{\frac{\kappa-1}{\kappa}}-1\right]$$

多变过程

$$W'_n=\frac{n}{n-1}\frac{p_1}{\rho_1}\left[\left(\frac{p_2}{p_1}\right)^{\frac{n-1}{n}}-1\right]$$

3. 通风空调系统中气流的能量方程

在这种系统中的气流高差往往不大，系统内外气体的密度差也甚小，位能项 z_1 和 z_2 可以忽略不计。过流断面上的流速分布比较均匀，取 $\alpha_1=\alpha_2=1$。同时，考虑到对于气流、水头的概念不像液流那样明确具体，因此，将均质不可压缩气体的能量方程的各项都乘以气体 ρg，变成具有压强的因次，则可得出

$$p_1+\frac{\rho c_1^2}{2}=p_2+\frac{\rho c_2^2}{2}+p_{\text{w}1-2} \tag{6-14}$$

$p_{\text{w}1-2}=\rho g h_{\text{w}1-2}$为两断面间的压强损失。

4. 烟道中气流的能量方程

烟气流动时，由于烟囱高度较大，且烟气密度较小，位能项不能忽略，将均质不可压缩气体的能量方程的各项都乘以气体 ρg，则可得出

$$\rho g z_1+p'_1+\frac{\rho c_1^2}{2}=\rho g z_2+p'_2+\frac{\rho c_2^2}{2}+p_{\text{w}1-2} \tag{6-15}$$

式（6-15）中两边的压强同时取了绝对压强 p'。这是因为烟气的密度 ρ 低于大气密度 ρ_a，需要考虑因高差而引起的当地大气压强差。但工程实际中仍习惯采用相对压强 p，转换为相对压强的方程为

$$(\rho_a g-\rho g)(z_2-z_1)+p_1+\frac{\rho c_1^2}{2}=p_2+\frac{\rho c_2^2}{2}+p_{\text{w}1-2} \tag{6-16}$$

6.3　一元气流的基本特征

6.3.1　滞止状态和滞止参数

气流经等熵过程将速度降至零时的状态称为等熵滞止状态，简称为滞止状态，滞止状态

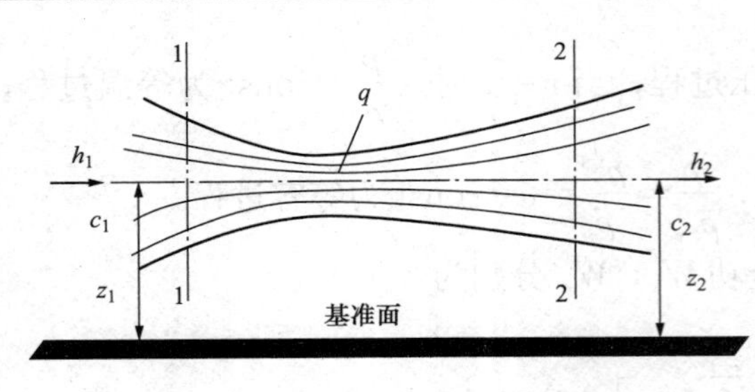

图 6-6 恒定流能量方程的分析

下的参数称为滞止参数。即滞止参数是在气流的某截面处，设想其流速以无摩擦的绝热过程降至 0 时，所得到的该截面上的各流动参数，滞止参数是在相应流动参数符号标注上标“ * ”表示。如 p^*、T^*、c^* 等，相应为滞止压强、滞止温度和滞止声速。

根据能量守恒，恒定流能量方程的分析如图 6-6 所示，气体自截面 1—1 变化到截面 2—2，恒定流能量方程为

$$q=\Delta h+\frac{1}{2}\Delta c^2+g\Delta z+w_s$$

式中：q 为外界输入的热量；Δh 为焓；w_s 为外力做的功

对流速大、时间短、来不及与外界进行热量交换的等熵恒定流动

$$q\approx 0,\quad g\Delta z\approx 0,\quad w_s\approx 0$$

能量流动方程化简为

$$\Delta h=-\frac{1}{2}\Delta c^2$$

或

$$h_2+\frac{1}{2}c_2^2=h_1+\frac{1}{2}c_1^2=h+\frac{1}{2}c^2=\text{const}$$

即得等熵流动方程

$$h+\frac{1}{2}c^2=\text{const}$$

$$h^*=h+\frac{1}{2}c^2=\text{const} \tag{6-17}$$

式中：h^* 为滞止焓，即气流速度降为零时的焓值。

对于比热容为常数的完全气体，式（6-17）也可写为

$$T^*=T+\frac{c^2}{2c_p} \tag{6-18}$$

式中：c 为气体速度；c_p 为比定压热容。

对理想气体，可逆过程

$$c^2=Ma^2a^2=Ma^2\kappa RT$$

$$c_p=\kappa R/(\kappa-1)$$

$$\frac{T}{T^*}=\frac{2}{2+(\kappa-1)Ma^2}$$

$$T^*=\left[1+\frac{(\kappa-1)Ma^2}{2}\right]T \tag{6-19}$$

$$\frac{p}{p^*}=\left(\frac{T}{T^*}\right)^{\frac{\kappa}{\kappa-1}}=\left[\frac{2}{2+(\kappa-1)Ma^2}\right]^{\frac{\kappa}{\kappa-1}}$$

$$p^*=\left[1+\frac{(\kappa-1)Ma^2}{2}\right]^{\frac{\kappa}{\kappa-1}}p \tag{6-20}$$

$$\frac{\rho}{\rho^*}=\left(\frac{T}{T^*}\right)^{\frac{1}{\kappa-1}}=\left[\frac{2}{2+(\kappa-1)Ma^2}\right]^{\frac{1}{\kappa-1}}$$

$$\rho^*=\left[1+\frac{(\kappa-1)Ma^2}{2}\right]^{\frac{1}{\kappa-1}}\rho \tag{6-21}$$

对于可压缩气体，应用绝热过程能量方程式（6-11）和式（6-12）可得到截面上的滞止参数计算式为

$$\frac{\kappa}{\kappa-1}\frac{p^*}{\rho^*}+0=\frac{\kappa}{\kappa-1}\frac{p}{\rho}+\frac{c^2}{2} \tag{6-22}$$

$$\frac{\kappa}{\kappa-1}RT^*+0=\frac{\kappa}{\kappa-1}RT+\frac{c^2}{2} \tag{6-23}$$

【例 6-3】 求例 6-2 中燃烧室内的滞止声速 c^*、喷管出口截面上的声速 a_2 及马赫数 Ma_2。

【解】 燃烧室 $c_1=0$，对应的截面上的参数即为滞止参数：

$$c^*=\sqrt{\kappa RT_1}=\sqrt{1.25\times400\times2300}=1072.4(\mathrm{m/s})$$

出口截面上的声速 $a_2=\sqrt{\kappa RT_2}=\sqrt{1.25\times400\times1700}=921.95(\mathrm{m/s})$

喷管出口截面上的马赫数 $Ma_2=\dfrac{c_2}{a_2}=\dfrac{1549.2}{921.95}=1.68$

【例 6-4】 对空导弹以 $Ma=2$ 速度追击目标，飞行高度处的大气压强、温度分别为 $p=90\mathrm{kPa}$，$T=273\mathrm{K}$，试求导弹头部尖顶处的温度和压强。空气等熵指数 $\kappa=1.4$。

【解】 导弹头部尖顶处是速度滞止的驻点，此处的参数即为滞止参数。故据滞止参数的计算公式即可求得滞止温度和滞止压强：

$$T^*=\left[1+\frac{(\kappa-1)Ma^2}{2}\right]T=\left[1+\frac{(1.4-1)\times2^2}{2}\right]\times273=491.4(\mathrm{K})$$

$$p^*=\left[1+\frac{(\kappa-1)Ma^2}{2}\right]^{\frac{\kappa}{\kappa-1}}p=\left[1+\frac{(1.4-1)\times2^2}{2}\right]^{\frac{1.4}{1.4-1}}\times90=704.2(\mathrm{Pa})$$

6.3.2 临界状态和临界参数

1. 临界状态及临界状态参数

由能量方程可知，气体在绝热流动过程中，当地声速 a 随着气流速度的增大而减小，在某个流动截面，气体流速 c 恰好等于当地声速 a，这个状态就是由亚声速向超声速转变的临界状态，相对应的物理参数称为临界参数。此时 $Ma=1$，以下标“cr”表示，如临界压强和临界温度表示为 p_{cr}、T_{cr}。分别代入式（6-17）～式（6-20）中，可得到对应的临界参数。

$$T^*=T+\frac{c^2}{2c_p} \tag{6-24}$$

$$\frac{T}{T_{cr}}=\frac{2}{\kappa+1} \tag{6-25}$$

$$\frac{p}{p_{cr}}=\left(\frac{2}{\kappa+1}\right)^{\frac{\kappa}{\kappa-1}} \tag{6-26}$$

$$\frac{p}{p_{cr}}=\left(\frac{2}{\kappa+1}\right)^{\frac{1}{\kappa-1}} \tag{6-27}$$

气体的流速达到当地声速时，气体所处状态称为临界状态，气体的流速称为临界流速，

临界流速 $c_{cr}=a_{cr}$。图 6-7 所示为管道截面变化与气流速度变化之间的关系。

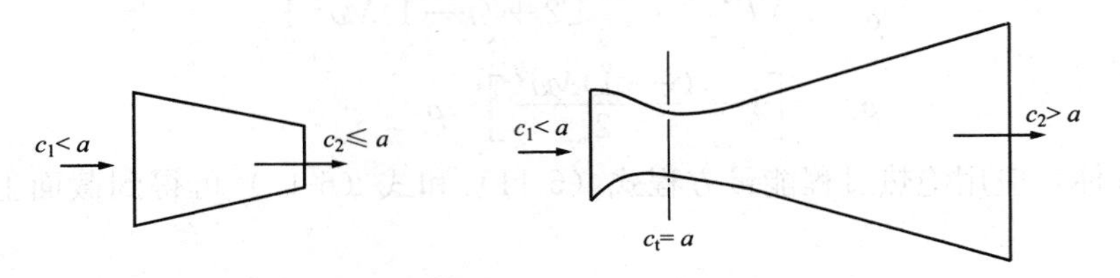

图 6-7 管道截面变化与气流速度变化之间的关系

2. 临界压强比 β_{cr}

流速达到当地声速时气体的压强与滞止压强之比即为临界压强比 β_{cr}。

$$\beta_{cr}=\frac{p_{cr}}{p^*}$$

$$\frac{p}{p^*}=\left[\frac{2}{2+(\kappa-1)Ma^2}\right]^{\frac{\kappa}{\kappa-1}} \tag{6-28}$$

当 $Ma=1$ 时，

$$\beta_{cr}=\frac{p_{cr}}{p^*}=\left(\frac{2}{\kappa+1}\right)^{\frac{\kappa}{\kappa-1}} \tag{6-29}$$

3. β_{cr}在喷管设计中的作用

(1) β_{cr}的取值。β_{cr}仅与气体的性质有关，单原子气：$\kappa=1.67$，$\beta_{cr}=0.487$；双原子气：$\kappa=1.4$，$\beta_{cr}=0.528$；多原子气：$\kappa=1.3$，$\beta_{cr}=0.546$。

(2) β_{cr}值在喷管设计中的作用。在喷管的设计工作中，β_{cr}对喷管形状的选择起重要作用。

设：喷管出口处背压（外界压力）为 p_b。当$\frac{p_b}{p^*}\geqslant\beta_{cr}$，喷管出口流速小于或等于当地声速，由喷管外形选择原则可知，应选渐缩形喷管；当$\frac{p_b}{p^*}<\beta_{cr}$，喷管出口流速大于当地声速，应选缩放形喷管。

说明：完全设计工况工作时，喷管出口截面压强 $p_2=p_b$。

6.3.3 最大速度状态

气体在绝热流动中，它的总能量是一个常数。如果气体充分膨胀、加速，将分子无规则运动的动能全部转化为宏观运动的动能，则气流的静压 p 和静温 T 将降为 0，气体的流速将达到最大 c_{max}，这时的状态称为最大速度状态，也称为极限状态。最大速度是气流膨胀到真空时的极限速度。利用单位质量气体的能量方程得

$$h+\frac{1}{2}c^2=\frac{c_{max}^2}{2}=h^*$$

$$c_{max}=\sqrt{2h^*}=\sqrt{\frac{2\kappa}{\kappa-1}RT^*} \tag{6-30}$$

最大速度是理论上的极限值，实际上不可能达到。

6.3.4 速度系数

气流速度与临界声速之比定义为速度系数，用 M^* 表示，即

$$M^{*}=\frac{c}{c_{cr}} \tag{6-31}$$

它是与马赫数相类似的另一个无量纲速度。引用它的作用有：①在绝能流中临界速度是常数，这样，求气流速度时只需用 M^{*} 乘以临界速度即可；②在绝能流中，当 $c \to c_{cr}$，$a \to 0$，$Ma \to \infty$ 时，无法把 $c \to c_{max}$ 附近的情况在图上绘制出来，即制图较困难。若用 M^{*}，则无上述困难，因为当 $c=c_{max}$ 时，

$$M_{max}^{*}=\frac{c_{max}}{c_{cr}}=\sqrt{\frac{\kappa+1}{\kappa-1}} \tag{6-32}$$

M_{max}^{*} 为一有限量，例如，当 $\kappa=1.4$ 时，$M_{max}^{*}=2.4495$。

M^{*} 与 Ma 之间有确定的对应关系：

$$M^{*}=\sqrt{\frac{(\kappa+1)Ma^{2}}{2+(\kappa-1)Ma^{2}}} \tag{6-33a}$$

$$Ma=\sqrt{\frac{2M^{*2}}{(\kappa+1)-(\kappa-1)M^{*2}}} \tag{6-33b}$$

M^{*} 与 Ma 一样，也是划分气体高速流类型的标准，即 $Ma=0$，$M^{*}=0$，不可压缩流；$Ma<1$，$M^{*}<1$，亚声速流；$Ma=1$，$M^{*}=1$，声速流；$Ma>1$，$M^{*}>1$，超声速流。

把 M^{*} 代入静总参数比，即可得到用 M^{*} 表示的静总参数比：

$$\frac{T}{T_{cr}}=\frac{c^{2}}{c^{*2}}=1-\frac{\kappa-1}{\kappa+1}M^{*} \tag{6-34}$$

$$\frac{p}{p^{*}}=\left(1-\frac{\kappa-1}{\kappa+1}M^{*}\right)^{\frac{\kappa}{\kappa-1}} \tag{6-35}$$

$$\frac{\rho}{\rho^{*}}=\left(1-\frac{\kappa-1}{\kappa+1}M^{*}\right)^{\frac{1}{\kappa-1}} \tag{6-36}$$

【例 6-5】 视空气为 $\kappa=1.4$ 的完全气体，在一无摩擦的渐缩管道中流动，在位置 1 处的平均流速为 152.4m/s，气温为 333.3K，气压为 2.086×10^{5}Pa，在管道的出口 2 处达到临界状态。试计算出口气流的平均流速、气温、气压和密度。

【解】 位置 1 处的声速、马赫数、总温、总压分别为

$$a_{1}=\sqrt{\kappa RT_{1}}=\sqrt{1.4\times287\times333.3}=366.0(\text{m/s})$$

$$Ma_{1}=\frac{c_{1}}{a_{1}}=\frac{152.4}{366.0}=0.4164$$

$$T^{*}=T_{1}\left(1+\frac{\kappa-1}{2}Ma_{1}^{2}\right)=333.3\times\left[1+\frac{\kappa-1}{2}\times0.4164^{2}\right]=344.9(\text{K})$$

$$p^{*}=p_{1}\left(\frac{T^{*}}{T}\right)^{\frac{\kappa}{\kappa-1}}=2.086\times10^{5}\times\left(\frac{344.9}{333.3}\right)^{\frac{1.4}{1.4-1}}=2.331\times10^{5}(\text{Pa})$$

在出口 2 处，$Ma_{2}=1$，出口气流的平均流速、气温、气压和密度分别为

$$T_{2}=T_{cr}=\frac{2}{\kappa+1}T^{*}=0.833\times344.9=287.4(\text{K})$$

$$c_{2}=c_{cr}=\sqrt{\kappa RT_{cr}}=\sqrt{1.4\times287\times287.4}=339.8(\text{m/s})$$

$$p_{2}=p_{cr}=\left(\frac{2}{\kappa+1}\right)^{\frac{\kappa}{\kappa-1}}p^{*}=0.5283\times2.331\times10^{5}=1.231\times10^{5}(\text{Pa})$$

$$\rho_2=\rho_{cr}=\frac{p_{cr}}{RT_{cr}}=\frac{1.231\times10^5}{287\times287.4}=1.492(\mathrm{kg/m^3})$$

6.4 气体在变截面管中的流动

气体在变截面管中流动时，管道截面变化会对气体流动产生影响。气体在变截面管中的流动在工程上有着广泛的应用。它可通过气体的胀缩、降压而获得高速气流，如喷气发动机、火箭发动机、燃气轮机和各类喷嘴等。在这里只讨论定比热容完全气体的一维定常等熵流动，即假设气体流动中与外界没有热、功和质量的交换，也不考虑黏性的影响。当有激波出现时，非等熵的激波过程应当另作考虑。

6.4.1 流动参数和变截面的关系

1. 变截面管中气流速度变化与压强变化的关系

由等熵流动方程 $h+\frac{1}{2}c^2=\mathrm{const}$ 两边微分得

$$\mathrm{d}h=-c\mathrm{d}c$$

对等熵流动，能量方程又可表述为

$$q=\Delta h-\int_1^2 v\mathrm{d}p=0$$

$$\Delta h=\int_1^2 v\mathrm{d}p$$

两边微分 $\mathrm{d}h=v\mathrm{d}p$

$$-c\mathrm{d}c=v\mathrm{d}p \tag{6-37}$$

结论：$\mathrm{d}c$ 与 $\mathrm{d}p$ 符号始终相反，速度的增加是以压强的降低作为先决条件的。

2. 变截面管中气流比体积变化与速度变化的关系

据气体等熵过程方程

$$pv^{\kappa}=\mathrm{const}$$

取对数并微分得

$$\frac{\mathrm{d}p}{p}+\kappa\frac{\mathrm{d}v}{v}=0$$

将 $-c\mathrm{d}c=v\mathrm{d}p$ 代入上式得

$$\frac{\mathrm{d}v}{v}=-\frac{\mathrm{d}p}{\kappa p}=\frac{c^2}{\kappa pv}\frac{\mathrm{d}c}{c} \tag{6-38}$$

结论：$\mathrm{d}v$ 与 $\mathrm{d}c$ 的正负号总是相同，但变化率不一定相等。其大小取决于$\frac{c^2}{\kappa pv}$，也决定着管道截面积的变化。

3. 变截面管中气流截面变化与速度变化的关系

设气体在一维恒定常等熵流动，且不计黏性，其动量方程为

$$\frac{\mathrm{d}p}{\rho}+c\mathrm{d}c=0$$

变形为$\frac{\mathrm{d}p}{\mathrm{d}\rho}\frac{\mathrm{d}\rho}{\rho}+c\mathrm{d}c=0$

引入声速公式

$$\frac{\mathrm{d}\rho}{\rho}=-\frac{c\mathrm{d}c}{a^2}=-Ma^2\frac{\mathrm{d}c}{c}$$

代入连续性方程对数微分

$$\frac{\mathrm{d}A}{A}+\frac{\mathrm{d}c}{c}+\frac{\mathrm{d}\rho}{\rho}=0$$

得到

$$\frac{\mathrm{d}A}{A}=\frac{\mathrm{d}c}{c}(Ma^2-1) \tag{6-39}$$

结论如下：

（1）亚声速流动，$Ma<1$，则$\frac{\mathrm{d}A}{A}$与$\frac{\mathrm{d}c}{c}$的符号相反，即截面减小时，速度增大；截面增大时，速度减小。

（2）超声速流动，$Ma>1$，则$\frac{\mathrm{d}A}{A}$与$\frac{\mathrm{d}c}{c}$的符号相同，即截面减小时，速度减小；截面增大时，速度增大。这是由于在超声速流动时，气体膨胀加大，密度变化较快。根据连续性方程$\rho cA=\mathrm{const}$，要使单位时间内提供各截面的质量相同，以维持恒定常流动，故当速度增大时，通道截面必须扩大；否则，由于气体的迅速膨胀而通道面积不够就会使通过质量减少。

（3）声速流，$Ma=1$，则 $\mathrm{d}A=0$。因此，在截面管道中，声速只能发生在 $\mathrm{d}A=0$ 的最小截面上。气流速度达到声速，此截面也称为临界截面。

这里还应指出，不应把最小截面和临界截面相混淆。最小截面是对管道几何尺寸而言的，在最小截面上气流速度不一定能达到声速。气流速度不是声速的最小截面则不能叫临界截面。要使气流在最小截面上达到声速，需要进出口的压强达到一定的比值。

从以上分析看出，单纯收缩管道不可能得到超声速气流。为了得到超声速气流，必须使管道先收缩，然后再扩张。亚声速气流在收缩段加速，并在最小截面上达到声速，然后进入扩张段进一步加速而得到所需要的超声速气流。这种收缩-扩张形管道是 19 世纪瑞典工程师拉伐尔（Laval）发明的，故称为拉伐尔喷管。

工程上还通过推导任意两个截面的面积与相应截面上的马赫数的关系得到截面面积比关系式：

$$\frac{A_1}{A_2}=\frac{Ma_2}{Ma_1}\left[\frac{1+\frac{\kappa-1}{2}Ma_1^{\ 2}}{1+\frac{\kappa-1}{2}Ma_2^2}\right]^{\frac{\kappa+1}{2(\kappa-1)}} \tag{6-40}$$

当 $Ma_2=1$，$A_2=A_{\mathrm{cr}}$，此截面为临界截面，则可得到任一截面的面积与临界截面面积之比为

$$\frac{A}{A_{\mathrm{cr}}}=\frac{1}{Ma}\left[\frac{2}{\kappa+1}\left(1+\frac{\kappa-1}{2}Ma^2\right)\right]^{\frac{\kappa+1}{2(\kappa-1)}} \tag{6-41}$$

工程上常将$\frac{A}{A_{\mathrm{cr}}}$随 Ma 变化的函数关系编列成表，以备查用，同时，绘出了关系曲线图，如图 6-8 所示。从图中可看出：①对于同一面积比$\frac{A}{A_{\mathrm{cr}}}$，有两个 Ma 与之对应，一个 $Ma<1$，另一

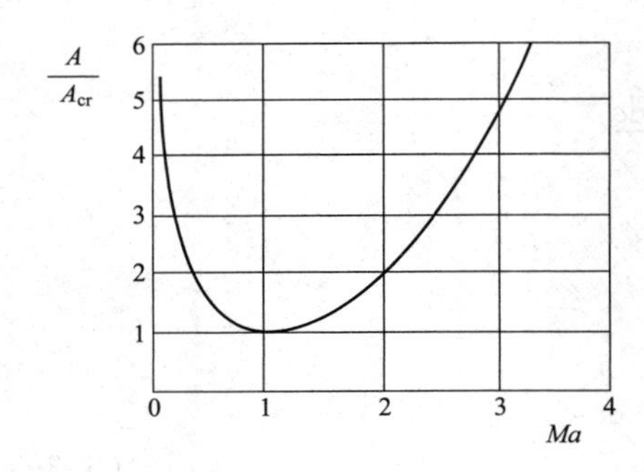

图 6-8 $\frac{A}{A_{cr}}$随 Ma 变化的函数关系曲线图

个 $Ma>1$；②在 $Ma<1$ 时，面积收缩$\left(即\frac{A}{A_{cr}}值减小\right)$，$Ma$ 数增大；在 $Ma>1$ 时，恰好相反。

在喷管中，要想通过降低压强来获得高速气流，管道的截面必须按一定的规律变化，其变化规律可由前面提及的三个基本方程导出。

连续方程：$\frac{dA}{A}+\frac{dc}{c}-\frac{dv}{v}=0$

过程方程：$\frac{dv}{v}=-\frac{dp}{\kappa p}$

能量方程：$cdc=-vdp$

$$\frac{dA}{A}=\left[\frac{\frac{dv}{v}}{\frac{dc}{c}}-1\right]\frac{dc}{c}$$

$$\frac{dA}{A}=\left(\frac{c_2}{a_2}-1\right)\frac{dc}{c}$$

$$\frac{dA}{A}=(Ma^2-1)\frac{dc}{c} \tag{6-42}$$

截面方程反映了管道截面变化与气流速度变化之间的关系，如图 6-9 所示，截面变化规律分析如下：在 $Ma<1$ 区间，$dA<0$；在 $Ma=1$ 处，$dA=0$；在 $Ma>1$ 区间，$dA>0$。

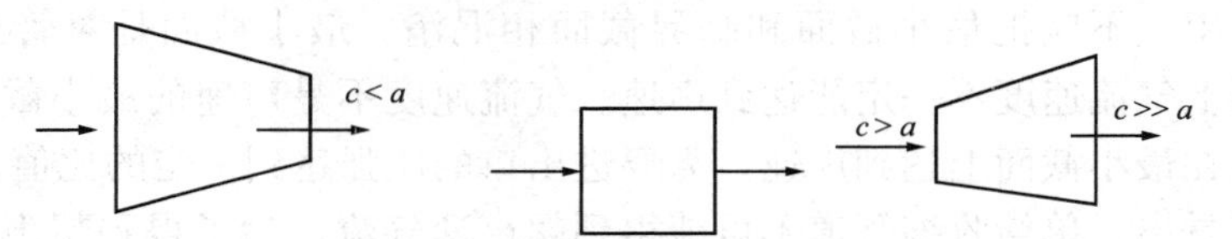

图 6-9 管道截面变化与气流速度变化之间的关系

4. 喷管外形选择原则

如图 6-9 所示，在喷管外形选择时，遵循以下原则：设 $c_1<a$，当 $c_2\leqslant a$ 时，选择渐缩形喷管；当 $c_2>a$ 时，选择缩放形喷管。

结论：采用渐缩喷管只能获得亚声速和声速气流，要想得到超声速气流必须采用缩放形喷管。

6.4.2 渐缩喷管

渐缩喷管是使气流加速的一种装置。截面逐渐缩小的收缩喷管可使亚声速气流加速，其最大极限可加速到声速。这种喷管广泛应用于蒸汽或燃气轮机、校正风洞（或叶栅风洞）、引射器以及涡轮喷气发动机等动力和试验装置中。

设气体由一个容器经渐缩喷管向外流出，由于容器较大，可近似地把容器中的气体看作是静止的，则可将容器中的气体参数视为滞止参数，分别为 p^*、ρ^* 和 T^*，喷管出口截面上气体参数设为 p_2、ρ_2 和 T_2，喷管口以外气体压强为 p_b，称为背压，忽略摩擦，此时流动可作为等熵流动。

1. 气体的流出速度和流量

喷管中，若 $c_1\approx0$，则有 $h^*\approx h_1$，$T^*\approx T_1$，$p^*\approx p_1$，即入口速度不大时，喷管入口状态可近似认为等于滞止状态，可用 T^* 和 p^* 代替 T_1 和 p_1。

基本公式

$$h_2+\frac{1}{2}c_2^2=h^*$$

$$c_2=\sqrt{2(h^*-h_2)}$$

对理想气体

$$c_2=\sqrt{2c_p(T^*-T_2)}=\sqrt{\frac{2\kappa}{\kappa-1}R(T^*-T_2)}$$

可逆时

$$c_2=\sqrt{\frac{2\kappa}{\kappa-1}p^*v^*\left[1-\left(\frac{p_2}{p^*}\right)^{\frac{\kappa-1}{\kappa}}\right]}$$

也可列出大容器和喷管出口截面上的能量方程

$$\frac{\kappa}{\kappa-1}\frac{p^*}{\rho^*}=\frac{\kappa}{\kappa-1}\frac{p_2}{\rho_2}+\frac{c_2^2}{2}$$

根据等熵条件，有

$$\rho_2=\rho^*\left(\frac{p_2}{p^*}\right)^{\frac{1}{\kappa}}$$

代入上式，整理可得出口流速

$$c_2=\sqrt{\frac{2\kappa}{\kappa-1}(RT^*)\left[1-\left(\frac{p_2}{p^*}\right)^{\frac{\kappa-1}{\kappa}}\right]}=\sqrt{\frac{2\kappa}{\kappa-1}\frac{p^*}{\rho^*}\left[1-\left(\frac{p_2}{p^*}\right)^{\frac{\kappa-1}{\kappa}}\right]} \tag{6-43}$$

质量流量为

$$Q_m=\rho_2c_2A_2=A_2\left(\frac{p_2}{p^*}\right)^{\frac{1}{\kappa}}\sqrt{\frac{2\kappa}{\kappa-1}p^*\rho^*\left[1-\left(\frac{p_2}{p^*}\right)^{\frac{\kappa-1}{\kappa}}\right]} \tag{6-44}$$

2. 喷管效率

当气体流经喷管时，总会存在各种损失，不可能在理想状态下经历可逆的等熵过程 1—2_s，而是经历不可逆的实际过程 1—2，喷管效率示意如图 6-10 所示，故会存在喷管效率 η_N。

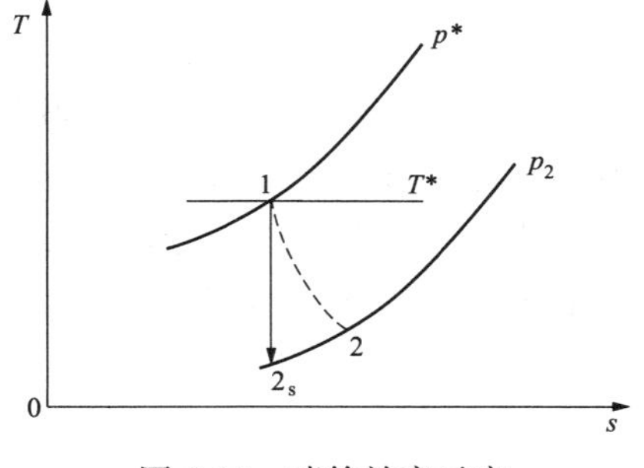

图 6-10　喷管效率示意

可逆时

$$\frac{1}{2}c_{2s}^2=h^*-h_{2s}$$

不可逆时

$$\frac{1}{2}c_2^2=h^*-h_2$$

喷管效率

$$\eta_N=\frac{\frac{1}{2}c_2^2}{\frac{1}{2}c_{2s}^2}=\frac{c_2^2}{c_{2s}^2}$$

式中：c_{2s}由等熵公式计算；c_2 由实验测定。

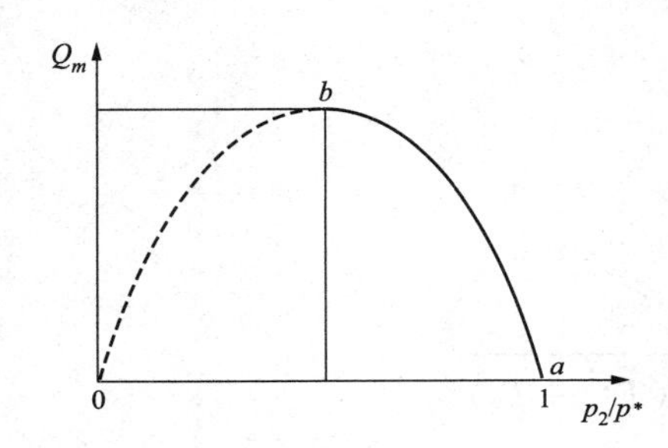

图 6-11 流量随压比的变化曲线

令 $M^*=\dfrac{c_2}{c_{2s}}$ 为速度系数，通常 $M^*=0.92\sim0.98$。

则 $\eta_N=M^{*2}$。

可以看出，在给定滞止参数和出口面积的情况下，喷管的质量流量的大小取决于压强比 p_2/p^*。流量随压比的变化曲线如图 6-11 所示。

当 p_2 等于临界压强时，渐缩喷管的流量达到最大值，这时喷管出口气流达到临界状态，将临界压强代入式（6-43）和式（6-44），可得到渐缩喷管气流的临界速度和临界流量：

$$c_{\max}=c_2=\sqrt{\frac{2\kappa}{\kappa+1}p^*v^*}=\sqrt{\frac{2\kappa R}{\kappa+1}T^*}=c_{\mathrm{cr}} \tag{6-45}$$

$$Q_{m\max}=A_2\left(\frac{2}{\kappa+1}\right)^{\frac{\kappa+1}{2(\kappa-1)}}(\kappa p^*\rho^*)^{\frac{1}{2}} \tag{6-46}$$

3. 流量随压比的变化

（1）当 $p_b=p^*$ 时，由于喷管两端无压差，气体不流动。出口压强 $p_2=p_b$，如图 6-11 中 a 点所示，这时 $p_2/p^*=1$，$Q_m=0$。

（2）当 $p<p_b<p^*$ 时，气体将沿收缩喷管逐渐加速向外流动，在出口得到低于声速的气流，即 $c_2<a$，出口气流压强 $p_2=p_b$，出口流速和流量按式（6-45）和式（6-46）计算。如图 6-11 中曲线 $a\sim b$ 所示，不包括 a、b 点。

（3）当 $p_b=p_{\mathrm{cr}}$ 时，气体在出口达到声速，出口压强 $p_2=p_b=p_{\mathrm{cr}}$，如图 6-11 中 b 点所示，故可得

$$\frac{p_2}{p^*}=\frac{p_{\mathrm{cr}}}{p^*}=\left(\frac{2}{\kappa+1}\right)^{\frac{2}{\kappa-1}}\sqrt{\kappa p_{\mathrm{cr}}\rho^*} \tag{6-47}$$

（4）当 $p_b<p_{\mathrm{cr}}$ 时，由于在出口已达到声速，低于临界压强 p_{cr} 的压强扰动不能向喷管内传播，不会影响管内的流动，故喷管流量仍为临界流量。管口流速仍为声速，管口压强仍等于临界压强。在流出管口后，再继续膨胀，使其压强与外界压强相等，可见临界流量即为喷管的最大流量，降低压比也不会增加流量，故这种状态称为喷管的壅塞状态。

4. 背压对渐缩喷管气流特性的影响（如图 6-12 所示）

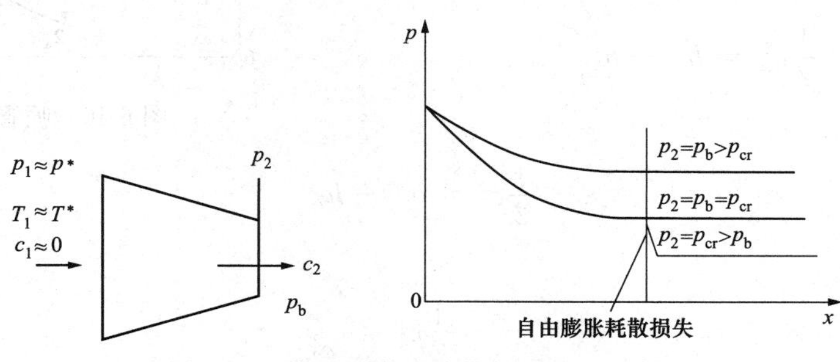

图 6-12 背压对渐缩喷管气流特性的影响

（1）$p_b\geqslant p_{\mathrm{cr}}$，即 $\dfrac{p_b}{p^*}\geqslant\beta_{\mathrm{cr}}$，气流在喷管中可获得完全膨胀，喷管出口截面处压力 $p_2=p_b$。

（2）$p_b < p_{cr}$，即 $\frac{p_b}{p^*} < \beta_{cr}$，气流在喷管中不能获得完全膨胀，喷管出口截面处压力 $p_2 \equiv p_{cr} > p_b$，出口处产生膨胀波损失。

6.4.3　拉伐尔喷管

缩放喷管又称拉伐尔喷管。喷管的收缩部分的作用和渐缩喷管完全相同，气流加速到最小截面达到临界声速，而后，在扩张部分继续加速，在管口达到设计要求的超声速气流。这种喷管广泛应用于高参数蒸汽或燃气轮机、超声速风洞、引射器以及喷气飞机和火箭等动力和试验装置中。

1. 拉伐尔喷管出口流速和流量的确定

假设喷管进出口的气流参数都用它们对应的滞止参数表示，喷管出口处的气流参数用下标“2”表示。由于这里讨论的仍然是喷管内气流的绝热等熵流，如果喷管内的气流又是在设定工况下得到完全膨胀的正常流动，则喷管出口的气流速度仍按式（6-30）计算，通过喷管的质量流量可按式（6-44）计算，但其中的截面积必须代入喉部的截面积 $A_t = A_{cr}$。

$$Q_{mcr} = A_t\left(\frac{2}{\kappa+1}\right)^{\frac{\kappa+1}{2(\kappa-1)}}(\kappa p^* \rho^*)^{\frac{1}{2}} \tag{6-48}$$

因为通过喷管的流量就是喉部能通过的流量的最大值。

喷管的尺寸总是根据气流在设计工况压强比下可以正常膨胀的条件确定的，喷管按设计工况流动时，管内的速度和压强沿喷管轴向的变化如图 6-11 所示的 abc 曲线变化。由于喷管的形状是已经设计好的，根据式（6-41），各截面上的 Ma 是固定的，所以沿轴向的压强和速度曲线也是固定不变的。出口截面上的压强仍可按式（6-35）计算，只需将出口截面上的压强 p_{c1} 代入即可。由于最小截面上已达声速，流量达到最大值，仍用式（6-48）计算。

这里还应说明，将喷管做成先收缩后扩张的拉伐尔喷管，只是形成超声流动的必要条件，要想获得所需的超声速气流，还必须保证喷管的入口和出口之间应有的压强差。图 6-13 中，若以 p_0 表示入口压强，p_b 表示出口处的环境压强，即背压，只有当 $p_b = p_{c1}$ 时，气体才可能如图中所示的设计工况流动。但喷管并不都是在设计工况下工作的。当压强比改变时，气流流动情况也将随之改变。若当背压 $p_b = p_{c2} > p_{cr}$ 时，虽在最小截面上达到声速，但由于 $p_{c2} > p_{cr}$，在喷管的扩张部分，气体只能如图中曲线 abd 那样，按亚声速规律流动。当背压 $p_b > p_{c2}$ 时，则在最小截面上也达不到声速，整个管道完全是亚声速流动。至于 $p_{c1} < p_b < p_{c2}$ 时，会出现等熵流动，待以后讨论。若 $p_b < p_{c1}$ 时，和渐缩喷管一样，气流只能在流出管口以后膨胀，不会影响管内流动，喷管流量仍为临界流量，也就是最大流量，这时的状态也称为缩放喷管的壅塞状态。

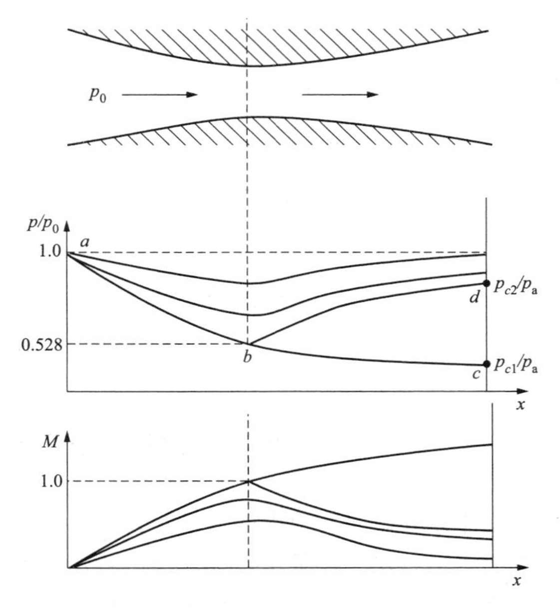

图 6-13　缩放喷管内的流动

2. 背压对缩放喷管气流特性的影响

背压对缩放喷管气流特性的影响，如图 6-14 所示。

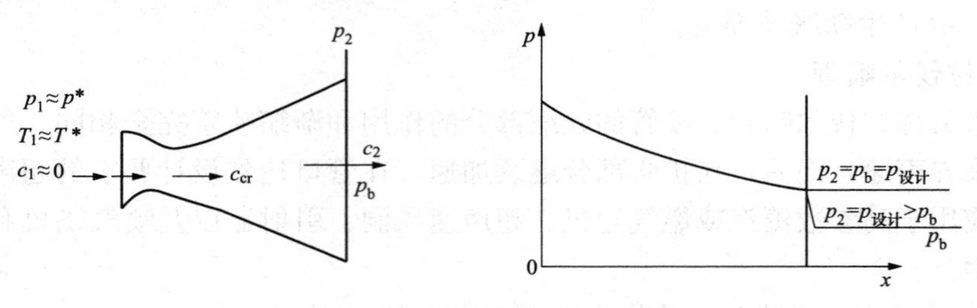

图 6-14 背压对缩放喷管气流特性的影响

(1) $p_b = p_{设计}$时，气流在喷管中可获得完全膨胀：

$$p_2 = p_b = p_{设计}$$

$$c_2 = c_{设计} > a$$

(2) $p_b < p$ 时，气流在喷管中不能获得完全膨胀：

$$p_2 = p_{设计} > p_b$$

$$c_2 = c_{设计} > a$$

出口处产生膨胀波损失。

(3) $p_b > p_{设计}$时喷管在非正常工况下工作，出现斜激波或正激波。

思考问题：如图 6-16 (a) 所示渐缩喷管，设 $p_1 = 1.0\text{MPa}$，$p_b = 0.1\text{MPa}$。假如沿截面 2′—2′切去一段，将产生哪些后果？出口截面上的压强、流速和流量将会发生什么变化？若为图 6-15 (b) 的缩放喷管呢？

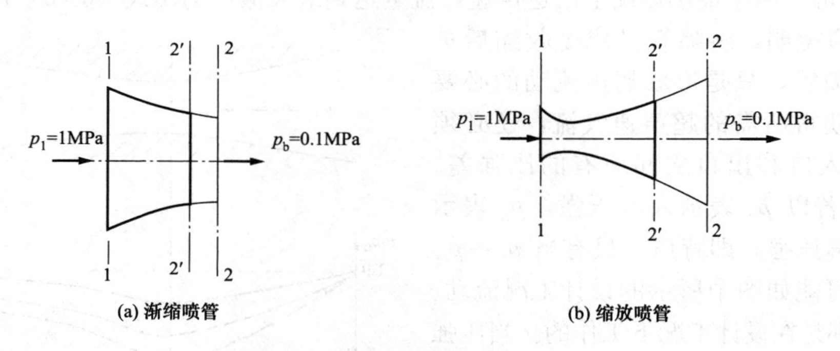

图 6-15 渐缩和缩放喷管

6.5 等截面管中气体有摩擦的绝热流动

气体在等截面管道内的流动是许多工程领域中的主要问题，诸如气体在动力装置的各类通道中流动，化工设备中各类气体的输送和流动，天然气在长管道中的流动以及高真空技术中气体沿管道的流动等。工程中这些输气管道往往用绝热材料包裹，可近似将管内气体流动看作绝热流动。

下面讨论摩擦对管流的影响，讨论中仍假定流动是一维的、定常的、绝能的。这里仅限于讨论管道比较短、又有保温措施、流动接近于绝热流动的情况，即等截面有摩擦的绝热流动，或简称绝热摩擦管流，可以认为这种流动属于纯摩擦过程。

6.5.1 有摩擦时管道截面积和速度的关系

对于等截面管道一维的、恒定的绝能流，其连续性方程为

$$\rho c=\frac{Q_m}{A}=\text{const}$$

式中：ρc 或$\frac{Q_m}{A}$称为密流，即沿管道气体的密流不变。

能量方程为

$$h+\frac{c^2}{2}=h^*=\text{const}$$

合并以上两式得

$$h=h^*-\frac{Q_m^2}{2\rho^2A^2}$$

此式结合热力学气体状态方程 $h=f(s,\rho)$ 和 $s=f(h,\rho)$，消去 ρ，最终可得

$$h=f(s)$$

即最终得到气体的焓和熵的函数关系。给气体的密流$\frac{Q_m}{A}$以不同的值，便可求得不同的焓和熵的曲线图，称为范诺线，如图 6-16 所示。

为了定性地分析绝热摩擦管流中气流参数的变化趋向，这里引入微分形式的连续性方程、能量方程和完全气体的焓和熵

$$\frac{d\rho}{\rho}+\frac{dc}{c}=0$$

$$dh+cdc=0$$

$$dh=c_p dT$$

$$ds=c_V\frac{dT}{T}-R\frac{d\rho}{\rho}$$

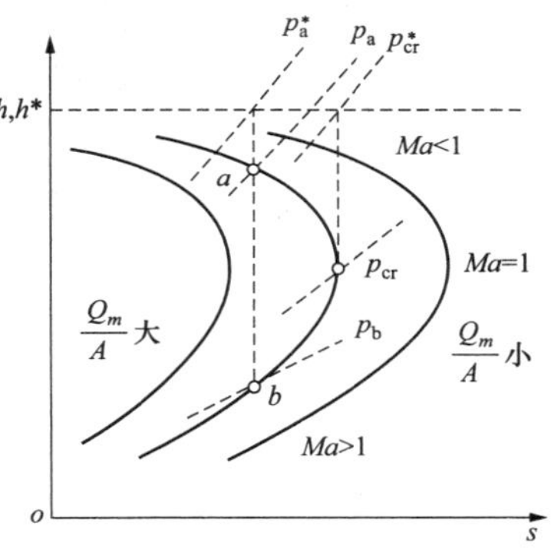

图 6-16　范诺线

假定气体的比热容为常数，联立求解以上四式，可得

$$ds=c_V\left(1-\frac{1}{Ma^2}\right)\frac{dh}{h}=\frac{R}{\kappa-1}\left(1-\frac{1}{Ma^2}\right)\frac{dT}{T} \tag{6-49}$$

由此可看出：当 $Ma<1$ 时，dh 与 ds 异号，在焓熵图上，曲线的斜率$\frac{dh}{ds}$为负，这指的是曲线的上半支，它代表的是亚声速流；当 $Ma>1$ 时，dh 与 ds 同号，在焓熵图上，曲线的斜率$\frac{dh}{ds}$为正，这指的是曲线的下半支，它代表的是超声速流；当 $Ma=1$ 时，$ds=0$，在焓熵图上，曲线的斜率$\frac{dh}{ds}$趋于无穷大，这指的是曲线在该点的切线垂直于 s 轴，该点是最大的熵值 s_{max}点，它代表的是临界状态。热力学第二定律已经阐明，在绝热流中熵值是不能减少的。由此，绝热管流流动状态的变化必沿范诺线而趋向右方，即对于亚声速流，摩擦的作用是消耗有用的机械能，使焓值增加。由图 6-17 可见，Ma 将增大，但最大达到 $Ma=1$，不可能大于 1，而气流的焓、温度、压强和总压强都要降低；对于超声速流，摩擦的作用同样是消耗

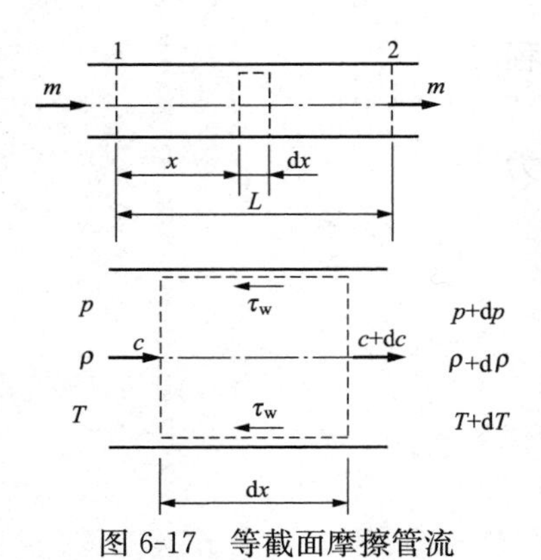

图 6-17 等截面摩擦管流

有用的机械能，使焓值增加，由图 6-17 可见，Ma 将减小，但最小达到 $Ma=1$，不可能小于 1，而气流的焓、温度、压强虽然升高，但总压强是降低的。也就是说，摩擦的作用使亚声速和超声速流最终达到的极限状态都是 $Ma=1$ 的临界状态，由亚声速流连续地变化为超声速流或由超声速流连续地变化为亚声速流都是不可能的。临界压强 p_{cr} 在这里又称作减小压强。

在等截面摩擦管流中取图 6-17 中虚线所示的无限小控制体，轴向长度 $\mathrm{d}x$，壁面对气体的切向应力 τ_w，管道截面积为 A。

据连续性方程、能量方程及完全气体状态方程的微分形式，得

$$\frac{\mathrm{d}\rho}{\rho}+\frac{\mathrm{d}c}{c}=0$$

$$\mathrm{d}h+c\mathrm{d}c=0$$

$$\frac{\mathrm{d}p}{p}=\frac{\mathrm{d}\rho}{\rho}+\frac{\mathrm{d}T}{T}$$

管道直径和非圆截面管道的当量直径都可以用 $D=4A/\chi$（χ 为湿周长）。若用 $\mathrm{d}A_W=4A\mathrm{d}x/D$ 表示与控制体相接触的湿壁面面积，则由控制体流体动量方程得

$$\rho c\,\mathrm{d}c+\mathrm{d}p+4\tau_w\mathrm{d}x/D=0$$

关于摩擦管流问题，一般都用摩擦系数 C_f 来进行讨论。在这里 C_f 被定义为壁面切向应力与气流动压头之比，即

$$C_f=\frac{\tau_w}{\frac{1}{2}\rho c^2}=\frac{\lambda}{4} \tag{6-50}$$

式中：λ 为沿程阻力系数。

将摩擦系数代入动量方程微分式，并引入马赫数 $Ma=\frac{c}{a}$，$\frac{\kappa p}{\rho}=a^2$ 整理得

$$\frac{\mathrm{d}c}{c}+\frac{1}{\kappa Ma^2}\frac{\mathrm{d}p}{p}+\frac{4C_f}{2}\frac{\mathrm{d}x}{D}=0$$

将 $h=c_p\mathrm{d}T$ 代入 $\mathrm{d}h+c\mathrm{d}v=0$ 中，同除以 $c_p\mathrm{d}T$，引入 Ma 和$\frac{\kappa p}{\rho}=a^2$ 变形可得

$$\frac{\mathrm{d}T}{T}+(\kappa-1)Ma^2\frac{\mathrm{d}c}{c}=0$$

$$\frac{\mathrm{d}c}{c}=\frac{\kappa Ma^2}{2(1-Ma^2)}\times 4C_f\frac{\mathrm{d}x}{D}=0 \tag{6-51}$$

由上式可整理变形为

$$\frac{1}{\kappa}\left(\frac{1}{Ma_1^2}-\frac{1}{Ma_2^2}\right)+\frac{\kappa+1}{2\kappa}\ln\left[\frac{Ma_1^2}{Ma_2^2}\frac{2+(\kappa-1)Ma_2^2}{2+(\kappa-1)Ma_1^2}\right]=4\,\bar{C}_f\frac{L}{D} \tag{6-52}$$

式中：$\bar{C}_f=\frac{1}{L}\int_0^L C_f\mathrm{d}x$ 为长度 L 的平均摩擦系数。

由此可见摩擦的作用，当 $Ma<1$，$\mathrm{d}c>0$，使亚声速气流加速；当 $Ma>1$，$\mathrm{d}c<0$，使超

声速气流减速。也就是说，无论对亚声速气流还是超声速气流，摩擦的作用都相当于使管道的截面减小。当然也可根据公式变形整理出 $\mathrm{d}p/p$、$\mathrm{d}\rho/\rho$ 等的关系式。

6.5.2　有摩擦等截面管流的最大管长

对于绝热的超声速气流，在发生壅塞之前允许的极限管长 L_{cr}/D 很小，以至于使实际上是流动决不能接近充分发展的状态，这时的摩擦系数不仅包含壁面切向应力的影响，而且还应包含由于速度发布不断变化而进行的动量交换的影响，因此，便把根据实验用一维流动公式算出的管道摩擦系数称为表观摩擦系数。对于相对管长 $L/D=10\sim50$ 的管道，在马赫数 $Ma=1.2\sim3$，管流雷诺数 $Re=25000\sim700000$ 时，平均表观摩擦系数 $\bar{C}_f=0.002\sim0.003$。对于中等长度的管道 $\bar{C}_f=0.0025$。

为了导出管长的关系式，将上述一系列微分方程进行积分。据等截面管流的可得密度比和速度比

$$\frac{\rho_2}{\rho_1}=\frac{c_1}{c_2}=\frac{Ma_1}{Ma_2}\left[\frac{2+(\kappa-1)Ma_2^2}{2+(\kappa-1)Ma_1^2}\right]^{\frac{1}{2}} \tag{6-53}$$

由于绝能流中 $T_1^*=T_2^*=T^*$，故由静总温度比可得温度比

$$\frac{T_2}{T_1}=\frac{2+(\kappa-1)Ma_1^2}{2+(\kappa-1)Ma_2^2} \tag{6-54}$$

根据完全气体状态方程，可得压强比

$$\frac{p_2}{p_1}=\frac{Ma_1}{Ma_2}\left[\frac{2+(\kappa-1)Ma_1^2}{2+(\kappa-1)Ma_2^2}\right]^{\frac{1}{2}} \tag{6-55}$$

由静总压强比和式（6-55）可得总压比

$$\frac{p_2^*}{p_1^*}=\frac{Ma_1}{Ma_2}\left[\frac{2+(\kappa-1)Ma_2^2}{2+(\kappa-1)Ma_1^2}\right]^{\frac{\kappa+1}{2(\kappa-1)}} \tag{6-56}$$

也可通过推导求得熵增

$$\frac{s_2-s_1}{R}=\ln\left\{\frac{Ma_2}{Ma_1}\left[\frac{2+(\kappa-1)Ma_1^2}{2+(\kappa-1)Ma_2^2}\right]^{\frac{\kappa+1}{2(\kappa-1)}}\right\} \tag{6-57}$$

利用上面导出的式（6-53）～式（6-57）即可进行等截面绝热摩擦管流的计算。计算中应当注意的是，截面 1 和 2 之间的实际管长 L 不应超过由 Ma_1 发展到极限状态 Ma_2 时的极限管长 L_{cr}，L_{cr} 又称最大管长。

为了正确地进行计算，下面导出有摩擦等截面管流的最大管长的计算公式。

由于不论是亚声速气流还是超声速气流，它们的极限状态都是临界状态，因而将 $Ma_2=1$，$L=L_{cr}$ 代入式（6-35）中，并去掉进口气流参数的下标 1，便可得

$$\frac{1-Ma^2}{\kappa Ma^2}+\frac{\kappa+1}{2\kappa}\ln\left[\frac{(\kappa+1)Ma^2}{2+(\kappa-1)Ma^2}\right]=4\,\bar{C}_f\,\frac{L_{cr}}{D} \tag{6-58}$$

按照同样的方法，由式（6-53）～式（6-57）求得与极限管长相对应的极限状态和进口的流动参数比：

$$\frac{\rho_{cr}}{\rho}=\frac{c}{c_{cr}}=Ma\left[\frac{\kappa+1}{2+(\kappa-1)Ma^2}\right]^{\frac{1}{2}} \tag{6-59}$$

$$\frac{T_{cr}}{T}=\frac{2+(\kappa-1)Ma^2}{\kappa+1} \tag{6-60}$$

$$\frac{p_{cr}}{p}=Ma\left[\frac{2+(\kappa-1)Ma^2}{\kappa+1}\right]^{\frac{1}{2}} \tag{6-61}$$

$$\frac{p_{cr}^*}{p^*}=Ma\left[\frac{\kappa+1}{2+(\kappa-1)Ma^2}\right]^{\frac{\kappa+1}{2(\kappa-1)}} \tag{6-62}$$

$$\frac{s_{cr}-s}{R}=\ln\left\{\frac{1}{Ma}\left[\frac{2+(\kappa-1)Ma^2}{\kappa+1}\right]^{\frac{\kappa+1}{2(\kappa-1)}}\right\} \tag{6-63}$$

【例 6-6】 压强为 3.667×10^5Pa、温度为 360K 的空气流以马赫数 $Ma=0.3$ 的速度流进内径为 5cm 的等截面直管道，其平均摩擦系数$\bar{C}_f=0.005$。试求：管道进口的气流速度、极限管长以及极限状态下气流的压强、温度和速度。

【解】 管道进口的气流速度为

$$c=Ma\sqrt{\kappa RT}=0.3\times\sqrt{1.4\times287\times360}=114.1(\mathrm{m/s})$$

极限管长以及极限状态下气流的压强、温度和速度分别为

$$L_{cr}=\frac{0.05}{4\times0.05}\times\left[\frac{1-0.3^2}{1.4\times0.3^2}+\frac{1.4+1}{2\times1.4}\ln\frac{(1.4+1)\times0.3^2}{2+(1.4-1)\times0.3^2}\right]=13.25(\mathrm{m})$$

$$p_{cr}=0.3\times\left[\frac{2+(1.4-1)\times0.3^2}{1.4+1}\right]^{\frac{1}{2}}\times3.667\times10^5=1.013\times10^5(\mathrm{Pa})$$

$$T_{cr}=\frac{2+(1.4-1)\times0.3^2}{1.4+1}\times360=305.4(\mathrm{K})$$

$$c_{cr}=\frac{114.3}{0.3}\times\left[\frac{2+(1.4-1)\times0.3^2}{1.4+1}\right]^{\frac{1}{2}}=350.3(\mathrm{m/s})$$

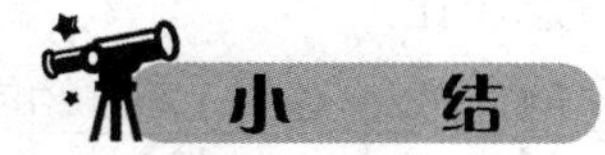

小结

本章主要内容研究可压缩气体的一元流动。总体分为三部分内容。

1. 基础知识

首先介绍基本概念：声速、马赫数；然后介绍了几种典型的状态：滞止状态及滞止参数，临界状态和临界状态参数，以及最大速度状态；随后介绍可压缩气体的一元流动的基本方程，可压缩气体的一元流动的连续性方程，以及可压缩气体的一元流动的能量方程。

2. 工程实际应用

(1) 研究气体在变截面管道中的流动问题，即解决喷管设计中的一些基本问题。

连续方程
能量方程 } → 截面方程
过程方程

研究时使用条件：①理想气体；②稳定流动；③过程可逆；④绝热。

(2) 研究气体在等截面管道中的流动问题，即解决等截面中有摩擦的绝热流动问题。

3. 相关的计算

(1) 喷管外形选择。当$\frac{p_b}{p^*}\geqslant\beta_{cr}$，喷管出口流速必小于或等于当地声速，由喷管外形选择原则可知道，应选渐缩喷管；当$\frac{p_b}{p^*}<\beta_{cr}$，喷管出口流速大于当地声速，应选缩放喷管。

（2）渐缩喷管流量计算。由基本公式可导得（代入 c_2 计算式及定熵过程方程式）

$$m=A_2\sqrt{\frac{2\kappa}{\kappa-1}\frac{p^*}{v^*}\left[\left(\frac{p_2}{p^*}\right)^{\frac{2}{\kappa}}-\left(\frac{p_2}{p^*}\right)^{\frac{\kappa+1}{\kappa}}\right]}\quad(\mathrm{kg/s})$$

最大流量（即出口达到声速时的流量）为

$$Q_{m\max}=A_2\sqrt{\frac{2\kappa}{\kappa+1}\left(\frac{2}{\kappa+1}\right)^{\frac{2}{\kappa-1}}\frac{p^*}{v^*}}\quad(\mathrm{kg/s})\text{ 或 }Q_{m\max}=\frac{A_2c_{\mathrm{cr}}}{v_{\mathrm{cr}}}\quad(\mathrm{kg/s})$$

（3）缩放喷管流量计算。特点：喉部处 $Ma=1$，即 $c_{\mathrm{t}}=a_{\mathrm{cr}}$，$Q_m=Q_{mt}$，可利用渐缩喷管最大流量公式并以 $A_{\min}$取代 A_2，即

$$Q_m=A_{\min}\sqrt{\frac{2\kappa}{\kappa+1}\left(\frac{2}{\kappa+1}\right)^{\frac{2}{\kappa-1}}\frac{p^*}{v^*}}\quad(\mathrm{kg/s})\text{ 或 }Q_m=A_{\min}\frac{c_{\mathrm{cr}}}{v_{\mathrm{cr}}}=\frac{A_2c_{\mathrm{cr}}}{v_{\mathrm{cr}}}\quad(\mathrm{kg/s})$$

式中：$A_{\min}$为喉部截面积。

（4）喷管计算步骤。已知条件：喷管几何尺寸，p^*，T^*，以及 p_{b}，求 Q_m 及 c_2

1）渐缩喷管。计算$\dfrac{p_{\mathrm{b}}}{p^*}$，当$\dfrac{p_{\mathrm{b}}}{p^*}\geqslant\beta_{\mathrm{cr}}$，取$\dfrac{p_2}{p^*}=\dfrac{p_{\mathrm{b}}}{p^*}$；当$\dfrac{p_{\mathrm{b}}}{p^*}<\beta_{\mathrm{cr}}$，取$\dfrac{p_2}{p^*}=\beta_{\mathrm{cr}}$。按$\dfrac{p_2}{p^*}$值计算 Q_m，c_2。

2）缩放喷管。对确定的 $A_{\min}$、A_2、$\dfrac{p_2}{p^*}$为一定值，当$\dfrac{p_2}{p^*}\geqslant\dfrac{p_{\mathrm{b}}}{p^*}$时，按$\dfrac{p_2}{p^*}$值代入公式计算 Q_m、c_2；当$\dfrac{p_2}{p^*}<\dfrac{p_{\mathrm{b}}}{p^*}$时，喷管无法工作。

（5）等截面绝热流动计算。利用式（6-53）～式（6-57）即可进行等截面绝热摩擦管流的计算。计算中应当注意的是，截面1和2之间的实际管长 L 不应超过由 Ma_1 发展到极限状态 Ma_2 时的极限管长 L_{cr}。不论是亚声速气流还是超声速气流，它们的极限状态都是临界状态，利用式（6-58）～式（6-63）求极限管长相对应的极限状态和进口的流动参数。

习　题

6-1　声速取决于哪些因素？

6-2　为什么渐缩喷管中气体的流速不可能超过当地声速？

6-3　试从气流状态变化的性质说明喷管截面变化的规律。你认为用于使液体加速的喷管需要采用缩放形吗？

6-4　对于亚声速气流和超声速气流，渐缩形、缩放形两种形状管子各可作为喷管还是扩压管？

6-5　无论可逆或不可逆的绝热流动，气流速度都可按公式 $c_2=\sqrt{2(h_0-h_2)}$ 计算，那么不可逆流动的损失又如何说明？

6-6　渐缩喷管的进口状态及背压一定时，出口截面的流速、流量、焓、温度、比体积及熵的数值，对于可逆和不可逆绝热流动有何不同？

6-7　对于缩放形喷管，若进口状态及背压一定时，其喉部截面上的流速、流量、焓、温度、比体积及熵的数值，可逆和不可逆绝热流动有何不同？

6-8 渐缩形喷管的进口参数不变时，逐渐降低出口外的背压，试分析出口压力、出口流速及流量的变化情况。

6-9 渐缩形喷管和缩放形喷管的最小截面面积相同，且它们进口气流的参数相同，而背压均足够低时，两者最小截面处的压力及流速是否相同？又若给两者的出口部分各切去一段或按原管道的形状加长一段，则两者出口截面的压力及流速、流量将有何变化？

6-10 在45℃氢气的声速是多少？

6-11 飞机在20000m高空（－56.5℃）以2400km/h的速度飞行，求气流相当于飞机的马赫数。

6-12 二氧化碳气体做等熵流动，在流场中第一点上温度为60℃，速度为14.8m/s，压强为101.5kPa，在同一流线上第二点上温度为30℃，则第二点上速度和压强各为多少？

6-13 进入动叶片的过热蒸汽温度为430℃，速度为525m/s，压强为5000kPa，试求过热蒸汽在动叶片前的滞止压强和滞止温度。

6-14 当$Ma=1.2$，温度为460℃的超声速燃气流（$\kappa=1.33$）在叶片前驻点上的温升等于多少？

6-15 进口处空气温度为280℃，试求速度为205m/s，压强为108kPa，试求空气在喷管中的临界速度。

6-16 已知容器中空气的温度为25℃，压强为50kPa，空气流从出口截面直径为10cm的渐缩喷管中排出，试求在等熵条件下外界压强为30、20kPa和10kPa时，出口截面处的速度和温度各为多少？

6-17 喷管前蒸汽的滞止参数为$p^*=1180$kPa，$t^*=300$℃，背压$p_b=294$kPa。试问采用什么形式的喷管？无摩擦绝热的理想情况下，已知蒸汽的质量流量为$Q_m=2$kg/s，喷管的截面积应为多大？

6-18 设计一$Ma=3.5$的超声速喷管，其出口截面的直径为200mm，出口气流的压强为7kPa，温度为－85℃，试计算喷管的喉部直径、气流的总压和总温。

6-19 一缩放喷管的喉部截面积直径为1.5cm，将超声速的空气流供给直径为3.0cm、长度21cm的直管。已知喷管进口截面空气的总压为700kPa，总温为670K，空气在直管出口的速度系数为1.82，设空气沿喷管作正常的等熵流动，沿直管做绝热流动，试求直管的平均摩擦系数以及空气流在直管出口的静压、静温和经管道的流量。

6-20 空气以$Ma=0.4$的速度绝热流入一等截面直管管道，以$Ma=0.8$的速度流出。试问在管道的什么截面上$Ma=0.6$？

6-21 氮气在直径为20cm、平均摩擦系数为0.00625的等截面管道中做绝热流动，其管道进口处的参数为$p=300$kPa，$t=40$℃，$c=550$m/s。求管道的极限长度以及出口处的温度、压强和速度。

6-22 压强为105Pa、温度为288.5K的空气流以$Ma=3$的速度流进内径为10cm的等截面直管道，其平均表观摩擦系数为0.003，试求：管道极限管长并求$Ma=2$处的管长及其对应的气流的压强、温度和速度。

第7章　气　体　射　流

在日常生活和生产中常遇到射流的现象，例如，自来水龙头射出的一束水，喷气式歼击机尾部喷管喷出的一股高速气流，从烟囱冒出的烟气以及锅炉喷燃器喷到炉膛的燃料气流等。这些喷射出的一股流体的流动都称为射流。

气体自孔口、管嘴或条缝向外喷射所形成的射流，称为气体自由淹没射流。当出口速度较大，流动呈紊流状态时，称为紊流射流。在采暖通风工程上所应用的射流，多为气体紊流射流。

射流与孔口管嘴出流的研究对象不同。前者讨论的是出流后的流速场、温度场和浓度场，后者仅讨论出口断面的流速和流量。

出流空间的大小，对射流的流动有很大影响。出流到无限大空间中，流动不受固体边壁的限制，为无限空间射流，又称自由射流；反之，为有限空间射流，又称受限射流。本章主要讨论无限空间射流。

7.1　无限空间淹没紊流射流的特征

自由射流一般都是紊流。现在来观察流体从喷管喷射到温度和密度均与射流相同的静止流体中的情况。由于射流是紊流的，流体不但沿喷管轴线方向运动，而且还发生剧烈的横向运动，使得射流与静止流体不断地相互掺杂，进行质量和动量交换，从而带动着周围原来静止的流体一起向前运动。离喷口越远，被射流带动的质量越多，结果使射流的宽度 $2b$ 逐渐增大（横截面积逐渐增大），而呈喇叭形的扩散状（见图 7-1）。同时，射流将一部分动量传递给带入的流体，因而射流的速度逐渐降低。最后射流的动量全部消失在空间流体中，射流也在静止流体中淹没了。

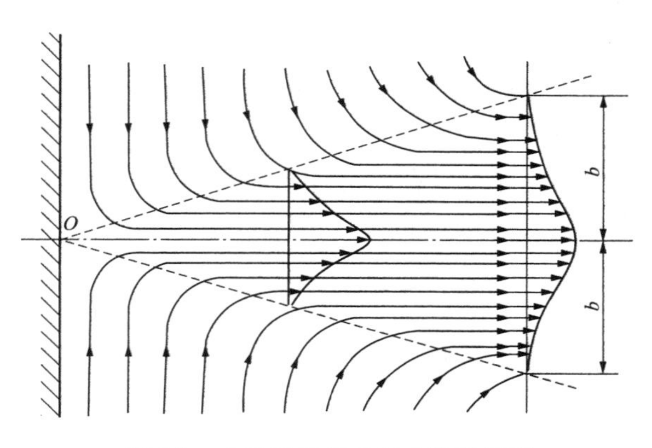

图 7-1　由孔口射出的自由淹没射流

下面说明紊流射流的结构和特性。

7.1.1 转折断面、起始段及主体段

刚喷出的射流速度仍然均匀沿 x 方向流动，射流不断带入周围介质，不仅使边界扩张，而且使射流主体的速度逐渐降低。速度为 u_0 的部分（如图 7-2 所示的锥体内）称为射流核心区，其余部分速度小于 u_0，称为边界层。显然射流边界层从出口开始沿射程不断地向外扩散，带动周围介质进入边界层，同时向射流中心扩展，至某一距离处，边界层扩展到射流轴心线，核心区消失，只有轴心点上的速度为 u_0，射流这一断面称为转折断面或过渡面（如图 7-2 所示 BoE 面）。以转折断面分界，出口断面至转折断面称为射流起始段，转折断面以后称为主体段。起始段射流轴心上的速度都为 u_0，而主体段轴心速度沿 x 轴方向不断下降，主体段中完全被射流边界层所占据。

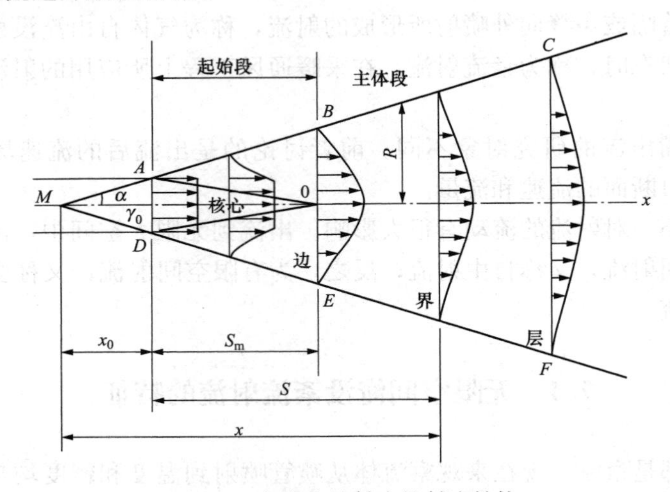

图 7-2 自由淹没射流的射流结构

射流边界层有如下的基本特征：

（1）射流边界层的宽度小于射流的长度。

（2）在射流边界层的任何横截面上，横向分速度 v 远比纵向（轴向）分速度 u 为小，可近似地认为，射流速度就等于它的纵向分速度。

（3）沿射流边界层横截面上的压强是近似不变的，又由于周围静止流体内的压强各处都相等，所以可以认为，整个射流区内的压强都是一样的。

（4）由实验结果及半经验公式看得出射流外边界可看成是直线，其上速度为零。

7.1.2 紊流系数及几何特征

从上面分析可知，射流外边界可以看成是直线，其上速度为零，如图 7-2 所示的外边界线 AB 和 DE 线，AB、DE 延长至喷嘴内交于 M 点，此点为射流极点，射流外边界线 AB（或 DE）和轴线 Mx 的夹角称为极角，又称为扩散角 α，即 $\alpha=\frac{1}{2}\angle AMD$。

设圆断面射流截面半径为 R（或平面射流边界层的半宽度 b），它和从极点起算的距离成正比，即 $R=Kx$。

截面到极点的距离为 x，由图 7-2 可以看出

$$\tan\alpha=\frac{R}{x}=\frac{Kx}{x}=K=3.4a \tag{7-1}$$

式中：K 为试验系数，对圆断面射流 $K=3.4a$；a 为紊流系数，由实验决定，它是表示射流流动结构的特征系数。

紊流系数 a 与出口断面上的紊流强度（即脉动速度的均方根值与平均速度值之比）有关，紊流强度越大，说明射流在喷嘴前已“紊乱化”，具有较大的与周围介质混合的能力，则 a 值也大，使射流扩散角 α 增大，被带动的周围介质增多，射流速度沿程下降加速。紊流系数 a 还与射流出口断面上速度分布的均匀性有关。如果速度分布均匀 $\frac{u_{max}}{u_m}=1$，则 $a=0.066$；如果不太均匀，例如 $\frac{u_{max}}{u_m}=1.25$，则 $a=0.076$；常用不同形状喷口的紊流系数和扩散角的实测值列于表 7-1 中。

表 7-1　　常用不同形状喷口的紊流系数和扩散角的实测值

喷口种类	紊流系数 a	扩散角 α	喷口种类	紊流系数 a	扩散角 α
带有收缩口的光滑卷边喷口	0.066	12°40′	带有导风板式栅栏的喷口	0.09	17°00′
圆柱形喷口	0.076	14°30′	平面狭缝喷口	0.12	16°20′
方形喷管	0.10	18°45′	带有金属网的轴流风机	0.24	39°20′
带有导风板的轴流式通风机	0.12	22°15′	带导流板的直角弯管	0.2	34°15′
收缩极好的平面喷口	0.108	14°40′	据有导叶且加工磨圆边口的风道上纵向条缝	0.155	20°40′

从表中数值可以知道，喷嘴上装置不同型式的风板栅栏，则出口截面上气流的扰动紊流程度不同，因而紊流系数 a 也就不同。扰动大的紊流系数 a 值增大，扩散角 α 也增大。

由式（7-1）可知，a 值确定之后，射流边界层的内外边界层也就被确定，射流即按一定的扩散角 α 向前做扩散运动，这就是它的几何特征。应用这一几何特征，对圆断面射流可求出射流半径沿射程的变化规律（见图 7-2），有

$$\frac{R}{r_0}=\frac{x_0+S}{x_0}=1+\frac{S}{r_0/\tan\alpha}=1+3.4a\frac{S}{r_0}=3.4\left(a\frac{\alpha S}{r_0}+0.294\right) \tag{7-2}$$

又

$$\frac{R}{r_0}=\frac{x_0/r_0+S/r_0}{x_0/r_0}=\frac{\overline{x_0}+\bar{S}}{1/\tan\alpha}=3.4(\overline{x_0}+\bar{S})=3.4a\bar{x} \tag{7-2a}$$

以直径表示

$$\frac{D}{D_0}=6.8\left(\frac{aS}{D_0}+0.147\right) \tag{7-2b}$$

式（7-2）是以出口截面算起的无因次距离 $\bar{S}=\frac{S}{r_0}$ 表达的无因次半径 $\bar{R}=\frac{R}{r_0}$ 的变化规律，而式（7-2a）则是以极点起算的无因次距离 $\bar{x}=\frac{x_0+S}{r_0}=\overline{x_0}+\bar{S}$ 的表达式。式（7-2a）说明了射流半径与射程的关系，即无因次半径正比于由极点算起的无因次距离。

7.1.3　紊流运动特征

许多学者都对射流的运动特征做了大量实验，对不同截面上的速度分布进行了测定。这里仅给出特留彼尔在轴对称射流基主体段的实验结果，以及阿勃拉莫维奇在起始段内的测定结果。主体段流速分布及起始段流速分布分别如图 7-3 和图 7-4 所示。

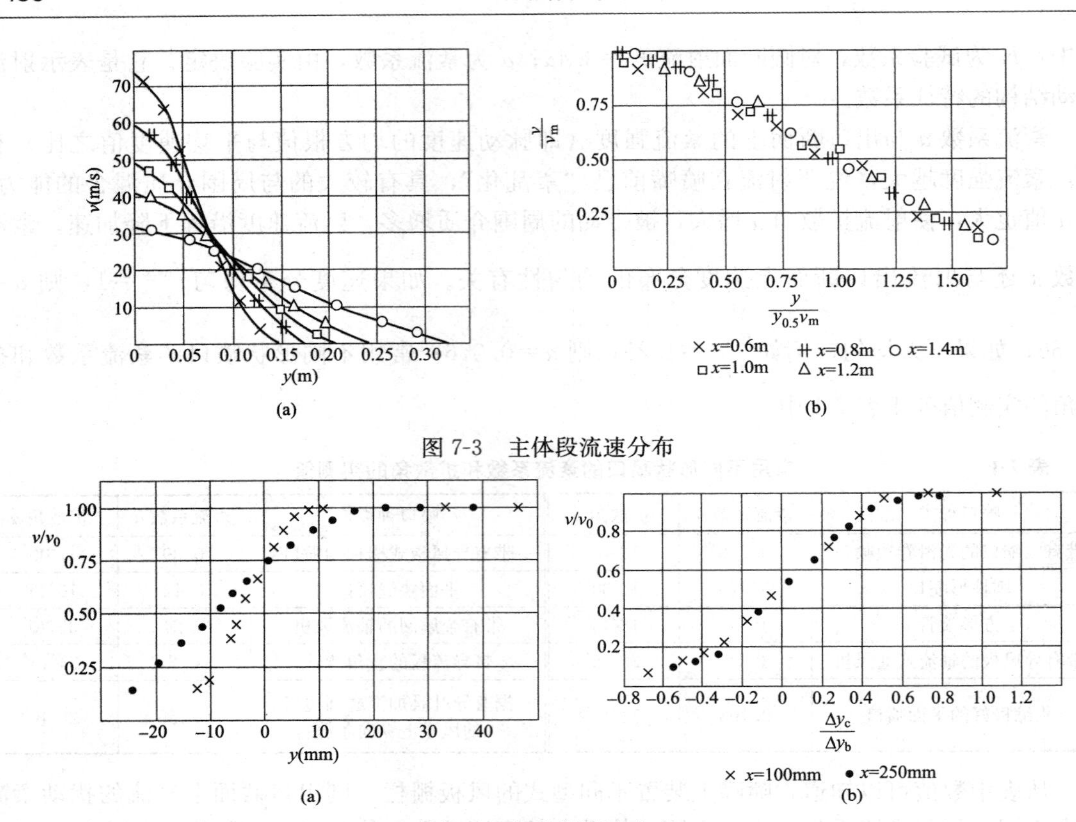

图 7-3 主体段流速分布

图 7-4 起始段流速分布

实验结果表明：

（1）无论是起始段还是主体段，轴心速度最大，从轴心向边界层边缘，速度逐渐减小至零。

（2）距喷嘴距离越远（即 x 值增大），边界层厚度越大，而轴心速度则越小，也就是，随着射程的增加，各断面上的绝对速度分布逐渐扁平化。

（3）如图 7-3（b）和图 7-4（b）所示，各截面上原来不同的速度分布曲线，经过变换成同一条无因次分布线（纵坐标用相对速度，或无因次速度；横坐标用相对距离，或无因次距离代替原图中的速度 v 和横向距离 y），说明射流各截面上的速度分布具有相似性。

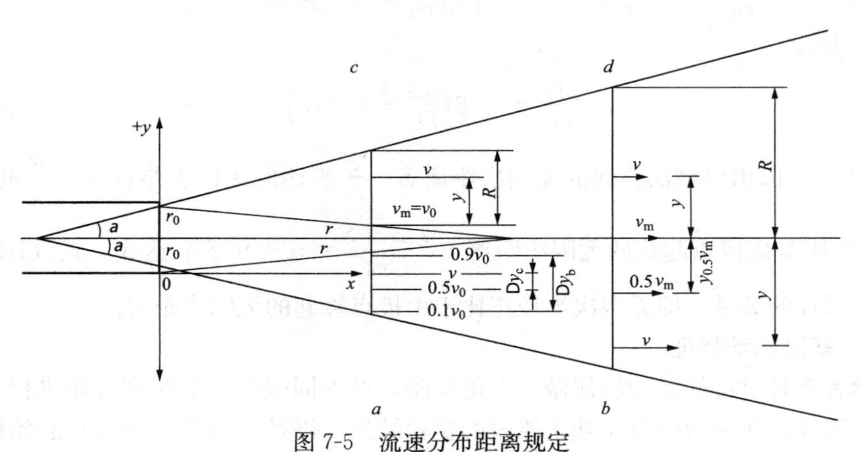

图 7-5 流速分布距离规定

a—起始段实验资料；b—主体段实验资料；c—起始段半经验式；d—主体段半经验式

对照图 7-5（b），主体段内无因次距离与无因次速度的取法规定如下：

$$\frac{y}{y_{0.5v_m}}=\frac{\text{截面上任一点至轴心的距离}}{\text{同截面上 }0.5v_m\text{ 点至轴心的距离}}$$

在上式中，$0.5v_m$ 表示速度为轴心速度一半之处的点。

$$\frac{v}{v_m}=\frac{\text{截面上 }y\text{ 点速度}}{\text{同截面上轴心的速度}}$$

阿勃拉莫维奇整理起始段时，所用无因次量为

$$\frac{\Delta y_c}{\Delta y_b}=\frac{y-y_{0.5v_0}}{y_{0.9v_0}-y_{0.1v_0}}$$

$$\frac{v}{v_0}=\frac{y\text{ 点的速度}}{\text{核心速度}}$$

式中各项参看图 7-5（a），则式中：y 为起始段任一点至 ax 线的距离，ox 线是以喷嘴边缘所引平行轴心线的横坐标轴；$y_{0.5v_0}$ 为同一截面上 $0.5v_0$ 点至边缘轴线 ox 的距离；$y_{0.9v_0}$ 为同一截面上 $0.9v_0$ 点至边缘轴线 ox 的距离；$y_{0.1v_0}$ 为同一截面上 $0.1v_0$ 点至边缘轴线 ox 的距离。经过这样整理便得出图 7-3（b）及图 7-4（b）。可以看到原来各截面不同的速度分布曲线，均变换成为同一条无因次分布线。这种同一性说明，射流各截面上速度分布的相似性。这就是射流的运动特征。

用半经验公式表示射流各横截面上的无因次速度分布如下：

$$\frac{v}{v_m}=\left[1-\left(\frac{y}{R}\right)^{1.5}\right]^2 \tag{7-3}$$

$$\frac{y}{R}=\eta$$

$$\frac{v}{v_m}=[1-(\eta)^{1.5}]^2 \tag{7-3a}$$

若上式用于主体段，参看图 7-5（d），则式中：y 为横截面上任意点至轴心的距离；R 为该截面上的射流半径（半宽度）；v 为 y 点上的速度；v_m 为该截面上的轴心速度。

若式（7-3a）用于起始段，仅考虑边界层中流速分布，如图 7-4（c）所示，则式中：y 为截面上任意点至核心边界的距离；R 为同截面上边界层的厚度；v 为截面上边界层中 y 点的速度；v_m 为核心速度 v_0。

由此得出，$\frac{y}{R}$ 从轴心或核心边界到射流外边界的变化范围为 0→1。$\frac{v}{v_m}$ 从轴心或核心边界到射流边界的变化范围为 1→0。

7.1.4　紊流的动力特征

实验证明，射流中任意点上的静压强均等于周围气体的压强。假设射流从孔口或喷嘴流出后属于紊流流动，并且出口断面上的速度分布是一致的；现取图 7-6 中 1—1 和 2—2 之间的射流段为分离体，分析其上受力。因各面上所受静压强相等，则 x 方向上外力之和为零，即 $\sum F=0$。

根据动量方程 $\sum F=\rho_2 Q_{V2} v_2-\rho_1 Q_{V1} v_1=0$ 可知，各截面上轴向动量相等，即动量守恒，这就是射流的动力学特征。

以圆断面上射流为例应用动量守恒原理，列出表达式。

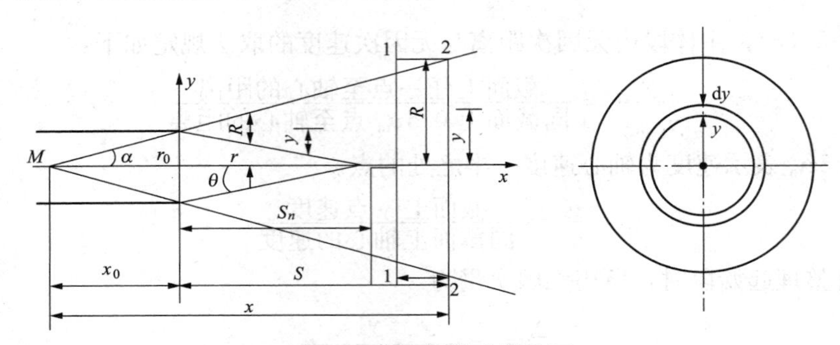

图 7-6 射流计算式的推证

出口截面上的动量为 $\rho Q_{V0} v_0=\rho\pi r_0^2 v_0^2$，任意截面上轴向的动量则需积分为

$$\int_0^R v\rho 2\pi y \mathrm{d}y v=\int_0^R 2\pi\rho v^2 y \mathrm{d}y$$

所列动量守恒式为

$$\pi\rho r_0^2 v_0^2=\int^R 2\pi\rho v^2 y \mathrm{d}y \tag{7-4}$$

7.2 圆断面射流的运动分析

本节将根据紊流射流特征来研究圆断面射流的速度、流量沿射程的变化规律。

7.2.1 轴心速度v_m

应用式（7-4）

$$\pi\rho r_0^2 v_0^2=\int_0^R 2\pi\rho v^2 y \mathrm{d}y$$

以 $\pi\rho R^2 v_m^2$ 除以两端，得

$$\left(\frac{r_0}{R}\right)^2\left(\frac{v_0}{v_m}\right)^2=2\int_0^R\left(\frac{v}{v_m}\right)^2\frac{y}{R}\mathrm{d}\left(\frac{y}{R}\right)$$

将式（7-3）代入上式，则

$$\int_0^1[1-(\eta)^{1.5}]^2\eta \mathrm{d}\eta=B_2$$

按前述$\frac{y}{R}$及$\frac{v}{v_m}$的变化范围，从无因次速度分布线上分段进行 B_2 的数值积分可得出具体数值，B_n 和 C_n 的值见表 7-2。

表 7-2 **B_n 和 C_n 的值**

n	1	1.5	2	2.5	3
B_n	0.0985	0.064	0.0464	0.0359	0.02896
C_n	0.3845	0.3065	0.2585	0.2256	0.2015

$$B_n=\int_0^1\left(\frac{v}{v_m}\right)^n\eta \mathrm{d}\eta,\quad C_n=\int_0^1\left(\frac{v}{v_m}\right)^n \mathrm{d}\eta$$

于是

$$\left(\frac{v}{v_m}\right)^2\left(\frac{v_0}{v_m}\right)^2=2B_2=2\times 0.0464$$

$$\frac{v_m}{v_0}=3.28\frac{r_0}{R}$$

再将射流半径 R 沿程变化规律式（7-2）和式（7-2b）代入得

$$\frac{v_m}{v_0}=\frac{0.965}{\frac{as}{r_0}+0.294}=\frac{0.48}{\frac{as}{d_0}+0.147}=\frac{0.96}{a\bar{x}} \tag{7-5}$$

说明无因次轴心速度与无因次距离 $\bar{x}$ 成反比。

7.2.2　断面流量 Q_V

无因次流量为

$$\frac{Q_V}{Q_{V0}}=\frac{2\pi\int_0^R vy\mathrm{d}y}{\pi r_o^2 v_0}=2\int_0^{\frac{R}{r_0}}\left(\frac{v}{v_0}\right)\left(\frac{y}{r_0}\right)\mathrm{d}\left(\frac{y}{r_0}\right)$$

再用 $\frac{v}{v_0}=\frac{v}{v_m}\frac{v_m}{v_0}$、$\frac{y}{r_0}=\frac{y}{R}\frac{R}{r_0}$ 代换，得

$$\frac{Q_V}{Q_{V0}}=2\frac{v_m}{v_0}\left(\frac{R}{r_0}\right)^2\int_0^1\left(\frac{v}{v_m}\right)\left(\frac{y}{R}\right)\mathrm{d}\left(\frac{y}{R}\right)$$

查表7-2，$B_1=0.0985$；再将式（7-2）和式（7-5）代入，得

$$\frac{Q_V}{Q_{V0}}=2.2\left(\frac{as}{r_0}+0.294\right)=4.4\left(\frac{as}{d_0}+0.147\right)=2.2a\bar{x} \tag{7-6}$$

7.2.3　断面平均流速 v_1（射流断面上的算术平均值）

断面平均流速 $v_1=\frac{Q_V}{A}$；$v_0=\frac{Q_{V0}}{A_0}$

则无因次平均流速为

$$\frac{v_1}{v_0}=\frac{Q_V A_0}{Q_{V0}A}=\frac{Q_V}{Q_{V0}}\left(\frac{r_0}{R}\right)^2$$

将式（7-2）和式（7-6）代入上式，得

$$\frac{v_1}{v_0}=\frac{0.19}{\frac{as}{r_0}+0.294}=\frac{0.095}{\frac{as}{d_0}+0.147}=\frac{0.19}{a\bar{x}} \tag{7-7}$$

7.2.4　质量平均流速 v_2

质量平均流速的定义为用 v_2 乘以质量即得真实轴向动量。

断面平均流速表示射流断面上的算术平均值。比较式（7-5）与式（7-7），可得 $v_1\approx 0.2v_m$，说明断面平均流速仅为轴心速度的20%。通风、空调工程上通常使用的是轴心速度附近较高的速度区，因此 v_1 不能恰当地反映使用区的速度，为此引入质量平均流速 v_2。

列出出口截面与任一横截面的动量守恒式：

$$\rho Q_{V0}v_0=\rho Q_V v_2$$

$$\frac{v_2}{v_0}=\frac{Q_{V0}}{Q_V}=\frac{0.4545}{\frac{as}{r_0}+0.294}=\frac{0.23}{\frac{as}{d_0}+0.147}=\frac{0.4545}{a\bar{x}} \tag{7-8}$$

比较式（7-5）和式（7-8），$v_2=0.47v_m$。因此用 v_2 代表使用区的流速要比 v_1 更合适一些。但必须注意，v_1、v_2 不仅在数值上不同，更重要的是在定义上不同，不可混淆。

以上分析出圆断面射流主体段内运动参数的变化规律，这些规律也适用于矩形喷嘴，但要将矩形的尺寸换算成为当量直径，才能代入进行计算。（换算公式按第4章所述）

【例7-1】 用轴流风机水平送风，风机直径 $d_0=600$mm，出口风速10m/s，求距出口10m处的轴心速度和风速。

【解】 由表7-1查得 $a=0.12$，由式（7-5）得

$$\frac{v_m}{v_0}=\frac{0.48}{\frac{as}{d_0}+0.147}=\frac{0.48}{\frac{0.12\times10}{0.6}+0.147}=0.225$$

$$v_m=0.225v_0=0.225\times10=225(\mathrm{m/s})$$

由式（7-6）得

$$\frac{Q_V}{Q_{V0}}=4.4\left(\frac{as}{d_0}+0.147\right)=4.4\left(\frac{0.12\times10}{0.6}+0.147\right)=4.4\times2.147=9.45$$

$$Q_V=9.45Q_{V0}=9.5\frac{\pi d_0^2}{4}v_0=9.45\times\frac{3.14}{4}\times0.6^2\times10=26.7(\mathrm{m^3/s})$$

7.2.5　起始段核心长度 s_n 及核心收缩角 θ

由图 7-2 可知，核心长度 s_n 为过渡面至喷嘴的距离。可由式（7-5）求出，将 $v_m=v_0$、$s=s_n$ 代入得

$$\frac{v_0}{v_0}=1=\frac{0.965}{\frac{as_n}{r_0}+0.294}$$

$$s_n=0.671\frac{r_0}{a},\quad \overline{s_n}=\frac{s_n}{r_0}=\frac{0.671}{a}\tag{7-9}$$

核心收缩角 θ 为

$$\tan\theta=\frac{r_0}{s_n}=1.49a\tag{7-10}$$

【例 7-2】 某岗位送风所设风口向下且距地面 4m。要求在工作区（距离地面 1.5m 高范围）造成直径为 1.5m 的射流，并限定轴心速度 $v_m=2\mathrm{m/s}$，设射流的紊流系数 $\alpha=0.07$，试求喷嘴的直径 r_0。

【解】 由式（7-2）得 $\frac{R}{r_0}=3.4\left(\frac{as}{r_0}+0.249\right)$

由题意 $s=4-1.5=2.5\mathrm{m}$ 时，$D=1.5\mathrm{m}$，代入式（7-2）得

$$\frac{\frac{1.5}{2}}{r_0}=3.4\left(\frac{2.5\times0.07}{r_0}+0.249\right)$$

解得 $r_0=0.183\mathrm{m}$

由式（7-9）得

$$s_n=0.671\frac{r_0}{a}=0.671\times\frac{0.183}{0.07}=1.76\mathrm{m}>4\mathrm{m}$$

所以，只要保证射流初速度为 $v_m=2\mathrm{m/s}$，即可保证轴心速度的要求。

7.2.6　起始段流量 Q_V

由于核心内保持着 v_0 的出口速度，故无需求轴心速度变化规律，仅讨论流量 Q_V 即可。

图 7-5 中可得核心半径 r 的几何关系为

$$r=r_0-s\tan\theta=r_0-1.49as\tag{7-11}$$

$$\frac{r}{r_0}=1-1.49\frac{as}{r_0}\tag{7-11a}$$

核心内无因次流量为

$$\frac{Q_V'}{Q_{V0}}=\frac{\pi r^2v_0}{\pi r_0^2v_0}=\left(\frac{r}{r_0}\right)^2=\left(1-1.49\frac{as}{r_0}\right)^2$$

$$=1-2.98\frac{as}{r_0}+2.22\left(\frac{as}{r_0}\right)^2\tag{7-12a}$$

边界层中无因次流量为

$$\frac{Q''_V}{Q_{V0}}=\frac{\int_0^{R+r}v2\pi\tau\mathrm{d}\tau}{\pi r_0^2 v_0}$$

式中：r 为核心半径，当所取截面确定后，则 r 对 τ 为一定值；R 为边界层厚度；τ 为所取截面上任一点至轴心线的距离，$\tau=r+y'$；y'为该截面上任一点至核心边界的距离。

于是，有

$$\begin{aligned}\frac{Q'_V}{Q_{V0}}&=2\int_0^{\frac{R+r}{r_0}}\frac{v}{v_0}\frac{\tau}{r_0}\mathrm{d}\left(\frac{\tau}{r_0}\right)=2\int_0^{\frac{R+r}{r_0}}\frac{v}{v_0}\left(\frac{y'+r}{r_0}\right)\mathrm{d}\left(\frac{y'+r}{r_0}\right)\\&=2\int_0^{\frac{R+r}{r_0}}\frac{v}{v_0}\frac{y'}{r_0}\mathrm{d}\left(\frac{y'}{r_0}\right)+2\int_0^{\frac{R+r}{r_0}}\frac{v}{v_0}\frac{r}{r_0}\mathrm{d}\left(\frac{y'}{r_0}\right)\\&=2\left(\frac{R}{r_0}\right)^2\int_0^1\frac{v}{v_0}\frac{y'}{R}\mathrm{d}\left(\frac{y'}{R}\right)+2\left(\frac{r}{r_0}\right)\left(\frac{R}{r_0}\right)\times\int_0^1\frac{v}{v_0}\mathrm{d}\left(\frac{y'}{R}\right)\\&=2\left(\frac{R}{r_0}\right)^2B_1+2\left(\frac{r}{r_0}\right)\left(\frac{R}{r_0}\right)C_1\end{aligned}$$

从图 7-6 中可得

$$r+R=r_0+s\tan\alpha=r_0+3.4as$$

所以

$$R=r_0+s\tan\alpha-(r_0+1.49as)=4.89as$$

$$\frac{R}{r_0}=4.89\frac{as}{r_0}$$

再从表 7-2 中查出 B_1、C_1，并将式（7-11a）代入无因次流量式中得

$$\frac{Q''_V}{Q_{V0}}=3.74\frac{as}{r_0}-0.90\left(\frac{as}{r_0}\right)^2 \tag{7-12b}$$

整个截面上的流量为

$$\frac{Q'_V+Q''_V}{Q_{V0}}=1+0.76\frac{as}{r_0}+1.32\left(\frac{as}{r_0}\right)^2 \tag{7-12c}$$

7.2.7 起始段断面平均流速v_1

$$\begin{aligned}\frac{v_1}{v_0}&=\frac{(Q'_V+Q''_V)/F}{Q_{V0}/F_0}=\frac{Q'_V+Q''_V}{Q_{V0}}\left(\frac{r_0}{R+r}\right)^2\\&=\left[1+0.76\frac{as}{r_0}+1.32\left(\frac{as}{r_0}\right)^2\right]\left[\frac{1}{1+3.4\frac{as}{r_0}}\right]^2\\&=\frac{1+0.76\frac{as}{r_0}1.32\left(\frac{as}{r_0}\right)^2}{1+6.8\frac{as}{r_0}+11.56\left(\frac{as}{r_0}\right)^2}\end{aligned} \tag{7-13}$$

式中：F_0 为喷嘴面积，m^2；F 为半径为（$R+r$）断面面积（见图 7-6），m^2。

7.2.8 起始段质量平均流速v_2

$$v_2=\frac{\rho v_0Q_{V0}}{\rho(Q'_V+Q''_V)}=\frac{v_0Q_{V0}}{Q'_V+Q''_V}$$

$$\frac{v_2}{v_0}=\frac{Q_{V0}}{Q'_V+Q''_V}=\frac{1}{1+0.76\frac{as}{r_0}+1.32\left(\frac{as}{r_0}\right)^2} \tag{7-14}$$

【例 7-3】 圆射流以 $Q_{V0}=0.55\text{m}^3/\text{s}$，从 $r_0=0.15\text{m}$ 的管嘴流出。试求 2.1m 处射流半宽度 R、轴心速度 v_m、断面平均速度 v_1、质量平均速度 v_2，并进行比较。

【解】 查表 7-1 得 $a=0.08$；

先求核心长度 s_n：

$$s_n=0.671\frac{r_0}{a}=0.671\times\frac{0.15}{0.08}=1.26\text{m}<2.1\text{m}$$

所以，所求截面在主体段内。

由式（7-2）得

$$R=3.4\left(\frac{as}{r_0}+0.294\right)r_0=3.4\times\left(\frac{0.08\times2.1}{0.15}+0.294\right)\times0.15=0.721(\text{m})$$

$$v_0=\frac{Q_{V0}}{\frac{\pi d_0^2}{4}}=\frac{0.55}{\frac{3.14\times0.3^2}{4}}=7.785(\text{m/s})$$

从而由主体段计算公式（7-5）得

$$v_m=\frac{0.48}{\frac{as}{d_0}+0.147}v_0=\frac{0.48}{\frac{0.08\times2.1}{0.3}+0.147}\times0.721=5.285(\text{m/s})$$

由式（7-7）得

$$v_1=\frac{0.095}{\frac{as}{d_0}+0.147}v_0=\frac{0.095}{\frac{0.08\times2.1}{0.3}+0.147}\times7.785=1.046(\text{m/s})$$

$$v_2=\frac{0.23}{\frac{as}{d_0}+0.147}v_0=\frac{0.23}{\frac{0.08\times2.1}{0.3}+0.147}\times7.785=2.533(\text{m/s})$$

分析：由计算可知主体段内的轴心速度 v_m 小于核心速度 v_0；比较 v_1、v_2 可以看出，用质量平均速度代表边界层的流速要比断面平均速度更合适。

【例 7-4】 已知空气淋浴器地带要求射流半径为 1.2m，质量平均流速 $v_2=3\text{m/s}$。圆形喷嘴直径为 0.3m。求：（1）喷口至工作地带的距离 s；（2）喷嘴流量。

【解】 （1）由（7-1）查得紊流系数 $a=0.08$。

由式（7-2）得

$$\frac{R}{r_0}=3.4\left(\frac{as}{r_0}+0.294\right)$$

$$\frac{R}{r_0}=\frac{1.2}{0.15}=3.4\left(\frac{0.08s}{0.15}+0.294\right)$$

求得

$$s=3.86\text{m}$$

由式（7-9）知

$$s_n=0.671\frac{r_0}{a}=0.671\times\frac{0.15}{0.08}=1.26(\text{m})$$

故 $s>s_n$，所以所求截面在主体段内。

（2）求流量 Q_{V0}

应用主体段质量平均流速公式（7-8），求出口速度 v_0：

$$\frac{v_2}{v_0}=\frac{0.4545}{\frac{as}{r_0}+0.294}=\frac{0.4545}{\frac{0.08\times3.68}{0.15}+0.294}=0.193$$

所以

$$v_0=\frac{v_2}{0.1893}=\frac{3}{0.193}=15.5\ (\mathrm{m/s})$$

$$Q_{V0}=\frac{\pi d_0^2}{4}v_0=\frac{3.14\times0.3}{4}\times15.5=1.095(\mathrm{m^3/s})$$

7.3　平　面　射　流

气体从狭长缝隙中外射运动时，射流在条缝长度方向几乎无扩散运动，只能在垂直条缝长度的各个平面上扩散运动。这种运动可视为平面运动，故称为平面射流。

平面射流喷口高度以 $2b_0$（b_0 半高度）表示，紊流系数为 a（见表 7-1 后三项）；$\varphi=2.44$，于是 $\tan\alpha=2.44a$。而几何、运动、动力特征则完全与圆断面射流相似，所以各运动参数规律的基本推导与圆断面类似，这里不再推导。射流参数计算见表 7-3。

表 7-3　　射 流 参 数 计 算

段名	参数名称	符号	圆断面射流	平面射流
主体段	扩散角	α	$\tan\alpha=3.4a$	$\tan\alpha=2.44a$
	射流直径或半高	D b	$\frac{D}{d_0}=6.8\left(\frac{as}{d_0}+0.147\right)$	$\frac{b}{b_0}=2.44\left(\frac{as}{b_0}+0.41\right)$
	轴心速度	v_m	$\frac{v_m}{v_0}=\frac{0.48}{\frac{as}{d_0}+0.147}$	$\frac{v_m}{v_0}=\frac{1.2}{\sqrt{\frac{as}{b_0}+0.41}}$
	流量	Q_V	$\frac{Q_V}{Q_{V0}}=4.4\left(\frac{as}{d_0}+0.147\right)$	$\frac{Q_V}{Q_{V0}}=1.2\sqrt{\frac{as}{b_0}+0.41}$
	断面平均速度	v_1	$\frac{v_1}{v_0}=\frac{0.095}{\frac{as}{d_0}+0.147}$	$\frac{v_1}{v_0}=\frac{0.492}{\sqrt{\frac{as}{b_0}+0.41}}$
	质量平均速度	v_2	$\frac{v_2}{v_0}=\frac{0.23}{\frac{as}{d_0}+0.147}$	$\frac{v_2}{v_0}=\frac{0.833}{\sqrt{\frac{as}{b_0}+0.41}}$
起始段	流量	Q_V	$\frac{Q_V}{Q_{V0}}=1+0.76\frac{as}{d_0}+1.32\left(\frac{as}{r_0}\right)^2$	$\frac{Q_V}{Q_{V0}}=1+0.43\frac{as}{b_0}$
	断面平均流速	v_1	$\frac{v_1}{v_0}=\frac{1+0.76\frac{as}{r_0}+1.32\left(\frac{as}{r_0}\right)^2}{1+6.8\frac{as}{r_0}+11.56\left(\frac{as}{r_0}\right)^2}$	$\frac{v_1}{v_0}=\frac{1+0.43\frac{as}{b_0}}{1+2.44\frac{as}{b_0}}$
	质量平均流速	v_2	$\frac{v_1}{v_0}=\frac{1}{1+0.76\frac{as}{r_0}+1.32\left(\frac{as}{r_0}\right)^2}$	$\frac{v_1}{v_0}=\frac{1}{1+0.43\frac{as}{b_0}}$
	核心长度	s_n	$s_n=0.627\frac{r_0}{a}$	$s_n=1.03\frac{b_0}{a}$
	喷嘴至极点距离	x_0	$x_0=0.294\frac{r_0}{a}$	$x_0=0.41\frac{b_0}{a}$
	收缩角	θ	$\tan\theta=1.49a$	$\tan\theta=0.97a$

从表7-3中可以看出，各无因次参数（$\overline{v_m}$、$\overline{v_1}$、$\overline{v_2}$）对平面射流来说，都与$\sqrt{\frac{as}{b_0}+0.41}$无因次距离有关。和圆断面射流相比，平面射流流程流量沿程的增加、流速沿程的增加都要慢些。这是因为运动的扩散被限定在垂直于条缝长度的平面上的缘故。

7.4 温差和浓差射流

7.4.1 温差和浓差射流的基本概念

1. 概念

温差和浓差射流就是射流本身的温度或浓度与周围气体的温度、浓度有差异。在采暖通风空调工程中，常采用冷风降温、热风采暖，就要用温差射流；将有害气体及灰尘浓度降低就要用浓差射流。

本节主要研究温差和浓差射流分布场的规律，同时讨论由温差和浓差引起的射流弯曲的轴心轨迹。

2. 温差和浓差射流的特点

（1）射流中横向动量交换、旋涡的出现，使之质量交换、热量交换、浓度交换发生的过程中，射流轴线的轨迹发生弯曲。

（2）在温差射流中，由于热量扩散比动量扩散要快些，所以温度边界层比速度边界层发展要快一些；浓度扩散与温度扩散类似。在工程实际中，为了简化，可以忽略边界层的差别；所以参数R、Q_V、v_m、v_1、v_2等可用前两节所述公式，在此仅对轴心温度ΔT_m、平均温差等沿射程变化规律进行讨论。

3. 符号的约定（以e下标表示周围气体的符号）

（1）对温差射流，出口断面温差

$$\Delta T_0 = T_0 - T_e$$

轴心上温差

$$\Delta T_m = T_m - T_e$$

截面上任一点温差

$$\Delta T = T - T_e$$

（2）对浓差射流，出口断面浓差

$$\Delta \chi_0 = \chi_0 - \chi_e$$

轴心上浓差

$$\Delta \chi_m = \chi_m - \chi_e$$

截面上任意一点浓差

$$\Delta \chi = \chi - \chi_e$$

4. 实验得出温差、浓差与速度分布的关系

$$\frac{\Delta T}{\Delta T_m} = \frac{\Delta \chi}{\Delta \chi_m} = \sqrt{\frac{v}{v_m}} = 1 - \left(\frac{y}{R}\right)^{1.5} \tag{7-15}$$

将$\frac{\Delta T}{\Delta T_m}$与$\frac{v}{v_m}$同绘制在一个无因次坐标上，见图7-7（b）。无因次温度分布线，在无因次

速度线外部，证实了前面的分析。

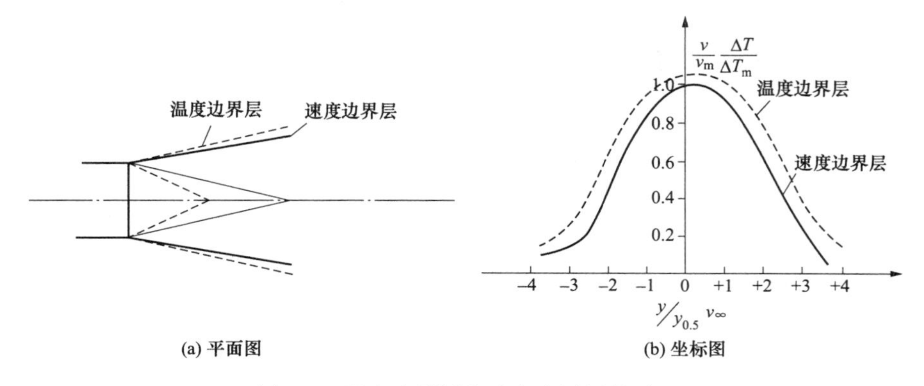

图 7-7　温度边界层和速度边界层的对比

5. 计算温差和浓差射流假定条件

（1）几何特征。

（2）运动特征。

（3）等温射流的动力特征变为热力特征：在等压的情况下，以周围气体的焓值作为起算点，射流各截面上的相对焓值不变。

$$\rho Q_{V0} c\Delta T_0 = \int_{Q_V} \rho c T \mathrm{d}Q_V$$

焓是气体的状态参数，可以表示为 $h=f(T,\ p)$；理想气体，焓是温度的单值函数，空调中有湿空气焓湿图。

7.4.2　主体段圆断面温差射流分析

1. 轴心速度

射流各截面上的相对焓值不变：

$$\rho Q_{V0} c\Delta T_0 = \int_0^R \rho c \Delta T 2\pi y \mathrm{d}y \cdot v$$

两端除以 $\rho\pi R^2 v_m c\Delta T_m$，并将式（7-15）代入，得

$$\left(\frac{r_0}{R}\right)^2\left(\frac{v_0}{v_m}\right)\left(\frac{\Delta T_0}{\Delta T_m}\right) = 2\int_0^1 \frac{v}{v_m}\frac{\Delta T}{\Delta T_m}\frac{y}{R}\mathrm{d}\left(\frac{y}{R}\right)$$

$$= 2\int_0^1 \left(\frac{v}{v_m}\right)^{1.5}\frac{y}{R}\mathrm{d}\left(\frac{y}{R}\right)$$

查表 7-2，$B_{1.5}=0.064$，且将主题段$\frac{y}{R}$、$\frac{v_m}{v_o}$的表达式代入上式，于是得出主体段轴心温度差变化规律为

$$\frac{\Delta T_m}{\Delta T_0} = \frac{0.706}{\frac{as}{r_0}+0.294} = \frac{0.35}{\frac{as}{d_0}+0.147} = \frac{0.706}{a\bar{x}} \tag{7-16}$$

2. 质量平均温差 ΔT_2

所谓质量平均温差，即以该温差乘以 $\rho Q_V c$，便得出相对焓值 ΔT_2。

列出口断面与射流任一横截面相对焓值的相等式，于是得

$$\Delta T_2=\frac{\rho c Q_{V0}\Delta T_0}{Q_V}=\frac{Q_{V0}\Delta T_0}{Q_V}$$

无因次质量温差与$\frac{Q_{V0}}{Q_V}$相等，将式（7-6）代入，得

$$\frac{\Delta T_2}{\Delta T_0}=\frac{Q_{V0}}{Q_V}=\frac{0.455}{\frac{as}{r_0}+0.294}=\frac{0.23}{\frac{as}{d_0}+0.147}=\frac{0.455}{a\bar{x}} \tag{7-17}$$

3. 起始段质量平均温差 ΔT_2

起始段轴心温差 ΔT_m 是不变化的，与 ΔT_0 同，无需讨论。而质量平均温差只要把$\frac{Q_{V0}}{Q_V}$代入起始段无因次流量即可得

$$\frac{\Delta T_2}{\Delta T_0}=\frac{1}{1+0.76\frac{as}{r_0}+1.32\left(\frac{as}{r_0}\right)^2} \tag{7-18}$$

对于浓差射流，其规律与温差射流相同，所以温差射流公式完全适用于浓差射流。温差和浓差的射流计算见表 7-4。

表 7-4　温差和浓差射流计算

段名	参数名称	符号	圆断面射流	平面射流
主体段	轴心温差	ΔT_m	$\frac{\Delta T_m}{\Delta T_0}=\frac{0.35}{\frac{as}{d_0}+0.147}$	$\frac{\Delta T_m}{\Delta T_0}=\frac{1.032}{\sqrt{\frac{as}{b_0}+0.41}}$
	质量平均温差	ΔT_2	$\frac{\Delta T_2}{\Delta T_0}=\frac{0.23}{\frac{as}{d_0}+0.147}$	$\frac{\Delta T_2}{\Delta T_0}=\frac{0.833}{\sqrt{\frac{as}{b_0}+0.41}}$
	轴心浓差	$\Delta\chi_m$	$\frac{\Delta\chi_m}{\Delta\chi_0}=\frac{0.35}{\frac{as}{d_0}+0.147}$	$\frac{\Delta\chi_m}{\Delta\chi_0}=\frac{1.032}{\sqrt{\frac{as}{b_0}+0.41}}$
	质量平均浓差	$\Delta\chi_2$	$\frac{\Delta\chi_2}{\Delta\chi_0}=\frac{0.23}{\frac{as}{d_0}+0.147}$	$\frac{v_2}{v_0}=\frac{0.833}{\sqrt{\frac{as}{b_0}+0.41}}$
起始段	质量平均温差	ΔT_2	$\frac{\Delta T_2}{\Delta T_0}=\frac{1}{1+0.76\frac{as}{r_0}+1.32\left(\frac{as}{r_0}\right)^2}$	$\frac{\Delta T_2}{\Delta T_0}=\frac{1}{1+0.43\frac{as}{b_0}}$
	质量平均浓差	$\Delta\chi_2$	$\frac{\Delta\chi_2}{\Delta\chi_0}=\frac{1}{1+0.76\frac{as}{r_0}+1.32\left(\frac{as}{r_0}\right)^2}$	$\frac{\Delta\chi_2}{\Delta\chi_0}=\frac{1}{1+0.43\frac{as}{b_0}}$
	轴线轨迹方程		$\frac{y}{d_0}=\frac{x}{d_0}\tan\alpha+Ar\left(\frac{x}{d_0\cos\alpha}\right)^2\times\left(0.51\frac{ax}{d_0\cos\alpha}+0.35\right)$	$\frac{y}{2b_0}=\frac{0.226Ar\left(a\frac{x}{2b_0}+0.205\right)^{\frac{5}{2}}}{a^2\sqrt{\frac{T_1}{T_0}}}$ $\frac{y}{2b_0}\frac{\sqrt{T_1/T_0}}{Ar}=\frac{2.226}{a^2}\left(a\frac{x}{2b_0}+0.205\right)^{\frac{5}{2}}$

注　阿基米德数 $Ar=\frac{gd_0\Delta T_0}{v_0^2T_e}$。

7.4.3　射流弯曲

1. 射流弯曲的原因

温差和浓差射流由于密度与周围密度不同，所受重力与浮力不相平衡，造成射流轴线的弯曲，热射流轴线上翘，冷射流轴线往下弯，射流轴线弯曲如图 7-8 所示。但是，从整个射流来看，仍可看成是对称于轴心的。

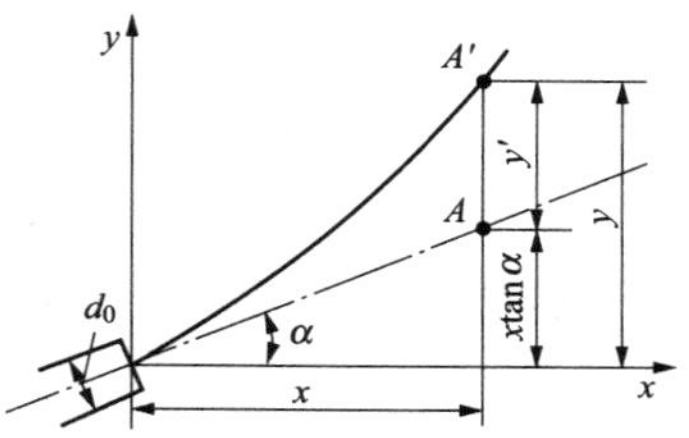

图 7-8　射流轴线弯曲

2. 射流的轨迹方程

采用近似的处理方法：取轴心线上的单位体积流体作为研究对象，只考虑受重力与浮力作用，应用牛顿定律推导出公式。

有一热射流自直径为 d_0 的喷嘴喷出，射流轴线与水平线成 α 角，现分析弯曲轨迹。如图 7-8 所示 A 处即为轴心线上单位体积气流，分析其上受力：重力 $\rho_m g$，浮力 $\rho_e g$，则总的向上合力 $(\rho_e - \rho_m)g$。

首先，根据牛顿第二定律，垂直方向上有

$$F = \rho_m j$$

$$(\rho_e - \rho_m)g = \rho_m j$$

$$j = \frac{\rho_e - \rho_m}{\rho_m} g$$

式中：j 为垂直向上的加速度。

图 7-8 中可得射流轴心 A 点偏离的纵向距离为 y'，则 y' 和 u 的垂直分速度 u_y、垂直加速度三者的关系为

$$j = \frac{\mathrm{d}u_y}{\mathrm{d}t} = \frac{\mathrm{d}^2 y'}{\mathrm{d}t^2}, \quad u_y = \int j \mathrm{d}t$$

$$y' = \int u_y \mathrm{d}t = \int \mathrm{d}t \int j \mathrm{d}t$$

将 $j = \left(\frac{\rho_e}{\rho_m} - 1\right) g$ 式代入，得

$$y' = \int \mathrm{d}t \int \left(\rho \frac{\rho_e}{p_m} - 1\right) g \mathrm{d}t$$

气体在等压过程时，状态方程为 $\rho g T =$ 常数。可得

$$\frac{\rho_e g}{\rho_m g} = \frac{T_m}{T_e}, \quad \frac{\rho_e}{\rho_m} = \frac{T_m}{T_e}$$

$$\frac{\rho_e}{\rho_m} - 1 = \frac{T_m}{T_e} - 1 = \frac{T_m - T_e}{T_e} = \frac{\Delta T_m}{\Delta T_0} \cdot \frac{\Delta T_0}{\Delta T_e}$$

将轴心温差换成轴心速度关系，应用式（7-5）和式（7-6），得

$$\frac{\rho_e}{\rho_m} - 1 = 0.73 \left(\frac{v_m}{v_e}\right) \cdot \frac{\Delta T_0}{T_e}$$

$$y' = \int \mathrm{d}t \int 0.73 \left(\frac{v_m}{v_0}\right) \left(\frac{\Delta T_0}{T_e}\right) g \mathrm{d}t = \frac{0.73 g}{v_0} \cdot \frac{\Delta T_0}{T_e} \int \mathrm{d}t \int v_m \mathrm{d}t$$

因为

$$v_m = \frac{\mathrm{d}s}{\mathrm{d}t}$$

积分

$$\int \mathrm{d}t\int v_{\mathrm{m}}\mathrm{d}t=\int s\mathrm{d}t\ \frac{1}{v_0}\int \frac{v_0}{v_{\mathrm{m}}}\cdot v_{\mathrm{m}}s\mathrm{d}t=\frac{1}{v_0}\int \frac{v_0}{v_{\mathrm{m}}}\frac{\mathrm{d}s}{\mathrm{d}t}s\,\mathrm{d}t=\frac{1}{v_0}\int \frac{v_0}{v_{\mathrm{m}}}s\mathrm{d}s$$

再用$\frac{v_{\mathrm{m}}}{v_0}$倒数代入，且代入 y'式，得

$$y'=\frac{0.73g}{v_0^2}\cdot\frac{\Delta T_0}{T_{\mathrm{e}}}\int\frac{\frac{as}{r_0}+0.249}{0.965}s\mathrm{d}s=\frac{g\Delta T_0}{v_0^2T_{\mathrm{e}}}\left(0.51\frac{a}{2r_0}s^2+0.11s^2\right)$$

将 0.11 改为 0.35 以符合实验数据，有

$$y'=\frac{g\Delta T_0}{v_0^2T_{\mathrm{e}}}\left(0.51\frac{a}{2r_0}s^2+0.35s^2\right) \tag{7-19}$$

式（7-19）给出了射流轴心轨迹偏离值 y' 随 s 的变化规律。如图 7-8 中坐标表示：$s=\frac{x}{\cos\alpha}$，且除以喷嘴直径 d_0，便得出无因次轨迹方程为

$$\frac{y}{d_0}=\frac{x}{d_0}\tan\alpha+\left(\frac{gd_0\Delta T_0}{v_0^2T_{\mathrm{e}}}\right)\left(\frac{x}{d_0\cos\alpha}\right)^2\left(0.51\frac{ax}{d_0\cos\alpha}+0.35\right)$$

式中，$\frac{gd_0\Delta T_0}{v_0^2T_{\mathrm{e}}}=Ar$ 为阿基米德准数，于是上式变为

$$\frac{y}{d_0}=\frac{x}{d_0}\tan\alpha+Ar\left(\frac{x}{d_0\cos\alpha}\right)^2\left(0.51\frac{ax}{d_0\cos\alpha}+0.35\right) \tag{7-20}$$

对于平面射流有

$$\frac{\bar{y}}{Ar}\cdot\sqrt{\frac{T_{\mathrm{e}}}{T_0}}=\frac{0.226}{a^2}(a\bar{x}+0.205)^{5/2} \tag{7-20a}$$

其中

$$\bar{y}=\frac{y}{2b_0},\quad \bar{x}=\frac{x}{2b_0}$$

【例 7-5】 工作地点质量平均风速要求 4m/s，工作面直径 $D=3$m，送风温度为 15℃，车间空气温度为 30℃，要求工作地点的质量平均温度降到 25℃，采用带导叶的轴流风机，其紊流系数 $a=0.12$。求：

（1）风口的直径及速度；

（2）风口到工作面的距离。

【解】 温差 $\Delta T_0=15℃-30℃=-15(℃)$

$$\Delta T_2=25℃-30℃=-5(℃)$$

$$\frac{\Delta T_2}{\Delta T_0}=\frac{0.23}{\frac{as}{d_0}+0.147}=\frac{-5}{-15}$$

所以由上式得：$\frac{as}{d_0}+0.147=\frac{15}{5}\times0.23=0.69$，带入下式：

$$\frac{D}{d_0}=6.8\left(\frac{as}{d_0}+0.147\right)=6.8\times0.69=4.92$$

所以 $$d_0=\frac{D}{4.92}=\frac{3}{4.92}=0.610(\mathrm{m})$$

又工作地点质量平均风速要求为4m/s，由

$$\frac{v_2}{v_0}=\frac{0.23}{\dfrac{as}{d_0}+0.147}=\frac{5}{15}=\frac{4}{v_0}$$

所以 $$v_0=12\text{m/s}$$

风口到工作面的距离 s 用下式计算：

$$\frac{as}{d_0}+0.147=\frac{15}{5}\times 0.23=0.69$$

即 $$\frac{0.12s}{0.610}+0.147=0.69$$

则 $$s=2.76\text{m}$$

【例 7-6】 数据同上题，求射流在工作面的下降值 y' 见图 7-9。

【解】 已知周围气体温度 $T_e=(273+30)\text{K}=303\text{K}$，$\Delta T_0=15℃-30℃=-15℃$

$v_0=9\text{m/s}$，$a=0.12$，$d_0=0.610\text{m}$，$s=2.76\text{m}$

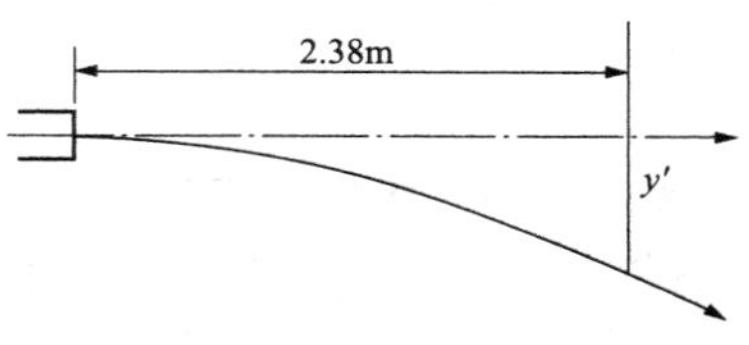

图 7-9 射流的下降

则由式（7-19）得

$$y'=\frac{g\Delta T_0}{v_0^2 T_e}\left(0.51\frac{a}{2r_0}s^3+0.35s^2\right)$$

$$=\frac{9.8\times(-15)}{9^2\times 303}\left(0.51\times\frac{0.12}{0.610}\times 2.76^3+0.35\times 2.76^2\right)$$

$$=-0.0286$$

【例 7-7】 室外空气以射流方式，由位于热车间外墙上离地板8.0m处的孔口送入，孔口尺寸为高0.4m，长12m。室外空气的温度为－15℃，室内空气温度为20℃，射流初速度为3m/s，求地板上的温度。

【解】 取 $a=0.12$，得

$$y'=\frac{y}{2b_0}=\frac{8.0}{0.4}=20$$

阿基米德准则数为

$$Ar=\frac{gd_0\Delta T_0}{v_0^2 T_e}=\frac{9.8\times 0.4\times(-15-20)}{3^2\times(273+20)}=-0.052$$

$$\sqrt{\frac{T_e}{T_0}}=\sqrt{\frac{20+273}{-15+273}}=1.0657$$

$$\frac{\bar{y}}{Ar}\cdot\sqrt{\frac{T_e}{T_0}}=\frac{20\times 1.0657}{-0.052}=-409.874$$

由式（7-20a）计算得 $$\bar{x}=29$$

又因为 $\bar{x}=\dfrac{x}{2b_0}=29$，所以 $\dfrac{x}{b_0}=58$。

利用轴心温差公式（见表 7-4）得

$$\frac{\Delta T_m}{\Delta T_0}=\frac{1.032}{\sqrt{\dfrac{as}{b_0}+0.41}}=\frac{1.032}{\sqrt{0.12\times 58+0.41}}=0.380$$

即
$$\frac{T-T_e}{T_0-T_e}=\frac{t-20}{-15-20}=0.425$$

所以地板上的温度
$$t=6.4℃$$

7.5 旋 转 射 流

7.5.1 旋转射流的概述

1. 旋转射流的概念

气流通过具有旋转作用的喷嘴外射运动。气流本身一边旋转，一边向周围介质中扩散前进，这就形成了与前面所述一般射流不同的特殊射流，称为旋转射流。

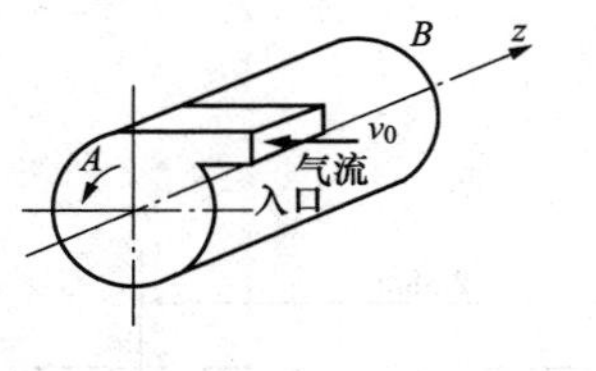

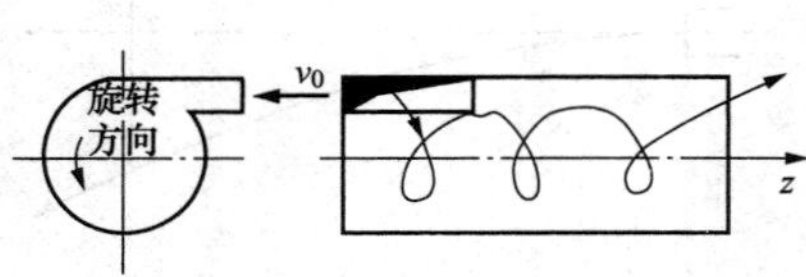

图 7-10 切向吸入气流

2. 保证射流旋转的措施

(1) 采用切向导入管（切向吸入气流如图 7-10 所示）：气流在切向导入管口以初速度 v_0 进入圆柱形设备，它对 z 轴存在着动量矩，从而使气流在圆柱形设备中旋转，同时向 B 端出口推进。

(2) 在喷嘴内安装导向叶片，气流沿叶片流动被迫产生旋转。

旋转喷嘴的旋转作用来源于流入气流施加的动量矩，但动量矩在流出过程中因受各种阻力作用而降低，为此，引入速度保持系数来反映：

$$\varepsilon=\frac{\text{旋流室内实际动量矩}}{\text{进口处计算动量矩}}$$

ε 是设备的特征值。不同旋流室其 ε 不同，变化范围为 $\varepsilon=0.25\sim0.95$。

对于几何相似的旋流室，ε 应用相同数值，它不随进风量的多少而变化，因此，ε 值是评价旋流室空气动力特征的重要指标。

3. 旋转射流的特征

旋转射流的旋转作用来自于气流施加的动量矩，旋转使射流获得向四周扩散的离心力（改变了一般射流的压强分布，出现了从射流轴线沿径向至射流边界的压强降低，低压中心将吸入射流前方的介质使之回流，形成一个包含在射流内部的回流区），使旋转射流具有不同于一般射流的特征：

(1) 旋转射流的扩散角大（如果一般射流二倍扩散角是 28°，则旋转射流可达 90°以上），射程短。

(2) 旋转射流的紊动性强，所以大大促进了射流与周围介质的动量交换、热量交换和浓度交换等。

4. 旋转射流的应用

旋转射流主要应用于工程燃烧技术及旋流送风中；在燃烧过程中，回流区的存在使大量高温烟气回流到火炬根部，保证燃料顺利稳定着火。

7.5.2 旋转射流的速度分布

将旋转射流的速度分解为三个分量：①沿射流前进方向的轴向速度 v_x；②在横截面上沿

半径方向的径向速度 v_r；③在横截面上做圆周运动的切向速度 v_θ。通过实验发现，由于切向速度、径向速度沿半径方向上分布不均匀，使得沿半径方向上静压强分布也不均匀，则对于周围介质的静压差也不相等。这与轴对称圆断面自由射流不同。

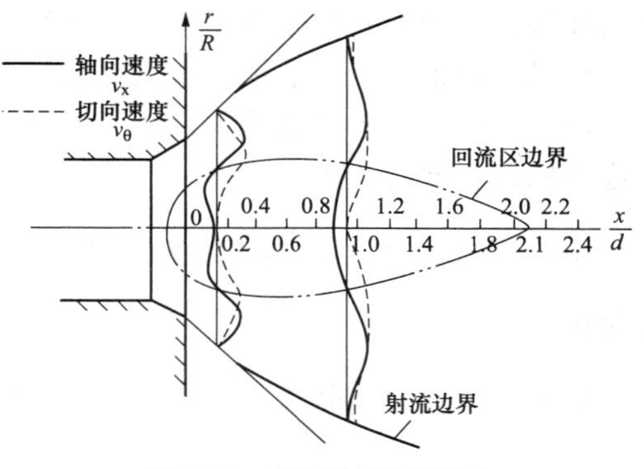

图 7-11　旋转射流速度图

对照图 7-11 和图 7-12 对三个分速度分别进行讨论。

1. 轴向速度 v_x

图 7-11 给出了自由旋转设备射出的旋转射流，及$\frac{x}{d}=0.2$、$\frac{x}{d}=1$两个横断面上的速度分布。x 表示射流轴线方向任一点到出口的距离，d 与 R 为旋流器出口直径及半径，r 为射流轴向尺寸。图中实线表示轴向速度 v_x 的分布。在旋转射流轴心处 $v_x<0$，存在一个回流区，该回流区一直发展到$\frac{x}{d}=2.1$处才结束。在回流区边界与射流边界之间称为主流区，存在着轴向速度的最大值 $v_{x\max}$，随着旋转射流向前，$v_{x\max}$逐渐下降，回流区变小直至消失，轴向速度分布越趋于平坦均匀，而旋转射流的横截面则越大，这与一般射流的情况相似。

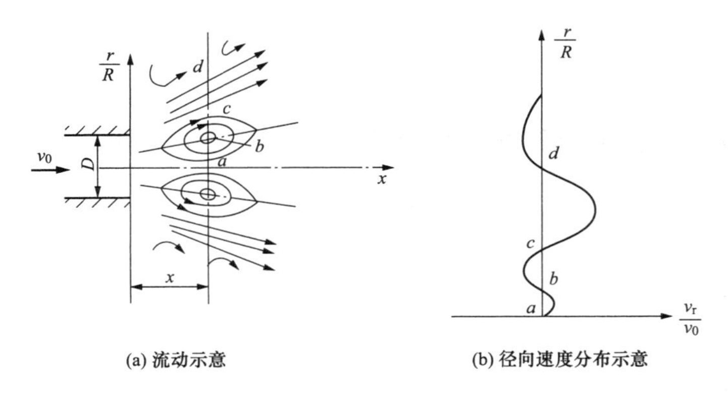

图 7-12　旋转射流径向速度示意

2. 切向速度 v_θ

图 7-11 中虚线表示切向速度分布，在旋转射流轴心处 $v_\theta=0$，当 r 越大，v_θ 也越大，在某一 r 处 v_θ 达到最大值 $v_{\theta\max}$，随着 r 再增大，v_θ 逐渐下降，直至旋转射流边界处 $v_\theta=0$。v_θ 的分布与旋涡运动的切向速度分布相似，随着旋转射流向前推进，$v_{\theta\max}$下降，v_θ 的分布则越来越平坦。

3. 径向速度 v_r

图 7-12（b）给出径向速度$\frac{v_r}{v_0}$沿横截面上分布的示意，可见 v_r 的分布很复杂，不仅数值大小有变化，而且方向也在改变。在旋转射流轴心上径向速度 $v_r=0$；在回流区 $a\sim b$ 中 $v_r>0$（取向外的 v_r 为正）；在回流区另外一半 $b\sim c$ 中 $v_r<0$（即向内流动），这是因为回流

区内保持质量平衡必须有流体补充所导致的向轴心的径向速度流动。在 $c \sim d$ 主流区中，径向速度又变为正值，且达到最大值，这与旋转射流向四周扩散有关。在接近射流边界 d 处，由于周围射流被介质射流带入，v_r 又出现负值。在一般情况下，旋转射流的径向速度较切向速度及轴向速度的数值小得多。

图 7-13 上给出了无因次分速度图，图中给出了$\frac{v_{\theta\max}}{v_0}$、$\frac{v_{x\max}}{v_0}$、$\frac{v_{r\max}}{v_0}$和$\frac{v_{\mathrm{m}}}{v_0}$随无因次距离$\frac{x}{d}$的变化规律。

从图中可看出，各无因次速度沿$\frac{x}{d}$衰减很快，特别是$\frac{v_{r\max}}{v_0}$下降最快。当$\frac{x}{d}>5$ 以后，$\frac{v_{\theta\max}}{v_0}$、$\frac{v_{r\max}}{v_0}$基本消失，只存在$\frac{v_{x\max}}{v_0}$，这就相当于不旋转的轴对称的圆断面自由射流。至于轴心速度 v_{m} 的变化规律由图 7-13 可见，当$\frac{x}{d}\leqslant 2$ 时，轴心速度$\frac{v_{\mathrm{m}}}{v_0}<0$，$v_{\mathrm{m}}<0$ 是回流区（向喷口方向流动）；当$\frac{x}{d}\geqslant 2$ 以后，回流区消失；当$\frac{x}{d}>5$ 以后，$\frac{v_{\mathrm{m}}}{v_0}$曲线线与$\frac{v_{x\max}}{v_0}$曲线逐渐接近并重合，回流区消失，此时情况很像圆断面自由射流。

7.5.3　旋转射流的压强分布

如图 7-14 所示给出沿$\frac{x}{d}$的无因次静压强 $\bar{p}$ 的变化曲线：

$$\bar{p}=\frac{p_{\mathrm{a}}-p}{\frac{\rho}{2}v_0^2}$$

式中：p_{a} 为大气压强；p 为旋转射流轴线上静压强；$\frac{\rho}{2}v_0^2$ 为出口断面上的动压强。

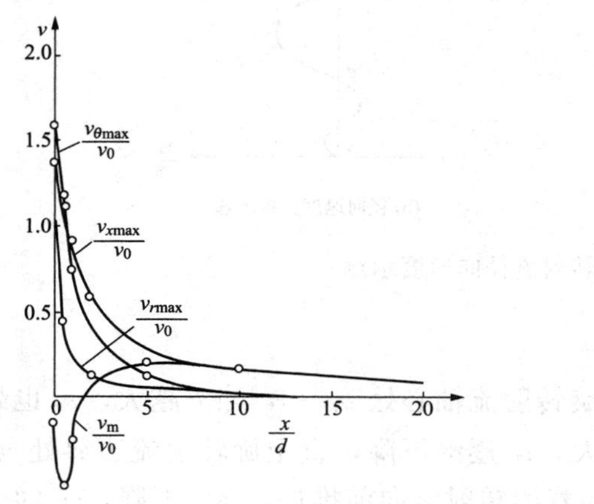

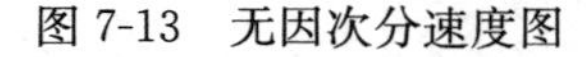
图 7-13　无因次分速度图

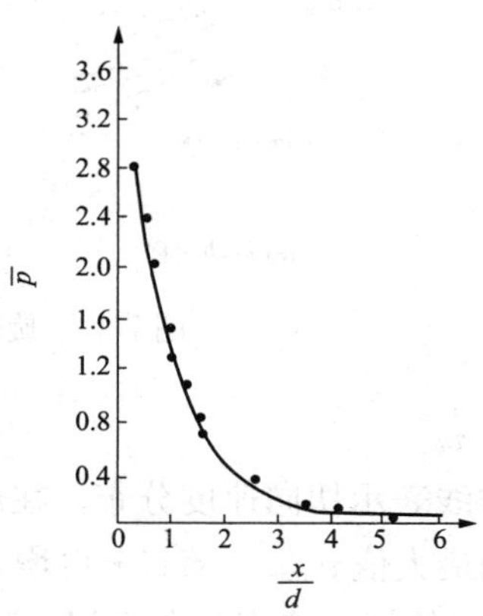

图 7-14　沿$\frac{x}{d}$的无因次静压强 $\bar{p}$ 的变化曲线

由图 7-14 可见，旋流器的旋转射流中心压力低于大气压强，随着旋转射流沿轴线向前进，静压强 p 越来越接近 p_{a}。旋转射流中心由于低于大气压强，则具有强烈的卷吸能力。

7.5.4　旋转强度

旋转射流由于旋转喷嘴的外射流动形成，因此旋流喷嘴本身的旋转强度 Ω 可用来表征旋转射流的特性。

Ω 定义为

$$\Omega=\frac{L_0}{K_0\times\dfrac{d}{4}} \tag{7-21}$$

式中：L_0 为流体进入旋流器时，相对于旋流器的动量矩；K_0 为旋流器出口断面上的平均动量；d 为旋流器出口断面直径。

Ω 是个无因次数，可反映产生旋转射流的旋转强弱程度。Ω 值越大，旋转射流的旋转越厉害。即 v_θ 越大，回流区就越大，回流区就越大，射流扩散角也越大，射程就越短。图 7-15 所示为不同的 Ω 的射流的无因次速度$\left(\bar{v}_{x\max}=\dfrac{v_{x\max}}{v_0}\right)$沿射流轴向的变化。曲线 1 为 Ω=0 的自由射流；曲线 2（Ω=0.7）至曲线 5（Ω=2.07）说明随着 Ω 值增大，射流速度衰减越快，射程越短。Ω 值越大，表明旋转射流与周围介质进行混掺的能力越强，这正是旋转射流的特征之一。

图 7-16 所示为不同 Ω 的射流无因次流量$\left(\dfrac{Q_V}{Q_{V0}}\right)$沿射流纵轴的变化曲线。其中 Q_{V0} 为喷口出口断面上流量，Q_V 为沿射流纵轴 x 所在截面流量。

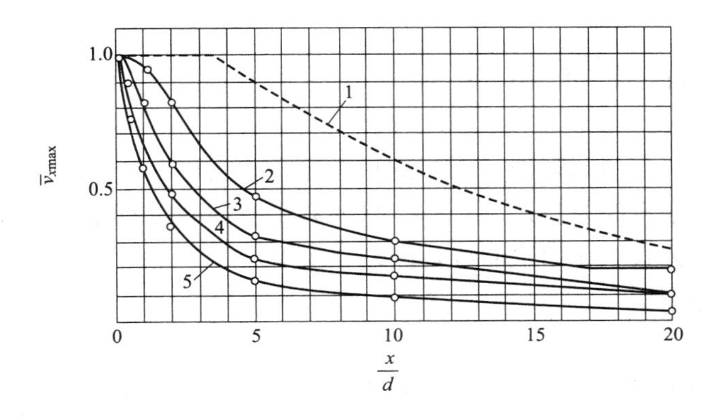

图 7-15　不同 Ω 的射流无因次速度沿射流轴向的变化

1—Ω=0；2—Ω=0.7；3—Ω=0.84；4—Ω=1.84；5—Ω=2.07

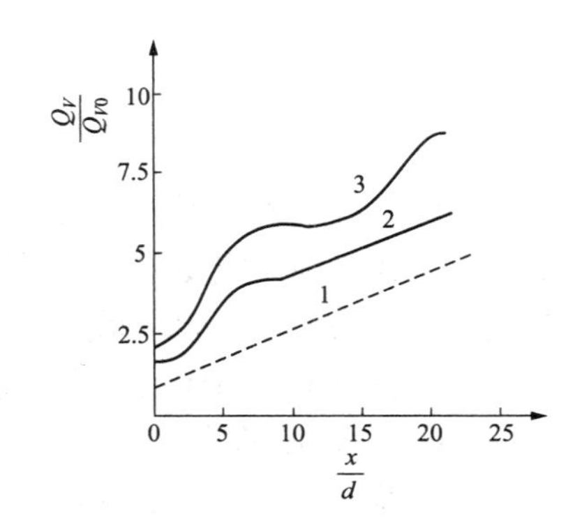

图 7-16　不同 Ω 的射流无因次流量沿射流纵轴的变化曲线

1—Ω=0；2—Ω=0.71；3—Ω=2.07

从图 7-16 中可见，Ω 值越大，旋转射流卷吸周围介质的能力就越强烈，特别在$\dfrac{x}{d}\leqslant 5$范围内，$\dfrac{Q_V}{Q_{V0}}$增长速度特别快。因为在这个区段中，v_θ、v_r 较大，使得旋转射流扩散卷吸，进行动量交换的能力加强，从而使$\dfrac{Q_V}{Q_{V0}}$增长迅速。又可根据 Ω 值的大小，将旋转射流划分为强旋流及弱旋流两种。强旋流有较长的回流区及较大的回流速度；弱旋流不出现回流区，轴向速度都为正，只是存在一段低速区。

7.5.5 无因次流量$\frac{Q_V}{Q_{V0}}$及$\frac{Q_{Vh}}{Q_{V0}}$

计算旋转射流沿轴无因此流量的经验公式为

$$\frac{Q_V}{Q_{V0}}=1+0.5\Omega+0.207(1+\Omega)\frac{x}{d} \tag{7-22}$$

Q_{Vh}为回流流量，定义为

$$Q_{Vh}=2\pi\int_0^{r_h} r v_x \mathrm{d}r \tag{7-23}$$

图 7-17 所示为无因次回流流量沿无因次纵轴距离的变化，并对比了不同 Ω 值得回流情况。从图中看出：

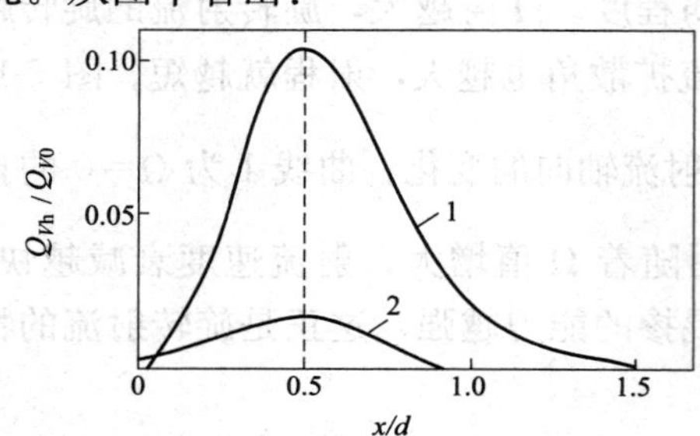

图 7-17 无因次回流流量沿无因次纵轴距离的变化

1—Ω=2.07；2—Ω=1.84

(1) Ω 值增大，回流流量显著增加，回流区长度也增长。

(2) 无论 Ω 值多大，最大无因此回流流量都出现在$\frac{x}{d}=0.5$ 处，也就是出现在旋转射流的起始段。

由于以上给出的试验曲线及结果是在特定结构旋流喷嘴上所测得的性能情况，对不同结构的旋流喷嘴，只能定性地作为参考，具体数值仍需采用试验手段进行研究。

7.6 有限空间射流

实际工程上通风射流是向房间送风，当房间限制了射流的扩散运动，自由射流规律不再适用，因此必须研究受限后的射流即有限空间射流运动规律。目前有限空间射流理论尚不完全成熟，多是根据实验结果整理成近似公式或无因次曲线，供设计使用。

下面仅就末端封闭的有限流进行介绍。

7.6.1 射流结构

(1) 漩涡中心。由于房间边壁限制了射流边界层的发展扩散，射流半径及流量不是一直增加的，增大到一定程度后反而逐渐缩小，使其边界线呈橄榄形，有限空间射流流场如图 7-18 所示，橄榄形的边界外部与固体边壁间形成与射流方向相反的回流区，于是流线呈闭合状。这些闭合流线环绕的中心，就是射流与回流共同形成的旋涡中心。

(2) 自由扩张段。射流出口断面至Ⅰ—Ⅰ断面，因为固体边壁尚未妨碍射流边界层的扩展，各运动参数所遵循的规律与自由射流一样，计算亦可用自由射流公式。称Ⅰ—Ⅰ断面为第一临界断面，从喷口至Ⅰ—Ⅰ断面为自由扩张段。

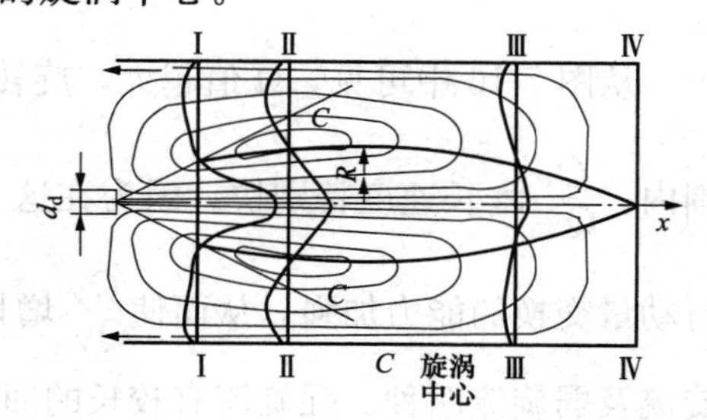

图 7-18 有限空间射流流场

(3) 有限扩张段。从Ⅰ—Ⅰ断面开始，边界层扩展受到影响，卷吸周围气体的作用减弱，因而射流半径和流量的增加逐渐减慢，与此同时，射流中心速度减小的速率也变慢一些。但总的趋势还是半径逐渐增大，流量逐渐增大。达到Ⅱ—Ⅱ断面，即包含旋涡中心的断面，射流各运动参数发生了根本转折，射流流线开始越出边界层产生回流，射流主体流量开始沿程减少。仅在Ⅱ—Ⅱ断面上主体流量为最大值，称Ⅱ—Ⅱ断面为第二临界断面，从Ⅰ—Ⅰ至Ⅱ—Ⅱ断面为有限扩张段。

在Ⅱ—Ⅱ断面处实验得知：回流的平均流速、回流量均为最大，而射流半径则在Ⅱ—Ⅱ断面稍后一点达最大值。

（4）收缩段。从Ⅱ—Ⅱ断面以后，射流主体流量、回流流量、回流平均流速都逐渐减小，直至射流主体流量减至为零，从Ⅱ—Ⅱ断面至Ⅳ—Ⅳ断面为收缩段。

（5）速度分布。各截面上速度分布情况如图7-18所示，Ⅰ—Ⅰ、Ⅱ—Ⅱ、Ⅲ—Ⅲ上速度曲线图。橄榄形边界内部为射流主体的速度分布线，外部是回流的速度分布线。

（6）影响射流结构的因素。射流结构与喷嘴安装的位置有关。如喷嘴安置在房间的高度、宽度的中央处，射流结构上下对称，左右对称。射流主体呈橄榄状，四周为回流区；但实际送风时，大多将喷嘴靠近顶棚安装，如安置高度 h 与房间高度 H 为 $h\geqslant 0.7H$ 时，射流出现黏附现象，整个黏附于顶棚上，而回流区全部集中在射流主体下部与地面之间，称这种射流为贴附射流。贴附射流产生是由于靠近顶棚流速增大、静压减小，射流下部静压大，上下压差致使射流不得脱离顶棚，从而形成贴附射流。

贴附射流可以看成是完整射流的一半，规律相同。图7-19所示为贴附射流和轴对称射流计算图的对比。

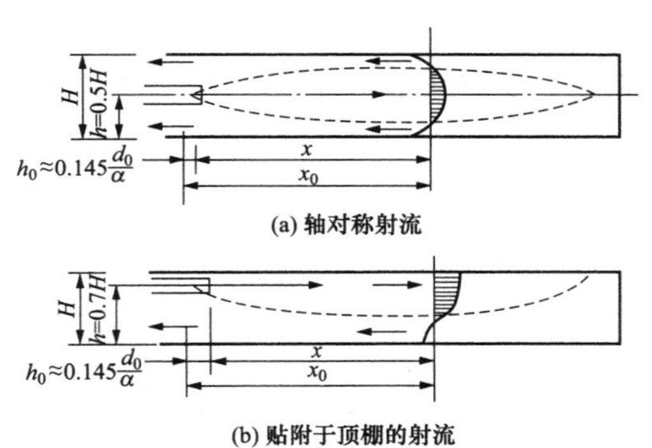

图7-19　贴附射流和轴对称射流计算图的对比

7.6.2　动力特征

有限空间射流最显著的动力特征就是动量不守恒。

射流内部的压强是变化的，随射程的增大，压强增大，直至端头压强增大到最大值；达稳定后数值比周围大气压强要高一些，这样射流中各横截面上动量就是不相等的，沿程减小；在第二临界面后，动量很快减少，以致消失。

正是由于动量不守恒，研究起来较自由射流困难多了。

7.6.3　半经验公式

有限空间射流主要用在空气调节房间送风上，这时工作操作区常处在射流的回流区中，因此需限定具体风速值。所以主要介绍回流平均速度的半经验公式。

1. 回流区平均速度

$$\frac{v}{v_0}\cdot\frac{\sqrt{F}}{d_0}=0.177(10\bar{x})e^{10.7\bar{x}-37(\bar{x})^2}=f(\bar{x}) \tag{7-24}$$

式中：v_0、d_0 为喷嘴出口速度、直径；F 为垂直于射流的房间横截面积；$\bar{x}=\frac{ax}{\sqrt{F}}$为射流截面至极点的无因次距离；$a$ 为紊流系数。

2. 最大回流速度

在Ⅱ—Ⅱ断面上，回流流速为最大，以 v_m 表示。Ⅱ—Ⅱ断面距喷嘴出口的无因次距离通过实验已得出为 $\bar{x}=0.2$，代入式（7-23）得到最大回流速度为

$$\frac{v_m}{v_0}\cdot\frac{\sqrt{F}}{d_0}=0.69 \tag{7-24a}$$

3. 设计限定回流速度

若设计计算中所需射流作长度（即距离）为 L，则所需相应的无因次距离为

$$\bar{L}=\frac{aL}{\sqrt{F}} \tag{7-24b}$$

在设计要求的 L 处，射流回流平均流速为 v_2 是设计限定的值。将 $\bar{x}=\bar{L}$ 及 v_2 代入式（7-24）中，得

$$\frac{v_2}{v_0}\cdot\frac{\sqrt{F}}{d_0}=f(\bar{L}) \tag{7-24c}$$

联立式（7-24a）和式（7-24c）可得

$$f(\bar{L})=0.69\frac{v_2}{v_m} \tag{7-25}$$

由于 v_m、v_2 是由设计限定，所以 $f(\bar{L})$ 也是可知，故用式（7-23）求出 $\bar{x}=\bar{L}$。为简化计算给出表 7-5（无因次距离 $\bar{L}$）。

表 7-5　　无因次距离 $\bar{L}$

v_m(m/s)	v_2(m/s)					
	0.07	0.10	0.15	0.20	0.30	0.40
0.50	0.42	0.40	0.37	0.35	0.31	0.28
0.60	0.43	0.41	0.38	0.37	0.33	0.30
0.75	0.44	0.42	0.40	0.38	0.35	0.33
1.00	0.46	0.44	0.42	0.40	0.37	0.35
1.25	0.47	0.46	0.43	0.41	0.39	0.37
1.50	0.48	0.47	0.44	0.43	0.40	0.38

在求出 $\bar{L}$ 后，可用式（7-23b）求出 L，即

$$L=\frac{\bar{L}\sqrt{F}}{a} \tag{7-26}$$

以上所给公式适用喷嘴高度 $h\geqslant0.7H$ 的贴附射流。当 $h=0.5H$ 时，射流上下对称向两个方向同时扩散，因此射程比贴附射流较短，仅是贴附射流的 70%。将上述公式中$\sqrt{F}$以$\sqrt{0.5F}$代替进行计算，即可得到 $h=0.5H$ 时的射程。

【**例 7-8**】 车间长 70m，高 11.5m，宽 30m。在一端布置送风口及回风口，送风口高为 6m，流量为 $10m^3/s$。试设计送风口尺寸。

【解】 与射流垂直的房间横截面积 $F=30\times11.5=345(m^2)$

限定工作区内空气流速 $v_2=0.5m/s$。

通过表 7-5 可以查出 $\bar{L}=0.37$。

选用带有收缩口的圆喷嘴，查表 7-1 得 $a=0.07$。

已知送风口高 $h=6m$，代入式（7-23c），约为 $h=0.5H$ 射程为

$$L=\frac{\bar{L}\sqrt{F}}{a}=\frac{0.37}{0.07}\times\sqrt{0.5\times345m^2}=69.4(m)$$

也可以从 $h=0.5H$ 开始，到射程为贴附射流的 70%时计算 L。

$$L=0.7\times\frac{\bar{L}\sqrt{F}}{a}=0.7\times\frac{0.37}{0.07}\times\sqrt{345m^2}=68.73(m)$$

二者所得结果基本相符。

由

$$\frac{v_1}{v_0}\cdot\frac{\sqrt{F}}{d_0}=0.69$$

$$Q_{V0}=\frac{\pi}{4}d_0^2v_0$$

可联立求出风口直径

$$d_0=\frac{0.69Q_{V0}}{\frac{\pi v_1}{4}\sqrt{F}}=\frac{0.69\times10}{0.785\times0.5\times\sqrt{345}}=0.945(m)$$

【例 7-9】 车间长×宽×高＝65m×30m×12m。长度方向送风，直径 $d_0=1m$ 的圆形风口设在墙高 $h=6m$ 处中央，紊流系数 $a=0.08$。设计要求最大回流速度 $v_m=0.75m/s$，工作区处回流速度 $v_2=0.3m/s$，求风口的送风量和工作区设置的位置。若风口的位置提高 3m，计算的结果有何变化？

【解】（1）风口高度 $h=6m$ 时，根据题意可得 $H=12m$，则$\frac{h}{H}=0.5$，在 $0.3\sim0.7H$ 范围内，射流不贴附，式（7-24a）中的 F 用 $0.5F$ 代入，则风口流速为

$$v_0=\frac{v_m}{d_0}\frac{\sqrt{F}}{0.69}=\frac{0.75}{1}\times\frac{\sqrt{0.5\times30\times12}}{0.69}=14.58(m/s)$$

风口送风量为

$$Q_{V0}=\frac{\pi}{4}d_0^2v_0=\frac{3.14}{4}\times1^2\times14.58=11.45(m^3/s)$$

依题意可知 $v_m=0.75m/s$，$v_2=0.3m/s$，$a=0.08$，查表 7-5 得 $\bar{L}=0.35$。代入式（7-24c）中，得出工作区至风口的距离为

$$L=\frac{\bar{L}\sqrt{0.5F}}{a}=\frac{0.35\times\sqrt{0.5\times30\times12}}{0.08}=58.7(m)$$

（2）风口高度 $h=9m$ 时，根据题意可得 $H=12m$，$\frac{h}{H}=0.75>0.7H$，为贴附射流，则风口流速为

$$v_0=\frac{v_1}{d_0}\frac{\sqrt{F}}{0.69}=\frac{0.75}{1}\times\frac{\sqrt{30\times12}}{0.69}=20.62(m/s)$$

风口送风量为

$$Q_{V0}=\frac{\pi}{4}d_0^2v_0=\frac{3.14}{4}\times1^2\times20.62=16.2(\mathrm{m^3/s})$$

依题意可知 $v_m=0.75\mathrm{m/s}$，$v_2=0.3\mathrm{m/s}$，$a=0.08$，查表 7-5 得 $\bar{L}=0.35$，代入式（7-24c）中，得出工作区至风口的距离为

$$L=\frac{\bar{L}\sqrt{F}}{a}=\frac{0.35\times\sqrt{30\times12}}{0.08}=83(\mathrm{m})$$

7.6.4 末端涡流区

从喷嘴出口截面至收缩段终了Ⅳ—Ⅳ截面的射程长度 L_4，可用下列半经验公式计算：

$$\frac{L_4}{d_0}=3.58\frac{\sqrt{F}}{d_0}+\frac{1}{a}\left(0.147\frac{\sqrt{F}}{d_0}-0.133\right) \tag{7-27}$$

在房间长度 $L>L_4$ 的情况下，实验证明在封闭末端产生涡流区，如图 7-20 所示。涡流区的出现对通风空调工程不利，应采取措施加以消除。

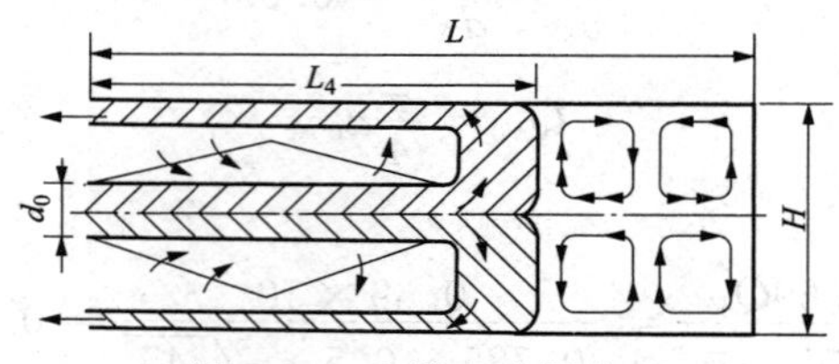

图 7-20 末端产生涡流区

【例 7-10】 条件同例 7-8，试判断有无涡流区出现。

【解】 用式（7-27）求 L_4：

$$L_4=0.95\times\left[3.58\frac{\sqrt{345}}{0.95}+\frac{1}{0.07}\left(0.147\frac{\sqrt{345}}{0.95}-0.133\right)\right]=103.7(\mathrm{m})$$

房间长度为 70m，小于 L_4，故不出现涡流区，若房间长度超过 103.7m，仍用带收缩的圆喷嘴，直径为 0.95m，将出现涡流区，此时可采用双侧射流送风等措施，消除涡流区。

小　结

本章主要介绍气体射流的基本概念、基本规律及其在工程中的应用。

（1）射流有无限空间射流和有限空间射流。

（2）无限空间淹没射流可分为起始段和主体段；根据速度分布的特性可分为核心区和边界层。

（3）无限空间淹没射流的几何、运动和动力特征分别是：外边界线可近似为直线、射流各断面上速度分布相似以及通过射流各断面的动量守恒。

（4）温差射流的热力特性是：以周围气体的焓值为起算点，射流各断面的相对焓值保持不变。

（5）温差和浓差射流各断面上无因次温差、无因次浓差和无因次速度分布的关系为

$$\frac{\Delta T}{\Delta T_m}=\frac{\Delta\chi}{\Delta\chi_m}=\sqrt{\frac{v}{v_m}}$$

（6）温差和浓差射流由于射流本身的密度与周围流体的密度不同，射流受到的重力和浮力不平衡，使得射流发生弯曲。弯曲轴线的轨迹方程为

$$\frac{y}{d_0}=\frac{x}{d_0}\tan\alpha+Ar\left(\frac{x}{d_0\cos\alpha}\right)^2\left(0.51\frac{ax}{d_0\cos\alpha}+0.35\right)$$

（7）气流通过具有旋转作用的喷嘴外射运动，形成了与其他射流不同的特殊射流，就是旋转射流；旋转射流是一种轴对称射流，但比一般轴对称直射流复杂得多。

（8）有限空间射流就是在有限的空间受限后的射流，目前有限空间射流理论尚不完全成熟，多是根据实验结果整理成近似公式或无因次曲线，供设计使用。

习　题

7-1　什么是自由淹没射流的几何特征、运动特征和动力特征？

7-2　什么是质量平均速度？引入这一流速的意义何在？

7-3　温差射流轨迹为什么弯曲？怎样寻求其轨迹方程？

7-4　什么是受限射流？受限射流的结构图形如何？与自由射流对比有何异同？

7-5　旋转射流与自由淹没射流有哪些不同点？试对比说明。

7-6　圆射流以 $Q_{V0}=0.55\text{m}^3/\text{s}$，从 $d_0=0.3\text{m}$ 管嘴流出。试求 2.1m 处射流半宽度 R，轴心速度 v_m，断面平均速度 v_1，以及质量平均速度 v_2，并进行比较。

7-7　某场馆内装有圆形送风口，直径 $d_0=0.7\text{m}$，风口至比赛区的距离为 60m，比赛区风速（质量平均速度）不超过 0.3m/s，求风口的送风量应限制在多少单位（m^3/s）？

7-8　平面射流的喷口长 2m，高 0.05m，喷口速度 10m/s，求距孔口 2m 处的流量和质量平均流速。

7-9　空气以 8m/s 的速度从圆管喷出，$d_0=0.2\text{m}$，求距出口 1.5m 处的 v_m、v_2 及 D。

7-10　清扫沉降室中灰尘的吹吸系统如图 7-21 所示。室长 $L=6\text{m}$，吹风高度 $h_1=15\text{cm}$，宽为 5m，由于贴附底板，射流相当于半个平面射流。底板即为轴心线。求：

（1）吸风口的高度 h_2；

（2）吸风口处速度为 4m/s 时，Q_{V0}应是多少？

（3）吸风口处的风量。

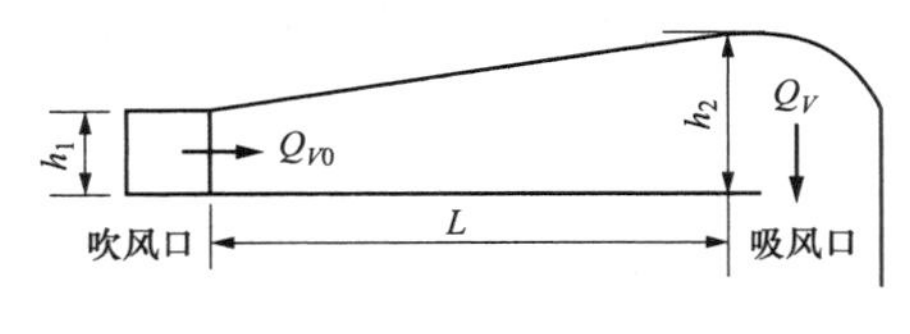

图 7-21　题 7-10 图

7-11　设计要求空气淋浴地带的宽度 $b=0.8\text{m}$，周围空气中有害气体的浓度 $H_H=0.06\text{mg/L}$，室外空气中有害气体浓度 $H_0=0$；工作地带允许的有害气体浓度 $H_m=0.02\text{mg/L}$；现用一平面喷嘴 $a=0.2$，求喷嘴的 b_0 及工作地带距喷嘴的距离 s。

7-12　在高处地面 6m 处设置一个孔口，$d_0=0.2\text{m}$，以 2m/s 的速度向房间水平送风；送风温度 $T_0=-10℃$，试求距出口 3m 处的 v_2、T_e 及弯曲轴心坐标。

7-13　室外空气经过墙壁上 $H=5\text{m}$ 处的扁平窗口（$b_0=0.2\text{m}$）射入室内，室外温度 $T_0=-1℃$，室内温度 $T_e=25℃$，窗口处出口速度为 2m/s，求间距壁面 $s=5\text{m}$ 处的 v_2、t_2 及弯曲轴心坐标（如图 7-22 所示）。

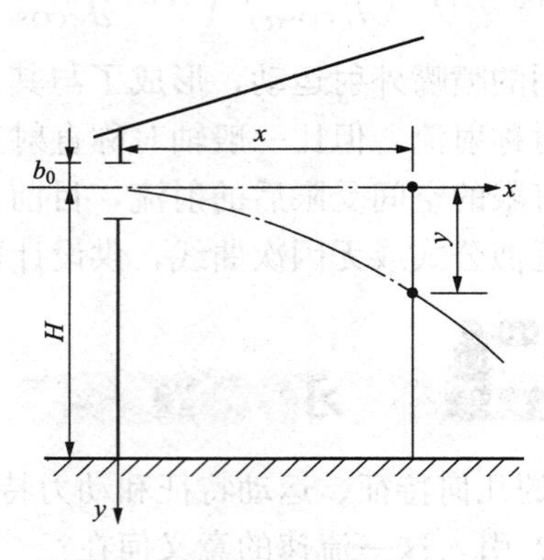

图 7-22　题 7-13 图

7-14　车间用安装在 10m 高的喷口集中送风，风量为 $5\text{m}^3/\text{s}$，限定最大回流速度为 0.6m/s，已知紊流系数 $a=0.08$，求喷口直径及喷口速度，并求最小射流速度为 0.15m/s 时的射程。

7-15　喷出清洁空气的平面射流，喷入一个有害气体浓度 $\chi_e=0.06\text{mg/L}$ 的静止空气环境中，工作地点所允许的轴线浓度为 0.02mg/L，并要求射流宽度不小于 1.5m，设紊流系数 $a=0.118$；求喷口宽度及喷口至工作地点的距离。

7-16　通过实验测得轴对称射流的 $v_0=55\text{m/s}$，某断面处 $v_m=6\text{m/s}$，试求该断面上气体流量是初始流量的倍数。

7-17　圆断面的 $r_0=0.6\text{m}$，求距其出口断面为 25m，距轴心距离 $y=1\text{m}$ 处的射流速度与出口速度之比。

7-18　应用要求，距喷口中心 $x=20\text{m}$，$y=3\text{m}$ 处必须满足：流速 $v=6\text{m/s}$，初始长度 $s_n=1\text{m}$，当 $a=0.07$ 时，试求喷口出口处的初始流量。

7-19　喷口的 $r_0=0.070\text{m}$，其中射出温度为 $T_0=300\text{K}$ 的气体射流。周围介质温度为 $T_e=290\text{K}$，紊流系数为 $a=0.075$，试求距喷口中心 $x=6\text{m}$，$y=1\text{m}$ 处的气体温度。

7-20　已知条件如例 7-10 所示，试判断风口设在墙高 7m 处中央是否会出现涡流区？

第 8 章　不可压缩黏性流体的动力学基础

8.1　流体微团的运动分析

流体的运动不同于刚体运动，由于质点之间没有刚性联系，所以运动比刚体更为复杂，流体微团运动包括位置平移、线变形和边线偏转。

在流场中取一微元平行六面体如图 8-1 所示，其边长设为 dx，dy，dz。取一顶点 $A(x, y, z)$，其流速在各坐标轴上的投影分别为 u_x，u_y，u_z。相邻其他各点的运动速度与 A 点不同，各点之间的变化可用泰勒级数方式表达。

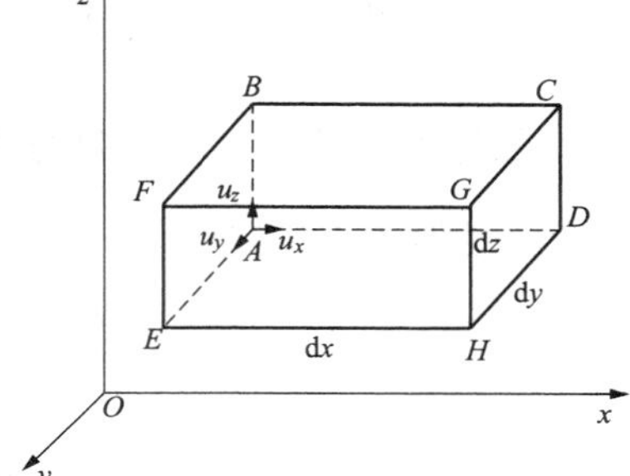

图 8-1　微元平行六面体

B 点在各个坐标轴上的分速度：

$$u_x+\frac{\partial u_x}{\partial z}dz、u_y+\frac{\partial u_y}{\partial z}dz、u_z+\frac{\partial u_z}{\partial z}dz$$

C 点在各个坐标轴上的分速度：

$$u_x+\frac{\partial u_x}{\partial z}dz+\frac{\partial u_x}{\partial x}dx、u_y+\frac{\partial u_y}{\partial z}dz+\frac{\partial u_y}{\partial x}dx、u_z+\frac{\partial u_z}{\partial z}dz+\frac{\partial u_z}{\partial x}dx$$

D 点在各个坐标轴上的分速度：

$$u_x+\frac{\partial u_x}{\partial x}dx、u_y+\frac{\partial u_y}{\partial x}dx、u_z+\frac{\partial u_z}{\partial x}dx$$

E 点在各个坐标轴上的分速度：

$$u_x+\frac{\partial u_x}{\partial y}dy、u_y+\frac{\partial u_y}{\partial y}dy、u_z+\frac{\partial u_z}{\partial y}dy$$

F 点在各个坐标轴上的分速度：

$$u_x+\frac{\partial u_x}{\partial z}dz+\frac{\partial u_x}{\partial y}dy、u_y+\frac{\partial u_y}{\partial z}dz+\frac{\partial u_y}{\partial y}dy、u_z+\frac{\partial u_z}{\partial z}dz+\frac{\partial u_z}{\partial y}dy$$

G 点在各个坐标轴上的分速度：

$$u_x+\frac{\partial u_x}{\partial x}dx+\frac{\partial u_x}{\partial y}dy+\frac{\partial u_x}{\partial z}dz、u_y+\frac{\partial u_y}{\partial x}dx+\frac{\partial u_y}{\partial y}dy+\frac{\partial u_y}{\partial z}dz、u_z+\frac{\partial u_z}{\partial x}dx+\frac{\partial u_z}{\partial y}dy+\frac{\partial u_z}{\partial z}dz$$

H 点在各个坐标轴上的分速度：

$$u_x+\frac{\partial u_x}{\partial y}dy+\frac{\partial u_x}{\partial x}dx、u_y+\frac{\partial u_y}{\partial y}dy+\frac{\partial u_y}{\partial x}dx、u_z+\frac{\partial u_z}{\partial y}dy+\frac{\partial u_z}{\partial x}dx$$

由于平行六面体的各点运动速度不同，因此经过一定时间段后，微元平行六面体要发生变化，当然六面体的变形反映在组成体的各个面上，为了说明流体微团运动，下面以矩形 $ABCD$ 为例分析其变化情况。

1. 位置平移

位置平移是指流体微元体在运动过程中任一线段的长度和方位都没变，而只有位置的改变。如图 8-2 所示为矩形 $ABCD$ 的位置平移，由于四点的速度分量均含有 u_x，u_z 项（先不考虑速度相差部分），经过时间 dt 后，整个矩形向右移一个距离 $u_x\mathrm{d}t$，向上平移一个距离 $u_z\mathrm{d}t$，到达 $A'B_1C_1D_1$，平面矩形的形状和大小均没有改变。

微元平行六面体在 x，y，z 各方向的位移速度为 u_x，u_y，u_z，称为平移速度。

2. 线变形

线变形是指流体微元体在运动过程中，仅存在各向线段有拉伸或收缩。如图 8-3 所示为矩形 $ABCD$ 的线变形，由于四点的速度分量不同（考虑速度相差部分），D 对 A，C 对 B 在 x 方向上均有 $\frac{\partial u_x}{\partial x}\mathrm{d}x$ 的速度差，经过时间 dt 后，边线 AD、BC 在 x 方向的伸长均为 $\frac{\partial u_x}{\partial x}\mathrm{d}x\mathrm{d}t$。同理 AB、DC 在 z 方向的伸长为 $\frac{\partial u_z}{\partial z}\mathrm{d}z\mathrm{d}t$。因此经过时间 d$t$ 矩形 $ABCD$ 因位移和线变形将变成矩形 $A'B_2C_2D_2$。

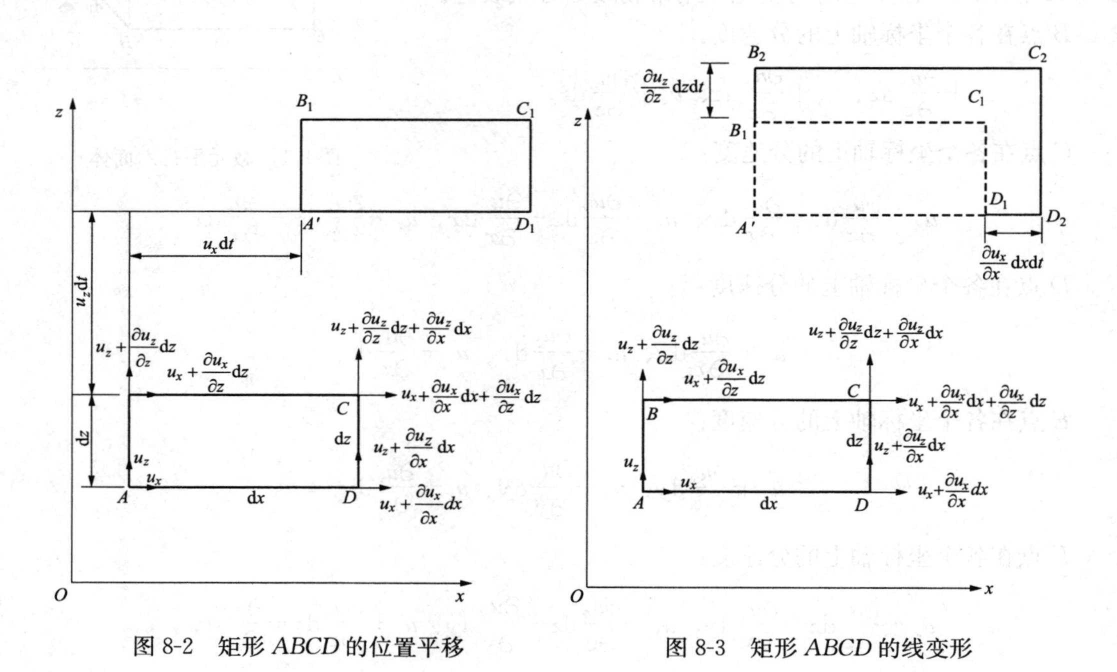

图 8-2 矩形 $ABCD$ 的位置平移　　图 8-3 矩形 $ABCD$ 的线变形

把单位时间单位长度在各坐标轴方向的伸长称为各坐标轴方向的线变形速率，由此可求得微元六面体在各坐标轴方向的线变形速率如下：

x 方向

$$\frac{\frac{\partial u_x}{\partial x}\mathrm{d}x\mathrm{d}t}{\mathrm{d}x\mathrm{d}t}=\frac{\partial u_x}{\partial x} \tag{8-1}$$

同理，y 方向

$$\frac{\dfrac{\partial u_y}{\partial y}\mathrm{d}y\mathrm{d}t}{\mathrm{d}y\mathrm{d}t}=\frac{\partial u_y}{\partial y} \tag{8-2}$$

z 方向

$$\frac{\dfrac{\partial u_z}{\partial z}\mathrm{d}z\mathrm{d}t}{\mathrm{d}z\mathrm{d}t}=\frac{\partial u_z}{\partial z} \tag{8-3}$$

3. 边线偏转

边线偏转是由于矩形某一顶点相邻其他 3 个端点，存在与该边线垂直的分速度差异引起的，包括微元体的角变形和微元体旋转运动。

角变形是指微元体在运动过程中两边的夹角发生变化，可能相向运动，也可能反向运动；旋转是指微元体在运动过程中，两边以同一方向转动同样的角度，两边的方位发生变化，而两边的夹角不变。

边线偏转如图 8-4 所示，D 点对于 A 点在 z 方向上有速度增量$\dfrac{\partial u_z}{\partial x}\mathrm{d}x$；$B$ 点对于 A 点在 x 方向有速度增量$\dfrac{\partial u_x}{\partial z}\mathrm{d}z$。经过时间 $\mathrm{d}t$ 后，D 点比 A 点向上偏移$\dfrac{\partial u_z}{\partial x}\mathrm{d}x\mathrm{d}t$；$B$ 点比 A 点向上偏移$\dfrac{\partial u_x}{\partial z}\mathrm{d}z\mathrm{d}t$。由于边线偏移 AD 发生逆时针方向的偏转角为 $\mathrm{d}\beta$，AB 发生了顺时针方向的偏转角为 $\mathrm{d}\alpha$。经过平移，再考虑到微元体的平移和线变形，经 $\mathrm{d}t$ 时间后，矩形 $ABCD$ 变为平行四边形 $A'B'C'D'$。

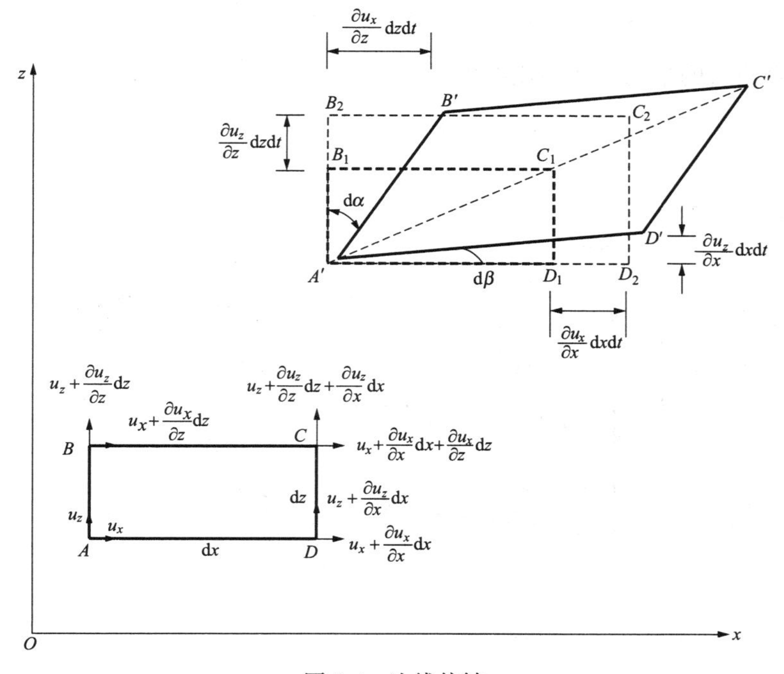

图 8-4　边线偏转

(1) 角变形如图 8-5 所示。角变形的两边线偏转角是相等的，首先使 $A'B_2$ 顺时针旋转一角度 $\mathrm{d}\alpha-\angle\alpha$，在使 $A'D_2$ 逆时针旋转一个角度 $\mathrm{d}\beta+\angle\alpha$，而且这两角度相等，即

$$d\alpha - \angle\alpha = d\beta + \angle\alpha \tag{8-4}$$

上式变形为

$$\frac{d\alpha - d\beta}{2} = \angle\alpha \tag{8-5}$$

将式（8-5）表示的$\angle\alpha$代入式 $d\beta+\angle\alpha$ 中得

$$d\alpha - \angle\alpha = d\beta + \angle\alpha = d\beta + \frac{d\alpha - d\beta}{2} = \frac{d\alpha + d\beta}{2} \tag{8-6}$$

式（8-6）中$\frac{d\alpha+d\beta}{2}$表示直角边 $A'B_2$ 或 $A'D_2$ 的偏转角，称为平均角变形速度。另据图 8-4 中几何关系可知

$$d\alpha \approx \tan d\alpha = \frac{\frac{\partial u_x}{\partial z}dzdt}{dz + \frac{\partial u_z}{\partial z}dzdt}$$

分母中$\frac{\partial u_z}{\partial z}dzdt$ 相对于 dz 为高级无穷小量，可略去不计，得

$$d\alpha = \frac{\frac{\partial u_x}{\partial z}dzdt}{dz} = \frac{\partial u_x}{\partial z}dt \quad 即 \quad \frac{d\alpha}{dt} = \frac{\partial u_x}{\partial z}$$

同理

$$d\beta = \frac{\frac{\partial u_z}{\partial x}dxdt}{dx} = \frac{\partial u_z}{\partial x}dt \quad 即 \quad \frac{d\beta}{dt} = \frac{\partial u_z}{\partial x}$$

于是绕 y 方向直角边的平均角变形速度为

$$\theta_y = \frac{d\alpha + d\beta}{2} = \frac{1}{2}\left(\frac{\partial u_x}{\partial z} + \frac{\partial u_z}{\partial x}\right)$$

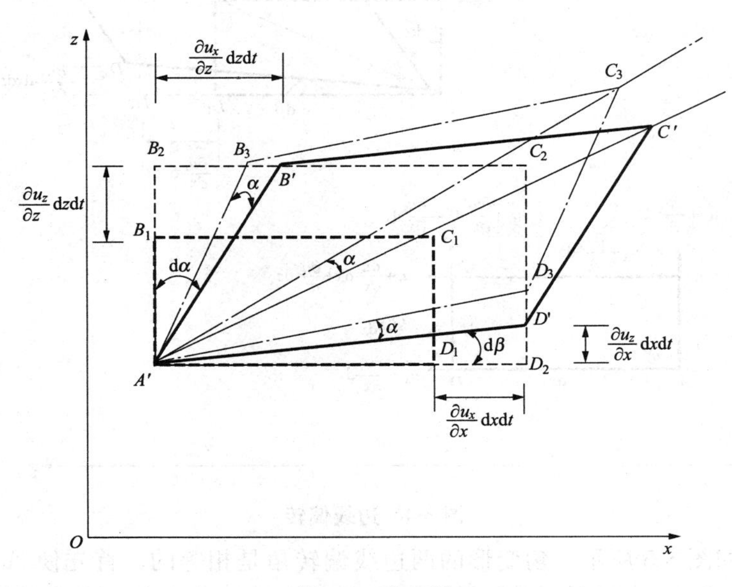

图 8-5 角变形

同理可以得其他两个坐标平面上微元体的角变形角速度，进而可得

$$\left.\begin{aligned}\theta_x&=\frac{1}{2}\left(\frac{\partial u_z}{\partial y}+\frac{\partial u_y}{\partial z}\right)\\\theta_y&=\frac{1}{2}\left(\frac{\partial u_x}{\partial z}+\frac{\partial u_z}{\partial x}\right)\\\theta_z&=\frac{1}{2}\left(\frac{\partial u_y}{\partial x}+\frac{\partial u_x}{\partial y}\right)\end{aligned}\right\}\tag{8-7}$$

（2）旋转运动：旋转是由于 $\mathrm{d}\alpha$ 与 $\mathrm{d}\beta$ 不等所产生的，矩形 $ABCD$ 绕 y 轴顺时针整体旋转角度为 $\angle\alpha=\frac{1}{2}(\mathrm{d}\alpha-\mathrm{d}\beta)$，故旋转角速度可表示为

$$\left.\begin{aligned}\omega_x&=\frac{1}{2}\left(\frac{\partial u_z}{\partial y}-\frac{\partial u_y}{\partial z}\right)\\\omega_y&=\frac{1}{2}\left(\frac{\partial u_x}{\partial z}-\frac{\partial u_z}{\partial x}\right)\\\omega_z&=\frac{1}{2}\left(\frac{\partial u_y}{\partial x}-\frac{\partial u_x}{\partial y}\right)\end{aligned}\right\}\tag{8-8}$$

以上分析可知：流体微团最普遍的运动形式是由平移、线变形、角变形及旋转等四种基本形式组成。

8.2　有旋运动和无旋运动

根据流体质点的旋转角速度 ω 存在与否，把流体运动分为有旋运动和无旋运动。当流场中各点的旋转角速度 $\omega\neq0$ 的流体运动称为有旋流动或有涡流动；当流场中各点的旋转角速度 $\omega=0$ 的运动称为无旋流动或无涡流动。具体地，流体微团的旋转角速度不等于零的流动称为有旋运动或有涡运动，反之称为无旋运动或无涡运动。

此处需要区分流体质点轨迹的圆周运动和流体质点绕自身轴的运动，如图 8-6（a）所示流体质点运动轨迹为圆周，但质点没有绕轴旋转，为无旋运动，如图 8-6（b）所示流体质点在做圆周运动的同时绕自身轴旋转，为有旋运动。

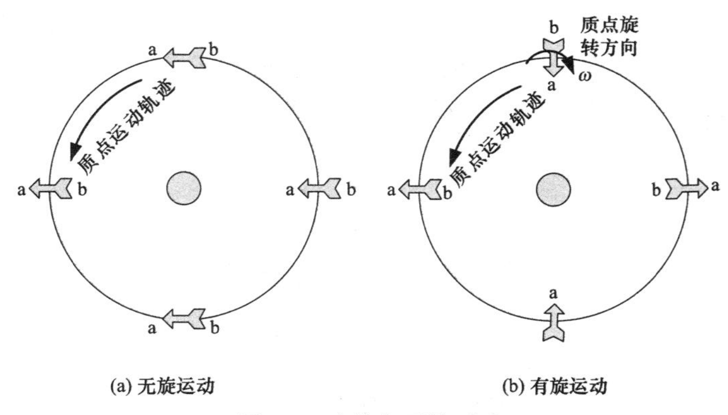

图 8-6　有旋与无旋对比

无旋运动就是指质点没有绕自身轴的旋转，其旋转角速度等于零，据式（8-8）流体微

团无旋的充要条件表示为

$$\left.\begin{aligned}\frac{\partial u_z}{\partial y}&=\frac{\partial u_y}{\partial z}\\\frac{\partial u_x}{\partial z}&=\frac{\partial u_z}{\partial x}\\\frac{\partial u_y}{\partial x}&=\frac{\partial u_x}{\partial y}\end{aligned}\right\}\tag{8-9}$$

在流场中任取一点其速度分量设为 u_x,u_y,u_z，再设有一流速势函数为 $\varphi(x,y,z,t)$ 其在相应坐标轴上的偏导数分别与速度分量相等，即

$$\left.\begin{aligned}u_x&=\frac{\partial\varphi}{\partial x}\\u_y&=\frac{\partial\varphi}{\partial y}\\u_z&=\frac{\partial\varphi}{\partial z}\end{aligned}\right\}\tag{8-10}$$

依照式（8-9），分别对上式各项取偏导数

$$\frac{\partial u_z}{\partial x}=\frac{\partial^2\varphi}{\partial z\partial x},\quad\frac{\partial u_z}{\partial y}=\frac{\partial^2\varphi}{\partial z\partial y},\quad\frac{\partial u_y}{\partial x}=\frac{\partial^2\varphi}{\partial y\partial x},\quad\frac{\partial u_y}{\partial z}=\frac{\partial^2\varphi}{\partial y\partial z},\quad\frac{\partial u_x}{\partial y}=\frac{\partial^2\varphi}{\partial x\partial y},\quad\frac{\partial u_x}{\partial z}=\frac{\partial^2\varphi}{\partial x\partial z}$$

由于连续函数的导数值与微分次序无关，所以，如果以上假设的流速势函数 φ 存在，该函数就能满足式（8-9）。据以上的推导得出结论：如果流场中所有质点都做无旋运动，其旋转角速度都等于零，则必然存在流速势函数，也就是无旋即有势。

8.3 不可压缩流体连续性方程

流场法是把流体看作是连续介质，若在流场中任意划定一封闭曲面，在同一时段内，流入封闭曲面的流体质量与流出该曲面的质量之差应等于因密度变化而引起的质量变化，该变化的微分方程式就是流体的连续性方程式。

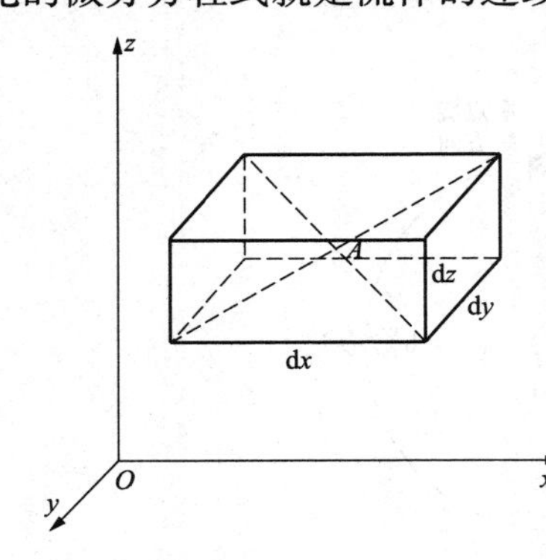

图 8-7 流场中一微元平行六面体

流场中一微元平行六面体如图 8-7 所示，其边长设为 $\mathrm{d}x,\mathrm{d}y,\mathrm{d}z$。形心点为 $A(x,y,z)$，设该点流速在各坐标轴上的投影为 u_x,u_y,u_z，该点流体密度为 ρ。

经一微小时段 $\mathrm{d}t$ 从微元六面体左侧面流入的流体质量为

$$\left(\rho-\frac{\partial\rho}{\partial x}\frac{\mathrm{d}x}{2}\right)\left(u_x-\frac{\partial u_x}{\partial x}\frac{\mathrm{d}x}{2}\right)\mathrm{d}y\mathrm{d}z\mathrm{d}t$$

从右侧面流出的液体质量

$$\left(\rho+\frac{\partial\rho}{\partial x}\frac{\mathrm{d}x}{2}\right)\left(u_x+\frac{\partial u_x}{\partial x}\frac{\mathrm{d}x}{2}\right)\mathrm{d}y\mathrm{d}z\mathrm{d}t$$

则 $\mathrm{d}t$ 时段内在 x 方向进出微元六面体的质量差为

$$\left(\rho-\frac{\partial\rho}{\partial x}\frac{\mathrm{d}x}{2}\right)\left(u_x-\frac{\partial u_x}{\partial x}\frac{\mathrm{d}x}{2}\right)\mathrm{d}y\mathrm{d}z\mathrm{d}t-\left(\rho+\frac{\partial\rho}{\partial x}\frac{\mathrm{d}x}{2}\right)\left(u_x+\frac{\partial u_x}{\partial x}\frac{\mathrm{d}x}{2}\right)\mathrm{d}y\mathrm{d}z\mathrm{d}t=-\frac{\partial(\rho u_x)}{\partial x}\mathrm{d}x\mathrm{d}y\mathrm{d}z\mathrm{d}t$$

同理可得 y 方向 z 方向进出微元体的质量差分别为

$$-\frac{\partial(\rho u_y)}{\partial y}\mathrm{d}x\mathrm{d}y\mathrm{d}z\mathrm{d}t \text{ 和 } -\frac{\partial(\rho u_z)}{\partial z}\mathrm{d}x\mathrm{d}y\mathrm{d}z\mathrm{d}t$$

所以在 $\mathrm{d}t$ 时段内流进与流出微元六面体总的流体质量差为

$$-\left[\frac{\partial(\rho u_x)}{\partial x}+\frac{\partial(\rho u_y)}{\partial y}+\frac{\partial(\rho u_z)}{\partial z}\right]\mathrm{d}x\mathrm{d}y\mathrm{d}z\mathrm{d}t$$

从另一角度考虑，在 $\mathrm{d}t$ 时段内微元六面体因密度变化而引起的质量变化为

$$\left(\rho+\frac{\partial\rho}{\partial t}\mathrm{d}t\right)\mathrm{d}x\mathrm{d}y\mathrm{d}z-\rho\mathrm{d}x\mathrm{d}y\mathrm{d}z=\frac{\partial\rho}{\partial t}\mathrm{d}x\mathrm{d}y\mathrm{d}z\mathrm{d}t$$

据质量守恒原理：$\mathrm{d}t$ 时段内进出微元六面体总质量差应等于同一个时段内微元六面体因密度变化而引起的质量变化，即

$$\frac{\partial\rho}{\partial t}\mathrm{d}x\mathrm{d}y\mathrm{d}z\mathrm{d}t=-\left[\frac{\partial(\rho u_x)}{\partial x}+\frac{\partial(\rho u_y)}{\partial y}+\frac{\partial(\rho u_z)}{\partial z}\right]\mathrm{d}x\mathrm{d}y\mathrm{d}z\mathrm{d}t$$

上式等号两边同时除以 $\mathrm{d}x\mathrm{d}y\mathrm{d}z\mathrm{d}t$ 后可得可压缩流体非恒定流的连续性方程式

$$\frac{\partial\rho}{\partial t}+\left[\frac{\partial(\rho u_x)}{\partial x}+\frac{\partial(\rho u_y)}{\partial y}+\frac{\partial(\rho u_z)}{\partial z}\right]=0 \tag{8-11}$$

对不可压缩均质流体 $\rho=$常数，连续性方程式为

$$\frac{\partial u_x}{\partial x}+\frac{\partial u_y}{\partial y}+\frac{\partial u_z}{\partial z}=0 \tag{8-12}$$

式（8-12）是不可压缩均质流体的连续性方程，对黏性和非黏性流体均适用，恒定流动和非恒定流动也同样适用。

8.4　以应力表示的黏性流体的运动微分方程

黏性是自然界中所有流体的固有属性，如果运动的流体质点之间有相对运动，由于黏性的存在，流层之间必将产生内摩擦切应力。因此，在流场中任取一微元平行六面体如图 8-8 所示，作用于该微元六面体任一平面 X 上任一点 A 的应力设为 p_x。p_x 在 x，y，z 三个方向的分量分别为：沿 X 表面法线方向的正应力分量 p_{xx}，称为动压强；沿 X 表面切线方向两个切应力分量 $p_{xy}=\tau_{xy}$ 和 $p_{xz}=\tau_{xz}$。为了方便规定如下：用 p 表示正应力，τ 表示切应力，在应力的右下角有两个角标，第一个角标表示应力作用面的法线方向，第二个角标表示应力被投影方向。

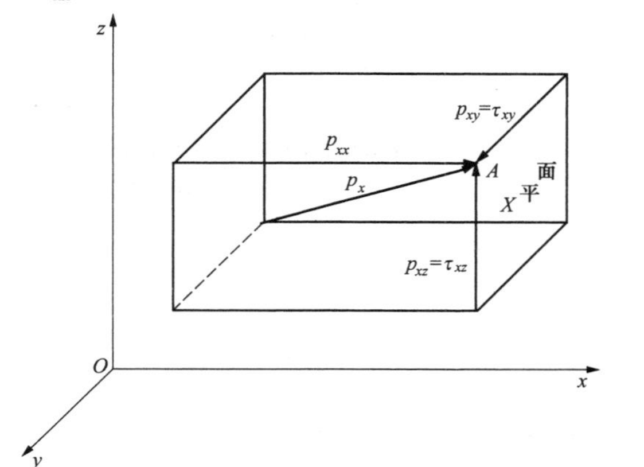

图 8-8　任取一微元平行六面体

8.4.1　应力的性质和大小

本节采用微元法讨论黏性流体动压强和切应力的性质及大小。

1. 切应力的性质和大小

在运动的流体中取一微元平行六面体，该微元平行六面体在时刻 t 投影在 xoy 面上为一矩

形 $ABCD$，流速梯度的意义分析如图 8-9 所示，AD 和 BC 流层的间距为 $\mathrm{d}y$，AD 层的流速为 u_x，BC 层的流速为 $u_x+\mathrm{d}u_x$。经微小时段 $\mathrm{d}t$ 后，$ABCD$ 沿 x 方向运动到 $A_1B_1C_1D_1$，其中 AD 运动的距离为 $u_x\mathrm{d}t$，BC 运动的距离为 $(u_x+\mathrm{d}u_x)\mathrm{d}t$，因此矩形 $ABCD$ 改变为平行四边形，边线 AB 偏转一个角度 $\mathrm{d}\theta$，由图可知 $\tan\mathrm{d}\theta=\mathrm{d}u_x\mathrm{d}t/\mathrm{d}y$。当 $\mathrm{d}\theta\to 0$ 时，$\tan\mathrm{d}\theta\approx\mathrm{d}\theta$，于是 $\mathrm{d}\theta=\mathrm{d}u_x\mathrm{d}t/\mathrm{d}y$，即 $\mathrm{d}\theta/\mathrm{d}t=\mathrm{d}u_x/\mathrm{d}y$。这就表明在层流运动的流体内流体的变形角速度与流速梯度相等，因此牛顿内摩擦定律又可表示为

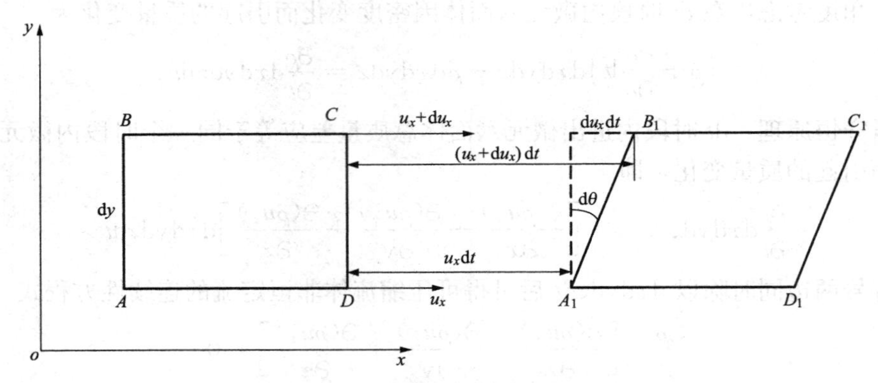

图 8-9 流速梯度的意义分析

$$\tau=\mu\frac{\mathrm{d}u_x}{\mathrm{d}y}=\mu\frac{\mathrm{d}\theta}{\mathrm{d}t} \tag{8-13}$$

将式 (8-13) 推广应用于三元流动中，如图 8-10 (a) 所示为从黏性流体中分离出的微元平行六面体在 xoy 平面上的投影，由于 $ABCD$ 各点流速均不相等，经 $\mathrm{d}t$ 时间，矩形 $ABCD$ 变平行四边形 $A'B'C'D'$，如图 8-10 (b) 所示，其总的角变形为 $\mathrm{d}\theta=\mathrm{d}\alpha+\mathrm{d}\beta$，总角变形速度为

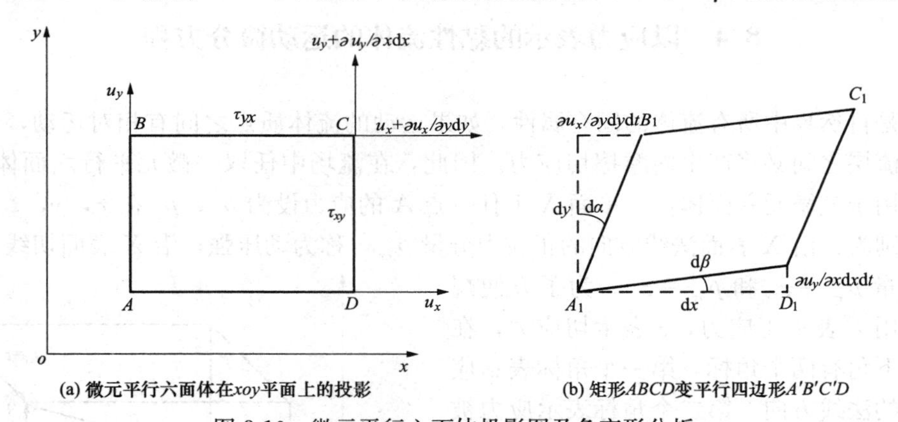

(a) 微元平行六面体在xoy平面上的投影 (b) 矩形ABCD变平行四边形A'B'C'D

图 8-10 微元平行六面体投影图及角变形分析

$$\frac{\mathrm{d}\theta}{\mathrm{d}t}=\frac{\mathrm{d}\alpha+\mathrm{d}\beta}{\mathrm{d}t}=\frac{\dfrac{\dfrac{\partial u_x}{\partial y}\mathrm{d}y\mathrm{d}t}{\mathrm{d}y}+\dfrac{\dfrac{\partial u_y}{\partial x}\mathrm{d}x\mathrm{d}t}{\mathrm{d}x}}{\mathrm{d}t}=\frac{\partial u_x}{\partial y}+\frac{\partial u_y}{\partial x} \tag{8-14}$$

所以 BC 对 AD 层的切应力 τ_{yx} 为

$$\tau_{yx}=\mu\frac{\mathrm{d}\theta}{\mathrm{d}t}=\mu\left(\frac{\partial u_x}{\partial y}+\frac{\partial u_y}{\partial x}\right) \tag{8-15}$$

同理可得 DC 相对于 AB 边的切应力 τ_{yx} 为

$$\tau_{yx}=\mu\frac{\mathrm{d}\theta}{\mathrm{d}t}=\mu\left(\frac{\mathrm{d}\beta+\mathrm{d}\alpha}{\mathrm{d}t}\right)=\mu\left(\frac{\partial u_y}{\partial x}+\frac{\partial u_x}{\partial y}\right) \tag{8-16}$$

再将微元平行六面体投影到 xoz、yoz 平面上，同理可得切应力 $\tau_{zx},\tau_{xz},\tau_{yz},\tau_{zy}$。最后综合所有六个面的切应力写为

$$\left.\begin{aligned}\tau_{xz}&=\tau_{zx}=\mu\left(\frac{\partial u_x}{\partial z}+\frac{\partial u_z}{\partial x}\right)\\\tau_{yx}&=\tau_{xy}=\mu\left(\frac{\partial u_y}{\partial x}+\frac{\partial u_x}{\partial y}\right)\\\tau_{zy}&=\tau_{yz}=\mu\left(\frac{\partial u_z}{\partial y}+\frac{\partial u_y}{\partial z}\right)\end{aligned}\right\} \tag{8-17}$$

式（8-17）表明作用于两相互垂直平面且垂直于交线的切应力大小相等。

2. 动压强的性质和大小

微元平行六面体和三棱体的受力分析如图 8-11 所示，在流场中取出一微元平行六面体 $ABCDEFGH$，并将其分成两半取下半部分三棱体 $ABCDFG$ 分析，各面上作用的正应力和切应力均标于图中。假设 x 方向加速度分量为 a_x，三棱体受到的重力为 $\frac{1}{2}\rho g\mathrm{d}x\mathrm{d}y\mathrm{d}z$。

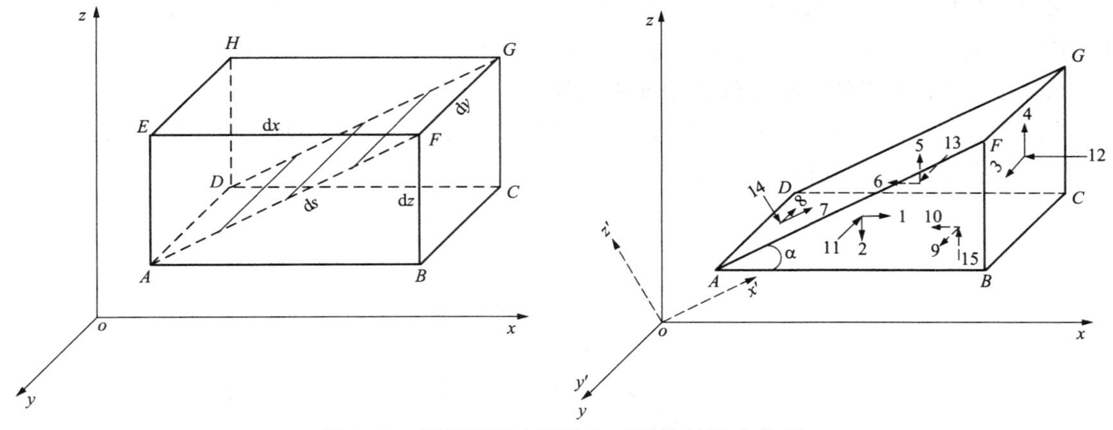

图 8-11　微元平行六面体和三棱体的受力分析

1—τ_{yx}；2——τ_{yz}，3—+τ_{xy}；4—τ_{xz}；5—$\tau_{yz}-\partial\tau_{yz}/\partial y\mathrm{d}y$；6—$\tau_{yx}-\partial\tau_{yx}/\partial y\mathrm{d}y$；

7—$\tau_{z'x'}$；8——$\tau_{z'y'}$；9—τ_{zy}；10——τ_{zx}；11——p_{yy}；12——p_{xx}；13——$p_{yy}-\frac{\partial p_{yy}}{\partial y}\mathrm{d}y$；14——$p_{z'z'}$；15——$p_{zz}$

据牛顿第二定律列 ox 轴正方向动力学平衡方程：

$$-p_{xx}\mathrm{d}y\mathrm{d}z+\tau_{yx}\frac{\mathrm{d}x\mathrm{d}z}{2}-\left(\tau_{yx}-\frac{\partial\tau_{yx}}{\partial y}\mathrm{d}y\right)\frac{\mathrm{d}x\mathrm{d}z}{2}-\tau_{zx}\mathrm{d}x\mathrm{d}y+p_{z'z'}\mathrm{d}y\mathrm{d}s\sin\alpha$$

$$+\tau_{z'x'}\mathrm{d}y\mathrm{d}s\cos\alpha=\frac{1}{2}\rho\mathrm{d}x\mathrm{d}y\mathrm{d}za_x$$

将 $\mathrm{d}s\sin\alpha=\mathrm{d}z$ 和 $\mathrm{d}s\cos\alpha=\mathrm{d}y$ 代入上式，并将等号两侧同时除以 $\mathrm{d}y\mathrm{d}z$ 得

$$-p_{xx}-\frac{\partial\tau_{yx}}{\partial y}\frac{\mathrm{d}x}{2}-\tau_{zx}\cot\alpha+p_{z'z'}+\tau_{z'x'}\cot\alpha=\frac{1}{2}\rho\mathrm{d}xa_x$$

当 $\mathrm{d}x$，$\mathrm{d}y$，$\mathrm{d}z$ 趋近于零，上式简化为

$$p_{z'z'}-p_{xx}+(\tau_{z'x'}-\tau_{zx})\cot\alpha=0$$

所以得出 $p_{xx}\neq p_{z'z'}$，在理想流体中同一点上各个方向的动压强相等。

为了证明 $p_{xx}\neq p_{zz}$，在图 8-11 右侧图中另取直角坐标系 $ox'y'z'$，其中 ox'和 oz'轴分别平行和垂直于面 $ADGF$，取 oy'轴与 oy 轴重合。据牛顿第二定律写出沿 ox'正方向的动力平衡方程，经相关变化以及去掉无穷小量后有

$$\tau_{z'x'}=(p_{xx}-p_{zz})\sin\alpha\cos\alpha+\tau_{zx}(\cos^2\alpha-\sin^2\alpha)$$

因此 $p_{xx}\neq p_{zz}$。

于是可知 $p_{xx}\neq p_{zz}\neq p_{z'z'}$，说明在黏性流体中同一点不同方向的动压强是不相等的。所以在实际工程中通常采用任意三个正交方向的平均值来表示某一点的压强，即

$$p=\frac{p_{xx}+p_{yy}+p_{zz}}{3} \tag{8-18}$$

可以证明此平均压强与方向无关。其中

$$\left.\begin{aligned}p_{xx}&=p-2\mu\frac{\partial u_x}{\partial x}\\p_{yy}&=p-2\mu\frac{\partial u_y}{\partial y}\\p_{zz}&=p-2\mu\frac{\partial u_z}{\partial z}\end{aligned}\right\} \tag{8-19}$$

式中等号右侧第二项为由黏滞性产生的附加正应力，所以，黏性流体中任一点的动压强可以看成由两部分组成：第一部分该点三个正交方向动压强平均值 p；第二部分由黏性产生的附加正应力。

8.4.2 应力表示的实际流体运动基本方程

如图 8-12 所示为微元平行六面体受力分析，是从黏性流体中取出一微元平行六面体 $ABCDEFGH$，其边长分别为 $\mathrm{d}x,\mathrm{d}y,\mathrm{d}z$，其质量 $\rho\mathrm{d}x\mathrm{d}y\mathrm{d}z$。

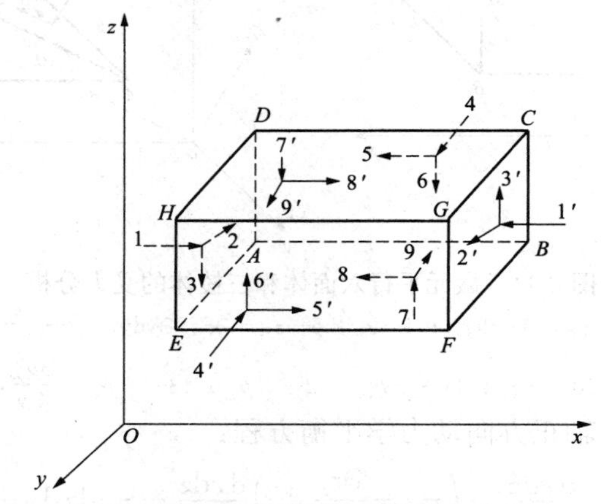

图 8-12 微元平行六面体受力分析

1—p_{xx}；2—$-\tau_{xy}$；3—$-\tau_{xz}$；1′—$p_{xx}+\frac{\partial p_{xx}}{\partial x}\mathrm{d}x$；2′—$-\tau_{xy}+\frac{\partial \tau_{xy}}{\partial x}\mathrm{d}x$；3′—$-\tau_{xz}+\frac{\partial \tau_{xz}}{\partial x}\mathrm{d}x$；4—$p_{yy}$；

5—$-\tau_{yx}$；6—$-\tau_{yz}$；4′—$p_{yy}+\frac{\partial p_{yy}}{\partial y}\mathrm{d}y$；5′—$-\tau_{yx}+\frac{\partial \tau_{yx}}{\partial y}\mathrm{d}y$；6′—$-\tau_{yz}+\frac{\partial \tau_{yz}}{\partial y}\mathrm{d}y$；7—$p_{zz}$；

8—$-\tau_{zx}$；9—$-\tau_{zy}$；7′—$p_{zz}+\frac{\partial p_{zz}}{\partial_z}\mathrm{d}z$；8′—$-\tau_{zx}+\frac{\partial \tau_{zx}}{\partial z}\mathrm{d}z$；9′—$-\tau_{zy}+\frac{\partial \tau_{zy}}{\partial z}\mathrm{d}z$

作用于微元平行六面体的有质量力和三种表面力：即法向压力、两个切向力，以及质量力 $f\rho\mathrm{d}x\mathrm{d}y\mathrm{d}z$。

据牛顿第二定律列 x 方向动力方程

$$\rho f_x \mathrm{d}x\mathrm{d}y\mathrm{d}z+p_{xx}\mathrm{d}y\mathrm{d}z-\left(p_{xx}+\frac{\partial p_{xx}}{\partial x}\mathrm{d}x\right)\mathrm{d}y\mathrm{d}z-\tau_{yx}\mathrm{d}x\mathrm{d}z+\left(\tau_{yx}+\frac{\partial \tau_{yx}}{\partial y}\mathrm{d}y\right)\mathrm{d}x\mathrm{d}z-\tau_{zx}\mathrm{d}x\mathrm{d}y+\left(\tau_{zx}+\frac{\partial \tau_{zx}}{\partial z}\mathrm{d}z\right)\mathrm{d}x\mathrm{d}y=\rho\mathrm{d}x\mathrm{d}y\mathrm{d}z\frac{\mathrm{d}u_x}{\mathrm{d}t}$$

化简得黏性流体运动微分方程式

$$\left.\begin{aligned}
f_x-\frac{1}{\rho}\left(\frac{\partial p_{xx}}{\partial x}\right)+\frac{1}{\rho}\left(\frac{\partial \tau_{yx}}{\partial y}+\frac{\partial \tau_{zx}}{\partial z}\right)=\frac{\mathrm{d}u_x}{\mathrm{d}t}\\
f_y-\frac{1}{\rho}\left(\frac{\partial p_{yy}}{\partial y}\right)+\frac{1}{\rho}\left(\frac{\partial \tau_{zy}}{\partial z}+\frac{\partial \tau_{xy}}{\partial x}\right)=\frac{\mathrm{d}u_y}{\mathrm{d}t}\\
f_z-\frac{1}{\rho}\left(\frac{\partial p_{zz}}{\partial z}\right)+\frac{1}{\rho}\left(\frac{\partial \tau_{xz}}{\partial x}+\frac{\partial \tau_{yz}}{\partial y}\right)=\frac{\mathrm{d}u_z}{\mathrm{d}t}
\end{aligned}\right\}\tag{8-20}$$

式（8-20）即为应力表示的实际黏性流体运动基本微分方程式。

8.5　纳维-斯托克斯方程

对于均值不可压缩黏性流体而言，方程式（8-20）中只有质量力 f_x，f_y，f_z 和密度 ρ 已知，剩余 9 个应力项和 3 个速度项共 12 项均未知，还需要增加其他关系式才能求解，现将式（8-17）和式（8-19）代入上式得

$$\left.\begin{aligned}
f_x-\frac{1}{\rho}\frac{\partial p}{\partial x}+\frac{\mu}{\rho}\left(\frac{\partial^2 u_x}{\partial x^2}+\frac{\partial^2 u_x}{\partial y^2}+\frac{\partial^2 u_x}{\partial z^2}\right)+\frac{\mu}{\rho}\frac{\partial}{\partial x}\left(\frac{\partial u_x}{\partial x}+\frac{\partial u_y}{\partial y}+\frac{\partial u_z}{\partial z}\right)=\frac{\mathrm{d}u_x}{\mathrm{d}t}\\
f_y-\frac{1}{\rho}\frac{\partial p}{\partial y}+\frac{\mu}{\rho}\left(\frac{\partial^2 u_y}{\partial x^2}+\frac{\partial^2 u_y}{\partial y^2}+\frac{\partial^2 u_y}{\partial z^2}\right)+\frac{\mu}{\rho}\frac{\partial}{\partial y}\left(\frac{\partial u_x}{\partial x}+\frac{\partial u_y}{\partial y}+\frac{\partial u_z}{\partial z}\right)=\frac{\mathrm{d}u_y}{\mathrm{d}t}\\
f_z-\frac{1}{\rho}\frac{\partial p}{\partial z}+\frac{\mu}{\rho}\left(\frac{\partial^2 u_z}{\partial x^2}+\frac{\partial^2 u_z}{\partial y^2}+\frac{\partial^2 u_z}{\partial z^2}\right)+\frac{\mu}{\rho}\frac{\partial}{\partial z}\left(\frac{\partial u_x}{\partial x}+\frac{\partial u_y}{\partial y}+\frac{\partial u_z}{\partial z}\right)=\frac{\mathrm{d}u_z}{\mathrm{d}t}
\end{aligned}\right\}$$

又由于不可压缩均质流体有 $\rho=\mathrm{const}$，且满足$\frac{\partial u_x}{\partial x}+\frac{\partial u_y}{\partial y}+\frac{\partial u_z}{\partial z}=0$，则上式简化为

$$\left.\begin{aligned}
f_x-\frac{1}{\rho}\frac{\partial p}{\partial x}+\nu\left(\frac{\partial^2 u_x}{\partial x^2}+\frac{\partial^2 u_x}{\partial y^2}+\frac{\partial^2 u_x}{\partial z^2}\right)=\frac{\mathrm{d}u_x}{\mathrm{d}t}\\
f_y-\frac{1}{\rho}\frac{\partial p}{\partial y}+\nu\left(\frac{\partial^2 u_y}{\partial x^2}+\frac{\partial^2 u_y}{\partial y^2}+\frac{\partial^2 u_y}{\partial z^2}\right)=\frac{\mathrm{d}u_y}{\mathrm{d}t}\\
f_z-\frac{1}{\rho}\frac{\partial p}{\partial z}+\nu\left(\frac{\partial^2 u_z}{\partial x^2}+\frac{\partial^2 u_z}{\partial y^2}+\frac{\partial^2 u_z}{\partial z^2}\right)=\frac{\mathrm{d}u_z}{\mathrm{d}t}
\end{aligned}\right\}\tag{8-21}$$

或

$$\left.\begin{aligned}
f_x-\frac{1}{\rho}\frac{\partial p}{\partial x}+\nu\left(\frac{\partial^2 u_x}{\partial x^2}+\frac{\partial^2 u_x}{\partial y^2}+\frac{\partial^2 u_x}{\partial z^2}\right)=\frac{\partial u_x}{\partial t}+u_x\frac{\partial u_x}{\partial x}+u_y\frac{\partial u_x}{\partial y}+u_z\frac{\partial u_x}{\partial z}\\
f_y-\frac{1}{\rho}\frac{\partial p}{\partial y}+\nu\left(\frac{\partial^2 u_y}{\partial x^2}+\frac{\partial^2 u_y}{\partial y^2}+\frac{\partial^2 u_y}{\partial z^2}\right)=\frac{\partial u_y}{\partial t}+u_x\frac{\partial u_y}{\partial x}+u_y\frac{\partial u_y}{\partial y}+u_z\frac{\partial u_y}{\partial z}\\
f_z-\frac{1}{\rho}\frac{\partial p}{\partial z}+\nu\left(\frac{\partial^2 u_z}{\partial x^2}+\frac{\partial^2 u_z}{\partial y^2}+\frac{\partial^2 u_z}{\partial z^2}\right)=\frac{\partial u_z}{\partial t}+u_x\frac{\partial u_z}{\partial x}+u_y\frac{\partial u_z}{\partial y}+u_z\frac{\partial u_z}{\partial z}
\end{aligned}\right\}\tag{8-22}$$

式（8-21）和式（8-22）就是适用于不可压缩均质黏性流体的运动微分方程，一般通称

为纳维-斯托克斯方程式（Navier-Stokes 方程式，简称 N-S 方程），这是不可压缩均质流体运动的普遍方程式。

如果为理想流体将 $\nu=0$ 代入式（8-22），即为不可压缩均质理想流体的欧拉运动微分方程

$$\left.\begin{aligned}
f_x-\frac{1}{\rho}\frac{\partial p}{\partial x}&=\frac{\partial u_x}{\partial t}+u_x\frac{\partial u_x}{\partial x}+u_y\frac{\partial u_x}{\partial y}+u_z\frac{\partial u_x}{\partial z}\\
f_y-\frac{1}{\rho}\frac{\partial p}{\partial y}&=\frac{\partial u_y}{\partial t}+u_x\frac{\partial u_y}{\partial x}+u_y\frac{\partial u_y}{\partial y}+u_z\frac{\partial u_y}{\partial z}\\
f_z-\frac{1}{\rho}\frac{\partial p}{\partial z}&=\frac{\partial u_z}{\partial t}+u_x\frac{\partial u_z}{\partial x}+u_y\frac{\partial u_z}{\partial y}+u_z\frac{\partial u_z}{\partial z}
\end{aligned}\right\}\tag{8-23}$$

如果加速度等于零，则式（8-23）变为静力学欧拉平衡微分方程

$$\left.\begin{aligned}
f_x-\frac{1}{\rho}\frac{\partial p}{\partial x}&=0\\
f_y-\frac{1}{\rho}\frac{\partial p}{\partial y}&=0\\
f_z-\frac{1}{\rho}\frac{\partial p}{\partial z}&=0
\end{aligned}\right\}\tag{8-24}$$

纳维-斯托克斯方程式（8-22）中有 4 个未知数：ρ、u_x、u_y、u_z，需要补充连续性微分方程，一起构成四个方程，因此方程组是封闭的，理论上可以求得解析解。但由于纳维-斯托克斯方程中存在非线性项，使得求解析解有时十分困难，此时进行数值求解便成为一种有效途径。一般情况下，目前计算机容量和速度还不能满足直接数值求解。近年来，某些流动问题已可实现数值求解。

小　结

本章主要包括如下内容。

（1）流体微团运动：位置平移，线变形，角变形和旋转运动。各种运动分别用位移速度、线变形速率、变形角速度和旋转角速度表示。

（2）当流体微团运动的旋转角速度等于零为无旋运动；当流体微团运动的旋转角速度不等于零为有旋运动。

（3）质量守恒定律运用于欧拉意义下表示为连续性方程。

（4）由于流体的黏性和相对运动在流体内部产生内摩擦切应力和正应力（动压强），其中切应力与变形角速度成正比，作用于两相互垂直平面且垂直于交线的切应力大小相等；而动压强可以看成由两部分组成：第一部分是该点三个正交方向动压强平均值 p；第二部分是由黏性产生的附加正应力。

（5）流体运动的微分方程既可用应力表示为式（8-20），若为黏性均质不可压缩流体的运动，也可用速度和压强表示为式（8-22）表示的 N-S 方程式。

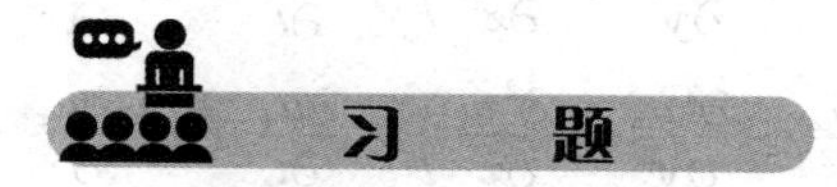

8-1　流体运动的基本形式有几种？写出它们的数学表达式。

8-2 连续性方程$\frac{\partial u_x}{\partial x}+\frac{\partial u_y}{\partial y}+\frac{\partial u_z}{\partial z}=0$对可压缩流体或非恒定流动是否成立？为什么？

8-3 什么是有旋运动？什么是无旋运动？

8-4 解释黏性流体切应力与正应力的性质与大小。

8-5 解释纳维—斯托克斯方程中各项的含义。

8-6 已知用欧拉法表示的流速场为$u_x=2x+t$，$u_y=-2y+t$，试绘出$t=0$时的流动图形。

8-7 已知流速场为$u_x=-\frac{Cyt}{r^2}$，$u_y=\frac{Cxt}{r^2}$，$u_z=0$，式中C为常数，$r=\sqrt{x^2+y^2}$，试求流线方程，画出$t=1s$时流场示意，并说明其代表的流动状况。

8-8 求流速场为$u_x=x+t$，$u_y=-y+t$，$u_z=0$的流线方程，并绘出$t=0$时通过$x=-1$，$y=+1$点的流线。

8-9 指出下列流动中符合不可压缩均质流体连续方程的流动，并画出流场示意，标明流动的方向。

①$u_x=4$，　$u_y=3$　②$u_x=4$，　$u_y=3x$　③$u_x=4y$，　$u_y=0$　④$u_x=4y$，　$u_y=-4x$

⑤$u_x=4x$，　$u_y=0$　⑥$u_x=4xy$，　$u_y=0$　⑦$u_r=\frac{C}{r}$，　$u_0=0$　⑧$u_r=0$，　$u_0=\frac{C}{r}$

8-10 已知流速为$u_x=yz+t$，$u_y=xz+t$，$u_z=xy$，式中t为时间。求：(1) 流场中任一质点的线变形率及角变形率；(2) 判定该流动是否为有旋流动。

8-11 当圆管中断面上流速分布为$u_x=u_m\left(1-\frac{r^2}{r_0^2}\right)$时，求旋转角速度$\omega_x$、$\omega_y$、$\omega_z$和角变形率$\theta_x$、$\theta_y$、$\theta_z$。

8-12 设流场$u_x=x^2+2x-4y$，$u_y=-2xy-2y$，试问：(1) 是否符合不可压缩均质流体连续性方程微分形式？(2) 旋转角速度ω为多少？(3) 驻点位置的坐标值为多少？

8-13 设流场$u_x=u\cos\theta$，$u_y=u\sin\theta$，$u_z=0$，其中u和θ为常数，试判别流场有无旋转运动。

8-14 已知恒定二元不可压缩流体流动在x方向的流速分量$u_x=ax^2+by$，式中a，b为常数，当$y=0$时，$u_y=0$，求y方向的流速分量u_y。

8-15 一平面流动x方向的流速分量为$u_x=3a(x^2-y^2)$，在点$A(0,0)$处，$u_x=u_y=0$，试求通过$A(0,0)$，$B(1,1)$两点连线的单宽流量$\triangle Q_{AB}$为多少？

第9章　绕　流　运　动

在自然界和工程实际中，存在着大量的流体绕物体的流动，简称绕流运动。例如，船舶在海洋中航行，飞机在空气中飞行，河水流过桥墩，汽轮机、泵和压气机中流体绕叶栅流动，换热器中的受热面管束周围的流体流动，粉尘颗粒在空气中的飞扬或沉降，水处理中固体颗粒污染物在水中的运动，晨雾中水滴在空气中的下落等。流体的绕流运动，可以有多种方式，流体绕静止物体运动，或者物体在静止的流体中运动，或者两者兼而有之，这些均为物体和流体做相对运动。不管哪一种运动方式，研究时，都把坐标固定在物体之上，将物体看作是静止的，而探讨流体相对于物体的运动。因此，所有的绕流问题都可以看成是同一类型的绕流问题。

在实际流体绕流中，由于黏性的存在，就产生了阻力，为了克服阻力，必定要损失一定的能量，所以本章主要探讨的是，在实际流体绕物体的流动中产生阻力的原因、后果以及计算阻力损失的方法。

9.1　附面层的基本概念

9.1.1　绕流运动

在绕流运动中，可以将作用在流体上的表面力分为两个方向的分量：一个是与来流方向垂直的作用力，称为升力；另一个是与来流方向平行的作用力，称为阻力。本章讨论的绕流阻力也可以认为是由两部分组成，即摩擦阻力和压差阻力（或者称为形状阻力）。

摩擦阻力是由于黏性流体运动过程中，黏性切向应力直接作用的结果，黏性越大的流体，其摩擦阻力越大；在理想流体中，对于流体绕流运动的固体，整个固体表面上压强分布均匀，前后曲面上压强差为零；但是在黏性的实际流体中，由于流体黏性的作用原因，固体前后表面的压差不等于零，所以就产生了压差阻力，因压差阻力和固体本身的形状有关，所以又称为形状阻力。

9.1.2　附面层的基本概念

实验证明，流体在大的雷诺数下绕固体运动时，黏性对流体的影响仅限于紧贴固体壁面的薄层中，而这一薄层外黏性影响小，完全可以忽略不计，这一薄层称为附面层，机翼翼型上的附面层如图9-1所示，为大雷诺数下黏性流体绕流翼型的二维流动。

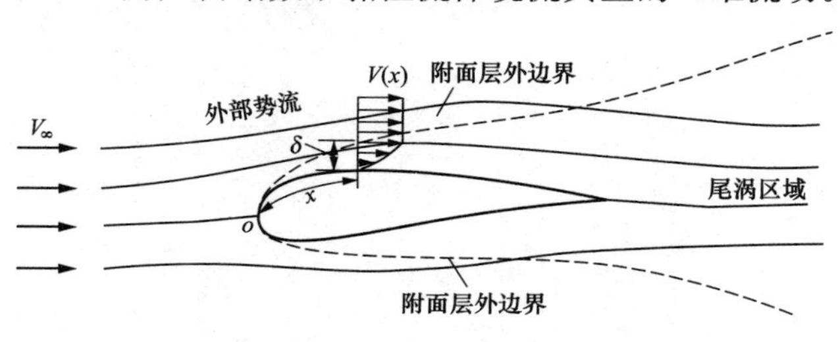

图9-1　机翼翼型上的附面层

在图 9-1 中，紧靠物体表面的薄层内，流速将由固体表面上的零值迅速地增加到与来流速度 v_∞ 同数量级的大小。这种在大雷诺数下紧靠固体表面流速急剧增加到与来流速度相同数量级的薄层就是附面层。在附面层内，流体在固体表面法线方向上速度梯度很大，即使黏度很小的流体，表现出的黏性力也较大，决不能忽略。所以附面层内的流体有很大的旋涡强度。当附面层内的有旋流离开固体而流入下游时，在固体后形成尾涡区域。在附面层外，速度梯度很小，即使黏度很大的流体，黏性力也很小，可以忽略不计。所以可以认为，在附面层外的流动是无旋的势流。

当黏性流体绕固体流动时，将流场划分为两个区域：一个是在附面层和尾涡区域内，必须考虑流体的黏性力，它应当被看作是黏性流体的有旋运动；另一个是在附面层和尾涡区以外的区域内，黏性力很小，可以看作是理想流体的无旋运动。事实上，附面层内、外区域并没有一个明显的分界面；也就是说，附面层的外边界并不明显，或者说是附面层厚度的概念并不明显。一般实际应用中，将固体壁面流速为零与流速达到来流速度的 99%处之间的距离定义为附面层的厚度，并称为附面层的名义厚度；附面层的厚度沿着流体流动方向逐渐增厚，这是由于附面层中流体质点受到摩擦阻力的作用，沿着流体流动方向速度逐渐减小，因此，只有离壁面逐渐远处，也就是附面层厚度逐渐增大，附面层外边界上的速度才能达到来流速度。

根据实验结果可知，同管流一样，附面层内也存在着层流和紊流两种流动状态，若全部附面层内部都是层流，称为层流附面层；若在附面层起始部分内是层流，而在其余部分内是紊流，称为混合附面层，如图 9-2 所示，在层流和紊流之间有一过渡区。在紊流附面层内紧靠壁面处也有一层极薄的层流底层。判别附面层的层流和紊流的准则数仍为雷诺数，但雷诺数中的特征尺寸用离前缘点的距离 x 表示，即

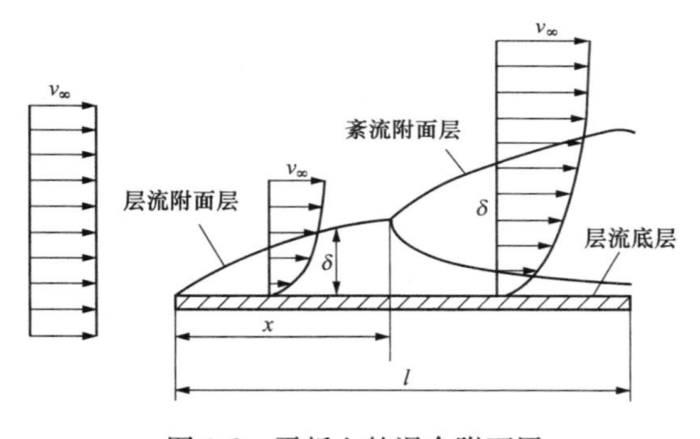

图 9-2　平板上的混合附面层

$$Re = \frac{v_\infty x}{\nu} \tag{9-1}$$

式中：v_∞ 为附面层外边界上的速度。

对平板附面层，层流转变为紊流的临界雷诺数为 $Re_{cr}=5\times10^5\sim3\times10^6$。临界雷诺数的大小与固体壁面的粗糙度、层外流体的紊流程度等因素有关系。增加壁面粗糙度或层外流体的紊流度都会降低临界雷诺数的数值，使层流附面层提前转变为紊流附面层。

9.1.3　附面层的基本特征

（1）与物体的长度相比，附面层的厚度很小，即 $\delta \ll x$。

（2）附面层内，沿附面层厚度方向的速度变化非常急剧，即速度梯度很大。

（3）附面层沿着流体流动方向逐渐增厚，由于附面层内流体质点受到黏性力的作用，流动速度降低，所以要达到外部势流速度，附面层厚度必然逐渐增加。

（4）由于附面层很薄，可以近似的认为附面层各截面上的压强等于同一截面上附面层外边界上的压强值。

（5）在附面层内，黏性力与惯性力同一数量级。

（6）附面层内，流体的流动和管流一样，也可以有层流和紊流两种流态。

（7）相同条件下，附面层之外紊流速度越大，附面层的厚度越小。

9.1.4 管流附面层

附面层的概念相对于管流同样有效。实际流动时，管路内部的流动都处于受壁面影响的附面层内。等直径管内附面层内的速度梯度引起管路的沿程损失，管内变截面处附面层分离引起管路局部损失。

管路流动的入口段开始就在管道内壁上形成附面层，如图 9-3 所示，可以清楚地看到管流的发展过程。假设流体以均匀速度流入，则在入口段的始端保持均匀速度分布。由于管壁粗糙的作用，靠近管壁的流体将受到阻滞而形成附面层，其厚度 δ 沿流动方向增加；当附面层厚度 δ 等于管道半径 r_0 后，则四周附面层相衔接，使附面层占有管道流动的全部断面，而形成充分发展的管流，其下游断面将保持这种状态不变。从入口到形成充分发展的管流的长度称入口段长度，以 x_E 表示。

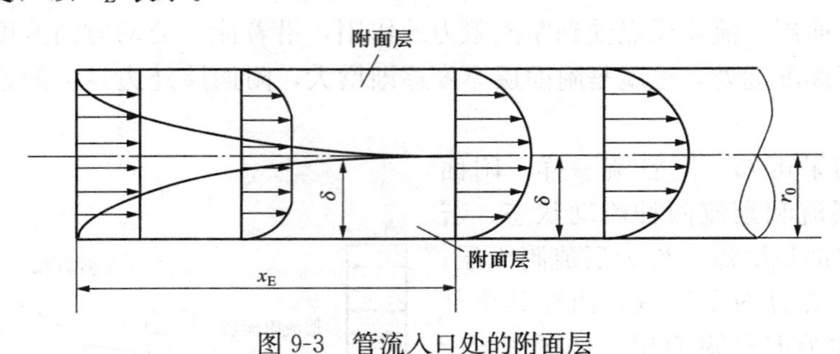

图 9-3 管流入口处的附面层

根据实验资料分析，有

对于层流
$$\frac{x_E}{D} = 0.058Re \tag{9-2}$$

对于紊流
$$\frac{x_E}{D} = 20 \sim 40 \tag{9-3}$$

显然，入口段的流体运动情况不同于正常的层流或紊流，因此，在实验室做关于管路阻力的试验时，需避免管道入口段的影响。

9.2 附面层的动量积分方程

附面层内的流体是黏性流体，理论上可以用上一章分析的 N-S 方程来研究其运动规律。但由此得到的附面层微分方程中，非线性项仍存在，因此即使对于外形很简单的绕流问题求解也是非常复杂的，目前只能对平板、楔形体绕流层附面层进行理论计算求得其解析解。但工程上遇到的许多问题，如任意翼型的绕流问题和紊流附面层，一般来说求解比较困难，为此人们常采用近似解法，其中应用较为广泛的是附面层的动量方程解法。

绕流物体的摩擦阻力作用，主要表现在附面层内流速的降低，引起动量的变化。为了研究摩擦阻力，首先来分析阻力和附面层动量变化的关系，得出附面层的动量积分方程。

下面来推导附面层动量积分方程，如图 9-4 所示，沿固体表面取 x 轴，沿固体表面的法线方向取 y 轴。

假设：

(1) 不计质量力。

(2) 流动是恒定的平面流动。

(3) 沿流动方向 $\mathrm{d}x$ 为无限小，因此微小附面层的底边 BD 和 AC 可近似为直线。

在附面层的任一处，取单位宽度、沿附面层长度为 $\mathrm{d}x$ 的微元段作为控制体，如图 9-4 所示。控制体的控制面由附面层的横断面 AB 与 CD，以及内边界 AD 和外边界 BC 组成；对控制体应用物理概念的动量方程则有：通过控制面 AB、BC、CD 的动量的变化等于在控制面 AB、BC、CD、AD 上所有外力的合力。

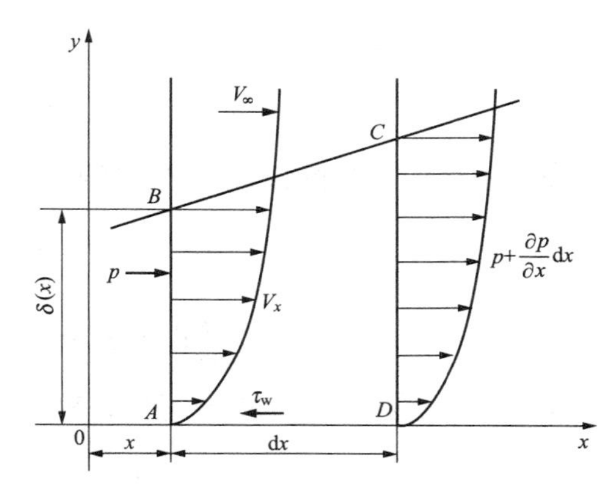

图 9-4 附面层动量积分方程

计算通过附面层控制面在 x 轴上的动量变化率。

单位时间流入 x 处控制面 AB 的单位宽度动量为

$$K_x=\int_0^\delta \rho v_x^2\mathrm{d}y$$

从 $x+\mathrm{d}x$ 处控制面 CD 流出的动量为

$$K_{x+\mathrm{d}x}=K_x+\frac{\partial K_x}{\partial x}\mathrm{d}x=\int_0^\delta \rho v_x^2\mathrm{d}y+\frac{\partial}{\partial x}\left(\int_0^\delta \rho v_x^2\mathrm{d}y\right)\mathrm{d}x$$

从控制面 BC 流入的动量计算，首先计算从 x 处控制面 AB 流入的质量流量为

$$Q_{mx}=\int_0^\delta \rho v_x\mathrm{d}y$$

而从 $x+\mathrm{d}x$ 处控制面 CD 流出的质量流量为

$$Q_{m(x+\mathrm{d}x)}=Q_{mx}+\frac{\partial Q_{mx}}{\partial x}\mathrm{d}x=\int_0^\delta \rho v_x\mathrm{d}y+\frac{\partial}{\partial x}\left(\int_0^\delta \rho v_x\mathrm{d}y\right)\mathrm{d}x$$

由均质不可压缩流体的连续性方程可知，通过 CD 与 AB 控制面质量流量的差值应等于由 BC 控制面流入的质量流量，于是流入 BC 控制面的质量流量与力方向的动量分别为

$$Q_{mBC}=\frac{\partial}{\partial x}\left(\int_0^\delta \rho v_x\mathrm{d}y\right)\mathrm{d}x$$

$$K_{BC}=u_e\frac{\partial}{\partial x}\left(\int_0^\delta \rho v_x\mathrm{d}y\right)\mathrm{d}x$$

整理上述单位时间内通过控制面的流体动量的通量在 x 方向的分量，得

$$\sum K_x=K_{x+\mathrm{d}x}-K_x-K_{BC}=\frac{\partial}{\partial x}\left(\int_0^\delta \rho v_x^2\mathrm{d}y\right)\mathrm{d}x-u_e\frac{\partial}{\partial x}\left(\int_0^\delta \rho v_x\mathrm{d}y\right)\mathrm{d}x$$

计算作用在控制面上所有外力在 x 轴方向上的合力。因假设忽略质量力，所以只考虑表面力。则作用在控制面 AD 上的表面力为

$$F_{AD}=-\tau_w\mathrm{d}x$$

作用在控制面 AB、CD 上的表面力分别为

$$F_x=p\delta$$

$$F_{x+dx}=-\left[p\delta+\frac{d(p\delta)}{dx}dx\right]$$

作用在附面层外边界控制面 BC 的表面力，因摩擦应力为零，而压强可取 B、C 两点压强的平均值，于是有

$$F_{BC}=\left(p+\frac{1}{2}\frac{dp}{dx}dx\right)\frac{d\delta}{dx}dx$$

整理上述作用在控制面上的所有表面力在 x 方向的代数和，并且略去二阶无穷小量，得

$$\begin{aligned}\sum F_x&=-\tau_w dx+p\delta-\left[p\delta+\frac{d(p\delta)}{dx}dx\right]+\left(p+\frac{1}{2}\frac{dp}{dx}dx\right)\frac{d\delta}{dx}dx\\&=-\delta\frac{dp}{dx}dx-\tau_w dx\end{aligned}$$

根据动量方程，令 $\sum K_x=\sum F_x$，可得，附面层的动量积分方程式为

$$\frac{\partial}{\partial x}\left(\int_0^\delta \rho v_x^2 dy\right)-u_e\frac{\partial}{\partial x}\left(\int_0^\delta \rho v_x dy\right)=-\delta\frac{dp}{dx}-\tau_w \tag{9-4}$$

式（9-4）称为附面层动量积分关系式，该式是匈牙利科学家冯．卡门（Von. Karman）于1921年根据附面层的动量方程首先推导出来的。由于在推导过程中未加任何近似条件，从这个意义上讲，它是严格的，而且对附面层的流动性质也未加限制，因此它既可求解层流附面层，也可求解紊流附面层。

由于积分上限 δ 只是 x 的函数，因此式（9-4）中的 $\frac{\partial}{\partial x}$ 可以写成 $\frac{d}{dx}$。又根据势流的伯努利方程：

$$p+\frac{1}{2}\rho u_e^2=\text{常数}$$

得

$$\frac{dp}{dx}=-\rho u_e\frac{du_e}{dx} \tag{9-5}$$

则式（9-4）可以写成

$$\frac{d}{dx}\left(\int_0^\delta \rho v_x^2 dy\right)-u_e\frac{d}{dx}\left(\int_0^\delta \rho v_x dy\right)=\rho u_e\frac{du_e}{dx}\delta-\tau_w \tag{9-6}$$

考察式（9-4）和式（9-6）可以看到，附面层动量方程中有五个未知数：p、u_e、v_x、δ、τ_w，其中 u_e 可以用理想流体的势流理论求得，$\frac{dp}{dx}$ 可以按能量方程求得，剩下三个未知量 v_x、δ 和 τ_w，因此要解附面层动量积分方程，还需两个补充方程。

两个补充方程是：

（1）满足绕流物体壁面条件和附面层外边界条件的速度分布 $v_x=f_1(y)$。

（2）τ_w 与 δ 的关系式 $\tau_0=f_2(\delta)$，该关系可根据附面层内的速度分布求得。

通常在求解附面层动量积分方程时，先假定速度分布 $v_x=f_1(y)$，这个假定越接近实际，则所得结果越正确。但由于附面层运动的复杂性，而预先选定的速度分布只能满足主要的边界条件，不可能正好满足动量积分方程，这样求得的结果（δ、τ_w 等）就都是近似的，故积分方程的解法只能是近似的解法。但这种解法有一个很大的优点，就是只要能大致选定速度分布形式，则可以得到误差并不很大的结果，而且解法较简单，因此在工程上用的很普遍。

9.3　平板附面层的近似计算

9.3.1　平板层流附面层

在实际应用过程中，大部分采用动量积分关系式对附面层进行近似计算；将附面层理论用于探讨摩擦阻力的规律，所得结果有足够的精度。本节以纵向流动的平板附面层为例加以说明，平板附面层如图 9-5 所示。

不可压缩流体以均匀速度 V_∞ 沿平板方向（即纵向）做恒定流动，在平板上下形成附面层；由于附面层的存在不影响附面层外部流动，因此平板附面层外边界上的速度 U 处为 v_∞，即

$$U = v_\infty, \quad \frac{\mathrm{d}U}{\mathrm{d}x} = 0$$

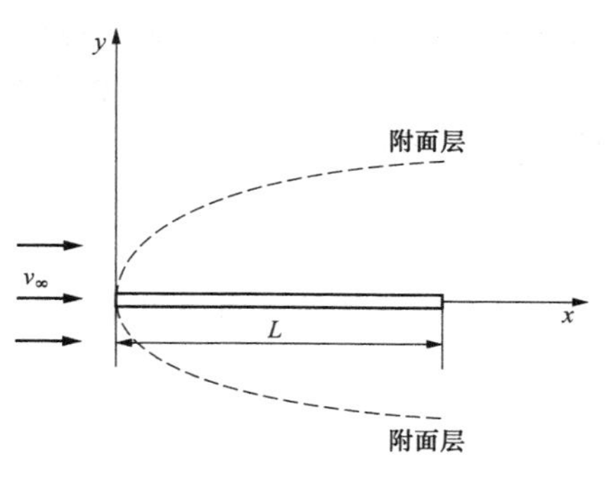

图 9-5　平板附面层

根据能量方程（位置势能不变）

$$p + \frac{1}{2}\rho v_\infty^2 = 常数$$

流速不变，附面层外边界上的压强也是常数，即

$$\frac{\mathrm{d}p}{\mathrm{d}x} = 0, \quad p = 常数$$

由于流体为均质不可压缩，ρ=常数，可以提到积分号之外。则式（9-6）对于平板绕流的形式为

$$\frac{\mathrm{d}}{\mathrm{d}x}\int_0^\delta u_x^2 \mathrm{d}y - v_\infty \frac{\mathrm{d}}{\mathrm{d}x}\int_0^\delta u_x \mathrm{d}y = -\frac{\tau_\mathrm{w}}{\rho} \tag{9-7}$$

式（9-7）是平板附面层的动量积分方程式，对于层流附面层和紊流附面层均适用。

首先讨论平板层流附面层。由于上式中有三个未知数，v_∞、τ_w 和 δ，所以需要再补充两个关系式，才能解出所需要的量。

如上节所述，第一个补充关系式为附面层中的速度分布函数 $u_x = f_1(y)$，假设层流附面层中的速度分布和管流中的层流相同：

$$u = u_\mathrm{m}\left(1 - \frac{r^2}{r_0^2}\right)$$

上式应用于附面层时，管流中的 r_0 对应于附面层中的厚度 δ，r 对应于（$\delta - y$），u_m 对应于 v_∞，u 对应于 u_x。则上式可以写成

$$u_x = v_\infty\left[1 - \frac{(\delta - y)^2}{\delta^2}\right]$$

所以有

$$u_x = \frac{2v_\infty}{\delta}\left(y - \frac{y^2}{2\delta}\right) \tag{9-8}$$

第二个补充关系式为平板上的切应力 τ_w 和附面层厚度 δ 之间的函数关系式，即

$$\tau_\mathrm{w} = f_2(\delta)$$

因为是层流，可以利用牛顿内摩擦定律，求平板上的切应力，令 $y=0$。

$$\tau_w = \mu \frac{du_x}{dy}\Big|_{y=0} = \mu \frac{d}{dy}\left[\frac{2v_\infty}{\delta}\left(y-\frac{y^2}{2\delta}\right)\right]_{y=0} = \mu \frac{2v_\infty}{\delta} \tag{9-9}$$

由式（9-9）可以看出，τ_w 和 δ 成反比。

将以上两个补充关系式（9-8）和式（9-9）代入附面层动量积分式（9-7）中，得

$$\frac{d}{dx}\int_0^\delta \left[\frac{2v_\infty}{\delta}\left(y-\frac{y^2}{2\delta}\right)\right]^2 dy - v_\infty \frac{d}{dx}\int_0^\delta \left[\frac{2v_\infty}{\delta}\left(y-\frac{y^2}{2\delta}\right)\right] dy = -\frac{2\mu v_\infty}{\rho\delta}$$

化简上式，并进行积分；附面层厚度 δ 对固定断面是定值，可以提到积分号外面，但是 δ 沿着坐标横轴 x 方向是逐渐增厚的，所以不能移到对 x 的全导数号外。v_∞ 沿 x 轴方向是不变的，可以移动到对 x 的全导数之外。这样对上式积分，就可以得到附面层厚度 δ 沿 x 轴方向的变化关系式，即

$$\frac{1}{15}\frac{v_\infty \rho}{\mu} \cdot \frac{\delta^2}{2} = x + c$$

式中：c 为积分常数，由边界条件 $x=0$，$\delta=0$ 代入后得 $c=0$，故上式有

$$\frac{1}{15}\frac{v_\infty \rho}{\mu} \cdot \frac{\delta^2}{2} = x$$

根据动力黏度和运动黏度之间的关系 $\nu=\frac{\mu}{\rho}$，代入上式化简得

$$\delta = 5.477\sqrt{\frac{\nu x}{v_\infty}} \tag{9-10}$$

这便是平面层流附面层厚度 δ 沿 x 方向的变化关系。

由式（9-10）可知，平板层流附面层厚度 δ 和 $x^{\frac{1}{2}}$ 成正比。将式（9-10）代入式（9-9），简化后得

$$\tau_w = 0.365\sqrt{\frac{\mu\rho v_\infty^3}{x}} \tag{9-11}$$

这是平板上切应力沿平板长度方向的变化关系。

作用在平板上一面的总的摩擦力为

$$F_{Df} = \int_0^L \tau_0 b dx$$

式中：b 为平板垂直于纸面方向的宽度；L 为平板长度（如图 9-5 所示）。

将式（9-11）代入上式，积分后得

$$F_{Df} = 0.73b\sqrt{\mu\rho v_\infty^3 L} \tag{9-12}$$

求流体对平板两面的总摩擦力时，将式（9-12）乘以 2 即可。

一般把绕流阻力的计算公式写成下列形式：

$$F_{Df} = C_f \frac{\rho v_\infty^2}{2} A \tag{9-13}$$

式中：C_f 为无因次摩阻系数；A 为平板面积，$A=bL$；ρ 为来流流体的密度；v_∞ 为来流流体的速度。

对比式（9-12）和式（9-13）后，得

$$C_f = 1.46\sqrt{\frac{\mu}{\rho v_\infty L}} = 1.46\sqrt{\frac{\nu}{v_\infty L}}$$

即

$$C_f = \frac{1.46}{\sqrt{Re}} \tag{9-14}$$

式中的雷诺数 Re 以平板长作为特征长度。以上就是流体绕平板流动时，层流附面层的计算公式。

9.3.2　平板紊流附面层

假设如图 9-5 所示的整个平板上均是紊流附面层。

讨论紊流附面层时还是应用平板的动量方程式（9-13），但是对于紊流附面层需要另外找两个补充关系式，即

$$u_x = v_\infty \left(\frac{y}{\delta}\right)^{\frac{1}{7}} \tag{9-15}$$

与其对应的切应力公式为

$$\tau_w = 0.0225\rho v_\infty^2 \left(\frac{\nu}{v_\infty \delta}\right)^{\frac{1}{4}} \tag{9-16}$$

将式（9-15）代入式（9-7）中，可得

$$\frac{d}{dx}\int_0^\delta v_\infty^2 \left(\frac{y}{\delta}\right)^{\frac{2}{7}} dy - v_\infty \frac{d}{dx}\int_0^\delta v_\infty \left(\frac{y}{\delta}\right)^{\frac{1}{7}} dy = -\frac{\tau_w}{\rho}$$

积分并移项可得

$$\frac{7}{72}\rho v_\infty^2 d\delta = \tau_w dx$$

将式（9-16）代入上式，可得

$$\frac{7}{72}\rho v_\infty^2 d\delta = 0.0225\rho v_\infty^2 \left(\frac{\nu}{u_0 \delta}\right)^{\frac{1}{4}} dx$$

积分并移项后，得

$$\left(\frac{7}{72}\right)\left(\frac{4}{5}\right)\delta^{\frac{5}{4}} = 0.0225\left(\frac{\nu}{v_\infty}\right)^{\frac{1}{4}} x + C$$

式中，C 为积分常数。在平板前，有边界条件，$x=0$，$\delta=0$，代入式中得 $C=0$，则

$$\left(\frac{7}{72}\right)\left(\frac{4}{5}\right)\delta^{\frac{5}{4}} = 0.0225\left(\frac{\nu}{v_\infty}\right)^{\frac{1}{4}} x$$

化简得

$$\delta = 0.37\left(\frac{\nu}{v_\infty x}\right)^{\frac{1}{5}} x \tag{9-17}$$

这就是平板紊流附面层沿平板长度方向的变化关系。可以看出紊流附面层厚度 δ 和 $x^{\frac{4}{5}}$ 成正比，而层流附面层的厚度 δ 和 $x 1^{4/2}$ 成正比，所以紊流附面层的厚度比层流附面层的厚度增加的快。将式（9-16）代入式（9-15）中，经简化后可得

$$\tau_w = 0.029\rho v_\infty^2 \left(\frac{\nu}{v_\infty x}\right)^{\frac{1}{5}} \tag{9-18}$$

这是平板紊流附面层切应力沿 x 方向的变化关系。

平板上的总摩擦力为

$$F_{Df} = b\int_0^L \tau_0 \mathrm{d}x$$

将式（9-17）代入上式得

$$F_{Df} = 0.036\rho v_\infty^2 bL\left(\frac{\nu}{v_\infty L}\right)^{\frac{1}{5}} \tag{9-19}$$

这是平板紊流附面层总的摩擦阻力。

若用式（9-19）$F_{Df}=C_f\dfrac{\rho v_\infty^2}{2}A$，其摩阻系数为

$$C_f = 0.072\left(\frac{\nu}{v_\infty L}\right)^{\frac{1}{5}}$$

或

$$C_f = \frac{0.072}{\sqrt[5]{Re}} \tag{9-20}$$

平板一侧层流附面层和紊流附面层的近似计算公式见表 9-1。

表 9-1 平板一侧层流附面层和紊流附面层的近似计算公式

附面层的基本特征	附面层内的流态	
	层流	紊流
附面层的厚度 δ	$\delta = 5.477\left(\frac{\nu x}{v_\infty}\right)^{\frac{1}{2}}$	$\delta = 0.37\left(\frac{\nu x}{v_\infty}\right)^{\frac{1}{5}} x$
切向应力 τ_0	$\tau_w = 0.365\left(\frac{\mu\rho v_\infty^3}{x}\right)^{\frac{1}{2}}$	$\tau_w = 0.029\rho v_\infty^2\left(\frac{\nu}{v_\infty x}\right)^{\frac{1}{5}}$
总摩擦阻力 F_{Df}	$F_{Df} = 0.73b\,(\mu\rho v_\infty^3 L)^{\frac{1}{2}}$	$F_{Df} = 0.036\rho v_\infty^2 bL\left(\frac{\nu}{v_\infty L}\right)^{\frac{1}{5}}$
摩擦阻力系数 C_f	$C_f = 1.46\left(\frac{\nu}{v_\infty L}\right)^{\frac{1}{2}} = \frac{1.46}{Re^{\frac{1}{2}}}$	$C_f = 0072\left(\frac{\nu}{v_\infty L}\right)^{\frac{1}{5}} = \frac{0.072}{Re^{\frac{1}{5}}}$

从表中可以看出，平板层流附面层和紊流附面层的差别如下。

（1）沿平板壁面的紊流附面层的厚度比层流附面层的厚度加快的快；紊流附面层的厚度 δ 和 $x^{\frac{4}{5}}$ 成正比，而层流附面层的厚度 δ 是和 $x^{\frac{1}{2}}$ 成正比，可见紊流附面层的厚度比层流附面层的厚度增加的快。

（2）在其他条件相同的情况下，平板壁面上的切向应力 τ_w 沿着壁面的减小在紊流附面层中比在层流附面层中减少的慢；在紊流附面层中，$\tau_w \propto \dfrac{1}{x^{\frac{1}{5}}}$，即沿平板长度方向 τ_w 是减小的，在层流附面层 $\tau_w \propto \dfrac{1}{x^{\frac{1}{2}}}$，因此，紊流中切应力 τ_w 沿平板长度方向的减小比层流慢一些。

（3）在相同条件下，平板紊流附面层的摩擦阻力比层流附面层的增加的快；在紊流附面层中，总摩擦阻力 $F_{Df} \propto v_\infty^{\frac{9}{5}}$，而层流附面层中，$F_{Df} \propto v_\infty^{1.5}$［见式（9-12）］，可见紊流附面层的摩擦阻力要比层流附面层增加的快一些。

（4）在同一雷诺数下，紊流附面层的摩擦阻力系数比层流附面层的大得多。这是因为，在层流中摩擦阻力只是由于不同流层之间发生相对运动而引起的，在紊流中还由于流体微团

有很剧烈的横向掺混，而产生更大的摩擦阻力。

9.3.3　平板混合附面层

实验研究表明，如将上式中的系数 0.072 改为 0.074，则与实验结果符合的更好，即

$$C_f = \frac{0.074}{\sqrt[5]{Re}} \tag{9-21}$$

式（9-21）适用于 $Re=3\times10^5\sim10^7$。

当 $10^5<Re<10^9$ 时

$$C_f = \frac{0.445}{(\lg Re)^{2.58}} \tag{9-22}$$

如前所述，以上是以整个平板附面层都是紊流流动来讨论的，但实际上，当板长 $L<x_A$（A 点为层流附面层转化为紊流附面层的转变点）时，整个平板附面层都处于层流区，当 $L>x_A$ 时，平板附面层前部为层流区，后部为紊流区，而层流区和紊流区之间还有过渡区，平板上的混合附面层如图 9-6 所示。只有在平板很长或来流速度 v_∞ 很大的情况下，由于层流附面层在平板上占有的长度很小，才能将整个平板附面层当作紊流流动近似计算。

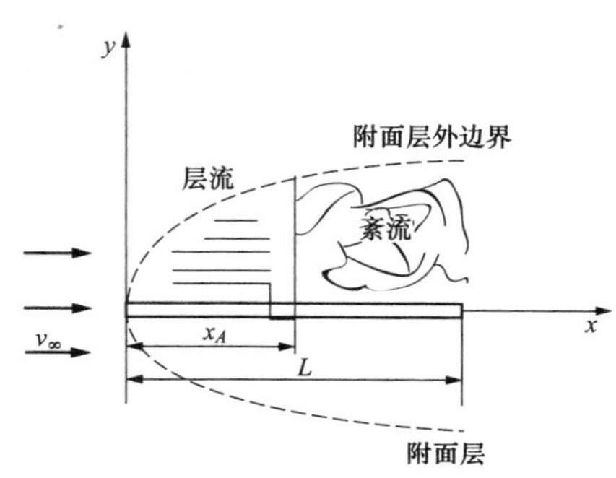

图 9-6　平板上的混合附面层

对于同时考虑到存在层流区和紊流区的混合附面层的计算，也可以根据简化的假设，利用上述阻力系数得出下列计算公式：

$$C_f = \frac{0.074}{\sqrt[5]{Re}} - \frac{1700}{Re} \tag{9-23}$$

综上所述，层流附面层的摩擦阻力系数比紊流附面层的阻力系数小得多，所以层流附面层段越长，即层流附面层到紊流附面层的转变点 A 离平板前缘越远，则平板摩擦阻力就越小。

9.4　曲面附面层分离现象和卡门涡街

如前所述，当不可压缩黏性流体绕流过平板时，在附面层外边界上沿平板方向的速度是相同的，而且整个流场和附面层内的压力都保持不变。当黏性流体流过曲面物体时，附面层外边界上沿曲面方向的速度是改变的，所以附面层内的压强也同样会改变，对附面层内的流动将产生影响。曲面附面层的计算非常复杂，这里不作讨论。在本节中，将着重分析说明曲面附面层的分离现象。

9.4.1　曲面附面层分离现象

根据理想势流理论分析，图 9-7 所示为曲面附面层的分离，图中的曲面体附面层 MM' 断面之前，由于过流断面的收缩，流速沿程逐渐增加，根据能量守恒，因而压强沿程逐渐减少 $\left(即\frac{\partial p}{\partial x}<0\right)$。在 MM' 断面以后，由于断面不断扩大，速度沿程逐渐减少，因而压强沿程逐渐增加 $\left(即\frac{\partial p}{\partial x}>0\right)$。所以，当流体流到 M' 点时，速度最大，压强最小。由于在附面层内，沿壁面法线方向的压强都相等，故以上关于压强沿程变化的规律，不仅适用于附面层的外边

界，也适用于附面层内。流体在 MM' 断面之前，附面层内的流动是降压加速，流体质点一方面受黏性力的阻滞作用，另一方面受到曲面物体前后压差的推动作用，即部分压强势能转化为流体的动能，故附面层内流动可以维持；当流体质点进入 MM' 断面之后，附面层内的流动是增压减速，这时，流体质点不仅受到黏性力的阻滞作用，压差也阻止流体前进，越是靠近壁面的流体，受到黏性力的阻滞作用越大；在这两个力的阻滞作用下，靠近壁面的流体流速很快减慢，至 SS' 断面处近壁流体流速变为零，相应的流体质点便停止运动；与此同时，S 以后的流体质点在与主流方向相反的压差作用下，将产生反方向回流，而离物体较远的流体，由于附面层外部流体对它的带动作用，仍能保持前进的速度；这样，回流和前进这两部分运动方向相反的流体相接触，形成漩涡。漩涡的出现势必使附面层与壁面脱离，这种现象就称为附面层分离现象，S 点称为分离点。

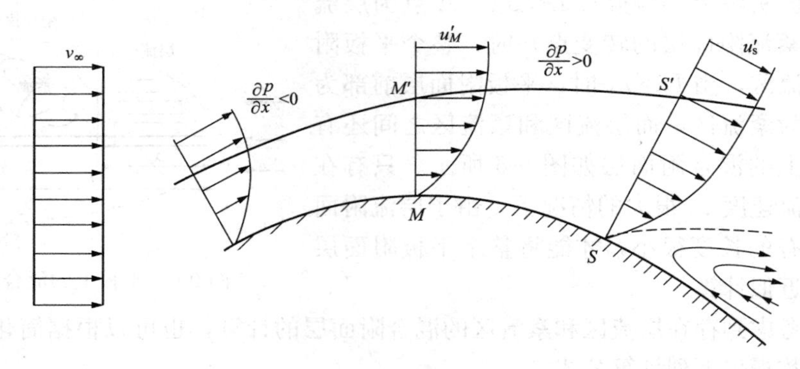

图 9-7　曲面附面层的分离

由以上分析可知，附面层分离只能发生在断面逐渐扩大而压强沿程逐渐增加的区域内，即增压减速区。

附面层分离后，物体后部会形成很多无规则的旋涡，由此产生的阻力称为形状阻力，或者称为压差阻力。因为分离点的位置、尾涡区的大小等都与物体的形状有关，故也称作形状阻力。尾涡区越大，附面层分离产生的损失也越大，所以，在实际应用时，尽量使层流附面层长、紊流附面层短，分离点靠后等，这都有利于减小尾涡区的范围。实验得知，对于有圆头尖尾的物体，分离点比较靠后；越是流线型的物体，分离点越靠后。例如：飞机、汽车、潜艇等的外形尽量做成流线型，这就是为了推后分离点，缩小尾涡区，从而达到减小形状阻力的目的。

9.4.2　卡门涡街

把一个圆柱体放在静止的黏性流体中，流体以相当于几个雷诺数的很低的速度绕流它。在开始瞬时与理想流体绕流圆柱体一样，流体在前驻点速度为零，而后沿圆柱体左右两侧流动，流动在圆柱体的前半部分是降压增速，速度逐渐增大到最大值，在后半部分是增压降速，速度减小到后驻点，重新等于零［见图 9-8（a)］。以后逐渐增大来流速度，也即增大雷诺数，使圆柱体后半部分的压强梯度增加，以至于引起附面层分离［见图 9-8（b)］。随着来流雷诺数的不断增加，由于圆柱体后半部附面层中的流体微团受到更大的阻滞，而分离点 S 不断地向前移动，实验研究表明，当雷诺数 $Re \approx 40$ 时，在圆柱体后面产生一对不稳定的旋转方向相反的对称旋涡；如图 9-8（c）所示，雷诺数超过 40 后，对称旋涡不断增长，至 Re

≈ 60 时，这对不稳定的对称旋涡，最后形成几乎稳定的非对称性的、有一定规则的、旋转方向相反、上下交替脱落的旋涡，这种旋涡有一定的脱落频率，称为卡门涡街，如图 9-8（d）所示，它以比来流速度 v 小得多的速度 u 运动。

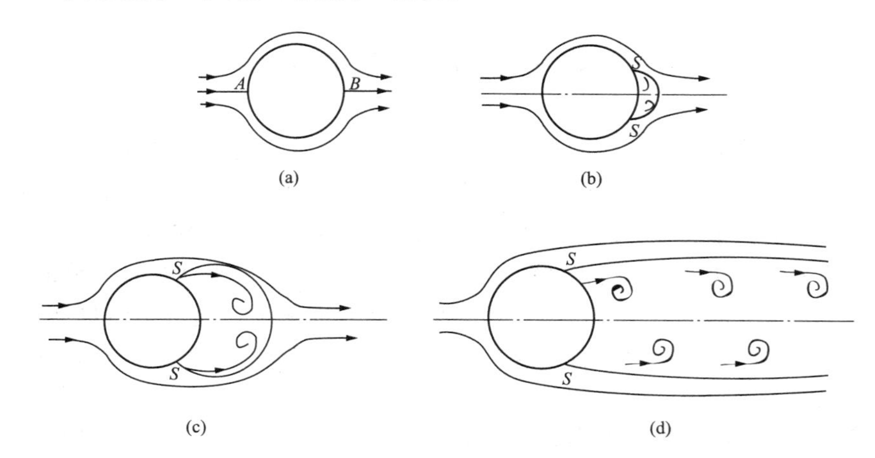

图 9-8　卡门涡街形成示意

圆柱体的卡门涡街的脱落频率 f 与流体流动的速度 v 和圆柱体的直径 D 有关，由泰勒（F. Taylor）和瑞利（L. Rayleigh）提出下列经验公式：

$$f = 0.20\,\frac{v}{D}\left(1-\frac{20}{R}\right) \tag{9-24}$$

式（9-24）适用于 $250 < Re < 20\times10^5$ 范围内的流动，式中无量纲数 $\frac{fD}{v}$ 称为斯特劳哈尔（V. Strouhal）数 Sr，即

$$Sr = \frac{fD}{v} \tag{9-25}$$

根据罗斯柯（A. Roshko）1954 年的实验结果，当 $Re > 1000$ 时，斯特劳哈尔（V. Strouhal）数等于常数，即 $Sr=0.21$。

根据卡门涡街的上述性质，可以制成卡门涡街流量计，即在管道内从与流体流速垂直的方向插入一根圆柱体验测杆；管内流体流经圆柱体验测杆时，在验测杆下游产生卡门涡街，可以测得旋涡的脱落频率，再由式（9-31）就可求得管内流体的速度，进而计算确定管内流体的流量。

日常生活中，在空旷的开阔地，可以听到风吹电线嘘嘘发响的鸣叫声，这种鸣响声就是由于卡门涡街的不对称旋涡交替脱落引起空气中压强脉动所造成的声波。例如 $v=10\text{m/s}$ 的风吹向直径 $D=2\text{mm}$ 的电线，能发生频率 $f=1050$ 次/s 的振动，相当于 $Re\approx1200$。在工程设备中（如管式空气预热器），空气横向绕流管束时，卡门涡街的不对称旋涡交替脱落会引起管箱中气柱的振动；特别是当旋涡脱落频率和管箱中的声学驻波振动频率相等时，便会产生声学共振现象，产生非常大的噪声。严重时，会产生震耳欲聋的噪声，常使厚钢板制成的空气预热器管箱器壁在脉动压力作用下弯曲变形，甚至振裂。最严重的是，气室的声学驻波振动频率、管束的固有频率、卡门涡街的脱落频率三者相等时，将造成设备的严重破坏。

通常消除声学共振的措施是提高设备气室驻波频率，也就是顺着流体流动方向加装若干块隔板，将设备气室的横向尺寸分成若干段，提高其声学驻波频率，使之与卡门涡街的声振频率错开。

9.5 绕流阻力和升力

不可压缩理想流体的平行流绕圆柱体作无环流的平面流动时，流体作用在圆柱体上的压力的合力为零。倘若流体绕任一无限长的物体，也可以得到同样的结论。显然，这个结论和实际情况是不相符的。事实上，即使黏性很小的流体绕流物体时，物体总是受到压力和切向力的作用，这些力的合力一般可以分解为两个分力：一个是与来流方向一致的作用力 F_D，另一个是垂直于来流方向的升力 F_L；F_D 与物体运动方向相反，起着阻碍物体运动的作用，称为阻力。绕流物体的阻力由两部分组成：一部分是由于流体的黏性在物体表面上作用着的切向应力所形成的摩擦阻力，另一部分是由于附面层分离，物体前后形成压强差而产生的压差阻力，二者之和称为绕流物体的阻力；对于圆柱体和球体等钝头体，压差阻力比摩擦阻力要大得多，而当流体纵向流过平板时一般只有摩擦阻力。

9.5.1 绕流阻力

摩擦阻力是黏性直接作用的结果。当黏性流体绕流物体流动时，流体对物体表面作用有切向力，由切向力而产生摩擦阻力。所以，摩擦阻力是指作用在物体表面的切向应力在来流方向上的投影总和。

压差阻力是黏性间接作用的结果。当黏性流体绕物体流动时，如果附面层在压力升高的区域内发生分离，形成漩涡，则从分离点开始的物体所受的流体的压强，大致接近于分离点处的压强，而不能恢复到理想流体绕物体流动时应有的压强数值，也就是说，这就破坏了作用在物体上的前后压强的对称性，从而产生物体前后的压强差，形成压差阻力。而旋涡所携带的能量也将在整个尾涡区中以热能的形式不可逆的散发。所以，压差阻力是指作用在物体表面的压力在来流方向上的投影总和，压差阻力的大小和物体的形状有很大关系，所以又称为形状阻力。

摩擦阻力和压差阻力之和称为绕流阻力。虽然物体阻力形成的过程，从物理观点看完全清楚，但是要从理论上来确定一个任意形状物体的阻力，至今还是十分困难的，目前只能在风洞中用实验方法测得。

通过实验分析可以得出：

$$F_D = C_{\mathrm{d}} \frac{1}{2}\rho v_\infty^2 A \tag{9-26}$$

式中：F_D 为物体的总绕流阻力，N；C_{d} 为无量纲的阻力系数；v_∞ 为受干扰时的来流速度，m/s；ρ 为流体密度，kg/m^3；A 为物体垂直于来流速度方向的投影面积，m^2。

为了便于比较各种形状物体的阻力，工程上习惯用无量纲的阻力系数 C_{d} 来代替 F_D：

$$C_{\mathrm{d}} = \frac{F_D}{\frac{1}{2}\rho v_\infty^2 A} \tag{9-27}$$

由实验可知，物体阻力的大小与雷诺数有密切联系。对于不同的不可压缩流体中的几何相似的物体，如果雷诺数相同，则它们的阻力系数也相同。在不可压缩黏性流体中，对于与来流方向具有相同方位角的几何相似体，其阻力系数只与雷诺数有关，即

$$C_d = f(Re)$$

下面以圆球为例来说明绕流阻力的变化规律，圆球和圆盘的阻力系数如图 9-9 所示。

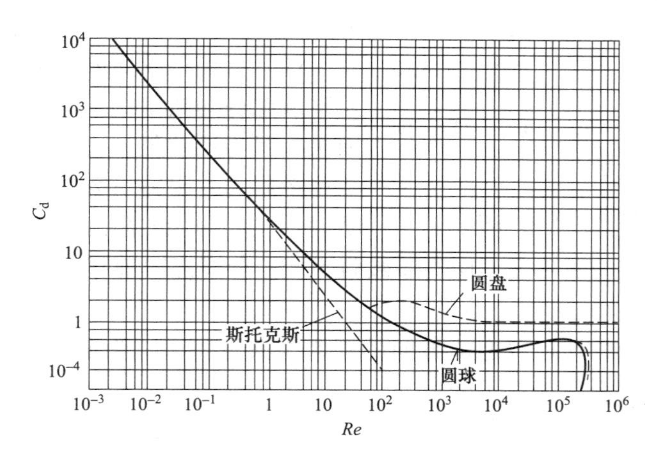

图 9-9 圆球和圆盘的阻力系数

设圆球做匀速直线运动，如果流动的雷诺数 $Re=\frac{v_\infty D}{\nu}$（$D$ 为圆球直径）很小，在忽略惯性力的前提下，可以推导出

$$F_D = 3\pi\mu D v_\infty \tag{9-28}$$

称为斯托克斯公式。

用式（9-28）来表示，则有

$$F_D = 3\pi\mu D v_\infty = \frac{24}{\frac{v_\infty D\rho}{\mu}} \cdot \frac{\pi D^2}{4} \cdot \frac{\rho v_\infty^2}{2} = \frac{24}{Re} A \cdot \frac{\rho v_\infty^2}{2}$$

由此可得

$$C_d = \frac{24}{Re} \tag{9-29}$$

如果以雷诺数为横坐标，C_d 为纵坐标，绘制在对数纸上，则式（9-29）是一条直线。通过实验对圆球绕流的阻力系数曲线和垂直于流动方向的圆盘绕流进行比较，发现，当 $Re>3\times10^3$ 以后，圆盘的绕流阻力系数 C_d 保持为常数，而圆球绕流的阻力系数 C_d 仍然随着 Re 的改变而变化；这是因为圆盘绕流只有形状阻力，没有摩擦阻力，附面层的分离点将固定在圆盘边线上。圆球则是光滑的曲面，圆球绕流既有摩擦阻力，又有压差阻力，当流体以不同的 Re 绕它流动时，附面层分离点的位置随着 Re 的增大而逐渐前移，漩涡区的加大使压差阻力也逐渐增大，而摩擦阻力则有所减小，因此 C_d 随 Re 而变化。当 $Re\approx3\times10^5$ 时，C_d 值在该处突然下降，这是由于附面层内出现了紊流，而紊流的掺混作用使附面层内的流体质点取得更多的动能补充，结果是分离点的位置后移，漩涡区显著减小，这就大大降低了压差阻力。这样虽然摩擦阻力有所增加，但是总的绕流阻力还是大大的减小了。无限长圆柱体的阻力系数如图 9-10 所示。

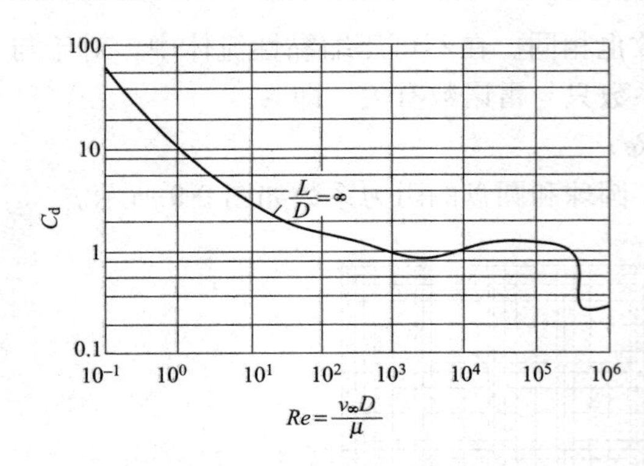

图 9-10 无限长圆柱体的阻力系数

因此，可以根据绕流物体的形状对阻力规律分区。

(1) 细长流线型物体，以平板为典型例子。绕流阻力主要由摩擦阻力决定阻力系数与雷诺数有关。

(2) 有钝型曲面或曲率很大的曲面物体，以圆球或圆柱为典型例子。绕流阻力既与摩擦阻力有关，又与压差阻力有关。在低雷诺数时，主要为摩擦阻力，阻力系数与雷诺数有关；在高雷诺数时，主要为压差阻力，阻力系数与附面层分离点的位置有关。分离点位置不变，阻力系数就不变；分离点向前移动，旋涡区加大，阻力系数也增加；反之亦然。

(3) 有尖锐边缘的物体，以迎流方向的圆盘为典型例子。附面层分离点位置固定不变，旋涡区大小不变，阻力系数基本不变。

9.5.2 悬浮速度

日常生活中，在气体中会存在一定的固体颗粒，且会以一定的速度运动；为了研究在气力输送过程中，固体颗粒在何种条件下才能被气体带走；在除尘室（例如重力沉降室）中，尘粒在何种条件下才能沉降；在燃烧技术中，无论是层燃式、沸腾燃烧式还是悬浮燃烧式都要研究固体颗粒或液体颗粒在气流中的运动条件，这就提出了悬浮速度这一概念。

在气体中运动的固体颗粒受到三个力的作用，分别是方向向上的浮力 F_B，方向向下的重力 G，以及与颗粒运动方向相反的绕流阻力 F_D。

设在上升气流中，小球的密度为 ρ_m，气体密度为 ρ，且 $\rho_m>\rho$，小球受力情况如下。

方向向上的力——浮力

$$F_B=\frac{1}{6}\pi D^3\rho g$$

绕流阻力

$$F_D=C_d A\frac{\rho u^2}{2}=\frac{1}{8}C_d\pi D^2\rho u^2$$

方向向下的力——重力

$$G=\frac{1}{6}\pi D^3\rho_m g$$

分析：当 $G<F_B+F_D$ 时，小球随气流上升；$G>F_B+F_D$ 时，小球沉降；$G=F_B+F_D$ 时，小球处于悬浮状态。

所以，悬浮速度就是在流体中的固体颗粒所受到的绕流阻力、浮力和重力平衡时的流体的速度，此时颗粒处于悬浮状态，即

$$\frac{1}{6}\pi D^3\rho g+\frac{1}{8}C_d\pi D^2\rho u^2=\frac{1}{6}\pi D^3\rho_m g$$

圆球的自由沉降速度为

$$u=\sqrt{\frac{4}{3C_d}\left(\frac{\rho_m-\rho}{\rho}\right)gD} \tag{9-30}$$

当 $Re<1$ 时，$C_d=\frac{24}{Re}$代入式（9-30）可得

$$u=\frac{1}{18\mu}D^2(\rho_m-\rho)g \tag{9-31}$$

当 $Re>1$ 时，用式（9-30）来计算悬浮速度。阻力系数 C_d 可查表获得。但 C_d 是一个随 Re 而变的值，而 Re 中又包含未知数 u，因此，一般要经过多次计算或迭代才能求得悬浮速度。要强调的是，式（9-30）中的 C_d 所隐含的流速 u 是指悬浮速度，而非实际的流速，除非实际流速恰好等于悬浮速度。在一般工程中，可用以下公式近似计算阻力系数 C_d。

当 $Re=10\sim10^3$ 时，　　$C_d=\frac{13}{\sqrt{Re}}$

当 $Re=10^3\sim2\times10^5$ 时，　　$C_d=0.45$　　(9-32)

如果固体颗粒不是处于流速为 u 的上升气流中，而是处于静止流体中，颗粒将在静止气体自由沉降，同样受力为方向向上的浮力 F_B，方向向下的重力 G，以及与颗粒运动方向相反的绕流阻力 F_D，在这三个力平衡的条件下做沉降运动，其速度为沉降速度，数值大小和同类流体中的悬浮速度相等，但意义不同。悬浮速度是指要使固体颗粒处于悬浮状态，上升气流的最小上升速度；沉降速度是指颗粒下落时所能达到的最大速度。

9.5.3　绕流升力

当绕流物体为非对称形状，或虽为对称形状，但其对称轴与来流方向不平行，升力示意如图 9-11 所示。由于绕流的物体上下侧所受压强不相等，因此，在垂直于流动方向存在着升力 F_L 。由图可见，在绕流物体的上部流线较密集，而下部的流线较稀疏。根据流线的特性，即绕流物体上部的速度大，下部的速度小；根据能量方程可知，速度大则压强小，速度小则压强大，所以，绕流物体下部的压强较上部为大，这就说明有升力的存在。升力对于轴流式水泵和轴流式风机的叶片设计有重要的意义。实验证明，良好的叶片形状应具有较大的升力和较小的阻力。

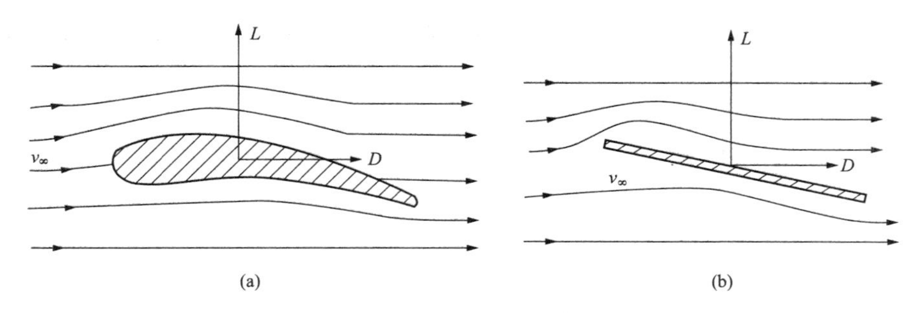

图 9-11　升力示意

升力计算公式为

$$F_L=C_LA\frac{\rho v_\infty^2}{2} \tag{9-33}$$

式中：C_L 为升力系数，一般由实验确定。

【例 9-1】　高压电缆电线直径 $D=1.2$cm，两相邻电缆塔的距离为 60m，风速为 25m/s，空气密度为 1.3kg/m³，长圆柱体的阻力系数 $C_d=1.2$。试求：风作用在电缆线上的力。

【解】 风作用在电缆线上的力为

$$F_D = C_d \frac{1}{2}\rho u^2 A = 1.2 \times \frac{1}{2} \times 1.3 \times 25^2 \times 0.012 \times 60 = 351(\mathrm{N})$$

【例 9-2】 一辆汽车以 60km/h 的速度行驶，试求它克服空气阻力所消耗的功率。已知汽车垂直于运动方向的投影面积为 $2\mathrm{m}^2$，阻力系数 $C_d = 0.45$，空气密度 $\rho = 1.29\mathrm{kg/m}^3$。

【解】 汽车的绕流速度

$$u = \frac{60 \times 1000}{3600} = 16.67(\mathrm{m/s})$$

压差阻力是汽车气动阻力的主要部分

$$F_D = C_d \frac{1}{2}\rho u^2 A = 0.45 \times \frac{1}{2} \times 1.29 \times 16.67^2 \times 2 = 161.3(\mathrm{N})$$

所消耗的功率

$$P = F_D u = 161.3 \times 16.67 = 2688.87(\mathrm{W})$$

【例 9-3】 一圆柱形烟囱，高 $H = 20\mathrm{m}$，直径 $D = 0.6\mathrm{m}$，水平风速 $u = 18\mathrm{m/s}$，空气密度 $\rho = 1.29\mathrm{kg/m}^3$，运动黏度 $\nu = 13.2 \times 10^{-6}\mathrm{m}^2/\mathrm{s}$。不考虑地面影响，求烟囱所受的水平推力。

【解】 空气绕烟囱的雷诺数为

$$Re = \frac{uD}{\nu} = \frac{18 \times 0.6}{13.2 \times 10^{-6}} = 8.18 \times 10^5$$

查图 9-8 得 $C_d = 0.32$，于是

$$F_D = C_d \frac{1}{2}\rho u^2 A = 0.3 \times \frac{1}{2} \times 1.29 \times 18^2 \times 06 \times 20 = 752.33(\mathrm{N})$$

【例 9-4】 在煤粉炉膛中的不均匀流场中，烟气流最小上升速度为 $u = 0.45\mathrm{m/s}$。烟气的平均温度 $t = 1300℃$，该温度下烟气的运动黏度 $\nu = 234 \times 10^{-6}\mathrm{m}^2/\mathrm{s}$，煤的密度 $\rho_m = 1400\mathrm{kg/m}^3$，烟气在标准状态（0℃、101325Pa）下的密度 $\rho = 1.34\mathrm{kg/m}^3$。试计算这样流速的烟气能带走多大直径的煤粉颗粒?

【解】 设烟气的密度不随温度的改变而改变，先假定烟气流的流动在斯托克斯流动区域，即 $Re < 1$，则

$$D = \sqrt{\frac{18u\nu\rho}{g(\rho_m - \rho)}} = \sqrt{\frac{18 \times 0.45 \times 234 \times 10^{-6} \times 1.34}{9.8 \times (1400 - 1.34)}} = 0.43 \times 10^{-3}\mathrm{m} = 0.43(\mathrm{mm})$$

校核雷诺数

$$Re = \frac{uD}{\nu} = \frac{0.45 \times 0.43 \times 10^{-3}}{234 \times 10^{-6}} = 0.827 < 1$$

符合假设，所以烟气能够带走粒径小于 0.43mm 的颗粒。

【例 9-5】 在煤粉炉膛内，若上升气流的速度 $u_0 = 0.5\mathrm{m/s}$，烟气的运动黏度 $\nu = 223 \times 10^{-6}\mathrm{m}^2/\mathrm{s}$，烟气密度 $\rho = 0.2\mathrm{kg/m}^3$。试计算在这种流速下，烟气中的 $D = 0.09\mathrm{mm}$ 得煤粉颗粒是否会沉降（煤的密度 $\rho_m = 1100\mathrm{kg/m}^3$）。

【解】 求直径 $D = 0.09\mathrm{mm}$ 的煤粉颗粒的悬浮速度：假设悬浮速度在斯托克斯流动区内，即 $Re < 1$，用式（9-20）计算悬浮速度。

$$u = \frac{1}{18\mu} D^2 (\rho_m - \rho) g = \frac{1}{18\nu\rho} D^2 (\rho_m - \rho) g$$

$$= \frac{1}{18 \times 223 \times 10^{-6} \times 0.2} \times 0.09^2 \times (1100 - 0.2) \times 9.8$$

$$= 0.105(\mathrm{m/s})$$

$$u = \frac{1}{18\mu}D^2(\rho_m - \rho)g = \frac{1}{18\nu\rho}D^2(\rho_\mathrm{m} - \rho)g$$

$$= \frac{1}{18 \times 223 \times 10^{-6} \times 0.2} \times 0.09^2 \times (1100 - 0.2) \times 9.8$$

$$= 0.105(\mathrm{m/s})$$

校核

$$Re = \frac{uD}{\nu} = \frac{0.105 \times 0.09}{223 \times 10^{-6}} = 0.0424 < 1$$

则假设成立。

上升气流的速度 $u_0 = 0.5\mathrm{m/s} > u = 0.105\mathrm{m/s}$，所以这种尺寸的煤粉颗粒不会沉降，而是随烟气流动。

小　结

（1）本章主要讨论了绕流的理论基础，附面层的基本概念和特征；大雷诺数下，固体壁面附近存在较大速度梯度的流动薄层称为附面层，在附面层内，黏性力和惯性力是同一个数量级，流动为有旋流动，附面层以外的流动可以忽略黏性力，近似的按理想流体处理。

（2）曲面附面层分离发生在断面逐渐扩大、压强沿程增加的区域，即减速增压段；附面层分离后会产生漩涡区，漩涡区越大，损失越大；在实际应用中，采取一定的措施，让附面层分离点尽量靠后，是减小旋涡区的办法。

（3）绕流阻力包括摩擦阻力和压差阻力（又称形状阻力），计算式为

$$F_D = C_\mathrm{d} A \frac{\rho v_\infty^2}{2}$$

绕流阻力系数与物体的形状、雷诺数、即物体表面的粗糙度等有关，多由实验确定。

圆球颗粒悬浮速度计算采用公式

$$u = \sqrt{\frac{4}{3C_\mathrm{d}}\left(\frac{\rho_\mathrm{m} - \rho}{\rho}\right)gD}$$

当 $Re < 1$ 时

$$C_\mathrm{d} = \frac{24}{Re} u = \frac{1}{18\mu}D^2(\rho_\mathrm{m} - \rho)g$$

当 $Re = 10 \sim 10^3$ 时

$$C_\mathrm{d} = \frac{13}{\sqrt{Re}}$$

当 $Re = 10^3 \sim 2 \times 10^5$ 时

$$C_\mathrm{d} = 0.48$$

习　题

9-1　什么是附面层？它有什么性质？

9-2　曲面附面层为什么会分离？它对流动有哪些影响？

9-3　什么是卡门涡街？它有什么危害？

9-4　飞机是如何升空的？它与哪些因素有关？

9-5　物体运动中的阻力是如何产生的？怎样减小阻力？

9-6　设附面层内速度分布为 $u=v_{\infty}\left(\frac{y}{\delta}\right)^{\frac{1}{7}}$，求位移厚度和动量厚度。

9-7　设平板附面层中流速分布为线性关系，即 $\frac{u_x}{v_{\infty}}=\frac{y}{\delta}$，用动量方程求附面层的特性 $\frac{\delta}{\delta_1}$、$\frac{\delta_1}{\delta_2}$。

9-8　温度为20℃、$\rho=925\text{kg/m}^3$ 的油，以40cm/s的速度纵向绕流一宽20cm、长55cm的薄平板，试求总摩擦阻力和附面层厚度。20℃时油的 $\nu=7.9\times10^{-5}\text{m}^2/\text{s}$。

9-9　温度为20℃的空气，以40m/s的速度纵向绕流一块极薄平板，压力为标准大气压力，计算离平板前缘 $x=200\text{mm}$ 处附面层的厚度为多少？

9-10　平板层流附面层内速度分布规律为 $\frac{u}{v_{\infty}}=2\frac{y}{\delta}-\left(\frac{y}{\delta}\right)^2$，试求附面层厚度、摩擦阻力系数和雷诺数 Re 之间的关系。

9-11　若平板层流附面层内速度分布为正弦曲线 $u=v_{\infty}\sin\left(\frac{\pi y}{2\delta}\right)$，试求附面层厚度 δ 和摩擦阻力系数 C_f 与雷诺数 Re 之间的关系。

9-12　在直径 $D=150\text{mm}$ 的管道中，试分别计算层流和紊流入口段的长度（层流按 $Re=2000$ 计算）。

9-13　无穷远处来流速度 $v_{\infty}=5\text{m/s}$，密度 $\rho=1000\text{kg/m}^3$ 的水流过长 $L=12\text{m}$ 的二次平板，测得附面层中的速度分布为

$$\frac{u}{v_{\infty}}=\left(\frac{y}{\delta}\right)^{\frac{1}{5}}=\varphi(\eta)$$

式中 $\eta=\frac{y}{\delta}$，平板后缘处的附面层厚度 $\delta(L)=14\text{cm}$，试求单位宽度（1m）平板单面所受的摩擦阻力和摩擦阻力系数。

9-14　空气以40m/s的速度平行流过平板，温度为20℃，求离平板前缘200m处附面层的厚度。

9-15　在管径 $D=200\text{mm}$ 的管道中，试分别计算层流和紊流时的入口段长度（层流时雷诺数 $Re=2000$）。

9-16　光滑的平板长20m、宽3m，浸没在静止水中以速度 $v_{\infty}=5\text{m/s}$ 的速度等速沿水平方向拖拽，水温为20℃，求：

（1）层流附面层的长度；

（2）平板末端的附面层的厚度；

（3）平板所受总阻力。

9-17　减缩管是否会产生附面层分离？为什么？

9-18　潜水艇形似8∶1的椭球体，以 $v_{\infty}=10\text{m/s}$ 的航速前进，其阻力系数 $C_d=0.14$，迎流面积为 $A=12\text{m}^2$，试求潜水艇克服阻力所需功率。

9-19　在雷诺数相同的条件下，求下列每两种流体绕过同一绕流体时的阻力系数：

（1）40℃的水和10℃的水；

（2）40℃的空气和10℃的空气；

（3）40℃的水和40℃的空气；

（4）40℃的水和10℃的空气。

9-20　汽车以70m/s的速度行驶，在运动方向的投影面积为 2m^2，绕流阻力系数为 $C_d=0.3$，空气温度为0℃，求汽车克服空气阻力所消耗的功率。

9-21　一半球面形的降落伞用来投放100kg的物体，为保证物体不被损坏，物体的落地速度不能超过6m/s，降落伞的直径应为多大？（空气的密度取 1.20kg/m^3）

9-22　一圆柱烟囱，高25m，直径0.8m，求风速为18m/s横向吹过时，烟囱所受总推力（空气温度为0℃）。

9-23　为了测定油的黏度，使小钢球在装有油的、有刻度的玻璃量筒里自由沉降。已知油的密度 $\rho=899\text{kg/m}^3$，小钢球的密度 $\rho_m=7788\text{kg/m}^3$，若测得小钢球的自由沉降速度为0.11m/s，试求油的动力黏度 μ。

9-24　某气力输送管道，为了达到输送某悬浮颗粒的目的，要求气体流速颗粒悬浮速度的5倍。已知悬浮颗粒直径 $D=0.2\text{mm}$，密度 $\rho_m=1000\text{kg/m}^3$；空气温度 t=20℃，密度 $\rho=2.38\text{kg/m}^3$，动力黏度 $\mu=18.08\times10^{-6}\text{Pa}\cdot\text{s}$，求管内平均速度。

9-25　一竖井式的磨煤机中，空气流速2m/s，空气的运动黏度 $\nu=20\times10^{-6}\text{m}^2/\text{s}$，密度 $\rho=1\text{kg/m}^3$，煤的密度 $\rho_m=1000\text{kg/m}^3$，试求此气体能带走的最大煤粉颗粒的直径。

9-26　气球质量为0.82kg，直径为2m，以10m/s的速度在静止大气中上升，试确定它的阻力系数。已知空气的密度 $\rho=1.25\text{kg/m}^3$，运动黏度 $v=1.8\times10^{-5}\text{Pa}\cdot\text{s}$。

第 10 章 相似理论与量纲分析

对于复杂的流动问题很难通过解析方法进行求解，此时就需要采用实验方法来解决。

在采用实验方法求解流动问题时，有的原型过于庞大，对原型直接做实验不仅费用高，而且参数的控制及测量都有一定的困难；有的原型过于微小而不便观察。因此，实验时很难做到 1∶1 的完全还原，而是需要采用缩小或放大的模型。

采用模型进行实验时，需要解决以下问题：①如何正确地设计和布置模型实验；②如何整理及推广模型实验所得结果。相似原理就是解决上述问题的基础。

10.1 相 似 理 论

在几何学中，若两个三角形对应夹角相等，对应边互成比例，那这两个三角形在几何上是相似的。

而流体力学中的相似，主要指流动的力学相似，即实际的流动现象（原型）与实验室中重演或预演的流动现象（模型）相似。力学相似指原型流动与模型流动在对应物理量之间应互相平行（矢量物理量如力、加速度等）并保持一定的比例关系（指矢量与标量物理量的数值，如力的数值、时间与压力的数值等）。

物理学中的相似概念是几何相似的引申，影响一个物理现象的因素很多，因此两物理现象相似时包含的内容也比几何相似要多。在流体力学中相似现象除了几何相似外，还有时间相似、运动相似和动力相似等。

10.1.1 几何相似

几何相似又称为空间相似，要求模型的边界形状与原型的边界形状相似，且对应线性尺寸的比值相同，几何相似如图 10-1 所示。

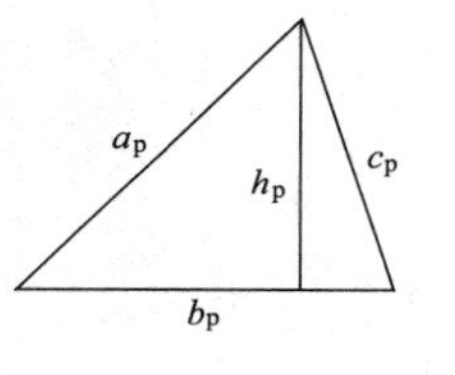

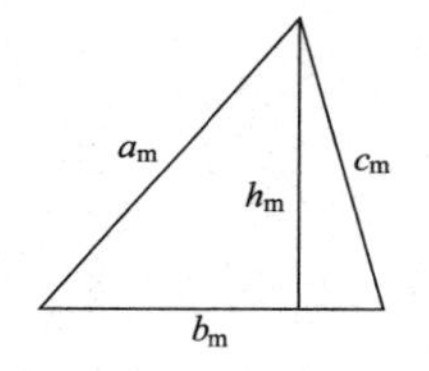

图 10-1 几何相似

对于两个相似的三角形，原型与模型之间应满足：

线性比例尺

$$\delta_L = \frac{a_p}{a_m} = \frac{b_p}{b_m} = \frac{c_p}{c_m} = \frac{h_p}{h_m} \tag{10-1}$$

面积比例尺

$$\delta_A = \frac{A_p}{A_m} = \delta_L^2 \tag{10-2}$$

体积比例尺

$$\delta_V = \frac{V_p}{V_m} = \delta_L^3 \tag{10-3}$$

式中：下标“p”表示原型；下标“m”表示模型；δ_L 称为几何相似常数。

这样，当知道了原型的尺寸后，就可按照 δ_L 来求得模型的几何尺寸。

严格地说，几何相似还包括原型与模型表面的粗糙度相似，但这一点一般情况下不易做到，只有在流体阻力实验、附面层实验等情况下才考虑物体表面的粗糙度相似，一般情况下不予考虑。

此外，对泵与风机而言，几何相似还应包括模型泵（风机）与原型泵（风机）的叶轮叶片数目相等、叶片入口安装角与出口安装角均相等。

10.1.2　运动相似

在几何相似的前提下，模型与原型对应的速度场、加速度场相似，包括速度与加速度方向一致，大小互成比例。运动相似包括

速度比例尺

$$\frac{u_p}{u_m}=\delta_u \tag{10-4}$$

时间比例尺

$$\frac{t_p}{t_m}=\frac{\dfrac{L_p}{u_p}}{\dfrac{L_m}{u_m}}=\frac{\delta_L}{\delta_u}=\delta_t \tag{10-5}$$

加速度比例尺

$$\frac{a_p}{a_m}=\frac{\dfrac{u_p}{t_p}}{\dfrac{u_m}{t_m}}=\frac{\delta_u}{\delta_t}=\delta_a \tag{10-6}$$

流量比例尺

$$\frac{Q_p}{Q_m}=\frac{\dfrac{L_p^3}{t_p}}{\dfrac{L_m^3}{t_m}}=\frac{\delta_L^3}{\delta_t}=\delta_Q \tag{10-7}$$

另外，在流体机械中，还有转速比例尺

$$\frac{n_p}{n_m}=\frac{\dfrac{1}{t_p}}{\dfrac{1}{t_m}}=\delta_t^{-1}=\delta_n \tag{10-8}$$

由上述公式可见，只要确定了 δ_L 和 δ_u，则其余的一切运动学比例尺均可确定。

10.1.3　动力相似

在几何相似的前提下，模型与原型内所有对应点上受到的同名力方向相同，大小成一定的比例。

一般情况下，作用在流体上的表面力有压力、黏性力，质量力有重力、惯性力等。因此，动力相似也可认为作用在模型与原型上所有外力构成的力的多边形几何相似。

力的比例尺

$$\frac{F_p}{F_m}=\frac{m_p a_p}{m_m a_m}=\frac{\rho_p V_p a_p}{\rho_m V_m a_m}=\delta_\rho\delta_L^3\delta_a=\delta_\rho\delta_L^2\delta_u^2=\delta_F \tag{10-9}$$

式中：m 为流体的质量；ρ 为流体的密度；δ_ρ 为密度比例尺。

式（10-9）也可改写成

$$\frac{\delta_F}{\delta_\rho \delta_L^2 \delta_u^2} = 1 \tag{10-10}$$

在流体流动时，要达到所有对应力成统一比例比较困难，通常只要求起主要作用的力成比例即可，如压力、黏性力、重力、惯性力等。

10.1.4 时间相似

时间相似即模型与原型所有对应的时间间隔成比例：

$$\frac{t_p}{t_m} = \delta_t \tag{10-11}$$

以上 4 个相似条件并不是独立的，满足几何相似和时间相似后必满足运动相似；满足几何相似和动力相似后，根据牛顿运动定律也满足运动相似。

10.1.5 初始条件与边界条件相似

任何流动过程的发展都受初始状态的影响，如初始时刻的流速、加速度、密度、温度等。因此对于运动要素随时间改变的非恒定流，必须满足初始条件相似。对恒定流，则无此必要。

边界条件同样是影响流动过程的重要因素，要使两个流动力学相似，应使其对应边界的性质相同，几何尺度成比例。如原型中是自由液面，则模型中对应的部分也应是自由液面；原型中是固体壁面，则模型中的对应部分也应是固体壁面。

10.1.6 相似准则

动力相似本质上是作用在原型与模型上所有外力形成的力的多边形几何相似，因此，根据动力相似，可导出流体力学中常用的几个相似准则。

1. 重力相似准则

作用在流体上的力，主要为重力时，根据式（10-9）有

$$\delta_F = \frac{G_p}{G_m} = \frac{\rho_p L_p^3 g_p}{\rho_m L_m^3 g_m} = \frac{\rho_p L_p^2 u_p^2}{\rho_m L_m^2 u_m^2}$$

化简整理后得

$$\frac{u_p^2}{g_p L_p} = \frac{u_m^2}{g_m L_m}$$

开方后有

$$\frac{u_p}{\sqrt{g_p L_p}} = \frac{u_m}{\sqrt{g_m L_m}} \tag{10-12}$$

式中：$\frac{u}{\sqrt{gL}}$为量纲一的数，称弗劳德数，以 Fr 表示。即

$$Fr = \frac{u}{\sqrt{gL}} \tag{10-13}$$

式中：L 为特征长度；u 为特征速度；g 为重力加速度。Fr 数表示惯性力与重力的比值。

式（10-12）可用弗劳德数表示为

$$(Fr)_p = (Fr)_m \tag{10-14}$$

式（10-14）表明，若作用在流体上的力以重力为主，且两个流动动力相似，则他们的弗劳

德数一定相等。这就是重力相似准则或弗劳德相似准则。

2. 黏性力相似准则

当作用力主要为黏性力时，根据式（10-9）有

$$\delta_F=\frac{F_p}{F_m}=\frac{\mu_p L_p u_p}{\mu_m L_m u_m}=\frac{\rho_p L_p^2 u_p^2}{\rho_m L_m^2 u_m^2}$$

化简整理后得

$$\frac{u_p L_p}{\nu_p}=\frac{u_m L_m}{\nu_m} \tag{10-15}$$

式中：$\frac{uL}{\nu}$为前已介绍过的雷诺数 Re；L 为特征长度；u 为特征速度。

式（10-15）可用雷诺数表示为

$$(Re)_p=(Re)_m \tag{10-16}$$

式（10-16）表明，若作用在流体上的力以黏性力为主，且两个流动动力相似，则它们的雷诺数一定相等。这就是黏性力相似准则或称雷诺相似准则。

3. 压力相似准则

当作用力主要为压力时，根据式（10-9）有

$$\delta_F=\frac{F_p}{F_m}=\frac{p_p L_p^2}{p_m L_m^2}=\frac{\rho_p L_p^2 u_p^2}{\rho_m L_m^2 u_m^2}$$

化简整理后得

$$\frac{p_p}{\rho_p u_p^2}=\frac{p_m}{\rho_m u_m^2} \tag{10-17}$$

式中：$\frac{p}{\rho u^2}$为量纲一的数，称欧拉数，以 Eu 表示。即

$$Eu=\frac{p}{\rho u^2} \tag{10-18}$$

式中：p 为作用在流体上的压强；ρ 为流体的密度。

式（10-17）可用欧拉数表示为

$$(Eu)_p=(Eu)_m \tag{10-19}$$

式（10-19）表明，若作用在流体上的力以压力为主，且两个流动动力相似，则它们的欧拉数一定相等。这就是压力相似准则，又称为欧拉相似准则。

除上述相似准则外，对非恒定流动，还有时间相似准则；对可压缩流体的流动，还有弹力相似准则等。

10.1.7　相似定理

在实际中，判定两个流动是否相似，一般不采用检查各种比例尺的方法，通常采用相似定理。

1. 相似第一定理

“彼此相似的现象，同名准则数一定相等”。相似第一定理又称为相似正定理，第一定理指出了实验时应该测量哪些物理量的问题。即判定两个流动是否相似，除几何相似与运动相似外，还应该满足相似第一定理，即作用在两个流动体上的所有外力相似。

2. 相似第二定理

“凡同一种类现象（指可用同一微分方程组描述的现象），若单值性条件相似，并且由单值性条件中的物理量所组成的相似准则在数值上相等，则这些现象一定相似”。相似第二定理又称为相似逆定理，第二定理指出了模型实验应遵守的条件，即单值性条件相似和相似准则数相等。

单值性条件由以下各项组成：①几何条件，即流动空间的几何形状、尺寸大小；②物性条件，如流体的密度等物性参数；③边界条件，如管道进出口及管壁面处的速度及温度分布；④初始条件，如初始状态时流体的速度及温度分布。

10.2 量 纲 分 析

10.2.1 量纲分析的概念和原理

对于流体力学或其他学科领域中的一些物理现象来说，根据分析判断知道与该现象有关的若干个物理量之间存在函数关系，并且其中某一物理量受其余物理量的影响，但由于问题的复杂性，运用已有的理论分析方法尚不能确定这种变化过程的方程式，这时必须借助于科学实验。但如果用依次改变每个自变量的方法进行实验，工作量将十分巨大，为了减少工作量，同时又使实验结果具有普适性，必须合理地选择实验变量，通常是将物理量之间的函数式转化成无量纲数之间的函数式。如何确定实验中的无量纲数，这就需要用到量纲分析。

量纲即物理量单位的类别。任何物理量都包括大小和类别两方面。如 0.05h 这个物理量，也可以用 3min、180s 表示，小时、分、秒是时间的不同测量单位，但这些单位均属于时间单位，用 T 表示，则 T 就是上述时间单位的量纲。

建立物理量单位的量纲时，只需对少数几个彼此独立的物理量规定相应的量纲，称为基本量纲。流体力学涉及的基本量纲包括 3 个，分别为时间量纲 T、长度量纲 L 和质量量纲 M。

其他物理量的量纲，可根据物理关系和定理，用基本量纲的不同指数幂乘积形式表示，称为导出量纲。例如

$$\text{速度} = \frac{\text{长度}}{\text{时间}} = \frac{L}{T} = LT^{-1}$$

$$\text{力} = \text{质量} \times \text{加速度} = MLT^{-2}$$

10.2.2 量纲分析法

量纲分析法主要用于分析物理现象中的未知规律，通过对有关的物理量作量纲幂次分析，将他们组合成无量纲形式的组合量，用无量纲参数之间的关系代替有量纲的物理量之间的关系，揭示物理量之间在量纲上的内在联系，降低变量数目，用于指导理论分析和实验研究。

一个正确、完整的反应客观规律的物理方程式中，各项的量纲是一致的，这就是量纲一致性原理，或称量纲和谐原理。

量纲和谐原理最重要的用途在于能确定方程式中物理量的指数，从而找到物理量间的函数关系，以建立结构合理的物理、力学方程式。这种应用量纲和谐原理来探求物理量之间函数关系的方法称为量纲分析法。

下面以圆管中的压强损失为例来说明量纲分析法。

【例 10-1】 已知不可压黏性流体在水平圆管中的压强损失 Δp 与管内径 d、管壁绝对粗糙度 κ、管长 L、平均流速 v、动力黏度 μ 以及流体的密度 ρ 有关，试用量纲分析法求圆管压强损失 Δp 的表达式。

【解】 由题意可知，Δp 与其他物理量之间的函数关系为

$$\Delta p = f(d,\kappa,l,v,\mu,\rho) \tag{1}$$

根据量纲分析法，可将式（1）改写为指数幂的形式

$$\Delta p = K d^a \kappa^b l^c v^e \mu^f \rho^g \tag{2}$$

式中：a、b、c、e、f、g 为待定指数；K 为常数。

将各物理量的量纲写出：

Δp：$\dfrac{N}{L^2}=\dfrac{ML}{T^2}\dfrac{1}{L^2}=MT^{-2}L^{-1}$；

d 为 L；

κ 为 L；

l 为 L；

v 为 LT^{-1}；

μ 为 $ML^{-1}T^{-1}$；

ρ 为 ML^{-3}。

代入式（2），得到量纲关系式：

$$MT^{-2}L^{-1} = L^aL^bL^c(LT^{-1})^e(ML^{-1}T^{-1})^f(ML^{-3})^g$$

由于一个物理方程式两边的量纲应该相同，因此

对 M　　$f+g=1$

对 T　　$-e-f=-2$

对 L　　$a+b+c+e-f-3g=-1$

可以看到，3 个方程中含有 6 个未知数，因此需将其中三个未知数 b、c、f 作为待定值，可解得

$$g = 1-f$$

$$e = 2-f$$

$$a =-b-c-f$$

将上述结果代入式（2），得到

$$\Delta p = Kd^{-b-c-f}\kappa^b l^c v^{2-f}\mu^f\rho^{1-f}$$

$$= K\left(\frac{\kappa}{d}\right)^b\left(\frac{l}{d}\right)^c\left(\frac{\mu}{\rho v d}\right)^f\rho v^2$$

实验证明，管路两端压强损失 Δp 与 $\dfrac{l}{d}$ 是线性关系，因此 $c=1$；又由于 $\dfrac{\mu}{\rho v d}=\dfrac{1}{Re}$，若取 $K=1/2$，则上式可写成

$$\Delta p = f\left(\frac{\kappa}{d},Re\right)\frac{l}{d}\frac{\rho v^2}{2}$$

根据达西—威斯巴赫公式可知 $f\left(\dfrac{\kappa}{d},\ Re\right)=\lambda$，$\lambda$ 为沿程阻力系数，则

$$\Delta p = \lambda\frac{l}{d}\frac{\rho v^2}{2}$$

然而，量纲分析法也有其不足之处。这是因为，物理量的基本量纲只有三个，即 M、L、T。所以，只有当影响流动的参数也只有 3 个时，才能用 3 个等式来求解 3 个未知数；若影响流动的参数较多，将有更多的待定指数。另外，应用量纲分析法，必须对所研究的物理问题有细致的观察和深入的了解，尽可能地找出影响该物理过程的所有物理量，也就是说这种方法归根到底只能从实验中来再由实验进行检验，若缺乏实验资料，单纯依靠量纲分析法是得不出正确的结果的。

小　结

本章所述的相似原理和量纲分析，是流体力学实验研究的基本理论。

（1）流体流动的相似包括：几何相似，运动相似，动力相似，时间相似，以及边界条件和初始条件相似。

（2）不可压缩流体定常流动的相似准则包括：重力相似准则，黏性力相似准则，以及压力相似准则。

（3）彼此相似的现象，同名准则数一定相等。

（4）量纲分析法主要用于分析物理现象中的未知规律。

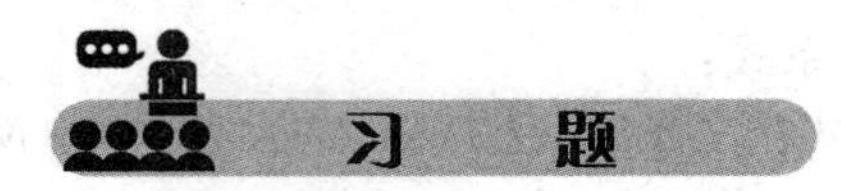

习　题

10-1　验证伯努利方程中每一项量纲均相等。

10-2　已知黏性流体在圆管中流动时，其切应力 τ 与管径 d、管壁粗糙度 κ、流体密度 ρ、黏度 μ、流速 v 有关，试用量纲分析法求 τ 与其他物理量之间的关系式。

10-3　不可压缩黏性流体在水平圆管中作定常流动时，已知流量 Q 与直径 d、比压降 G（单位长度上的压强降 $\Delta p/l$）及流体黏度 μ 有关，试用量纲分析法确定 Q 与这些物理量的关系式。

参 考 文 献

[1] 莫乃榕. 工程流体力学. 武汉：华中理工大学出版社，2000.
[2] 蔡增基，龙天渝. 流体力学泵与风机. 4版. 北京：中国建筑工业出版社，1999.
[3] 张也影. 流体力学题解. 北京：北京理工大学出版社，1996.
[4] 张也影. 流体力学. 2版. 北京：高等教育出版社，1996.
[5] L. 普朗特. 流体力学概论. 郭永怀等，译. 北京：科学出版社，1966.
[6] 丁祖荣. 流体力学. 北京：高等教育出版社，2006.
[7] 林建忠，等. 流体力学. 北京：清华大学出版社，2005.
[8] 吴持恭. 水力学（上，下）. 北京：高等教育出版社，2003.
[9] 李玉柱，范明顺. 流体力学. 北京：高等教育出版社，1998.
[10] 闻德荪主编. 工程流体力学（水力学）. 北京：高等教育出版社，1990.
[11] 孔珑. 工程流体力学. 4版. 北京：中国电力出版社，2014.
[12] 侯国祥，孙江龙，王先州，等. 工程流体力学. 北京：机械工业出版社，2008.
[13] 武文斐，牛永红. 工程流体力学学习题解析. 北京：化学工业出版社，2008.
[14] 刘建军，章宝华. 流体力. 北京：北京大学出版社，2006.
[15] 龙天渝，蔡增基. 流体力学. 2版. 北京：中国建筑工业出版社，2013.
[16] 何川. 流体力学（少学时）. 北京：机械工业出版社，2010.
[17] 王松岭. 流体力学. 北京：中国电力出版社，2007.
[18] 周云龙. 工程流体力学. 3版. 北京：中国电力出版社，2006.